岩石动力学特性与爆破理论

(第2版)

Dynamic Behaviors and Blasting Theory of Rock

(The Second Edition)

戴　俊　编著

北　京
冶　金　工　业　出　版　社
2014

内 容 简 介

本书介绍了岩石的基本力学性质、岩石中的应力波理论、岩石的动态实验技术、动载荷条件下的本构关系、断裂破坏机理和强度理论以及岩石爆破理论与技术，特别是岩石周边爆破技术的新进展，其中有些内容属于作者近年来的研究成果，包括光面爆破参数计算方法、岩石定向断裂爆破及工程应用。

本书可作为高等院校岩土工程、防灾减灾工程及防护工程、采矿工程、工程力学专业研究生的爆炸及岩石动态破碎等相关课程教材和教学参考书，也可供从事爆破工程、地震工程、防灾减灾及防护工程、采矿工程、国防工程、铁道及道路工程、水利水电工程等的高校教师、研究人员、研究生及工程技术人员参考。

图书在版编目(CIP)数据

岩石动力学特性与爆破理论/戴俊编著.—2版.—北京：冶金工业出版社，2013.5(2014.1重印)

ISBN 978-7-5024-6237-6

Ⅰ.①岩…　Ⅱ.①戴…　Ⅲ.①岩石力学性质　②凿岩爆破—理论　Ⅳ.①TU452　②TD235

中国版本图书馆CIP数据核字(2013)第093808号

出 版 人　谭学余

地　　址　北京北河沿大街嵩祝院北巷39号，邮编100009

电　　话　(010)64027926　电子信箱　yjcbs@cnmip.com.cn

责任编辑　于昕蕾　美术编辑　彭子赫　版式设计　孙跃红

责任校对　卿文春　责任印制　李玉山

ISBN 978-7-5024-6237-6

冶金工业出版社出版发行；各地新华书店经销；北京百善印刷厂印刷

2002年5月第1版，2013年5月第2版，2014年1月第2次印刷

148mm×210mm；12.25印张；361千字；356页

40.00元

冶金工业出版社投稿电话：(010)64027932　投稿信箱：tougao@cnmip.com.cn

冶金工业出版社发行部　电话：(010)64044283　传真：(010)64027893

冶金书店　地址：北京东四西大街46号(100010)　电话：(010)65289081(兼传真)

(本书如有印装质量问题，本社发行部负责退换)

Abstract

In this literature, the theory on stress wave is introduced, as well as the constitutive relation of rock under dynamic loading, the mechanism on fracture and fragmentation by explosion load, and the recent advance in the theory and technology on rock blasting including author's research achievements published in recent years, including parameter calculation for smooth blasting, the directional split blasting of rock and its application in engineering.

The literature is suitable for graduate students majoring in geotechnic engineering, mining engineering, prevention and mitigation of disaster and protection engineering, mechanics in engineering.and blasting engineering to use as textbook or teaching reference book. It can else be used as reference material by the teachers in college, the researchers, the graduate students, and technicians majoring in blasting engineering, earthquake and its defense engineering, mining engineering, national defense engineering, railroad and highway engineering, water conservancy and hydra-electric engineering etc.

第2版前言

《岩石动力学特性与爆破理论》一书自2002年首次出版以来，得到了众多读者的关爱，被多家高校选作研究生相关课程的教材，被国内同行广泛参阅和引用，并于2007年被陕西省教育厅授予科技成果三等奖。近年来，不断有读者来电向作者索要此书，均因此书已售完而无法给予满足。在2011年北京召开的全国岩石动力学大会期间，多位与会的岩石动力学专业委员会委员表达了希望能得到此书的愿望，进而岩石动力学专业委员会建议作者重印或再版《岩石动力学特性与爆破理论》一书，以满足当前研究生教学和参阅的需求。

经与原书出版社——冶金工业出版社联系，决定再版《岩石动力学特性与爆破理论》一书。决定再版一方面是为了保持原书的特色和知识结构体系的完整性；另一方面也为了能对原书做一些修正和完善，并增加一些对近年新成果的介绍。

此次再版，在充分保持原书知识结构体系的同时，对不同章节均做了不同的补充或完善，如：第1章增添了对莫尔库仑准则较深入讨论的内容和岩石流变与岩石断裂力学原理等内容；第2章增加了弹塑性应力波和一维应变波的内容；第3章增添了爆轰理论与爆轰参数计算的内容；第4章补充了岩石动态拉伸实验技术，以及岩石动力学实验加载手段的内容；第5章增加了爆破破碎块度的控制及考虑地应力效应的地下开挖崩落眼爆破参数计算等研究成果；第6章增添了岩石光面爆破参数计算与岩石定向断裂爆破原理、参数设计与工程应用方面的研究成果。此外，也利用此次再版的机会对原书中的错误进行了修正。

经过这样的补充完善，第2版呈现出以下特点：对岩石力学性质的介绍更趋于完善，更有利于读者对后续章节内容的理解；应力波理论介绍更加深入，将为有关读者开展岩石爆破理论与技术的研究提供更多帮助；岩石动力学试验技术的补充将为开展岩石动态试验开拓思路；所作的补充将有助于读者更好地了解当前岩石爆破理论与技术发展动态，促进岩石爆破理论与技术，特别是岩石周边爆破技术研究的更加深入。

当今，科学技术发展日新月异，大量新知识、新观点不断涌现，爆破技术也不例外，加之岩石爆破理论与技术的复杂性，给原书的再版增添了不少困难，在新知识、新成果的介绍方面难于做到全面和精准，再加之作者的知识水平和时间所限，本书中不足和差错在所难免，期望读者在继续关注本书的同时，提出宝贵意见，给予指正。

最后，作者真诚感谢为本书再版提供过帮助的机构和个人。

作　者

2012年10月于西安

Forward of the Second Edition

The book, dynamic behaviors and blasting theory of rock, has been adored by a great number of readers, with some part of the book cited in their publications, since it was published in the year of 2002. Because of the book, the author was conferred a third-rate scientific and technical achievement award in 2007 by Shaanxi provincial education office. Nowadays, the book is selected as the textbook for graduator teaching by some universities over the country. In the recent years, so many persons wrote to me to expect to get the book, but it was in vain as the book was sold out. When the national rock dynamics conference was held in Beijing in 2011, some members of the special interest committee of rock dynamics under China rock mechanics learning society, the conference attendees, told the author that they want to get the book for their graduate teaching, so the committee expressed their suggestion that book be reprinted or republished.

In this case, the author decides that the book is republished by the original publisher, metallurgical industry press. Such decision was made for the reason that on the one hand, the original feature and the integrality in knowledge structure system can be reserved in the republished book; on the other hand, some revision can be done and some new contributions can be introduced in new book.

In the new book, the different revision and addition is done for the different chapters when the knowledge structure system of original book is kept down. For instance, the further discussion to Mohr Coulomb criterion, and rock rheology, and the principles on rock fracture mechanics are added in the first chapter; the elastic and plastic wave and one-dimensional strain wave are added in the second chapter; the detonation theory and calculation of detonation parameters are added in the third chapter; the dynamic tensile test technique and loading equipments for rock dynamics test are added in the fourth chapter; the control of the fragment size from blasting and parameter calculation for tunneling breast blasting with geo-stress effect being considered are added in the fifth chapter; and the achievements from the author in the field of parameter calculation for smooth blasting and the principle, parameter design, and use in engineering etc. are added in the sixth chapter. Also, by means of the republication opportunity, the mistakes in the original edition book have been revised.

Through the addition and revision, the following characteristic features will be shown in the new book. The rock mechanics property is introduced all around, which will makes readers easily understand the subsequent chapters; the stress wave theory is introduced deeply, which will help readers to research the blasting theory and technique of rock; the additive introduction to rock dynamics will help to exploit the approaches to finish the rock dynamics tests. The new book will be helpful for readers to know well the trend that the blasting theory and technique of rock develops toward, accelerate the blasting theory and technique of rock to be researched further.

Nowadays, the science and technology develop very quickly with a great amount of new knowledge, new viewpoint coming forth constantly. There is not an exception in blasting technique development. Also, the blasting theory and technique are complicated. For this reason, the republication of the original book is faced a lot of difficulties in accurate and all-around introduction of new knowledge and achievements. In addition, some mistakes or shortage may exist in the new book due to the author limited knowledge and pressing time, so the author expects honestly readers' attention as well as valuable suggestion. Please favor me with your instructions.

Finally, the author expresses his genuine appreciation to all the institutes and persons who have given their help to him for the book being republished.

Author

In Xi'an, October 2012

第1版前言

爆破是目前岩石开挖的主要方法。工程中，实施岩石爆破时，一方面使开挖部分的岩石达到合理有效的破碎；另一方面尽可能减少爆破对开挖边界以外的岩石损伤或破坏，有效保护爆后保留岩石的稳定性，这是广大爆破专业技术人员追求的目标。然而，由于岩石性质和岩石爆破过程的复杂性，目前仍有许多问题亟待解决。急需介绍岩石爆破理论与技术的基础理论、学科前沿与最新研究成果的著作。

岩石爆破是一个复杂的动力学过程。对这一过程进行研究需要用到岩石力学和固体中的应力波理论等多学科知识。目前，尚缺少介绍这两方面知识及其在岩石爆破理论与技术研究中应用的专著，不便于年轻研究人员及研究生尽快熟悉掌握必备知识，掌握学科的前沿与发展方向。本书正是作者根据多年从事研究生教学的经验，在有关研究成果的基础上，为了解决这个问题而完成的。

近年来，在国内外学者的共同努力下，岩石爆破理论的研究取得了许多重要的研究成果，大大促进了岩石爆破新技术的广泛应用。本书首先介绍了研究岩石爆破理论所必需的静载下岩石的变形与强度特性与固体中的应力波理论等知识，而后介绍了岩石中应力波传播特征与岩石动力学性能实验方法及近年来在这方面已有的研究成果，并重点介绍了岩石爆破作用理论及其计算模型的研究进展及最新的研究成果，最后介绍了作者近几年在岩石周边控制爆破理论研究领域中所取得的研究成果。

本书全面总结了目前较成熟的岩石爆破理论知识与最新研究成果。有助于研究生及相关研究人员把握学科前沿与发展动态。因此，本书不仅适合于岩石爆破工程领域的研究生、高校教师及相关研究人员阅读，而且也适合于岩土工程、结构工程专业的研究生、高校教师及相关研究人员阅读，还可供从事地震与防护、采矿、国防、道路、水利水电等工程的相关教师、研究生及工程技术人员参考。

我的两位导师，王树仁教授和杨永琦教授对本书的写作完成始终给予了大力支持和热情帮助，在此表示衷心感谢。此外，在本书的写作过程中，参考了国内外同行公开发表的众多研究成果，在此一并对他们表示感谢。

由于作者水平所限，加之时间仓促，不当之处在所难免，敬请各位读者批评指正，并予赐教。

作　者

2002年1月10日于西安

Forward of the First Edition

Nowadays, blasting is the main rock-excavating method. In engineering, it is required that blasting, on the one hand, make the rock to be excavated be fragmented suitably and effectively, on the other hand, minimize the damage or fracture from blasting in the rock beyond excavation to keep the national stability of the remaining rock. Both of them are the goal the blasting technicians make great efforts for. But, there exist still many problems to be resolved because of the complexity in rock property and blasting process of rock. As a result, one literature is needed that discusses the essential theory and technology on rock blasting, and its development trends and newest research achievements.

Blasting rock is a complicated dynamic process. To research it, many subjects of knowledge, such as rock mechanics and theory of stress wave in solid, etc, will be used. But there exists no book containing such knowledge and its application in the research of the blasting and technology of rock. As a result, It is not convenient for young researchers and graduate students to learn and know well the essential information and the development front line and development direction of these subjects. It is for all of these that the literature is written based on the experience in author's teaching graduate students for many years and correlative achievements.

In recent years, many important achievements in theory on rock blasting have been obtained because of the efforts made by domestic and oversea scholars, and the achievements obtained accelerate the broad application of new blasting technique. First of all, the literature will discuss the information needed for researching the theory of rock blasting, such as deformation and strength characteristic feature of rock under static load and theory of stress wave in solid. Next, introduces the research results obtained in recent years in such aspects as propagation characteristic of stress wave in rock and test methods for dynamic property of rock. And then, introduce especially blasting action principle and its calculation model and the newest research achievement and the latest advancement in them. Lastly, introduce the author's achievement obtained in recent years in the research of theory on controlled perimeter blasting of rock.

The book sums up comprehensively the existing blasting theory of rock and its newest achievement from research. It is helpful for graduate students and correlative persons to know well the front line and development trend of the subject. So the book is befitting not only for graduate students, teachers in college, and correlative researchers majoring in the subject, but also for those majoring in geotechnic engineering and structural engineering. The book can else be used as reference material by graduate students, teachers in college, and engineering technicians in the fields, such as earthquake and its defense, mining, national defense, highway water conservation and hydra-electric engineering.

Here, I will give my devout thanks to Professor Wang Shu-ren and Professor Yang Yong-qi, my doctor tutors, for their passional supporting and great help from beginning to end. Furthermore, I will thank domestic and oversea craft brothers for some of their publications being consulted during author's writing.

Maybe, there are some mistakes in this book because author's limit knowledge and hurried time. So the pointing out the mistakes and criticizing and grant instruction are warmly welcome.

Author

In Xi'an, 2002. 1. 10

目　录

Contents

1　静载下岩石变形与强度

1.1　岩石中的应力

应力是岩石变形与强度分析中的最基本概念之一，是岩石力学理论的基础。为此，首先对岩石中的应力作简要叙述。

1.1.1　应力的定义

假定岩石为连续介质，在岩石内部 O 点作用有沿任一方向 OP 的力 P，进一步再假定岩石被通过 O 点垂直于 OP 的平面上的微小面积 δA 所切割，如图 1-1 所示。此切割平面在 P 的一侧称为正侧，而在与 P 相反的一侧称为负侧。切割面 δA 上正侧岩石施加给负侧岩石的力 δF 与负侧岩石施加给正侧岩石的力大小相等，方向相反。

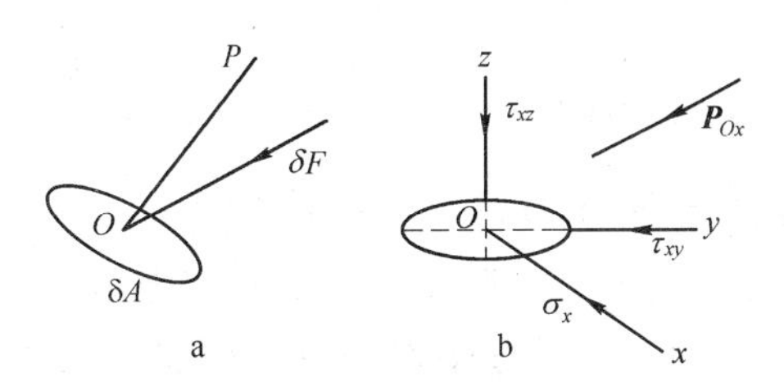

图 1-1　物体中的截面应力

a—垂直于 OP 的切割面 δA；b—O 点的直角坐标

当 δA 趋近于零时，比例 $\delta F/\delta A$ 的极限称为法线为 OP 方向的平面上的应力（向量），用 $\boldsymbol{P}_{OP}$表示，有：

$$P_{OP} = \lim_{\delta A \to 0} \frac{\delta F}{\delta A} \tag{1-1}$$

这里，与弹性力学中所采用的符号规定相反，取压应力为正。图 1-1a 中的 δF 所示的方向为正。

如果取 O 点的右手系统直角坐标轴 Ox，Oy，Oz，如图 1-1b 所示，而且在 Ox 的方向上取 OP，则 $\boldsymbol{P}_{Ox}$在 x，y，z 方向将有分量，这

些分量可以写成：σ_x，τ_{xy}和τ_{xz}。其中σ_x称为正应力，因为面积为δA的单元垂直于Ox；而τ_{xy}和τ_{xz}在δA的平面上，称为剪应力，因为它们代表使岩石在δA平面上趋于滑动或剪切的力。与此类似，如果取OP在Oy方向上，$\boldsymbol{P}_{Oy}$的分量将为τ_{yx}，σ_y和τ_{yz}，而如果取OP在Oz方向上，$\boldsymbol{P}_{OZ}$的分量将为τ_{zx}，τ_{zy}和σ_z。此9个应力分量表示为：

$$\sigma_{rs}=\begin{bmatrix}\sigma_x & \tau_{xy} & \tau_{xz}\\ \tau_{yx} & \sigma_y & \tau_{yz}\\ \tau_{zx} & \tau_{zy} & \sigma_z\end{bmatrix} \tag{1-2}$$

称为O点的应力分量。式1-2中，因为剪应力互等原理，$\tau_{xy}=\tau_{yx}$，$\tau_{yz}=\tau_{zy}$，$\tau_{zx}=\tau_{xz}$，于是任一方向OP的应力分量$\boldsymbol{P}_{OP}$也可表示成6个应力分量的形式。

最后，还需提到在应力的张量表示中，常用下标1，2，3代替x，y，z。在此情况下，式1-2中的应力分量由σ_{rs}给出，其中r和s分别从1到3取值。如式1-2中的第一行分量由σ_{11}，σ_{12}和σ_{13}给出，第二行、第三行类同。

1.1.2 主应力及其主方向

由前述知，岩石中任一点的应力由6个应力分量σ_x、σ_y、σ_z、$\tau_{xy}=\tau_{yx}$、$\tau_{yz}=\tau_{zy}$、$\tau_{zx}=\tau_{xz}$（后三个关系式称为剪应力互等）确定。因此，已知岩石中一点的应力分量，可以求得过该点的任一斜面上的应力。如图1-2所示，P点的应力分量已知，为求得过P点任一斜面

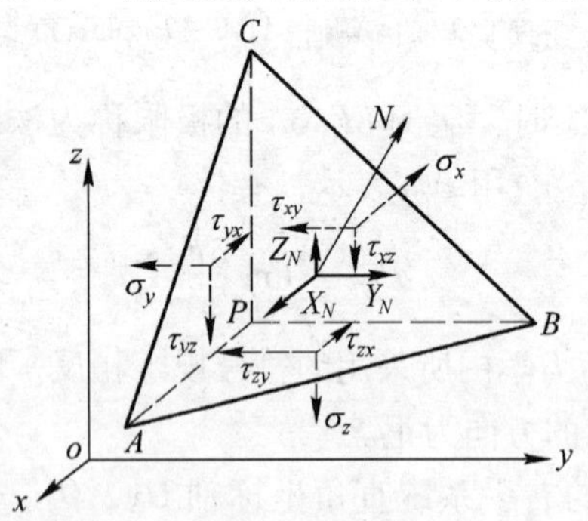

图1-2 物体中一点的应力状态

上的应力，在 P 点附近取一平面 ABC 平行于该斜面，并与经过 P 点而平行于坐标面的三个平面形成一个微小的四面体 $PABC$。当平面 ABC 趋近于 P 点时，平面 ABC 上的应力就成为该斜面上的应力。

设平面 ABC 的外法线为 N，其方向余弦为 l，m，n。设 $\triangle ABC$ 的面积为 ΔS，则 $\triangle BPC$、$\triangle CPA$、$\triangle APB$ 的面积分别为 $l\Delta S$，$m\Delta S$，$n\Delta S$。$\triangle ABC$ 上的应力 σ_P 在坐标方向的分量用 X_P、Y_P、Z_P 表示。根据四面体的平衡条件[1]：

$$\begin{cases}\sum F_x=0\\ \sum F_y=0\\ \sum F_z=0\end{cases} \tag{1-3}$$

得到：

$$\begin{cases}X_P=l\sigma_x+m\tau_{yx}+n\tau_{zx}\\ Y_P=m\sigma_y+n\tau_{zy}+l\tau_{xy}\\ Z_P=n\sigma_z+l\tau_{xz}+m\tau_{yz}\end{cases} \tag{1-4}$$

设 $\triangle ABC$ 上的正应力为 σ_N，则由投影可得：

$$\sigma_N=lX_P+mY_P+nZ_P$$

将式 1-4 代入，并利用剪应力互等原理，得：

$$\sigma_N=l^2\sigma_x+m^2\sigma_y+n^2\sigma_z+2mn\tau_{yx}+2nl\tau_{zx}+2lm\tau_{xy} \tag{1-5}$$

设 $\triangle ABC$ 上的全应力为 σ_P，剪应力为 τ_N，则由于：

$$\sigma_P^2=\sigma_N^2+\tau_N^2=X_P^2+Y_P^2+Z_P^2$$

有：

$$\tau_N^2=X_P^2+Y_P^2+Z_P^2-\sigma_N^2 \tag{1-6}$$

这样，利用式 1-4 ~ 式 1-6，由 6 个应力分量完全确定了一点的应力状态。

如果经过点 P 的某一斜面上的剪应力等于零，则该斜面上的正应力称为在 P 点的一个主应力，该斜面称为在 P 点的一个应力主面或一个主应力平面，而该斜面的法线方向称为在 P 点的一个应力主向。

假设在 P 点有一个应力主面存在。由于该面上的剪应力等于零，所以该面上的全应力就等于该面上的正应力，也就是主应力 σ，于是该面上的全应力在坐标轴上的投影成为：

$$X_P=l\sigma,\ Y_P=m\sigma,\ Z_P=n\sigma$$

将式1-4代入，即得：

$$\begin{cases}l\sigma_x+m\tau_{yx}+n\tau_{zx}=l\sigma\\ m\sigma_y+n\tau_{zy}+l\tau_{xy}=m\sigma\\ n\sigma_z+l\tau_{xz}+m\tau_{yz}=n\sigma\end{cases}\tag{1-7}$$

同时，还有关系式：

$$l^2+m^2+n^2=1\tag{1-8}$$

联立求解式1-7、式1-8，能够求出σ，l，m，n的一组解答，这样就得到P点的一个主应力及其对应的应力主面及应力主方向。为此，将式1-7改写为：

$$\begin{cases}l(\sigma_x-\sigma)+m\tau_{yx}+n\tau_{zx}=0\\ m(\sigma_y-\sigma)+n\tau_{zy}+l\tau_{xy}=0\\ n(\sigma_z-\sigma)+l\tau_{xz}+m\tau_{yz}=0\end{cases}\tag{1-9}$$

这是关于l、m、n的齐次方程组，为求得非零解，其系数行列式须等于零，即：

$$\begin{vmatrix}\sigma_x-\sigma & \tau_{yx} & \tau_{zx}\\ \tau_{xy} & \sigma_y-\sigma & \tau_{zy}\\ \tau_{xz} & \tau_{yz} & \sigma_z-\sigma\end{vmatrix}=0$$

展开之，得到关于σ的三次方程：

$$\begin{aligned}\sigma^3&-(\sigma_x+\sigma_y+\sigma_z)\sigma^2+(\sigma_y\sigma_z+\sigma_z\sigma_x+\sigma_x\sigma_y-\tau_{yz}^2-\tau_{zx}^2-\tau_{xy}^2)\sigma\\ &-(\sigma_x\sigma_y\sigma_z-\sigma_x\tau_{yz}^2-\sigma_y\tau_{zx}^2-\sigma_z\tau_{xy}^2+2\tau_{yz}\tau_{zx}\alpha\tau_{xy})=0\end{aligned}\tag{1-10}$$

解此方程，若σ有三个实根σ_1，σ_2，σ_3，则它们就是P点的三个主应力。

进一步，利用式1-9和式1-8，可以求得与主应力σ_1，σ_2，σ_3分别对应的方向余弦l，m，n。而且可以证明，在物体内的任一点一定存在三个互相垂直的应力主面及其主应力[1]。

1.1.3 应力不变量与应力偏量

如果 σ_1，σ_2，σ_3 是方程 1-10 的三个根，则可以写出：

$$(\sigma-\sigma_1)(\sigma-\sigma_2)(\sigma-\sigma_3)=0$$

展开后得到：

$$\sigma^3-(\sigma_1+\sigma_2+\sigma_3)\sigma^2+(\sigma_2\sigma_3+\sigma_3\sigma_1+\sigma_1\sigma_2)\sigma-\sigma_1\sigma_2\sigma_3=0$$

与方程式 1-10 对比，有关系式：

$$\begin{cases}\sigma_x+\sigma_y+\sigma_z=\sigma_1+\sigma_2+\sigma_3\\ \sigma_y\sigma_z+\sigma_z\sigma_x+\sigma_x\sigma_y-\tau_{yz}^2-\tau_{zx}^2-\tau_{xy}^2=\sigma_2\sigma_3+\sigma_3\sigma_1+\sigma_1\sigma_2\\ \sigma_x\sigma_y\sigma_z-\sigma_x\tau_{yz}^2-\sigma_y\tau_{zx}^2-\sigma_z\tau_{xy}^2+2\tau_{yz}\tau_{zx}\alpha\tau_{xy}=\sigma_1\sigma_2\sigma_3\end{cases} \quad (1\text{-}11)$$

由于在一定的应力状态下，岩石内一点的主应力不会随坐标系的改变而改变，因此方程 1-11 右边的三个表达式的值不会随坐标系的改变而改变。于是，无论坐标怎样改变，下列表达式的值将保持不变：

$$\begin{cases}I_1=\sigma_x+\sigma_y+\sigma_z\\ I_2=\sigma_y\sigma_z+\sigma_z\sigma_x+\sigma_x\sigma_y-\tau_{yz}^2-\tau_{zx}^2-\tau_{xy}^2\\ I_3=\sigma_x\sigma_y\sigma_z-\sigma_x\tau_{yz}^2-\sigma_y\tau_{zx}^2-\sigma_z\tau_{xy}^2+2\tau_{yz}\tau_{zx}\tau_{xy}\end{cases} \quad (1\text{-}12)$$

这三个表达式称为应力不变量。

如果 σ_x，σ_y，σ_z，τ_{xy}，τ_{yz}，τ_{zx}是任一点的应力分量，则可以定义平均应力 s 为：

$$s=\frac{1}{3}(\sigma_x+\sigma_y+\sigma_z)=\frac{1}{3}(\sigma_1+\sigma_2+\sigma_3)=\frac{1}{3}I_1 \quad (1\text{-}13)$$

从应力分量中减去 s，所得结果称为应力偏量或应力分量的偏量，分别写为：

$$s_x=\sigma_x-s,\ s_y=\sigma_y-s,\ s_z=\sigma_z-s$$

$$s_{xy}=\tau_{xy},\ s_{yz}=\tau_{yz},\ s_{zx}=\tau_{zx}$$

或统一写成张量形式：

$$s_{ij}=\sigma_{ij}-s \quad (i,\ j=1,\ 2,\ 3;\ 若\ i\neq j,\ 则\ s=0) \quad (1\text{-}14)$$

后面将会提到，平均应力 s 只引起物体（岩石）发生体积变化，而应力偏量 s_{ij}则引起物质发生形状改变。与应力不变量类似，对应力偏量同样有应力偏量不变量：

$$\begin{cases} J_1 = s_x + s_y + s_z \\ J_2 = s_{xy}^2 + s_{yz}^2 + s_{zx}^2 - (s_x s_y + s_y s_z + s_z s_x) \\ J_3 = s_x s_y s_z + 2 s_{xy} s_{yz} s_{zx} - (s_x s_{yz}^2 + s_y s_{zx}^2 + s_z s_{xy}^2) \end{cases} \tag{1-15}$$

1.1.4 应力分量应满足的平衡方程与相容方程

根据弹性力学理论，处于静力平衡状态下的物体，各应力分量之间应满足静力平衡方程：

$$\begin{cases} \dfrac{\partial \sigma_x}{\partial x} + \dfrac{\partial \tau_{yx}}{\partial y} + \dfrac{\partial \tau_{zx}}{\partial z} + X = 0 \\ \dfrac{\partial \tau_{xy}}{\partial x} + \dfrac{\partial \sigma_y}{\partial y} + \dfrac{\partial \tau_{zy}}{\partial z} + Y = 0 \\ \dfrac{\partial \tau_{xz}}{\partial x} + \dfrac{\partial \tau_{yz}}{\partial y} + \dfrac{\partial \sigma_z}{\partial z} + Z = 0 \end{cases} \tag{1-16}$$

式中，X，Y，Z 表示体力。剪应力之间有下列互等关系：

$$\tau_{xy} = \tau_{yx},\ \tau_{yz} = \tau_{zy},\ \tau_{xz} = \tau_{zx} \tag{1-17}$$

同时由于问题为超静定问题，仅由静力平衡方程不能求得各应力分量的确定解，因此要求结合几何方程和物理方程，且保证变形协调，即要求各应力分量还应满足相容方程 1-18，并在物体边界上满足具体的应力边界条件：

$$\begin{cases} (1+\mu)\nabla^2 \sigma_x + \dfrac{\partial^2 \Omega}{\partial x^2} = -\dfrac{1+\mu}{1-\mu}\left[(2-\mu)\dfrac{\partial X}{\partial x} + \mu\dfrac{\partial Y}{\partial y} + \mu\dfrac{\partial Z}{\partial z}\right] \\ (1+\mu)\nabla^2 \sigma_y + \dfrac{\partial^2 \Omega}{\partial y^2} = -\dfrac{1+\mu}{1-\mu}\left[(2-\mu)\dfrac{\partial Y}{\partial y} + \mu\dfrac{\partial Z}{\partial z} + \mu\dfrac{\partial X}{\partial x}\right] \\ (1+\mu)\nabla^2 \sigma_z + \dfrac{\partial^2 \Omega}{\partial z^2} = -\dfrac{1+\mu}{1-\mu}\left[(2-\mu)\dfrac{\partial Z}{\partial z} + \mu\dfrac{\partial X}{\partial x} + \mu\dfrac{\partial Y}{\partial y}\right] \\ (1+\mu)\nabla^2 \tau_{yz} + \dfrac{\partial^2 \Omega}{\partial y \partial z} = -(1-\mu)\left(\dfrac{\partial Z}{\partial y} + \dfrac{\partial Y}{\partial z}\right) \\ (1+\mu)\nabla^2 \tau_{zx} + \dfrac{\partial^2 \Omega}{\partial z \partial x} = -(1-\mu)\left(\dfrac{\partial X}{\partial z} + \dfrac{\partial Z}{\partial x}\right) \\ (1+\mu)\nabla^2 \tau_{xy} + \dfrac{\partial^2 \Omega}{\partial x \partial y} = -(1-\mu)\left(\dfrac{\partial Y}{\partial x} + \dfrac{\partial X}{\partial y}\right) \end{cases} \tag{1-18}$$

式中，μ 为材料的泊松比；$\Omega = \sigma_x + \sigma_y + \sigma_z$。

1.2 岩石中的位移与应变

1.2.1 位移与应变的关系

在一定的外载荷作用下，可变形固体将产生变形，进而在物体（岩石）内不同点引起不同的位移。在 $Oxyz$ 三维直角坐标系中，以 u，v，w 表示固体中任意点沿 x，y，z 方向的位移，以 ε_x，ε_y，ε_z 表示沿 x，y，z 方向的正应变，$\gamma_{xy}=\gamma_{yx}$，$\gamma_{yz}=\gamma_{zy}$，$\gamma_{zx}=\gamma_{xz}$表示坐标轴之间的剪应变，则有位移分量与变形分量之间的下列关系。我们称这些关系为几何方程。

$$\begin{cases}\varepsilon_x=\dfrac{\partial u}{\partial x},\varepsilon_y=\dfrac{\partial v}{\partial y},\varepsilon_z=\dfrac{\partial w}{\partial z}\\ \gamma_{xy}=\dfrac{\partial v}{\partial x}+\dfrac{\partial u}{\partial y},\gamma_{yz}=\dfrac{\partial w}{\partial y}+\dfrac{\partial v}{\partial z},\gamma_{zx}=\dfrac{\partial u}{\partial z}+\dfrac{\partial w}{\partial x}\end{cases}\tag{1-19}$$

以张量表示，几何方程可以写为：

$$\varepsilon_i=u_{i,i},\ \gamma_{ij}=u_{ii,j}+u_{jj,i}\quad（不求和）\tag{1-20}$$

1.2.2 岩石中任一点的应变状态与主应变

设表示岩石中任意点 P 处的六个应变分量 ε_x，ε_y，ε_z，γ_{xy}，γ_{yz}，γ_{zx}已知，如图 1-3 所示，过 P 点，沿 N 方向的任一微小线段 $PN=\mathrm{d}r$ 的正应变求解如下。设 PN 的方向余弦为 l，m，n，于是该线段在坐标轴上的投影为：

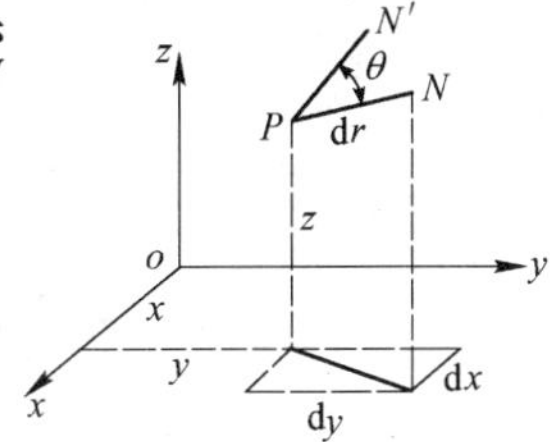

图 1-3 物体内一点的应变状态

$$\mathrm{d}x=l\mathrm{d}r,\ \mathrm{d}y=m\mathrm{d}r,\ \mathrm{d}z=n\mathrm{d}r$$

以 u、v、w 表示 P 点的位移分量，以 u_N、v_N、w_N表示 N 点的位移分量，则有：

$$\begin{cases}u_N=u+\dfrac{\partial u}{\partial x}+\dfrac{\partial u}{\partial y}+\dfrac{\partial u}{\partial z}\\ v_N=v+\dfrac{\partial v}{\partial x}+\dfrac{\partial v}{\partial y}+\dfrac{\partial v}{\partial z}\\ w_N=u+\dfrac{\partial w}{\partial x}+\dfrac{\partial w}{\partial y}+\dfrac{\partial w}{\partial z}\end{cases}$$

在变形后，线段 PN 在坐标轴上的投影为：

$$\mathrm{d}x+u_N-u,\ \mathrm{d}y+v_N-v,\ \mathrm{d}z+w_N-w$$

命 ε_N 为 PN 的正应变，则该线段变形后的长度为：

$$\mathrm{d}r+\varepsilon_N\mathrm{d}r=[(\mathrm{d}x+u_N-u)^2+(\mathrm{d}y+v_N-v)^2+(\mathrm{d}z+w_N-w)^2]^{\frac{1}{2}}$$

将上式两边除 $\mathrm{d}r$，略去高阶小量，同时注意到 $l^2+m^2+n^2=1$ 及几何方程 1-19，得：

$$\varepsilon_N=l^2\varepsilon_x+m^2\varepsilon_y+n^2\varepsilon_z+lm\gamma_{xy}+mn\gamma_{yz}+nl\gamma_{zx} \tag{1-21}$$

如图 1-3 所示，设 PN 变形后的方向余弦为 l_1，m_1，n_1，PN'变形前后的方向余弦为 l'，m'，n' 和 l'_1，m'_1，n'_1，由此可求得 PN 与 PN'变形前后的夹角 θ 和 θ_1：

$$\theta=\cos^{-1}[ll'+mm'+nn'] \tag{1-22}$$

$$\begin{aligned}\theta_1&=\cos^{-1}[l_1l'_1+m_1m'_1+n_1n'_1]\\&=\cos^{-1}[(1-\varepsilon_N-\varepsilon_{N'})\cos\theta+2(ll'\varepsilon_x+mm'\varepsilon_y+nn'\varepsilon_z)+\\&\quad(mn'+m'n)\gamma_{yz}+(nl'+n'l)\gamma_{zx}+(lm'+l'm)\gamma_{xy}]\end{aligned} \tag{1-23}$$

$\theta_1-\theta$ 即表示 PN 与 PN'之间夹角的变化。其中：

$$\begin{cases}l_1=l\left(1-\varepsilon_N+\dfrac{\partial u}{\partial x}\right)+m\dfrac{\partial u}{\partial y}+n\dfrac{\partial u}{\partial z}\\m_1=m\left(1-\varepsilon_N+\dfrac{\partial v}{\partial y}\right)+l\dfrac{\partial v}{\partial x}+n\dfrac{\partial v}{\partial z}\\n_1=n\left(1-\varepsilon_N+\dfrac{\partial w}{\partial z}\right)+l\dfrac{\partial w}{\partial x}+m\dfrac{\partial w}{\partial y}\end{cases}$$

l'_1，m'_1，n'_1与 l'，m'，n'之间也有类似关系。

至此可以看出，在物体内的任意一点，已知 6 个应变分量，可以求得经过该点的任一线段的正应变，还可以求得经过该点的任意两线段之间的夹角的变化。因此，6 个应变分量完全决定该点的变形状态。

1.2.3 主应变与应变不变量

比较式 1-5 与式 1-21，可以发现：如果以正应变 ε_x，ε_y，ε_z 代

替正应力σ_x，σ_y，σ_z，以一半剪应变$\frac{1}{2}\gamma_{xy}$，$\frac{1}{2}\gamma_{yz}$，$\frac{1}{2}\gamma_{zx}$代替剪应力τ_{xy}，τ_{yz}，τ_{zx}，则式1-5与式1-21相同。经过进一步的几何分析可以得知，在物体（岩石）内的任一点，一定存在三个互相垂直的变形主向，它们所形成的三个直角在变形之后仍为直角（即剪应变为零）。沿这三个变形主向的正应变称为主应变，三个主应变中最大的一个即是该点的最大主应变，最小的一个即是该点的最小主应变。三个主应变从大到小，依次表示为ε_1，ε_2，ε_3。

与主应力的情况类似，主应变ε_1，ε_2，ε_3是下列三次方程中ε的3个实根：

$$\varepsilon^3-(\varepsilon_x+\varepsilon_y+\varepsilon_z)\varepsilon^2+\left(\varepsilon_x\varepsilon_y+\varepsilon_y\varepsilon_z+\varepsilon_x\varepsilon_x-\frac{\gamma_{xy}^2+\gamma_{yz}^2+\gamma_{zx}^2}{4}\right)\varepsilon-\left(\varepsilon_x\varepsilon_y\varepsilon_z-\frac{\varepsilon_x\gamma_{yz}+\varepsilon_y\gamma_{zx}+\varepsilon_z\gamma_{xy}}{4}+\frac{\gamma_{xy}\gamma_{yz}\gamma_{zx}}{4}\right)=0 \tag{1-24}$$

参照上节对应力的类似分析，下列表达式的值也不随坐标系的改变而改变：

$$\begin{cases} e_1=\varepsilon_x+\varepsilon_y+\varepsilon_z \\ e_2=\varepsilon_x\varepsilon_y+\varepsilon_y\varepsilon_z+\varepsilon_x\varepsilon_x-\dfrac{\gamma_{xy}^2+\gamma_{yz}^2+\gamma_{zx}^2}{4} \\ e_3=\varepsilon_x\varepsilon_y\varepsilon_z-\dfrac{\varepsilon_x\gamma_{yz}+\varepsilon_y\gamma_{zx}+\varepsilon_z\gamma_{xy}}{4}+\dfrac{\gamma_{xy}\gamma_{yz}\gamma_{zx}}{4} \end{cases} \tag{1-25}$$

称为变形状态的不变量，即应变不变量。

可以证明，应变不变量可以用主应变表示如下：

$$\begin{cases} e_1=\varepsilon_1+\varepsilon_2+\varepsilon_3 \\ e_2=\varepsilon_1\varepsilon_2+\varepsilon_2\varepsilon_3+\varepsilon_1\varepsilon_3 \\ e_3=\varepsilon_1\varepsilon_2\varepsilon_3 \end{cases} \tag{1-26}$$

1.2.4 应变偏量及其不变量

与应力偏量及其不变量相对应，这里有应变偏量和应变偏量不变量。首先定义应变的平均值：

$$\Delta=\frac{1}{3}(\varepsilon_x+\varepsilon_y+\varepsilon_z) \tag{1-27}$$

于是，有应变偏量：

$$\Delta_x=\varepsilon_x-\Delta,\ \Delta_y=\varepsilon_y-\Delta,\ \Delta_z=\varepsilon_z-\Delta$$
$$\Delta_{xy}=\gamma_{xy},\ \Delta_{yz}=\gamma_{yz},\ \Delta_{zx}=\gamma_{zx} \tag{1-28}$$

应变的平均值表示物体体积的改变，应变偏量则表示物体形状的改变。它们的张量表示形式为：

$$\Delta=\frac{1}{3}\varepsilon_{ii} \tag{1-29}$$

$$\Delta_{ij}=\varepsilon_{ij}-\Delta \quad (\text{若 } i\neq j,\ \text{则 } \Delta=0) \tag{1-30}$$

进一步，有应变偏量不变量的表达式：

$$\begin{cases}\Theta_1=\Delta_x+\Delta_y+\Delta_z\\ \Theta_2=\Delta_{xy}^2+\Delta_{yz}^2+\Delta_{zx}^2-(\Delta_x\Delta_y+\Delta_y\Delta z+\Delta_z\Delta_x)\\ \Theta_3=\Delta_x\Delta_y\Delta_z+2\Delta_{xy}\Delta_{yz}\Delta_{zx}-(\Delta_x\Delta_{yz}^2+\Delta_y\Delta_{zx}^2+\Delta_z\Delta_{xy}^2)\end{cases} \tag{1-31}$$

1.3 岩石的本构关系

求解固体力学问题，需要建立力学平衡方程、几何方程和将应力与变形联系起来的本构方程。力学平衡方程和几何方程具有通用性，不因固体材料性质的改变而改变，本构方程反映固体材料的性质，不同材料的本构方程有明显的不同。

岩石的本构方程（也称本构关系），描述岩石中的应力、应变及应变率之间的固有关系。静力学问题中往往不考虑应变率的效应，这时，岩石的本构方程即是岩石的应力应变关系。岩石的应力应变关系只能通过实验来建立，它是岩石力学最基本的关系或方程之一，占有重要的地位。

1.3.1 单轴应力条件下岩石的应力应变关系及其特点

岩石的应力应变关系，利用符合规定尺寸的岩石试件在压力机上加载至破坏而得到。如果采用刚性试验机，进行伺服控制加载，则不仅能获得岩石破坏前的应力应变关系，而且还能获得破坏后阶段的岩石应力应变关系。含有岩石破坏前与破坏后两个阶段的应力应变关系，称为岩石的全应力应变关系。将这一关系在（ε，σ）坐标系中表示出来，即得岩石的全应力-应变曲线，也称应力-应变全程曲线。

图 1-4 所示是典型软岩（页岩）在单轴压缩下的应力- 轴向应变全程曲线。它可大致分为以下几个阶段：

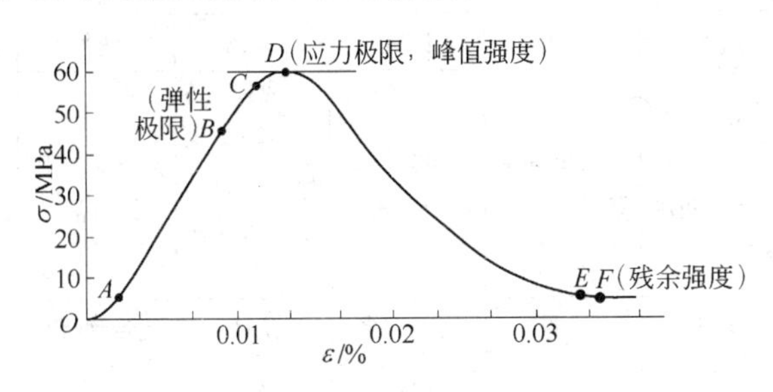

图 1-4　岩石的应力- 应变全程曲线

（1）*OA* 阶段，曲线微呈上凹，斜率逐渐增大，这是由于岩石中的孔隙闭合，引起刚度增大的结果。

（2）*AB* 阶段，应力- 轴向应变曲线近似呈直线，反映岩石的弹性变形特性，相应于 *B* 点的应力值称为比例极限（或弹性极限）。

（3）*BC* 阶段，曲线偏离直线，岩石出现软化，相应于 *C* 点的应力值称为屈服极限。对大多数岩石，可以认为弹性极限与屈服极限是同一个值。

（4）*CD* 阶段，变形随应力增加明显增大，岩石中微裂隙发展增多，至 *D* 点应力达到最大值，相应于 *D* 点的应力值称为峰值应力或岩石的单轴抗压强度。

（5）*DE* 阶段，破坏后阶段，反映岩石在破坏点之后并不完全失去承载能力，而是保持一较小值，相应于 *E* 点的应力值为残余强度。

（6）*EF* 阶段，应力不再增加，变形无限增长。

岩石的应力- 应变曲线差别很大，只有典型软岩的全应力- 应变曲线才会具有以上几个明显的变形阶段。以页岩为例，其全应力- 应变曲线各阶段的特点见表 1-1[2]。

岩石的应力- 应变曲线，因岩石性质不同而有明显差异，对各类岩石，破坏前的应力- 应变曲线可归纳为图 1-5 所示的 4 种基本类型[3]。

表 1-1 岩石全应力-应变曲线特征表

区段 特征	OA	AB	BC	CD	DE	EF
斜率	渐增	不变	渐减	速减	变号	变为零
裂隙状态	原始裂隙闭合，试件与压板间隙调整	微量新裂隙产生	应力达 $0.5\sigma_c$ 以上时，新裂隙产生渐多	应力达 $0.5\sigma_c$ 以上时，新裂隙急增并互相贯穿	贯穿裂隙继续发展	裂隙停止发育
声发射	微量	少量	明显增多	急增	继续变化	停止变化
残余应变	无	无	有	有	有	有

注：σ_c 表示岩石的峰值应力。

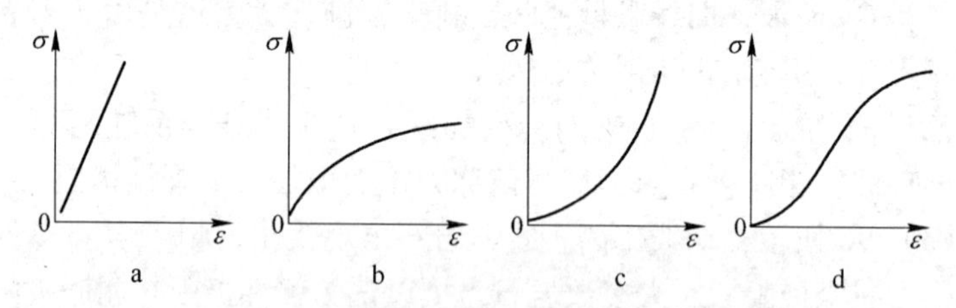

图 1-5 岩石破坏前轴向应力-应变曲线的基本类型

a—直线形；b—上凸形；c—上凹形；d—*S* 形

(1) 直线形。该类曲线主要描述具有很明显的弹性特性的岩石，且绝大多数有很强的脆性性态，其代表性岩石主要有石英岩、玄武岩等很坚硬的岩石。

(2) 上凸形。也被称作弹塑性曲线，该曲线主要反映具有较明显塑性变形的岩石。石灰岩和粉砂岩是该类曲线的代表性岩石。

(3) 上凹形。具有较大的孔隙但其岩石又比较坚硬，往往会表现出具有该类曲线的特性。由于该类岩石的孔隙在前期的应力作用下发生了闭合，使得从宏观上表现出较大的变形。据此也有人称其为塑弹性曲线，具有这类特性的主要岩石有片麻岩。

(4) *S* 形。该类曲线主要表征呈塑弹塑性的岩石。其实质是上凸形与上凹形的组合，表现出既有多孔隙岩石的特征又具有明显塑性的岩石。大理岩是这类曲线所描述的代表性岩石。

1.3.2 岩石变形特性的表示指标

根据岩石的应力-应变曲线，即可以确定岩石的变形特性指标。在工程实践中，常用的岩石变形特性指标有弹性模量 E、泊松比 μ 和体积应变 ε_V。

1.3.2.1 弹性模量 E

岩石的弹性模量 E 定义为单轴压缩条件下轴向压应力与轴向应变之比：

$$E=\frac{\sigma}{\varepsilon} \tag{1-32}$$

对非线性弹性的弹性模量，有以下三种定义：

初始模量：$E=\left(\frac{\mathrm{d}\sigma}{\mathrm{d}\varepsilon}\right)_0$，即过原点的切线斜率；

切线模量：$E=\left(\frac{\mathrm{d}\sigma}{\mathrm{d}\varepsilon}\right)_p$，即过任意点 p 的切线斜率；

割线模量：$E=\left(\frac{\sigma}{\varepsilon}\right)_p$，即任意点 p 的纵横坐标之比。

为便于在国际范围内互相比较，ISMR 建议采用下列 3 种定义之一作为非线弹性岩石的弹性模量[2]：（1）$\sigma=0.5\sigma_c$（σ_c 为岩石的单轴抗压强度）点相应的切线模量；（2）$\sigma=0.5\sigma_c$ 点相应的割线模量；（3）弹性范围内近似直线段的平均斜率。一般地，岩石的弹性模量为 20～50GPa。

1.3.2.2 泊松比 μ

泊松比 μ 指单轴压缩条件下岩石的横向应变与纵向应变之比的绝对值。一般说来，只适用于岩石的弹性变形阶段。

单轴压缩时，$\sigma_1\neq0$，$\varepsilon_1\neq0$，$\sigma_2=\sigma_3=0$，但 $\varepsilon_2\neq0$，$\varepsilon_3\neq0$。ε_1 为轴向应变，ε_2，ε_3 为横向应变。对各向同性岩石（$\varepsilon_2=\varepsilon_3$），泊松比 μ 的定义表达式为：

$$\mu=-\frac{\varepsilon_2}{\varepsilon_1} \tag{1-33}$$

一般岩石在弹性范围内的 $\mu=0.15\sim0.35$。

1.3.2.3 体积应变 ε_V

岩石单轴压缩时，始终伴随有体积变化。总的特点是：在弹性阶段，体积减小；在塑性阶段，体积增大（图 1-6[3,4]）。岩石在塑性阶段及破坏后阶段的体积增大称为扩容或剪胀现象[2,5]。岩石受压过程中产生剪胀，主要解释为[3]：岩石试件在不断加载过程中，试件中微裂纹的张开、扩展和贯通等现象的出现，促使岩石内的空隙不断增大，导致岩石在宏观上表现为体积随之增大。岩石的剪胀特性在单轴受压和三轴受压实验中均有表现，这一现象近年来已引起了较多的关注。

在弹性阶段，岩石的体积应变定义为：

$$\varepsilon_V = \frac{\Delta V}{V_0} = \varepsilon_1 + \varepsilon_2 + \varepsilon_3 = (1-2\mu)\varepsilon_1 \tag{1-34}$$

对理想塑性材料，其 $\mu = 0.5$，$\varepsilon_V = (1-2\times0.5)\varepsilon_1 = 0$，即体积不发生变化。

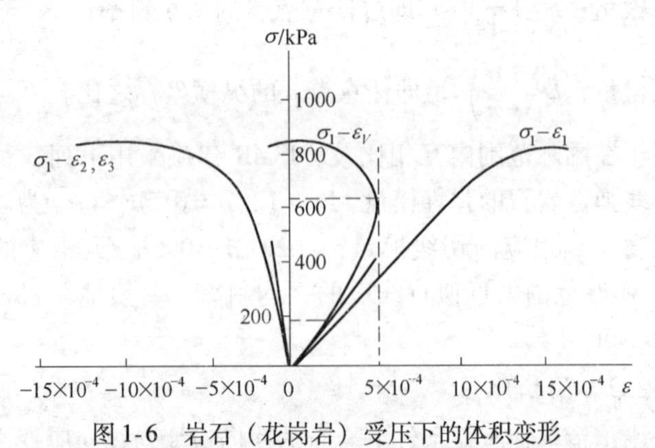

图 1-6 岩石（花岗岩）受压下的体积变形

1.3.3 三轴应力下岩石的变形特征

岩石的三轴受力分两种情况，即真三轴和假三轴。真三轴指岩石受力 $\sigma_1>\sigma_2>\sigma_3$ 的情况，这时可以充分研究中间主应力 σ_2 对岩石性质的影响，但实现起来有较大难度；假三轴则是指 $\sigma_1>\sigma_2=\sigma_3$ 的受力情况，用以研究围压对岩石性质的影响。假三轴实验较真三轴受力实验容易实现，因而所做的研究及取得的成果较多。

在假三轴应力条件下，这里的问题归结为围压对岩石变形性质的影响。研究表明[3]，不同岩石对围压的敏感性不同，高强度致密岩石对围压的敏感性较差，见图1-7a中辉长岩的（$\sigma_1-\sigma_3$）-ε_1曲线；岩性较差的岩石对围压的敏感性较高，如图1-7b所示，原因是这类岩石具有较多的空隙，在围压作用下，空隙闭合而使岩石刚度增加。

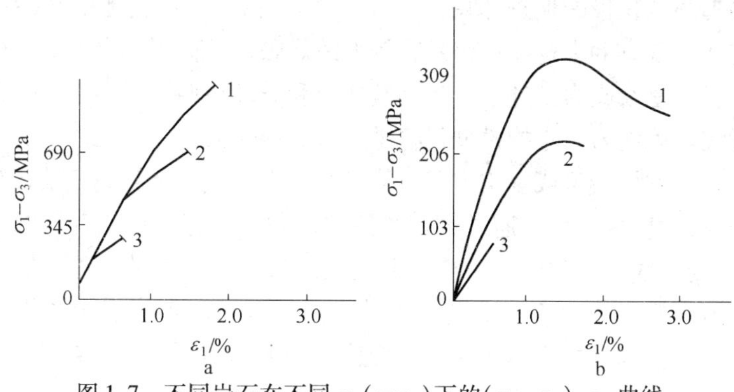

图1-7　不同岩石在不同$\sigma_3(=\sigma_2)$下的$(\sigma_1-\sigma_3)$-ε_1曲线

a—高强度致密岩石

1—$\sigma_3=138$MPa；2—$\sigma_3=69$MPa；3—$\sigma_3=34.5$MPa

b—岩性较差的岩石

1—$\sigma_3=138$MPa；2—$\sigma_3=34.5$MPa；3—$\sigma_3=0$

在假三轴应力条件下，岩石的屈服极限、强化程度、破坏强度、破坏时的应变量及残余强度等都与围压大小成正比关系[3]。

文献［3］还认为：三轴压缩下的岩块，随围压的增加，E、μ变化不大，与单轴压缩下基本相等。根据这一性质，在工程意义上，可以通过简单的单轴试验，确定复杂应力状态下的弹性常数。

真三轴试验主要用于研究中间主应力的影响。研究表明，在最小主应力σ_3不变的条件下，随着中间主应力σ_2的增加，岩石的变形呈现以下特点：随着σ_2的增加，岩石屈服极限有所提高，弹性模量基本不变，岩石的变形由塑性向脆性过渡。

1.3.4　岩石的本构模型

岩石的本构模型是求解岩石力学问题的基础。无论采用解析方法，还是采用有限元、边界元等数值方法，计算岩土工程中的应力、应变时，都将要用到这样或那样的应力-应变关系，即本构关系、本构方程或本构模型。因此，岩石本构模型的研究一直是岩石力学研究的热点之一，并受到理论与工程界的广泛重视。近年来，岩石本构模型的研究取得了许多有意义的研究成果，对各种重要岩土工程问题的解决起到了积极的促进作用[6~10]。然而，由于岩石构成的复杂性与多变性，现有的本构模型仍具有较大的局限性，尚不能令人满意地描述岩石在复杂应力条件下，包括破坏前和破坏后两阶段的岩石受力变形过程。因而岩石本构模型仍将是未来岩石研究的主题之一。

岩石本构模型或本构方程，或者利用由岩块的单轴或三轴试验得到的应力-应变曲线，通过数理统计的回归方法建立；或者把试验应力-应变曲线典型化为力学模型而建立。目前，已有了一些可供选择的岩石本构模型，表1-2列出了其中的一部分。求解岩土工程问题时，需要根据具体岩石的应力应变特征和求解问题的范围选取。

表1-2 常见的岩土力学模型与本构方程[2]

模型名称	图示	本构方程	应用条件
线弹性	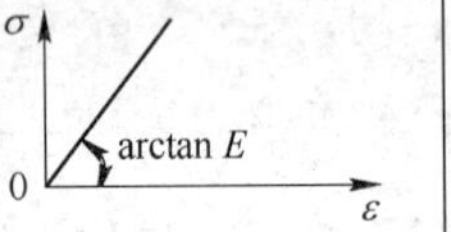 σ；arctan E；0；ε	$\sigma=E\varepsilon$	弹性区
线弹性、理想弹塑性	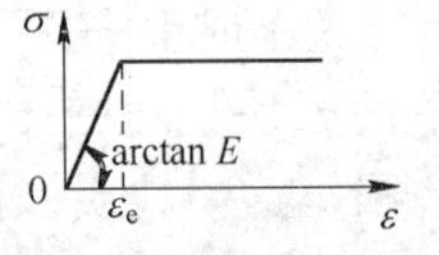 σ；arctan E；0；ε_e；ε	$\sigma=\begin{cases}E\varepsilon & \varepsilon\leqslant\varepsilon_e\\ E\varepsilon_e & \varepsilon\geqslant\varepsilon_e\end{cases}$	理想弹塑性区（有屈服平台）
双线性（线弹性、线性硬化）	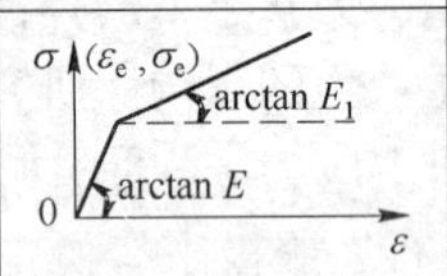 σ；(ε_e,σ_e)；arctan E_1；arctan E；0；ε	$\sigma=\begin{cases}E\varepsilon & \varepsilon\leqslant\varepsilon_e\\ \sigma_e+E_1(\varepsilon-\varepsilon_e) & \varepsilon\geqslant\varepsilon_e\end{cases}$	峰前区或延性岩石全区
多线性	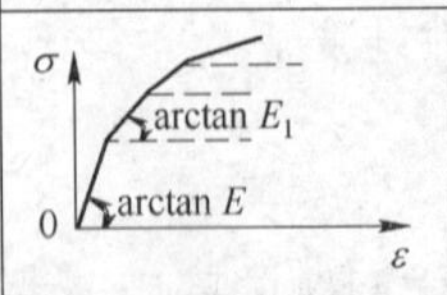 σ；arctan E_1；arctan E；0；ε	$\sigma=\begin{cases}E\varepsilon & \varepsilon\leqslant\varepsilon_e\\ \sigma_e+E_1(\varepsilon-\varepsilon_{e1}) & \varepsilon\geqslant\varepsilon_e\\ \cdots\cdots\end{cases}$	峰前区或延性岩石全区

续表 1-2

模型名称	图示	本构方程	应用条件
双曲线	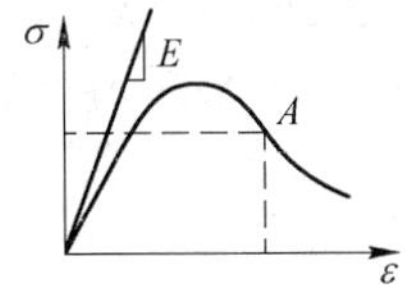	$\sigma=\dfrac{\varepsilon}{a+b\varepsilon}$	峰前区或延性岩石全区
负指数曲线	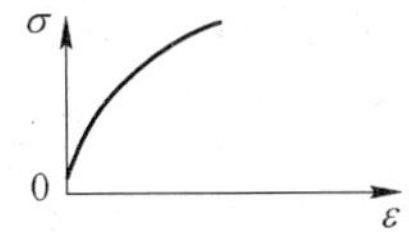	$\sigma=a\varepsilon \mathrm{e}^{-\frac{\varepsilon}{\varepsilon_0}}$	全应力-应变区
应变软化	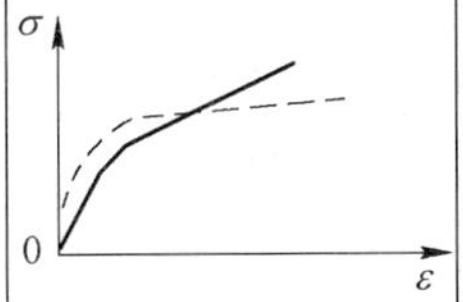	$q=\dfrac{\varepsilon_1(a+c\varepsilon_1)}{(a+b\varepsilon_1)^2}$ $q=\dfrac{3}{\sqrt{2}}\tau_{oct}=1.87\tau_{max}$	全应力-应变区
三轴统计损伤模型	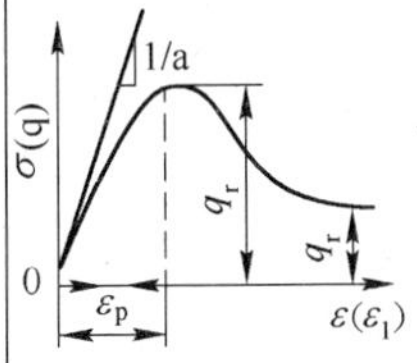	$\sigma=E\varepsilon\exp\left[-\left(\dfrac{\varepsilon}{r_\varepsilon\varepsilon_0}\right)^m\right]A$ $A=1+\dfrac{r_\sigma-r_\varepsilon}{r_\varepsilon^2\varepsilon_c\varepsilon}$	全应力-应变区

注：ε_e 为与屈服应力 σ_e 对应的初始应变；E_1 为硬化模量；a，b，c 为常数；ε_0 为指数常数；q 为广义剪应力，$q=\max\{\sigma_1-\sigma_2,\ \sigma_2-\sigma_3,\ \sigma_1-\sigma_3\}$；$\tau_{oct}$ 为八面体剪应力，$\tau_{oct}=\dfrac{1}{3}\sqrt{(\sigma_1-\sigma_2)^2+(\sigma_2-\sigma_3)^2+(\sigma_3-\sigma_1)^2}$；$\varepsilon_1$ 为最大主应变；ε_0，m 为损伤软化参数；r_σ，r_ε 为应力、应变强度函数；ε_c 为单轴压缩强度对应的应变；σ_1，σ_2，σ_3 为主应力。

1.4 弹性应力下岩石本构方程及流变特性

1.4.1 弹性应力下的应力应变关系

工程中，求解岩石力学问题时，为简便起见，常将岩石当做弹性介质来处理。弹性应力下，岩石中的应力应变有一一对应关系，进一步可认为是线性关系，即认为岩石中的应力应变服从胡克定律：

$$\sigma = f(\varepsilon) = E\varepsilon \tag{1-35}$$

三向应力条件下，弹性岩石中一点的应力状态只对应于一定的应变状态，反之亦然。由于应力应变之间相互是单值函数，于是可得应力应变之间的关系为[11,12]：

$$\begin{cases} \sigma_x = f_1(\varepsilon_x,\ \varepsilon_y,\ \varepsilon_z,\ \gamma_{xy},\ \gamma_{yz},\ \gamma_{zx}) \\ \sigma_y = f_2(\varepsilon_x,\ \varepsilon_y,\ \varepsilon_z,\ \gamma_{xy},\ \gamma_{yz},\ \gamma_{zx}) \\ \sigma_z = f_3(\varepsilon_x,\ \varepsilon_y,\ \varepsilon_z,\ \gamma_{xy},\ \gamma_{yz},\ \gamma_{zx}) \\ \tau_{xy} = f_4(\varepsilon_x,\ \varepsilon_y,\ \varepsilon_z,\ \gamma_{xy},\ \gamma_{yz},\ \gamma_{zx}) \\ \tau_{yz} = f_5(\varepsilon_x,\ \varepsilon_y,\ \varepsilon_z,\ \gamma_{xy},\ \gamma_{yz},\ \gamma_{zx}) \\ \tau_{zx} = f_6(\varepsilon_x,\ \varepsilon_y,\ \varepsilon_z,\ \gamma_{xy},\ \gamma_{yz},\ \gamma_{zx}) \end{cases} \tag{1-36}$$

忽略加载前的初应力，在小变形时，将上式展开且仅取一次项，则可表示为：

$$\{\sigma\} = [C]\{\varepsilon\} \tag{1-37}$$

式中

$$\{\sigma\}^{\mathrm{T}} = [\sigma_x,\ \sigma_y,\ \sigma_z,\ \tau_{xy},\ \tau_{yz},\ \tau_{zx}]$$

$$\{\varepsilon\}^{\mathrm{T}} = [\varepsilon_x,\ \varepsilon_y,\ \varepsilon_z,\ \gamma_{xy},\ \gamma_{yz},\ \gamma_{zx}]$$

$$C = \begin{bmatrix} C_{11} & C_{12} & C_{13} & C_{14} & C_{15} & C_{16} \\ C_{21} & C_{22} & C_{23} & C_{24} & C_{25} & C_{26} \\ C_{31} & C_{32} & C_{33} & C_{34} & C_{35} & C_{36} \\ C_{41} & C_{42} & C_{43} & C_{44} & C_{45} & C_{46} \\ C_{51} & C_{52} & C_{53} & C_{54} & C_{55} & C_{56} \\ C_{61} & C_{62} & C_{63} & C_{64} & C_{65} & C_{66} \end{bmatrix} \tag{a}$$

式中，$C_{m,n}$（m，n=1，2，…，6）为弹性常数。式1-36即为广义胡克定律的一般形式，其中的36个弹性常数具有以下一些性质：

（1）一个弹性体内贮藏应变能表明，式1-36中的弹性常数必具有对称性，即 $C_{m,n} = C_{n,m}$，于是弹性常数从36个减少到21个。这时，如果沿任何两个方向的弹性性质都互不相同，则称为极端各向异性。这时：

$$C=\begin{bmatrix} C_{11} & C_{12} & C_{13} & C_{14} & C_{15} & C_{16} \\ & C_{22} & C_{23} & C_{24} & C_{25} & C_{26} \\ & & C_{33} & C_{34} & C_{35} & C_{36} \\ & & & C_{44} & C_{45} & C_{46} \\ & \text{对称} & & & C_{55} & C_{56} \\ & & & & & C_{66} \end{bmatrix} \tag{b}$$

（2）如果沿任何两个相反方向的弹性关系相同，即岩石具有正交各向异性时，则弹性常数进一步从21个减少到9个。这时：

$$C=\begin{bmatrix} C_{11} & C_{12} & C_{13} & 0 & 0 & 0 \\ & C_{22} & C_{23} & 0 & 0 & 0 \\ & & C_{33} & 0 & 0 & 0 \\ & & & C_{44} & 0 & 0 \\ & \text{对称} & & & C_{55} & 0 \\ & & & & & C_{66} \end{bmatrix} \tag{c}$$

（3）又如果沿各相互垂直方向的弹性关系相同，即如果岩石具有横观各向同性时，则弹性常数进一步从9个减少到5个。这时，式c中

$$C_{11}=C_{22},\ C_{13}=C_{23},\ C_{44}=2(C_{11}-C_{12}),\ C_{55}=C_{66} \tag{d}$$

（4）如果沿两轴转动任意角度后的方向弹性关系相同，即岩石具有各向同性时，则只有两个弹性常数是独立的。这时，式c中只有C_{11}，C_{12}是独立的，其余常数均可用这两个来表示：

$$\begin{gathered} C_{11}=C_{22}=C_{33},\ C_{12}=C_{23}=C_{13}, \\ C_{44}=C_{55}=C_{66}=C_{11}-C_{12} \end{gathered} \tag{e}$$

在各向同性岩石中，常用到以下一些弹性常数，它们之间的关系见表1-3。

1.4.2 岩石流变的本构方程及特性

工程实际中，面对的岩石都不是弹性的，而是弹塑性的、黏弹性

的或黏弹塑性的，加上各种结构弱面的影响等，本构关系较为复杂。

表 1-3 各向同性岩石的弹性常数之间的关系[12]

系统	弹性模量 $E=$	泊松比 $\mu=$	剪切模量 $G=$ $\nu=$	体积模量 $K=$	拉梅常数 $\lambda=$
E,μ	E	μ	$\frac{E}{2(1+\mu)}$	$\frac{E}{3(1-2\mu)}$	$\frac{E\mu}{(1+\mu)(1-2\mu)}$
K,G	$\frac{9KG}{3K+G}$	$\frac{3K-2G}{2(3K+G)}$	G	K	$K-\frac{2}{3}G$
λ,ν	$\frac{3\lambda+2\nu}{\lambda+\nu}\nu$	$\frac{\lambda}{2(\lambda+\nu)}$	ν	$\lambda+\frac{2}{3}\nu$	λ
K,μ	$3K(1-2\mu)$	μ	$\frac{3K(1-2\mu)}{2(1+\mu)}$	K	$\frac{3K\mu}{1+\mu}$
K,λ	$\frac{9K(K-\lambda)}{3K-\lambda}$	$\frac{\lambda}{3K-\lambda}$	$\frac{3}{2}(K-\lambda)$	K	λ
K,E	E	$\frac{3K-E}{6K}$	$\frac{3KE}{9K-1}$	K	$\frac{3K(3K-E)}{9K-1}$
G,μ	$2G(1+\mu)$	μ	G	$\frac{2G(1+\mu)}{3(1-2\mu)}$	$\frac{2G\mu}{1-2\mu}$
E,G	E	$\frac{E}{2G}-1$	G	$\frac{GE}{3(3G-E)}$	$\frac{G(E-2G)}{3G-E}$
λ,μ	$\frac{\lambda(1+\mu)(1-2\mu)}{\mu}$	μ	$\frac{\lambda(1-2\mu)}{2\mu}$	$\frac{\lambda(1+\mu)}{3\mu}$	λ

注：λ 为拉梅常数，通常用在波的问题上；弹性模量 E，剪切模量 G，泊松比 μ 通常用在弹性力学问题上；体积模量 K，剪切模量 G 通常用在将变形分解成体积变形和形状变形的问题上。这些弹性常数中，只有 2 个是独立的。

考虑黏性效应岩石的力学模型由材料的基本力学模型的组合来表示。表 1-4 为材料的基本力学模型关系。

当前，岩石力学中常见的力学本构模型有多种，能够满足描述工程实践中所遇到的各类岩石本构方程的需要，可以很好地描述岩石的弹性、塑性、蠕变、松弛、卸载及弹性后效等特性[5]。以下介绍几

表 1-4 材料基本力学模型的应力-应变或应力-应变率关系

物体	基本模型	应力-应变或应力-应变率关系	应力-应变方程或应力-应变率方程	说明
刚性体 （Eu 体）		$\sigma(\tau)$，o，$\varepsilon(\gamma)$	$\varepsilon=0$ $\gamma=0$	任何情况下无变形
弹性体 （H 体）		$\sigma(\tau)$，$\tan^{-1}E(G)$，o，$\varepsilon(\gamma)$	$\sigma=E\varepsilon$ $\tau=G\gamma$	有弹性和强度，无黏滞性，应力-应变一一对应
黏滞体 （N 体）		$\sigma(\tau)$，$\tan^{-1}\eta$，o，$\dot{\varepsilon}(\dot{\gamma})$	$\sigma=\eta\dot{\varepsilon}$ $\tau=\eta\dot{\gamma}$	有黏滞性，无弹性和强度，无弹性后效和松弛
塑性体 （St. V 体）		$\sigma(\tau)$，$\sigma_y(\tau_y)$，o，$\varepsilon(\gamma)$	$\sigma=\sigma_y$ $\tau=\tau_y$	有效弹性和大塑性无黏滞性

种常用的岩石力学本构模型。

（1）Maxwell 模型。Maxwell 模型由弹性体与黏滞体串联而成，可表述黏弹性岩石的本构方程。Maxwell 模型表示为：“H—N”，如图 1-8 所示。其本构方程为：

$$\dot{\varepsilon}=\dot{\sigma}/E+\sigma/\eta \tag{1-38}$$

蠕变特征为：

$$\varepsilon=\sigma_0 t/\eta+\sigma_0/E \tag{1-39}$$

式中，σ_0 为蠕变开始时刻的应力。

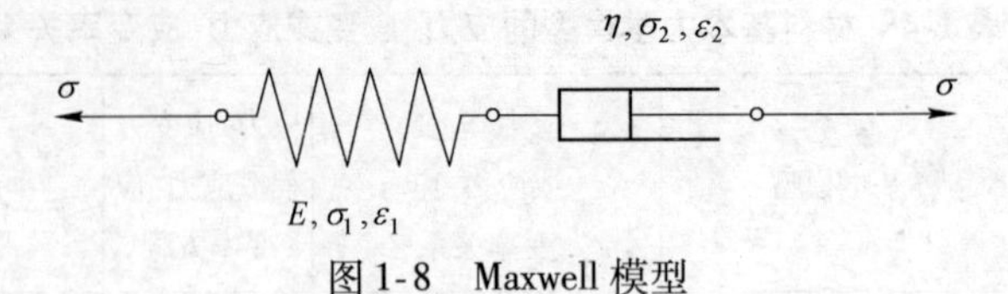

图 1-8　Maxwell 模型

松弛特征为：

$$\sigma=\sigma_0\exp(-Et/\eta) \tag{1-40}$$

式中，σ_0 为松弛开始时刻的应力。

卸载特征为，$t=0$ 时刻卸载，应力由当前值变到 0，弹性应变瞬间恢复，其余应变不可恢复。Maxwell 的这些特征如图 1-9 所示。

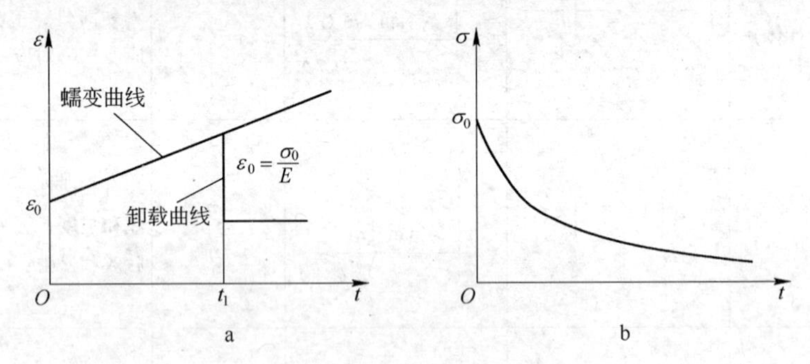

图 1-9　Maxwell 的特性曲线

a—蠕变曲线与卸载曲线；b—松弛曲线

（2）Kelver 模型。Kelver 模型也是一种黏弹性体模型，由弹性体和黏滞体并联而成，表示为：“H//N”，如图 1-10 所示。

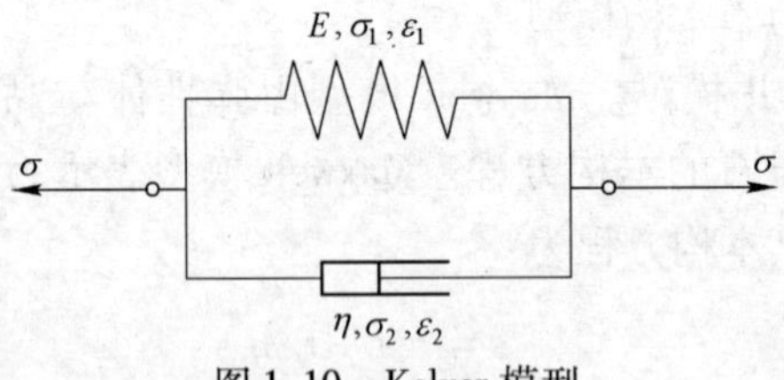

图 1-10　Kelver 模型

Kelver 模型的本构方程为：

$$\sigma=E\varepsilon+\eta\dot{\varepsilon} \tag{1-41}$$

其蠕变特性为：

$$\varepsilon=\sigma_0[1-\exp(-Et/\eta)]/E \tag{1-42}$$

卸载特性为：

$$\varepsilon=\varepsilon_0\exp[E(t_0-t)/\eta] \tag{1-43}$$

式中，t_0为开始卸载的时刻；ε_0 为 t_0时刻的应变。

松弛特性为，保持应变不变，则应力恒定，不随时间增加而减少，因此 Kelver 模型无松弛。

Kelver 模型的蠕变特性、卸载特性如图 1-11 所示。

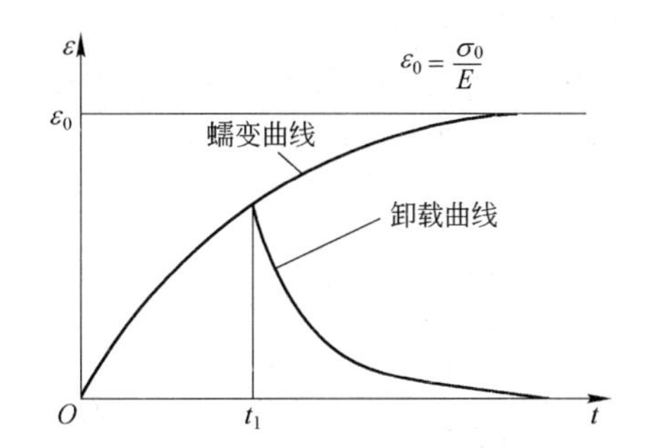

图 1-11 Kelver 模型的蠕变曲线和卸载曲线

对于工程实际中的岩石，往往需要更为复杂的基本模型组合才能够很好地描述其本构特性，如 Burgers 模型（图 1-12）和西原模型（图 1-13）等。

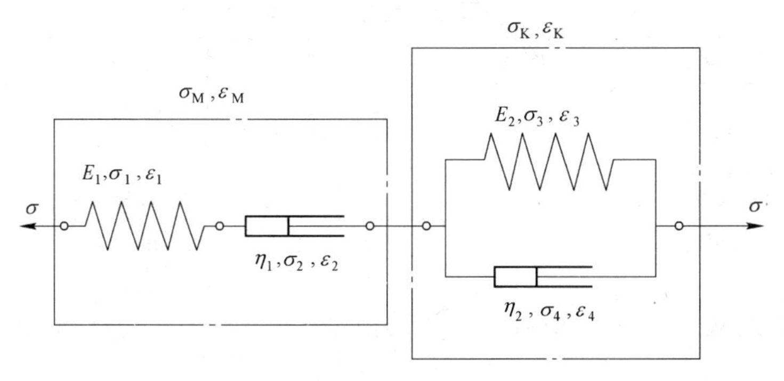

图 1-12 Burgers 模型

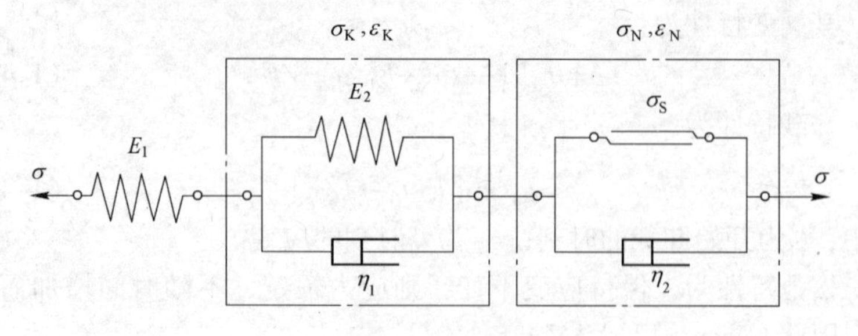

图 1-13　西原模型

Burgers 模型的本构方程为：

$$\ddot{\sigma}+\left(\frac{E_1}{\eta_2}+\frac{E_1}{\eta_1}+\frac{E_2}{\eta_2}\right)\dot{\sigma}+\frac{E_1E_2}{\eta_1\eta_2}\sigma=E_1\ddot{\varepsilon}+\frac{E_1E_2}{\eta_2}\dot{\varepsilon} \tag{1-44}$$

西原模型的本构方程为：

$$\frac{\eta_1}{E_1}\dot{\sigma}+\left(1+\frac{E_2}{E_1}\right)\sigma=\eta_1\dot{\varepsilon}+E_2\varepsilon \quad (\sigma\leqslant\sigma_s) \tag{1-45}$$

或

$$\ddot{\sigma}+\left(\frac{E_1}{\eta_1}+\frac{E_2}{\eta_1}+\frac{E_2}{\eta_2}\right)\dot{\sigma}+\frac{E_1E_2}{\eta_1\eta_2}(\sigma-\sigma_s)=E_2\ddot{\varepsilon}+\frac{E_1E_2}{\eta_1}\dot{\varepsilon} \quad (\sigma>\sigma_s) \tag{1-46}$$

岩石力学中，目前已有各种力学模型来描述不同岩石条件的变形特性。各种常见岩石力学本构模型及其应用条件参见表 1-5。

表 1-5　常见岩石力学本构模型及其应用条件

模型名称	模型符号	表示含义	应用对象及条件
Maxwell 模型	M	弹性-黏性	处于很大深度的岩石、红色黏土
胡克模型	H	弹性	密实坚硬岩石
Kelver 模型	K	黏性-弹性	一般岩石、含碳岩石
鲍埃丁模型	H//M	黏性-弹性	砂岩、页岩、喷出岩、石灰岩、黏土质板岩、砂质页岩
广义 Kelver 模型	H-K	黏性-弹性	受短期载荷作用的岩石

续表 1-5

模型名称	模型符号	表示含义	应用对象及条件
伯格模型	M-K	黏性-弹性	软黏土板岩、页岩、黏土岩、煤系岩石
修正的伯格模型		黏性-弹性	煤系岩石
宾汉模型	H-(N//St. V)	弹性-黏性-塑性	黏土
劳能模型	(H-N//St. V)//N	弹性-黏性-塑性	碳质岩石、岩盐
杰弗里斯模型	N//M	黏性-弹性	硬黏土
杰弗尔德-斯科特-布内尔模型	H-(St. V//K) -(N//St. V)	弹性-黏性-塑性	岩盐、岩体软弱夹层
廖国华模型	H//St. V//M	弹性-黏性-塑性	完整岩石

注：“-”表示串联；“//”表示并联。

1.5 岩石的强度与强度准则

1.5.1 岩石的强度

外载荷作用下岩石抵抗破坏的能力称为岩石的强度。在数值上岩石的强度等于破坏时所达到的最大应力值（绝对值）。根据外载荷形式的不同，岩石强度分有压缩强度、剪切强度和拉伸强度等，按从大到小的顺序，各种岩石强度的排序为：三轴压缩强度>单轴压缩强度>剪切强度>单轴拉伸强度>三轴拉伸强度。

岩石的强度是岩石力学性质的反映，其数值大小由特定的试件（包括规则试件和不规则试件），在严格的试验条件下进行重复实验而获得。以单轴压缩强度为例，ISRM（国际岩石力学学会）建议采用规则试件的高宽比应为 2.5 ~ 3，以避免和减少端部效应。同时还建议要在岩石试件的上、下加垫块，垫块直径等于试件直径 D 或 $D+2$mm，垫块厚度大于或等于 $D/3$，这样做的目的是为了减少端部效应，或使端部效应规范化，以便相互比较[2]。

关于岩石抗压强度的试验，为了保证试验结果的可比性，我国在国家标准《工程岩体试验方法标准》（GB/T50266—99）中也明确了具体要求[3]：

（1）试验方法：岩石单轴压缩试验在带有上下块承压板的试验机上完成；

（2）试件：直径为48 ~54mm，高度与直径比为2.0 ~2.5，两端不平整度不大于0.05mm，沿高度的直径偏差不大于0.3mm，两端垂直偏差不大于0.25°；

（3）加载率：0.5 ~1.0MPa/s，直至破坏；

（4）试验数量：不少于3 组。

试验完成后，单轴压缩实验结果的数据整理要点为：

首先定义单轴压缩强度 σ_c

$$\sigma_c = \frac{P}{A}$$

式中，P 为极限载荷；A 为试件横截面积。n 个试件压缩强度的实验值为 σ_{ci}，$i=1$，2，…，n，于是有：

平均值 $$\overline{\sigma}_c = \frac{1}{n}\sum_{i=1}^{n}\sigma_{ci}$$

偏差 $$e_i = \sigma_{ci} - \overline{\sigma}_c$$

标准偏差 $$s = \sqrt{\frac{\sum_{i=1}^{n} e_i^2}{n-1}}$$

离散系数 $$\eta = \frac{s}{\sigma_c} \times 100\%$$

试验提供的数据是 $\overline{\sigma}_c$，离散系数 η 是衡量试验结果优劣的标准。鉴于岩石的均匀性较差，一般要求 η 不大于10% ~15%即达目的。

工程中当需要快速获得岩石的抗压强度参数时，可以通过岩石的点载荷实验来达到目的。这是一种简单快速的岩石强度试验方法，其设备简单（图1-14），仅由一个手动液压泵、一个液压千斤顶和一对圆锥形加载压头组成。加压头结构如图 1-14b 所示。这种试验设备结构简单，便于携带，适合于在现场使用，对试件要求不严格，不必像压缩试验那样进行试件的精心准备。进行点载荷试验理想的试件是直径25 ~ 100mm 的岩芯，在没有试件时，采用不规则岩块也可以。

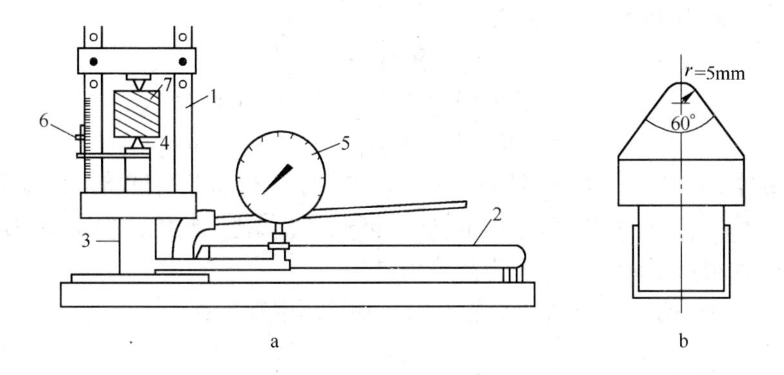

图 1-14 点载荷试验仪

a—试验系统；b—加载压头结构

1—框架；2—手动卧式油泵；3—千斤顶；4—加载压头（也称加载锥）；5—油压表；6—游标卡尺；7—试件

采用不同试件时的加载方式如图 1-15 所示，应合理设置加载部位和方向，使测试值能包含节理、微裂隙等的影响[4]。

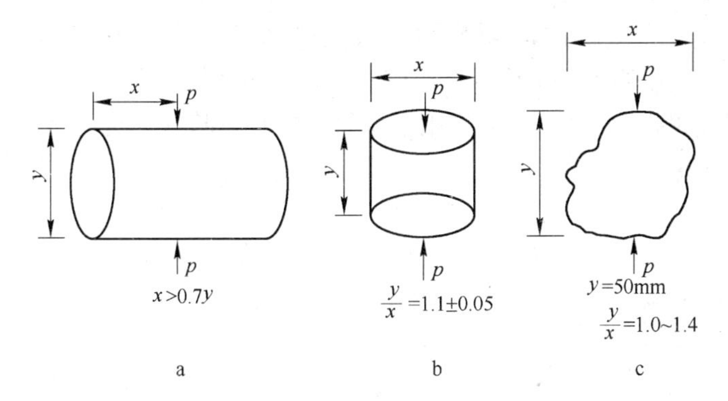

图 1-15 点载荷试验的试件形状和加载方式

a—径向加载；b—轴向加载；c—不规则试件加载

点载荷试验的强度指标表示为：

$$I_s = p/y^2 \tag{1-47}$$

式中，I_s 为点载荷强度指标；p 为加载峰值；y 为压头间距。

ISRM 将直径为 50mm 的圆柱形试件径向加载的点载荷试验的强度指标（$I_s(50)$）确定为标准试验值，其他尺寸试件的试验结果则需由公式 1-48 修正为标准值：

$$I_s(50)=kI_s(y) \tag{1-48}$$

$$k=0.2716+0.01457y \quad (y\leqslant 55\text{mm 时}) \tag{1-48a}$$

$$k=0.7540+0.0058y \quad (y\leqslant 55\text{mm 时}) \tag{1-48b}$$

式中，$I_s(50)$ 为在直径为 50mm 时的标准试件点载荷试验的标准值，MPa；$I_s(y)$ 为在直径为 y 时非标准试验点载荷试验值，MPa；y 为试件加载点距离，mm；k 为修正系数。

进一步，可计算得到岩石的单轴抗压强度值：

$$\sigma_c=24I_s(50) \tag{1-49}$$

关于其他的岩石强度实验方法与相关规定请参阅岩石力学方面的有关书籍。

不同的载荷条件下，岩石破坏的表现形式不同，这是不同加载条件导致不同强度值的重要原因。图 1-16 是 Solenhofen 石灰岩不同围压下的破坏形式[3,13]。图 1-16a 为无围压压缩下导致的纵向裂纹；图 1-16b 为中等围压下，导致的 45°斜面剪切裂纹；图 1-16c 为高围压下，岩石延性增加，导致剪切破坏的网格；图 1-16d 为单轴拉伸下，岩石出现拉断；图 1-16e 为平板在线载荷作用下，在载荷之间出现的拉伸断裂。复杂载荷作用下，岩石的破坏基本上属于其中之一或它们的组合。

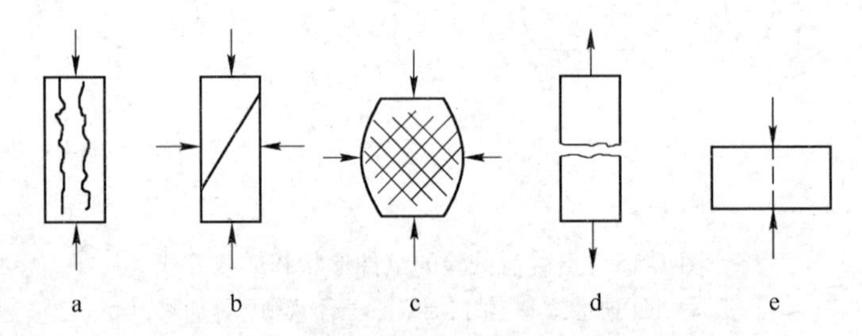

图 1-16 不同载荷条件下岩石的不同破坏形式

a—单轴压缩下的纵向破裂；b—剪切破坏；c—多重剪切破坏；
d—拉伸破坏；e—线载荷引起的拉伸破坏

由此，可以得出结论：岩石的破坏只有剪切破坏和拉伸破坏两种基本形式。岩石的强度值与岩性、加载方式及试验条件等因素有关。

1.5.2 加载条件对岩石强度的影响

影响岩石（岩体）强度的因素很多，包括岩石自身的结构组成，如岩石的矿物成分、岩石中结构面的数量、方向、间距、性质、地应力、含水量、温度等；以及加载条件，如加载荷形式（拉、压、剪、弯）、加载方式（单轴加载或多轴受载、单次加载或循环加载）及加载率等。

鉴于我们的目的，这里仅论述假三轴加载的围压、真三轴加载的中间主应力和加载率对岩石强度的影响。

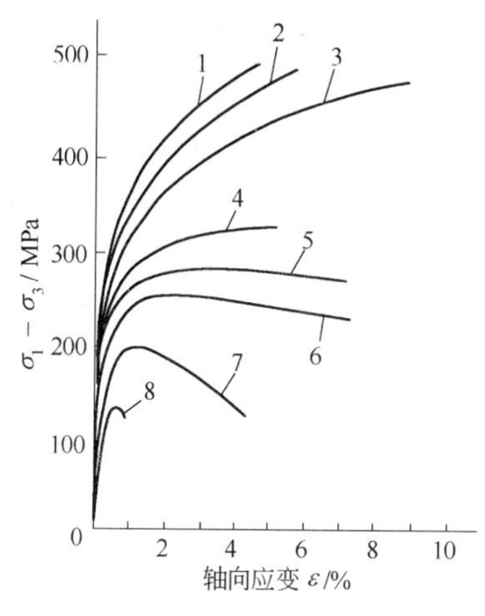

图 1-17 德国大理岩的单轴和三轴试验结果

1—$\sigma_3=326$MPa；2—$\sigma_3=249$MPa；3—$\sigma_3=165$MPa；4—$\sigma_3=84.5$MPa；5—$\sigma_3=62.5$MPa；6—$\sigma_3=50$MPa；7—$\sigma_3=23.5$MPa；8—$\sigma_3=0$MPa

1.5.2.1 假三轴加载下围压对岩石强度的影响

由图 1-17 可知，围压的变化既影响岩石弹性模量，也影响着岩石的强度。图 1-18也示出了围压对岩石强度的影响[2]。

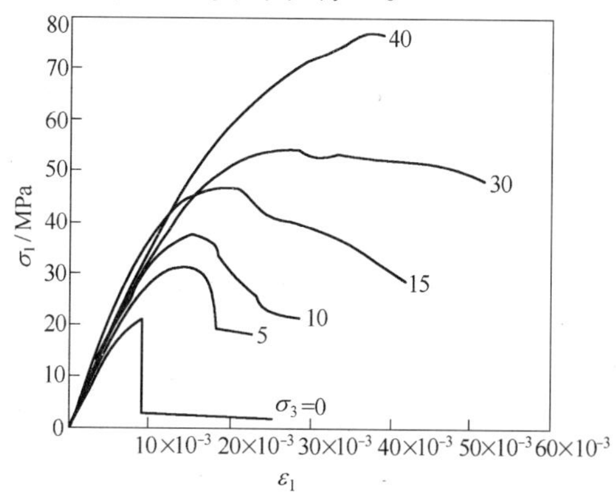

图 1-18 茂名泥岩的单轴和三轴试验结果

经过分析得出结论：围压的变化引起岩石破坏方式（脆性破坏、延性破坏）的改变，因而改变岩石的强度值。随着围压的增加，岩石强度增大，破坏后的塑性变形量增大，峰值应力与残余强度的差值增加，且不同岩石对围压的敏感程度不同。

1.5.2.2 真三轴加载下中间主应力对岩石强度的影响

根据张金铸的实验研究[3]，在一定的（较低应力）区间内，岩石强度随中间主应力 σ_2 的增加有所增加，但增加的程度比 σ_3 的影响小。当 σ_2 超过某一值后，岩石强度随 σ_2 的增加而下降，如图1-19所示。中间主应力对岩石弹性模量也有类似规律的影响。对各向异性岩石，这种影响的程度与 σ_2 相对于弱面的走向有关。σ_2 垂直于弱面时，影响最明显，σ_2 平行于弱面时，影响最不明显。

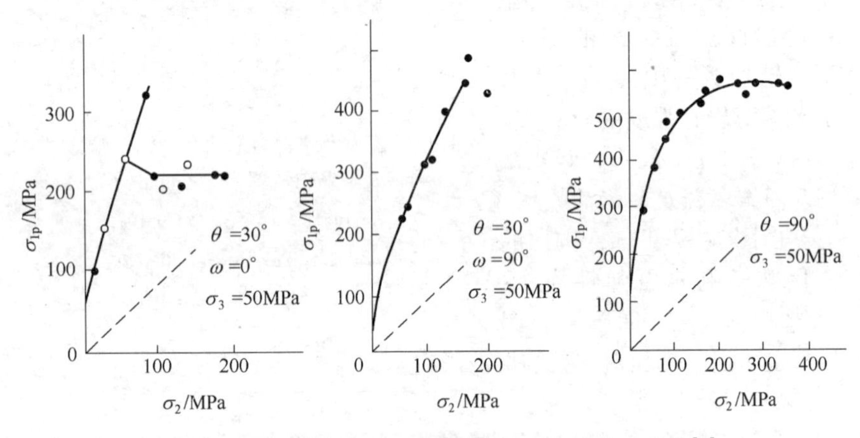

图1-19 真三轴加载下岩石强度随中间主应力的变化[3]

（θ 为片理与 σ_1 方向的夹角；ω 为片理走向与 σ_2 的夹角）

1.5.2.3 加载率对岩石强度的影响

加载率可用应力率$\frac{\mathrm{d}\sigma}{\mathrm{d}t}$或应变率$\frac{\mathrm{d}\varepsilon}{\mathrm{d}t}$表示。加载率对岩石强度的影响是一个引起广泛关注的研究课题。Houpert 通过对花岗岩的研究指出，动态压缩强度 σ_d 与加载率的对数间存在如下关系[4]：

$$\sigma_\mathrm{d}=1450+100\lg\frac{\mathrm{d}\sigma}{\mathrm{d}t} \tag{1-50}$$

王文龙提到的研究认为[17]，岩石压缩或动态抗拉强度与加载率的关系可表示为：

$$\sigma_d = K_M \lg\dot{\sigma} + \sigma_0 \tag{1-51}$$

式中，K_M 为比例关系系数，见表1-6；σ_d，σ_0 为岩石的动态、静态强度；$\dot{\sigma}$ 为加载率。

表1-6 比例系数 K_M

岩石名称	压缩强度		抗拉强度	
	σ_0	K_M	σ_0	K_M
石灰岩	30.8	6.9	1.8	0.27
砂　岩	114.5	8.8	4.3	0.53
辉长岩	192.0	14.0	16.3	1.81

由此推知：静载强度高的岩石对加载率的敏感性不如低强度岩石明显。同时，加载率对压缩强度产生影响较明显，对抗拉强度的影响则很小。

李夕兵等对此进行了研究，得到了以下岩石强度的加载率（应变率）效应关系[18]。并指出，在实验范围内，可认为 σ_d 近似与 $\dot{\varepsilon}^{\frac{1}{3}}$ 成正比，关系式如下：

$$\sigma_d = \begin{cases} 42.6\dot{\varepsilon}^{0.31} & R=0.7771\ (\text{矽卡岩}) \\ 52.35\dot{\varepsilon}^{0.26} & R=0.9513\ (\text{石灰岩}) \\ 12.28\dot{\varepsilon}^{0.3476} & R=0.66\ (\text{红砂岩}) \\ 54.90\dot{\varepsilon}^{0.3176} & R=0.88\ (\text{大理岩}) \\ 46.21\dot{\varepsilon}^{0.2718} & R=0.74\ (\text{花岗岩}) \end{cases} \tag{1-52}$$

1.5.3 强度准则

强度准则也称破坏判据，指用以表征岩石破坏条件的应力函数或应变函数。一般地，强度准则可表示为：

$$f(\sigma_1, \sigma_2, \sigma_3) = 0 \quad \text{或} \quad f(\varepsilon_1, \varepsilon_2, \varepsilon_3) = 0 \tag{1-53}$$

它的几何图形是一个曲面，称之为破坏面。而所有研究岩石破坏的原因、过程及条件的理论，叫岩石的强度理论。目前，已发展了多种强度准则，分别反映不同的破坏形式，它们分别在不同的条件下适用。这里，仅介绍与岩石爆破理论及技术研究相关的强度准则。

1.5.3.1 几个相关的强度准则

A 最大拉应力准则

当岩石中出现的最大拉应力 σ_3 达到岩石的拉伸强度 σ_t 时，岩石发生破坏。强度准则为：

$$\sigma_3=-\sigma_t \quad 或 \quad |\sigma_3|=\sigma_t \tag{1-54}$$

B 最大拉应变准则

当岩石中出现的最大拉应变 ε_3 达到岩石的极限应变 $\varepsilon_t\left(=\dfrac{\sigma_t}{E}\right)$ 时，岩石发生张性破坏，强度准则为：

$$\varepsilon_3=\frac{1}{E}[\sigma_3-\mu(\sigma_1+\sigma_2)]=\varepsilon_t \tag{1-55}$$

或

$$\sigma_3-\mu(\sigma_1+\sigma_2)=-\sigma_t \tag{1-56}$$

C 莫尔准则

a 莫尔应力圆

对于平面问题，已知一点的两个主应力，则可以在 $\sigma-\tau$ 坐标系中作出以 $\left(\dfrac{\sigma_1+\sigma_3}{2},\ 0\right)$ 为圆心，以 $\dfrac{\sigma_1-\sigma_3}{2}$ 为半径的圆，此圆称为莫尔应力圆[14]。如图1-20所示，可以证明：应力圆周上某一点 P 的坐标代表以 σ_1 作用面外法线呈 α 角的斜面上应力的大小。P 点的纵坐标代表该面上的主应力 τ_α，横坐标代表法向应力 σ_α。圆周上的不同点，α 角不同，代表该点不同斜面上的应力，因此一点的应力状态可以用一个应力圆来表示。

空间应力情况下，分别平行于三个应力主轴之一的任一平面上的应力，用三个主应力确定的三个应力圆表示，如图1-21所示。σ_1 和 σ_3 确定的应力圆表示平行于 σ_2 的各个面上的剪应力和法向应力，同样，由 σ_1 和 σ_2 以及 σ_2 和 σ_3 确定的应力圆分别表示平行于 σ_3 和 σ_1

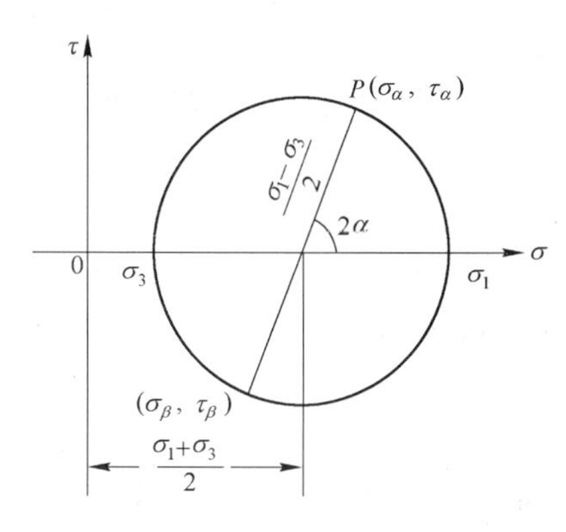

图 1-20　莫尔应力圆

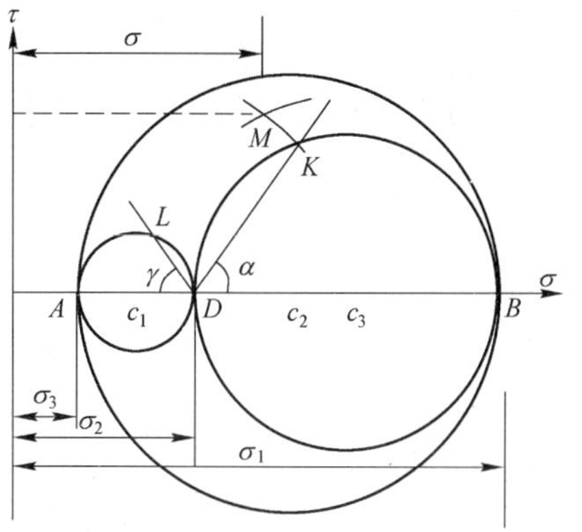

图 1-21　三轴应力下的莫尔应力圆

的各个面上的应力状态。与三个应力主轴均不平行的平面上的应力状态，由位于大圆内部、其余两圆外部的 M 点的坐标确定。确定与应力主轴呈 α，β，γ 的平面上应力对应点 M 的位置步骤是：首先在图 1-21 中 D 点从 σ 轴作角 BDK，使其等于该平面法线与应力 σ_1 方向的夹角 α；而后作角 ADL，等于该平面法线与应力 σ_3 方向的夹角 γ；最后以 c_1 和 c_3 为圆心，c_1K 和 c_3L 为半径作圆弧，此两圆弧的交点即是 M 点。

b　莫尔强度准则

以岩石破坏时的极限应力状态作出的应力圆叫做极限应力圆。在不同加载条件下进行试验，可以得到一系列代表极限应力状态的应力圆，这些极限应力圆的包络线就是岩石的莫尔强度曲线（图 1-22[2,5]）。其方程可写作：

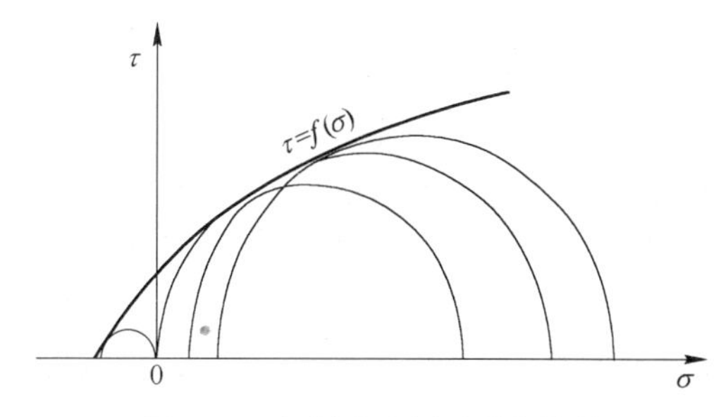

图 1-22　极限应力圆及其包络线

$$\tau = f(\sigma) \tag{1-57}$$

为便于应用，莫尔准则的方程可具体化为直线型、双曲线型、摆线型、抛物线型、双斜线型等。其中以直线型应用较多。下面是其中三种的数学式：

直线型：
$$\tau = \sigma\tan\varphi + C \tag{1-58}$$

或
$$\sigma_1 - \sigma_3 = (\sigma_1 + \sigma_3 + 2C\cot\varphi)\sin\varphi \tag{1-59}$$

抛物线型：
$$\tau^2 = \sigma_t(\sigma + \sigma_t) \tag{1-60}$$

双曲线型：
$$\tau^2 = (\sigma + \sigma_t)^2\tan\xi + \sigma_t(\sigma + \sigma_t) \tag{1-61}$$

以上各式中，C 为内聚力（无正应力时的剪切强度）；φ 为内摩擦角；σ_t 为抗拉强度；$\tan\xi = \frac{1}{2}\left(\frac{\sigma_c}{\sigma_t} - 3\right)^{\frac{1}{2}}$；$\sigma_c$ 为压缩强度。

莫尔强度准则比较全面地反映了岩石的强度特性，既适用于塑性岩石也适用于脆性岩石的剪切破坏，也反映了岩石拉伸强度远小于压缩强度的特性，并能解释岩石在三轴等拉时会破坏，而在三轴等压时不会破坏。其不足之处是没有考虑中间主应力 σ_2 对岩石强度的影响。

D 库仑准则

库仑准则认为，材料的破坏是压剪破坏，其在表现形式上与莫尔准则相同，但库仑准则宜用于受压区，不宜用于受拉区。

E Druckr-Prager 准则（D-P 准则）

D-P 准则是在莫尔库仑准则和 Mises 准则[3,10]的基础上发展而来的，它计入了中间主应力的影响，克服了莫尔库仑准则的主要缺点。D-P 准则可表示为：

$$f = \alpha I_1 + \sqrt{J_2} - K = 0 \tag{1-62}$$

式中，$\alpha = \frac{2\sin\varphi}{\sqrt{3}(3-\sin\varphi)}$；$K = \frac{6C\cos\varphi}{\sqrt{3}(3-\sin\varphi)}$；$I_1$ 为第一应力不变量；J_2 为第二应力偏量不变量。

F Mises 准则

Mises 准则适用于三轴受压的条件或以延性破坏为主的岩石。Mises 准则的实质是畸变能破坏准则。根据能量原理推得 Mises 准则为：

$$(\sigma_1-\sigma_2)^2+(\sigma_2-\sigma_3)^2+(\sigma_3-\sigma_1)^2=2\sigma_t^2 \tag{1-63}$$

G Griffith 强度准则

Griffith 研究认为：固体中存在许多随机分布的微小裂纹，固体的破坏是从微小裂纹处开始发生的。进一步，他将裂纹视为贯穿扁平椭圆，按各向同性线弹性平面应变处理，由极值原理先求出最大最危险应力及其位置（第一极值），再定出最危险裂纹长轴的方向及应力（第二极值）。进而根据极值应力与单轴抗拉强度 σ_t 的关系，即得以下强度准则方程：

当 $\sigma_1+3\sigma_3>0$ 时
$$\frac{(\sigma_1-\sigma_3)^2}{8(\sigma_1+\sigma_3)}=\sigma_t \tag{1-64}$$

当 $\sigma_1+3\sigma_3<0$ 时
$$-\sigma_3=\sigma_t \tag{1-65}$$

根据 Griffith 强度准则，可以推知：岩石的压缩强度是拉伸强度的 8 倍。

H Hoek-Brown 经验强度准则

Hoek-Brown 准则以如下几点为出发点：

（1）破坏判据应与试验的强度值相吻合；

（2）破坏判据的数学表达式应尽可能简单；

（3）岩石的破坏判据能沿用到节理化岩石和各向异性的情况。

在研究了大量岩石的抛物线型破坏包络线后，得出了它们的岩石破坏经验判据：

$$\sigma_1=\sigma_3+(m\sigma_c\sigma_3+s\sigma_c^2)^{\frac{1}{2}} \tag{1-66}$$

式中，m，s 为经验系数，$m=0.001\sim25$，$s=0\sim1$，完整坚硬的岩石取较大值；σ_c 为岩块的单轴抗压强度。

1.5.3.2 关于莫尔库仑准则的讨论

莫尔库仑准则是岩石力学中应用最为广泛的强度准则之一，已经成为岩石力学教学的主要内容。为有利于对这一准则的深入理解，在此对莫尔库仑准则进行如下讨论[4,5,15,16]。

（1）按照莫尔库仑准则，复合应力作用下，岩石发生破坏属于剪切破坏，但破坏面并不是最大剪应力平面，发生破坏面的剪应力也不是最大剪应力。

莫尔库仑准则表述为:

$$\tau = c + \sigma\tan\varphi \tag{1-67}$$

式中，τ 为破坏面上的剪应力；σ 为破坏面上的法向压应力；φ 为岩石的内摩擦角；c 为岩石的内聚力（图 1-23）。

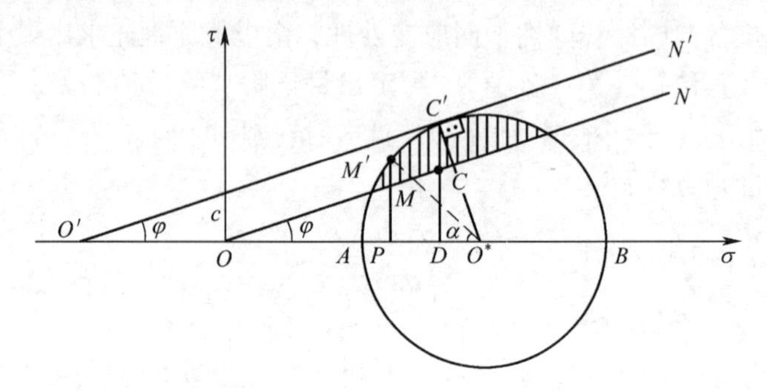

图 1-23　有效剪应力

定义有效剪应力 τ^* 为:

$$\tau^* = \tau - \sigma\tan\varphi \tag{1-68}$$

由此知，τ^* 实际为由纯剪切所产生的剪应力部分，与摩擦无关。当 τ^* 达到最大值，且 $\tau^* = c$ 时，即为式 1-67，岩石破坏。

针对图 1-23 中的任一点 M'，可以写出:

$$\tau^* = MM' = M'P - MP$$

$$\tau^* = \frac{1}{2}(\sigma_1 - \sigma_3)\sin\alpha - \sigma\tan\varphi$$

或

$$\begin{aligned}\tau^* &= \tau_{\max}\sin\alpha - \left(\frac{\sigma_1 + \sigma_3}{2} - \tau_{\max}\cos\alpha\right)\tan\varphi \\ &= \tau_{\max}(\sin\alpha + \cos\alpha\tan\varphi) - \frac{\sigma_1 + \sigma_3}{2}\tan\varphi\end{aligned} \tag{1-69}$$

于是，由

$$\frac{\partial\tau^*}{\partial\alpha} = 0$$

可得:

$$\alpha=\pi/2-\varphi \tag{1-70}$$

$$\tau_{max}^{*}=\tau_{max}/\cos\varphi-\frac{\sigma_1+\sigma_3}{2}\tan\varphi \tag{1-71}$$

可见，岩石发生破坏的破坏面既不是剪应力最大的平面，破坏处的剪应力也不是最大剪应力。

（2）莫尔库仑准则，也可在坐标（σ_1，σ_3）下表示为：

$$\sigma_1=\frac{1+\sin\varphi}{1-\sin\varphi}\sigma_3+\frac{2c\cos\varphi}{1-\sin\varphi} \tag{1-72}$$

式 1-72 中，当 $\sigma_3=0$ 时，有：

$$\sigma_1=\frac{2c\cos\varphi}{1-\sin\varphi}=\sigma_c$$

最大主应力等于岩石的单轴抗压强度，但如果 $\sigma_1=0$，则：

$$\sigma_3=-\frac{2c\cos\varphi}{1+\sin\varphi} \tag{1-72a}$$

不表示岩石的单轴抗压强度。

原因在于莫尔库仑准则成立的条件是，式 1-67 中的 σ 必须大于或等于零。这也就是莫尔库仑准则的适用条件。

如果令 $\tan\varphi=f$，则由莫尔库仑准则，有：

$$\tau-f\sigma=c \tag{1-73}$$

式中

$$\begin{aligned}\sigma&=\frac{\sigma_1+\sigma_3}{2}+\frac{\sigma_1-\sigma_3}{2}\cos(\pi/2+\varphi)\\&=\frac{1}{2}\sigma_1\frac{(f^2+1)^{1/2}-f}{(f^2+1)^{1/2}}+\frac{1}{2}\sigma_3\frac{(f^2+1)^{1/2}+f}{(f^2+1)^{1/2}}\end{aligned}$$

由 $\sigma\geqslant 0$ 的条件，有：

$$\sigma_1[(f^2+1)^{1/2}-f]+\sigma_3[(f^2+1)^{1/2}+f]\geqslant 0 \tag{1-74}$$

将 τ，σ 的表达式：

$$\begin{cases}\tau=\dfrac{\sigma_1-\sigma_3}{2}\sin(\pi/2+\varphi)=\dfrac{\sigma_1-\sigma_3}{2}\dfrac{1}{(f^2+1)^{1/2}}\\[2ex]\sigma=\dfrac{\sigma_1+\sigma_3}{2}+\dfrac{\sigma_1-\sigma_3}{2}\cos(\pi/2+\varphi)=\dfrac{\sigma_1+\sigma_3}{2}-\dfrac{\sigma_1-\sigma_3}{2}\dfrac{f}{(f^2+1)^{1/2}}\end{cases}$$

代入式 1-73，有：

$$\sigma_1[(f^2+1)^{1/2}-f]-\sigma_3[(f^2+1)^{1/2}+f]=2c \tag{1-75}$$

由 $\sigma_3=0$，并联合式1-74和式1-75，有：

$$\sigma_1 \geqslant c[(f^2+1)^{1/2}+f]=\sigma_c/2 \tag{1-76}$$

式1-76也是莫尔库仑准则的适用条件，当 $\sigma_1<\sigma_c/2$ 时，不再适用，故式1-72不再成立，因此式1-72a不成立。如果出现 $\sigma_1<\sigma_c/2$，则应利用拉应力准则进行岩石的破坏判据。据此，在坐标（σ_1，σ_3）下的莫尔库仑准则完整曲线如图1-24所示，数学表达式为：

$$\sigma_1[(f^2+1)^{1/2}-f]-\sigma_3[(f^2+1)^{1/2}+f]=2c \quad (\sigma_1 \geqslant \sigma_c/2) \tag{1-77a}$$

$$|\sigma_3|=\sigma_t \quad (\sigma_1<\sigma_c/2) \tag{1-77b}$$

（3）莫尔库仑准则的等价表述形式。在坐标（σ，τ）下，莫尔库仑准则为：

$$\tau=c+\sigma\tan\varphi$$

利用图1-23的几何关系，可将莫尔库仑准则在坐标（σ_1，σ_3）下表示为：

$$\sigma_1=\frac{1+\sin\varphi}{1-\sin\varphi}\sigma_3+\frac{2c\cos\varphi}{1-\sin\varphi} \tag{1-78}$$

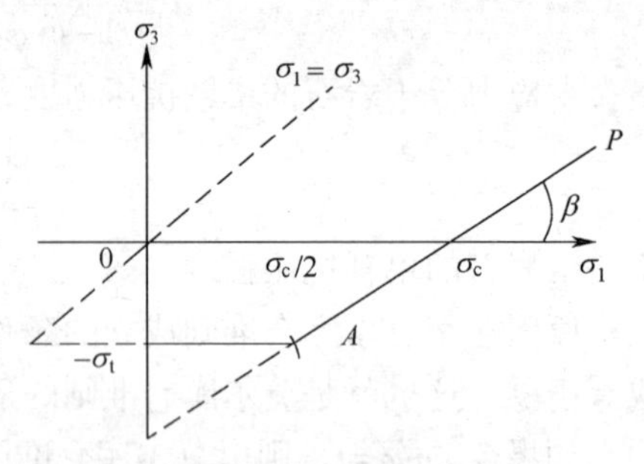

图1-24　坐标（σ_1，σ_3）下的莫尔库仑准则完整曲线

进一步，利用三角函数变换，还可将莫尔库仑准则在坐标（σ_1，σ_3）下表示为：

$$\sigma_1=\sigma_3\tan^2(\pi/4+\varphi/2)+2c\tan(\pi/4+\varphi/2) \tag{1-79}$$

这些等价的表述形式，可供潜在破坏面上给定不同的应力条件时选用，判定岩石的稳定性，可获得同样的结果。

1.5.3.3　*岩石强度准则的应用选择*

前面介绍的这些强度准则，分别适用于不同性质的材料和应力条件，具体选用时，以下几条原则可供参考：

（1）无论是延性岩石，还是脆性岩石，三轴受拉时，脆性岩石两向受拉时，应采用最大拉应力准则；脆性岩石在两向或三向应力状态且最大、最小主应力异号时，则采用莫尔准则；延性岩石除三轴拉伸外，三轴压缩下的脆性岩石均采用 Mises 准则[14]。

(2) 从工程实际出发，在受压区采用直线型莫尔准则即可。

(3) 在用有限元或其他数值计算方法时，采用 D-P 准则比采用莫尔库仑准则要好。

(4) 任何情况下，对受拉区都可采用 Criffith 准则。

1.6 岩石力学中的断裂力学方法

1.6.1 岩石断裂力学方法的引入

岩石是天然的地质材料，由多种矿物组成，在其形成及其以后的漫长岁月中，经历了各种构造运动，因此岩石往往是非均质的，其内含有不等尺度的微孔隙和微裂隙。岩石在外载荷作用下的破坏过程，是随着作用载荷的增加，岩石内的微裂隙不断增多、扩展，进而相互贯通，形成宏观裂纹，岩石破坏解体的过程。图 1-25 所示为岩石受单轴压缩载荷作用的裂纹起裂、扩展、贯通与宏观破坏的过程描述。可以看出，当轴向应力为最大应力的0.6 倍，即0.6σ_c（σ_c 为岩石的抗压强度值）时，岩石中微隙量是较少的，随机分布在试件的中央部分，它的长轴方向趋向平行于最大主应力方向；当达到最大应力的 0.95 ~0.98σ_c 时，微隙显著增加，并沿着试件的中部联合；当达到最大应力时，在试件的中部产生了一个肉眼可见的断裂平面，这个断裂平面由于微隙逐段联合伸向试件的端部，在此断裂面内产生了很小位移或没有移动；此后如果继续加载，断裂平面扩展至试件的两端，

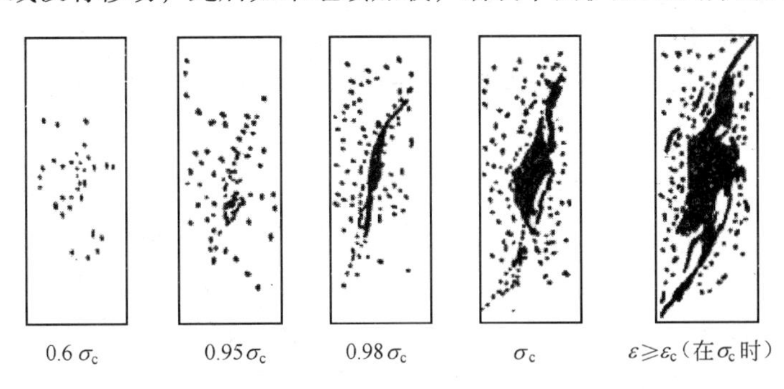

图 1-25 石英岩受压试验的裂纹产生与破坏过程[16]

方向改变为倾斜，试件两部分之间表面产生相对的移动。此时，试件对外载荷的抵抗迅速下降。

图1-26为对岩石类材料中的已有裂纹进行加载时，其扩展的过程。沿平面 $x=0$ 单向拉伸，随着应力不断增加，已有裂纹尖端的微裂纹逐渐增多，并相互贯通，导致已有裂纹扩展[19]。

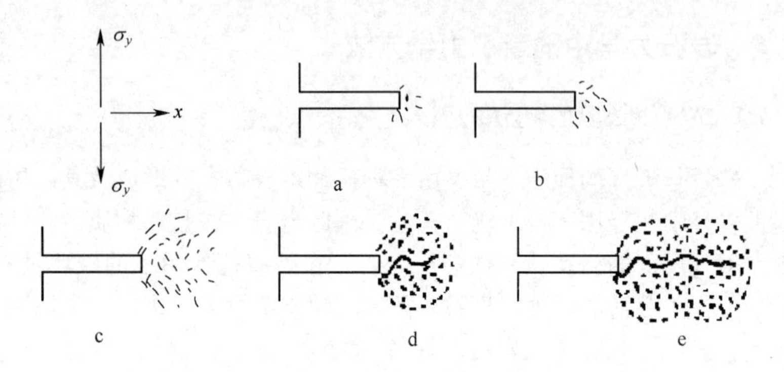

图1-26 裂纹尖端微裂纹的发展过程与裂纹延伸

a—开始加载时仅有少数孤立的微裂纹；b—应力增加，微裂纹增多但仍以孤立为主；c—微裂纹继续增多，部分相互贯通；d—微裂纹贯通增多，已有裂纹扩展；e—已有裂纹尖端进一步扩展

沿用经典的连续介质力学方法，无法对这类问题进行有效研究，于是提出了断裂力学理论。断裂力学的起源主要归功于 Griffith 和 Irwin，他们分别于1920年和1958年发表的两篇经典论文是断裂力学的基础[19]。断裂力学理论的提出是对经典连续介质力学的发展，自近70年前提出以来，断裂力学得到了很快发展，目前部分理论已经相当成熟，并在工程方面广泛应用于航天、航空、海洋、兵工、机械、化工与地学等许多领域[1,20]。

30多年前，断裂力学被引入到岩石力学中，形成了岩石断裂力学。在岩石断裂力学中，岩石不再被看成是连续的均质体，而是由裂隙构造组合而成的介质体。运用断裂力学分析岩石的断裂强度可以比较实际地评价岩石的开裂和失稳。目前，按照岩石断裂力学的方法对岩石断裂的研究已经获得一些进展，可用于分析工程中反映出的裂纹出现以及预测岩石结构的破裂和扩展，从而解决相关工程问题[4]。

1.6.2 裂纹尖端的应力场及应力强度因子

断裂力学的研究一般多限于宏观裂纹，采用裂纹前端的应力，并根据断裂因子判定裂纹的扩展及其开裂方向。按其研究的裂纹尺度，断裂力学分为微观断裂力学和宏观断裂力学。按其研究问题的理论基础，断裂力学分为线弹性断裂力学和弹塑性断裂力学。在此，仅涉及发展较为成熟，并在生产实践中得到普遍应用的宏观线弹性断裂力学，重点探讨裂纹的产生、扩展、失稳、止裂等现象。

断裂力学以含裂纹材料及结构为研究对象。与其他材料一样，岩石中所含裂纹（或缺陷）是多种多样的。按几何特征，分为穿透裂纹、表面裂纹和深裂纹；按形状，分圆形、椭圆形、表面半圆形、表面半椭圆形及穿透直裂纹；按力学特征，可分为三种基本类型：张开型（Ⅰ型）、滑移型（Ⅱ型）和撕开型（Ⅲ型），当同时出现两种类型时，则称复合型。Ⅰ型裂纹是低应力断裂的主因，是最危险的，是多年的试验和理论研究的主体，而且遇到复合裂纹时，往往当做Ⅰ型裂纹处理较为安全[20]。因此，在此主要涉及Ⅰ型裂纹。

1.6.2.1 裂纹尖端的应力场

如图1-27所示，一无限大板，中间有一长度为$2a$的裂纹，在两端受拉伸的载荷作用下，根据弹性力学求解，得到裂纹尖端的应力为[1]：

$$\begin{cases}\sigma_x=\sigma\sqrt{\dfrac{a}{2r}}\cos\dfrac{\theta}{2}\left(1-\sin\dfrac{\theta}{2}\sin\dfrac{3\theta}{2}\right)\\ \sigma_y=\sigma\sqrt{\dfrac{a}{2r}}\cos\dfrac{\theta}{2}\left(1+\sin\dfrac{\theta}{2}\sin\dfrac{3\theta}{2}\right)\\ \tau_{xy}=\sigma\sqrt{\dfrac{a}{2r}}\sin\dfrac{\theta}{2}\cos\dfrac{\theta}{2}\cos\dfrac{3\theta}{2}\end{cases}\tag{1-80}$$

可以看到，$r\to 0$时，各应力分量都将趋于无穷大，即在裂纹尖端应力出现奇异。已有证明，这种应力的奇异，不会影响裂纹尖端位移和应变能的有界[20]。根据弹性力学理论，同样可得到Ⅱ、Ⅲ型裂纹尖端的应力场[21]。

1.6.2.2 应力强度因子

裂纹尖端出现应力的奇异，是断裂力学理论不稳定的地方，因为实际上材料受力后不可能产生无穷大的应力。于是，断裂力学定义了一个应力分量表达式中的共有系数 K_{I}：

$$K_{\mathrm{I}}=\lim_{r,\theta\to 0}\sigma_{y}\sqrt{2\pi a} \tag{1-81}$$

K_{I} 取决于载荷的形式和大小、物体形状及裂纹长度等，称为应力强度因子，用以表征裂纹尖端的应力场强度，并作为裂纹是否进入失稳状态的指标。

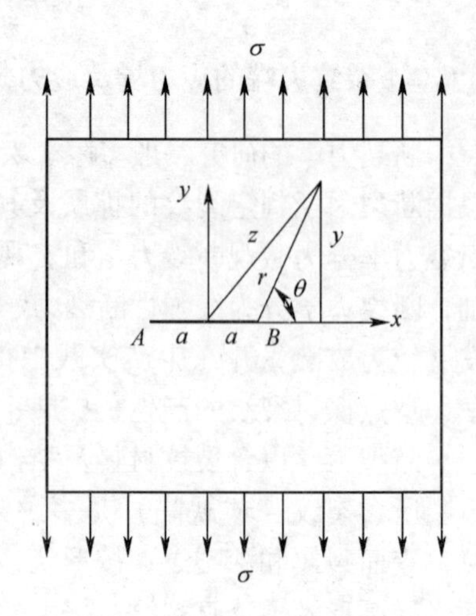

图 1-27　裂纹尖端的应力场

求解裂纹体的应力强度因子是线弹性断裂力学的重要工作，视裂纹体复杂程度的不同，应力强度因子 K_{I} 可通过理论推导、数值计算或实验方法得到，获得复杂裂纹体的应力强度因子往往是不容易的[21,22]。

对于图 1-27 所示Ⅰ型的裂纹，应力强度因子为：

$$K_{\mathrm{I}}=\sigma\sqrt{\pi a} \tag{1-82}$$

相应条件下的Ⅱ、Ⅲ型裂纹应力强度因子 K_{II}、K_{III} 分别为：

$$K_{\mathrm{II}}=\tau\sqrt{\pi a} \tag{1-83}$$

$$K_{\mathrm{III}}=\tau\sqrt{\pi a} \tag{1-84}$$

利用式 1-82，可将裂纹尖端的应力分量表达式 1-80 改写为：

$$\begin{cases}\sigma_{x}=\dfrac{K_{\mathrm{I}}}{\sqrt{2\pi r}}\cos\dfrac{\theta}{2}\left(1-\sin\dfrac{\theta}{2}\sin\dfrac{3\theta}{2}\right)\\ \sigma_{y}=\dfrac{K_{\mathrm{I}}}{\sqrt{2\pi r}}\cos\dfrac{\theta}{2}\left(1+\sin\dfrac{\theta}{2}\sin\dfrac{3\theta}{2}\right)\\ \tau_{xy}=\dfrac{K_{\mathrm{I}}}{\sqrt{2\pi r}}\sin\dfrac{\theta}{2}\cos\dfrac{\theta}{2}\cos\dfrac{3\theta}{2}\end{cases} \tag{1-85}$$

类似地，可以得到Ⅱ型、Ⅲ型裂纹的裂纹尖端应力场。

$$\left\{\begin{aligned}\sigma_x&=\frac{K_{\mathrm{II}}}{\sqrt{2\pi r}}\sin\frac{\theta}{2}\left(2+\cos\frac{\theta}{2}\cos\frac{3\theta}{2}\right)\\\sigma_y&=\frac{K_{\mathrm{II}}}{\sqrt{2\pi r}}\sin\frac{\theta}{2}\cos\frac{\theta}{2}\cos\frac{3\theta}{2}\\\tau_{xy}&=\frac{K_{\mathrm{II}}}{\sqrt{2\pi r}}\cos\frac{\theta}{2}\left(1-\sin\frac{\theta}{2}\sin\frac{3\theta}{2}\right)\end{aligned}\right.\tag{1-86}$$

及

$$\left\{\begin{aligned}\tau_{xz}&=-\frac{K_{\mathrm{III}}}{\sqrt{2\pi r}}\sin\frac{\theta}{2}\\\tau_{yz}&=\frac{K_{\mathrm{III}}}{\sqrt{2\pi r}}\cos\frac{\theta}{2}\end{aligned}\right.\tag{1-87}$$

常见的应力强度因子见表1-7。

表1-7 常见裂纹的应力强度因子[21]

序号	外载荷及裂纹体几何		应力强度因子
1		无限大板中的贯穿裂纹	$K_{\mathrm{I}}=\sigma\sqrt{\pi a}$ $K_{\mathrm{II}}=\tau\sqrt{\pi a}$ $K_{\mathrm{III}}=\tau_1\sqrt{\pi a}$
2			$K_{\mathrm{I}}=F_1\sigma\sqrt{\pi a}$ $K_{\mathrm{II}}=F_2\sigma\sqrt{\pi a}$ $F_1=\sin^2\beta+\cos^2\beta$ $F_2=(1-\alpha)\sin\beta\cos\beta$
3			$K_{\mathrm{I}}=\alpha\sigma\sqrt{\pi a}$, $K_{\mathrm{II}}=\beta\tau\sqrt{\pi a}$, $K_{\mathrm{III}}=\gamma\tau_1\sqrt{\pi a}$ $\alpha=\beta=\gamma=\sqrt{\frac{2b}{\pi a}\tan\frac{\pi a}{2b}}$

续表 1-7

<table>
<tr><th>序号</th><th colspan="2">外载荷及裂纹体几何</th><th>应力强度因子</th></tr>
<tr><td>4</td><td> 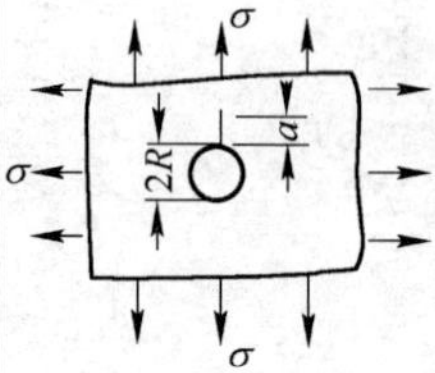 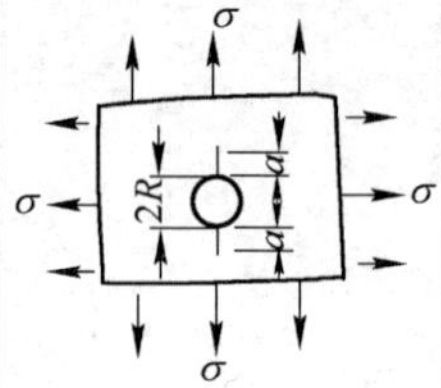</td><td rowspan="2">无限大板中的贯穿裂纹</td><td>

$K_{\mathrm{I}}=F(a/R)\sigma\sqrt{\pi a},K_{\mathrm{II}}=0,K_{\mathrm{III}}=0$

<table>
<tr><th rowspan="2">a/R</th><th colspan="2">$F(a/R)$（单裂纹）</th><th colspan="2">$F(a/R)$（双裂纹）</th></tr>
<tr><th>单向拉伸</th><th>双向拉伸</th><th>单向拉伸</th><th>双向拉伸</th></tr>
<tr><td>0. 00</td><td>3. 93</td><td>2. 26</td><td>3. 93</td><td>2. 26</td></tr>
<tr><td>0. 10</td><td>2. 73</td><td>1. 98</td><td>2. 73</td><td>1. 98</td></tr>
<tr><td>0. 20</td><td>2. 30</td><td>1. 82</td><td>2. 41</td><td>1. 83</td></tr>
<tr><td>0. 4</td><td>1. 86</td><td>1. 58</td><td>1. 96</td><td>1. 61</td></tr>
<tr><td>0. 6</td><td>1. 64</td><td>1. 42</td><td>1. 71</td><td>1. 52</td></tr>
<tr><td>1. 0</td><td>1. 37</td><td>1. 22</td><td>1. 45</td><td>1. 38</td></tr>
<tr><td>2. 0</td><td>1. 06</td><td>1. 01</td><td>1. 21</td><td>1. 2</td></tr>
<tr><td>5. 0</td><td>0. 81</td><td>0. 81</td><td>1. 14</td><td>1. 13</td></tr>
<tr><td>10</td><td>0. 75</td><td>0. 75</td><td>1. 03</td><td>1. 03</td></tr>
</table>

</td></tr>
<tr><td>5</td><td> 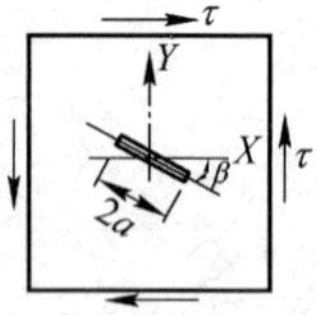</td><td>

$K_{\mathrm{I}}=\tau\sqrt{\pi a}\sin 2\beta$

$K_{\mathrm{II}}=\tau\sqrt{\pi a}\cos 2\beta$

</td></tr>
<tr><td>6</td><td> 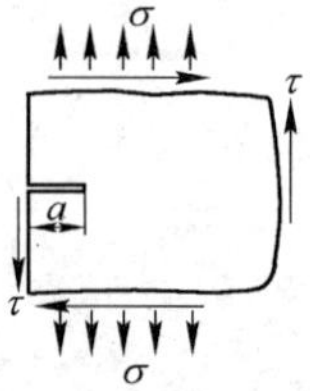</td><td>半无限大板中的边裂纹</td><td>

$K_{\mathrm{I}}=1.1215\sigma\sqrt{\pi a}$

$K_{\mathrm{II}}=1.1215\tau\sqrt{\pi a}$

</td></tr>
<tr><td>7</td><td> 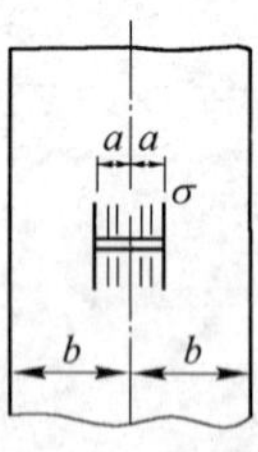</td><td>有限大板中的贯穿裂纹</td><td>

$K_{\mathrm{I}}=\alpha\sigma\sqrt{\pi a}$，$K_{\mathrm{II}}=0$，$K_{\mathrm{III}}=0$；

$K_{\mathrm{II}}=\beta\tau\sqrt{\pi a}$，$K_{\mathrm{I}}=0$，$K_{\mathrm{III}}=0$；

$K_{\mathrm{III}}=\gamma\tau_1\sqrt{\pi a}$，$K_{\mathrm{I}}=0$，$K_{\mathrm{II}}=0$

当 $a/b\leqslant 0.5$ 时，$\alpha=\beta=\sqrt{\frac{2b}{\pi a}\tan\frac{\pi a}{2b}}$；

当 $a/b\leqslant 0.7$ 时，$\alpha=\beta=\sqrt{\sec\frac{\pi a}{2b}}$

$\gamma=\sqrt{\frac{2b}{\pi a}\tan\frac{\pi a}{2b}}$

</td></tr>
</table>

续表 1-7

序号	外载荷及裂纹体几何		应力强度因子
8		有限大板中的贯穿裂纹	$K_{\mathrm{I}}=\alpha\sigma\sqrt{\pi a}$，$K_{\mathrm{II}}=0$，$K_{\mathrm{III}}=0$ 修正系数 α 值

a/b（R/a = 0）	α	a/b（R/a = 0.25）	α	a/b（R/a = 0.5）	α
0	1.0	0.25	0.00	0.5	0.0
0.1	1.006	0.28	0.96	0.52	0.882
0.2	1.025	0.3	1.078	0.55	1.23
0.4	1.110	0.4	1.216	0.6	1.503
0.6	1.303	0.6	1.397	0.7	1.825
0.8	1.816	0.8	1.904	0.85	2.478
		0.9	2.625	0.9	2.908

更多的应力强度因子，参阅文献［19］，［21］~［23］。

1.6.3 裂纹扩展中的能量平衡

1.6.3.1 Griffith 的观点

如图 1-28 所示，设板的厚度为 B，在拉力作用下裂纹扩展时将释放出能量。将裂纹一端向前扩展单位长度时，板单位厚度所释放出的能量定义为能量释放率，用 G 表示，其量纲为 MN/m。

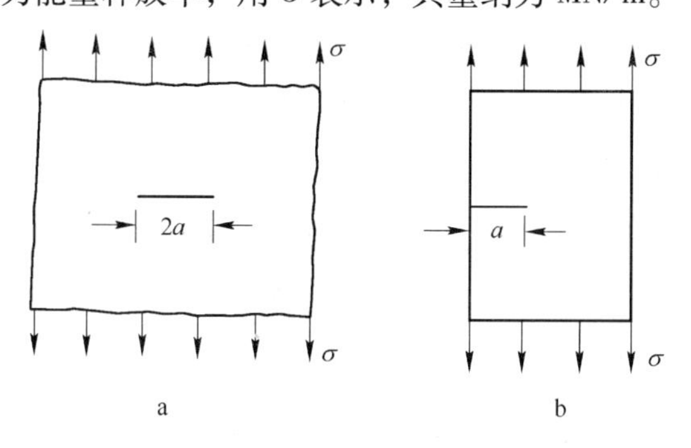

图 1-28 裂纹板均匀受拉

a—中心穿透裂纹；b—单边穿透裂纹

材料本身具有抵抗裂纹扩展的能力，这一能力的大小用表面自由能来衡量。这里定义表面自由能为材料形成单位裂纹面积所需要的能量，其量纲与 G 相同。对脆性断裂，准静态裂纹扩展时，裂纹扩展时所释放出来的能量全部用于形成新的裂纹表面。因此，根据能量平衡观点，裂纹发生扩展的必要条件是裂纹尖端区释放出的能量等于形成新裂纹表面所需要的能量。于是，对图 1-28a 的情形，有：

$$G(B\Delta a)=\gamma_s(2B\Delta a) \tag{1-88}$$

式中，γ_s 为表面自由能；Δa 为裂纹一端的扩展长度。

因此，得到 Griffith 的断裂判据：

$$G=2\gamma_s \tag{1-89}$$

若 $G\geqslant 2\gamma_s$，材料发生断裂，否则不发生断裂。

对图 1-28 所示的情形，板中储存的总应变能为 U，同样条件而无裂纹板中的弹性总能为 U_0，两者之差为 U_1。裂纹扩展 Δa 时，根据能量释放率的定义，并考虑能量守恒有：

$$G=\lim_{\Delta a\to 0}\frac{1}{B}\frac{U(a+\Delta a)-U(a)}{(a+\Delta a)-a}$$

进一步，对图 1-28a 和图 1-28b 两种条件，有：

$$G=\begin{cases}\dfrac{1}{B}\dfrac{\partial U}{\partial a} & （单边裂纹）\\ \dfrac{1}{2B}\dfrac{\partial U}{\partial a} & （中心裂纹）\end{cases} \tag{1-90}$$

由于 U_0 与裂纹长度无关，可将式 1-90 改写为：

$$G=\begin{cases}\dfrac{1}{B}\dfrac{\partial U_1}{\partial a} & （单边裂纹）\\ \dfrac{1}{2B}\dfrac{\partial U_1}{\partial a} & （中心裂纹）\end{cases} \tag{1-91}$$

对于无限大板带有中心圆孔的问题，可得到：

$$U_1=\pi\sigma^2a^2B/E \tag{1-92}$$

式中，σ 为远端拉应力；E 为弹性模量；B 为板厚度；a 为椭圆孔长半轴长度。

利用式 1-89 的能量平衡，得：

$$\sigma^2a=2E\gamma_s/\pi \tag{1-93}$$

式1-93中，对特定材料，右边为常数。于是知，对于一定的裂纹长度，应力需达到一定值，方会出现断裂，如图1-29所示。此式可用于判定已知裂纹长度时发生断裂的临界应力，或当前应力条件下，发生断裂的临界裂纹长度。

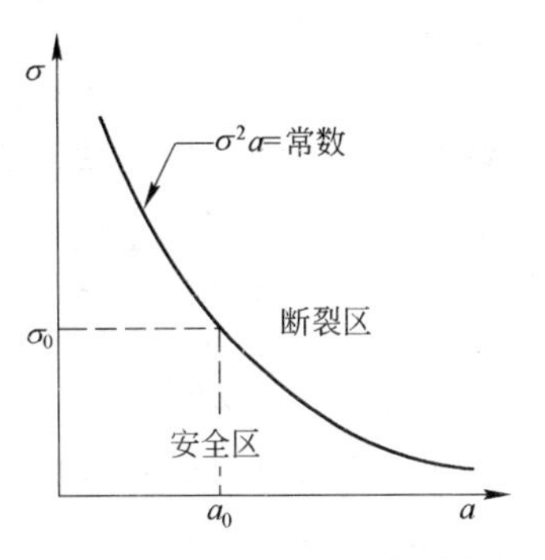

图1-29 中心裂纹板的断裂判据

1.6.3.2 Irwin 和 Orowan 的观点

Irwin-Orowan认为，断裂过程中，单位时间内外界所做的功W与系统储存的应变能U、系统动能T及不可恢复的消耗能D之间处于平衡，即有：

$$\frac{\mathrm{d}W}{\mathrm{d}t}=\frac{\mathrm{d}U}{\mathrm{d}t}+\frac{\mathrm{d}T}{\mathrm{d}t}+\frac{\mathrm{d}D}{\mathrm{d}t} \tag{1-94}$$

式中，t为时间。

若裂纹静止或稳速扩展，则$\frac{\mathrm{d}T}{\mathrm{d}t}=0$，若不可恢复的消耗能仅用于产生新裂纹表面积，则：

$$\frac{\mathrm{d}D}{\mathrm{d}t}=\frac{\mathrm{d}D}{\mathrm{d}A_t}\frac{\mathrm{d}A_t}{\mathrm{d}t}=\gamma_\mathrm{p}\frac{\mathrm{d}A_t}{\mathrm{d}t} \tag{1-95}$$

式中，A_t为裂纹总面积；γ_p为表面能，忽略塑性变形，则有$\gamma_\mathrm{p}=\gamma_\mathrm{s}$。

利用

$$\frac{\mathrm{d}}{\mathrm{d}t}=\frac{\mathrm{d}}{\mathrm{d}A_t}\frac{\mathrm{d}A_t}{\mathrm{d}t}$$

由式1-94有：

$$\frac{\mathrm{d}(W-U)}{\mathrm{d}A_t}\frac{\mathrm{d}A_t}{\mathrm{d}t}=\gamma_\mathrm{s}\frac{\mathrm{d}A_t}{\mathrm{d}t}$$

$$\frac{\mathrm{d}(W-U)}{\mathrm{d}A_t}=\gamma_\mathrm{s} \tag{1-96}$$

式1-96称为断裂发生的临界条件或带裂纹体的断裂判据。

对图1-28所示情形，裂纹总面积为：

$$A_t = \begin{cases} 2Ba & (\text{单边裂纹}) \\ 4Ba & (\text{中心裂纹}) \end{cases} \tag{1-97}$$

脆性断裂时，由式 1-91、式 1-97 有：

$$G = \frac{1}{B} \frac{d(W-U)}{da} = 2\gamma_s \qquad (\text{单边裂纹})$$

$$G = \frac{1}{2B} \frac{d(W-U)}{da} = 2\gamma_s \qquad (\text{中心裂纹}) \tag{1-98}$$

由此，可得到脆性断裂的裂纹失稳扩展的条件，若

$$\frac{d}{da}(G-2\gamma_s) \geqslant 0 \quad \text{或} \quad \frac{d}{da}G \geqslant 0 \tag{1-99}$$

裂纹失稳扩展；反之，若

$$\frac{d}{da}(G-2\gamma_s) < 0 \quad \text{或} \quad \frac{d}{da}G < 0 \tag{1-100}$$

裂纹止裂。

利用前面的关系，裂纹失稳扩展判据可写为：

$$\frac{d^2}{da^2}(W-U) > 0\text{，裂纹失稳扩展}$$

$$\frac{d^2}{da^2}(W-U) < 0\text{，裂纹止裂}$$

1.6.4　裂纹的扩展判据

实际工程中，裂纹多是以复合裂纹形式出现的。观察发现，复合裂纹往往是沿与原裂纹面呈一定角度的方向扩展的。这种情况，需要明确裂纹的扩展方向和扩展临界条件。对之，目前主要的判定准则有：最大周向应力准则、能量释放率准则、应变能密度因子准则以及工程上的近似判据[20 ~21]。

1.6.4.1　最大周向应力准则

该准则是由 Erdogan 和 Sih 根据带有中心斜裂纹的有机玻璃板承受均匀拉伸的试验结果提出的。要点是：

（1）裂纹沿最大周向应力 $\sigma_{\theta\max}$ 的方向开始扩展；

（2）当该方向的周向应力达到临界值时，裂纹扩展。

对于Ⅰ、Ⅱ型复合裂纹问题，由裂纹尖端的应力场公式 1-85 和

公式 1-86，并利用弹性力学中的坐标旋转公式，可得到极坐标下的裂纹尖端的应力（图 1-30）。

$$\begin{cases}\sigma_r=\dfrac{1}{2\sqrt{2\pi r}}\left[K_{\mathrm{I}}(3-\cos\theta)\cos\dfrac{\theta}{2}+K_{\mathrm{II}}(3\cos\theta-2)\sin\dfrac{\theta}{2}\right]\\ \sigma_\theta=\dfrac{1}{2\sqrt{2\pi r}}\left(K_{\mathrm{I}}\cos^2\dfrac{\theta}{2}-\dfrac{3}{2}K_{\mathrm{II}}\sin\theta\right)\\ \tau_{r\theta}=\dfrac{1}{2\sqrt{2\pi r}}\cos\dfrac{\theta}{2}\left[K_{\mathrm{I}}\sin\theta+K_{\mathrm{II}}(3\cos\theta-2)\right]\end{cases} \tag{1-101}$$

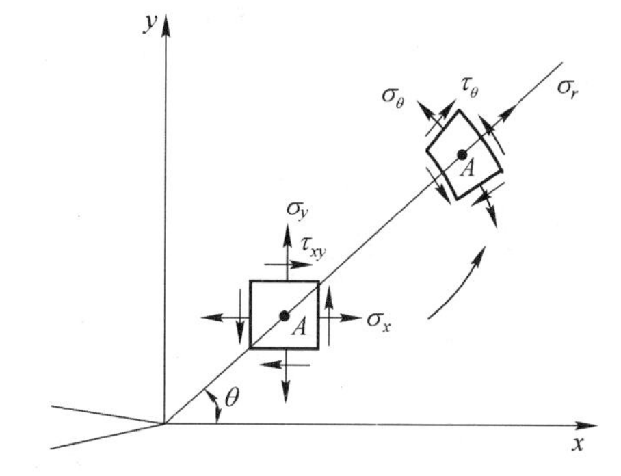

图 1-30 裂纹尖端附近的直角坐标与极坐标

为了找到裂纹的扩展方向，需知道周向应力的最值（极值中的极值），为此，由式 1-101，有：

$$\frac{\partial\sigma_\theta}{\partial\theta}=0$$

得到，当 $\theta=\theta_0$，满足

$$K_{\mathrm{I}}\sin\theta_0+K_{\mathrm{II}}(3\cos\theta_0-1)=0 \tag{1-102}$$

时，得到 $r=r_0$ 圆周上的最大周向应力为：

$$\sigma_{\theta\max}=\frac{1}{\sqrt{2\pi r_0}}\cos\frac{\theta}{2}\left[K_{\mathrm{I}}\cos^2\frac{\theta_0}{2}-\frac{3}{2}K_{\mathrm{II}}\sin\theta_0\right]$$

于是，裂纹扩展条件为：

$$\frac{1}{\sqrt{2\pi r_0}}\cos\frac{\theta}{2}\left[K_{\mathrm{I}}\cos^2\frac{\theta_0}{2}-\frac{3}{2}K_{\mathrm{II}}\sin\theta_0\right]=\sigma_{\theta\mathrm{cri}}=\frac{K_{\mathrm{Ic}}}{\sqrt{2\pi r_0}} \tag{1-103}$$

式中，$\sigma_{\theta cri}$为裂纹扩展的临界周向应力；$K_{\mathrm{I}c}$为纯Ⅰ型裂纹扩展的临界应力强度因子，称为断裂韧度。

1.6.4.2 能量释放率准则

这一准则的要点是：

（1）裂纹沿产生最大能量释放率G_{max}的方向开始扩展；

（2）裂纹扩展是由最大能量释放率达到临界值引起的。

裂纹扩展的能量释放率为G，则当θ_0满足

$$\frac{\partial G}{\partial \theta}\Big|_{\theta=\theta_0}=0 \quad 且 \quad \frac{\partial^2 G}{\partial \theta^2}\Big|_{\theta=\theta_0}<0 \tag{1-104}$$

时，为裂纹扩展方向角。

此时，若

$$G=G_c \tag{1-105}$$

式中，G_c为裂纹扩展的能量释放率临界值。则裂纹扩展的能量释放率G利用式1-98计算。

对于Ⅰ、Ⅱ型复合裂纹问题，裂纹沿θ方向扩展的能量释放率表述为：

$$G_\theta=\frac{1-\mu}{E}(\overline{K}_{\mathrm{I}}^2+\overline{K}_{\mathrm{II}}^2) \tag{1-106}$$

式中

$$\overline{K}_{\mathrm{I}}=\cos\frac{\theta}{2}\left(K_{\mathrm{I}}\cos^2\frac{\theta}{2}-\frac{3}{2}K_{\mathrm{II}}\sin\theta\right)$$

$$\overline{K}_{\mathrm{II}}=\frac{1}{2}\cos\frac{\theta}{2}\left[K_{\mathrm{I}}\sin\theta+K_{\mathrm{II}}(3\cos\theta-1)\right]$$

E为弹性模量；μ为泊松比。

对Ⅰ、Ⅱ型复合裂纹，经推导，裂纹扩展方向由

$$\tau_{r\theta}\Big|_{\theta=\theta_0}=0 \quad 及 \quad \frac{\partial \sigma_\theta}{\partial \theta}\Big|_{\theta=\theta_0}=0 \tag{1-107}$$

决定，裂纹扩展的临界条件由

$$\overline{K}_{\mathrm{I}}\Big|_{\theta=\theta_0}=K_{\mathrm{I}c} \tag{1-108}$$

确定。

1.6.4.3 应变能密度因子准则

应变能密度因子表示裂纹尖端近区应变能密度的强度，量纲为

N/m，表示为：

$$S=W/r=a_{11}K_{\mathrm{I}}^{2}+2a_{12}K_{\mathrm{I}}K_{\mathrm{II}}+a_{22}K_{\mathrm{II}}^{2}+a_{33}K_{\mathrm{III}}^{2} \tag{1-109}$$

式中，W 为弹性变形能密度，由弹性力学求解；r 为裂纹尖端近区区域半径。

$$a_{11}=\frac{1}{16\pi\kappa}[(3-4\mu-\cos\theta)(1+\cos\theta)]$$

$$a_{12}=\frac{2}{16\pi\kappa}\sin\theta[\cos\theta-(1-2\mu)]$$

$$a_{22}=\frac{1}{16\pi\kappa}[4(1-\mu)(1-\cos\theta)+(1+\cos\theta)(3\cos\theta-1)]$$

$$a_{33}=\frac{1}{4\pi\kappa}$$

$$\kappa=\frac{E}{2(1+\mu)}$$

应变能密度因子准则的基本点是：

（1）裂纹沿应变能密度因子最小 $S_{\min}$ 的方向开始扩展；

（2）当应变能密度因子最小值达到材料的相应临界值时，裂纹开始扩展。

依此，可建立断裂判据，由

$$\frac{\partial S}{\partial\theta}=0 \quad 且 \quad \frac{\partial^{2}S}{\partial\theta^{2}}>0 \tag{1-110}$$

确定裂纹开始扩展方向 θ_0，由

$$S_{\min}=S_{\mathrm{c}}=\frac{1-2\mu}{4\pi\kappa}K_{\mathrm{I}}^{2} \tag{1-111}$$

确定裂纹扩展的临界条件。

1.6.4.4 裂纹扩展的工程近似判据

判据具体如下：

（1）Ⅰ-Ⅱ型复合裂纹，判据为：

$$\frac{K_{\mathrm{I}}}{K_{\mathrm{Ic}}}+\frac{K_{\mathrm{II}}}{K_{\mathrm{IIc}}}=1 \quad 或 \quad K_{\mathrm{I}}+K_{\mathrm{II}}=K_{\mathrm{Ic}} \tag{1-112}$$

（2）Ⅰ-Ⅲ型复合裂纹，判据为：

$$\left(\frac{K_{\mathrm{I}}}{K_{\mathrm{Ic}}}\right)^2+\left(\frac{K_{\mathrm{III}}}{K_{\mathrm{IIIc}}}\right)^2=1 \quad 或 \quad \sqrt{K_{\mathrm{I}}^2+\frac{K_{\mathrm{III}}^2}{1-2\mu}}=K_{\mathrm{Ic}} \tag{1-113}$$

（3） Ⅰ-Ⅱ-Ⅲ型复合裂纹，判据为：

$$\left(\frac{K_{\mathrm{I}}+K_{\mathrm{II}}}{K_{\mathrm{Ic}}}\right)^2+\left(\frac{K_{\mathrm{III}}}{K_{\mathrm{IIIc}}}\right)^2=1 \quad 或 \quad \sqrt{(K_{\mathrm{I}}+K_{\mathrm{II}})^2+\frac{K_{\mathrm{III}}^2}{1-2\mu}}=K_{\mathrm{Ic}} \tag{1-114}$$

1.6.5 裂纹的动态扩展

依照能量的观点，裂纹动态扩展的行为由三个因素决定，这三个因素是：裂纹扩展应变能释放率 G、裂纹扩展的动能 T 和裂纹扩展阻力（广义力）R。当能量释放率大于裂纹扩展阻力时，多余的部分将转化为裂纹扩展的动能，裂纹快速扩展，甚至产生裂纹分叉；当能量释放率小于裂纹扩展阻力时，裂纹止裂[24,25]。

在此，探讨裂纹扩展的极限速度、裂纹分叉的条件及裂纹止裂条件三个问题。

1.6.5.1 裂纹扩展的极限速度

根据能量平衡，裂纹失稳扩展后，能量释放率多出裂纹扩展阻力的部分将转化为裂纹扩展的动能，该动能的大小决定裂纹扩展的速度。假定：

（1）裂纹扩展过程中，促使裂纹扩展的远端应力 σ 不变；

（2）应变释放率与裂纹扩展速度无关；

（3）材料的裂纹扩展阻力为常数，与裂纹扩展速度无关。

以一个含长度为 a_0 的边裂纹平板为例，可推导得到裂纹扩展到 a 时的总能量释放率为：

$$\sum G=\pi\sigma^2(a^2-a_0^2)/E$$

式中，E 为材料的弹性模量。

裂纹扩展的总阻力为：

$$\sum R=2\pi\sigma^2 a_0(a-a_0)/E$$

裂纹扩展过程中的总动能为：

$$\sum T=0.5k\rho\,\dot{a}^2a^2\sigma^2/E^2$$

式中，ρ 为材料密度；k 为比例系数。

由能量平衡 $\sum T=\sum G-\sum R$，得到：

$$\dot{a}=\sqrt{2\pi/k}\sqrt{E/\rho}\,(1-a_0/a) \tag{1-115}$$

式中，$\sqrt{E/\rho}$ 为材料中的弹性波速度 C_0，对于 $\mu=0.25$ 的材料，$\sqrt{2\pi/k}=0.38$，于是得裂纹扩展速度的极限速度：

$$\dot{a}=0.38C_0(1-a_0/a) \tag{1-116}$$

当 $a_0/a\to0$ 时，$\dot{a}=0.38C_0$ 为最大的裂纹扩展速度。事实上，裂纹扩展速度总是小于式 1-116 的值。实验测量与众多的分析表明，裂纹扩展的最大速度总小于材料中的弹性波速度，而等于表面波速度[24]。

1.6.5.2 裂纹分叉

目前，对裂纹分叉的解释有多种观点，有观点认为裂纹分叉是由裂纹尖端高的应力强度因子所致，如果裂纹尖端应力强度因子很大，而裂纹扩展的断裂韧度较小，则出现裂纹分叉。实验表明，对Ⅰ型裂纹，只有当应力强度因子超出断裂韧度时，才会出现分叉。如图 1-31 所示，6 块带有不同尖韧度切槽的玻璃板，由 a 至 f，裂纹尖韧度依次增加，这表明在相同切槽（裂纹）长度条件下，使裂纹扩展所需外加应力依次降低，结果 a 出现了较多的裂纹分叉，f 裂纹分叉最少（图 1-31）。这种观点得到了实验证实，并且当再次出现应力强度因子超出断裂韧度时，将再次分叉，而且裂纹的分叉不改变裂纹的扩展速度。

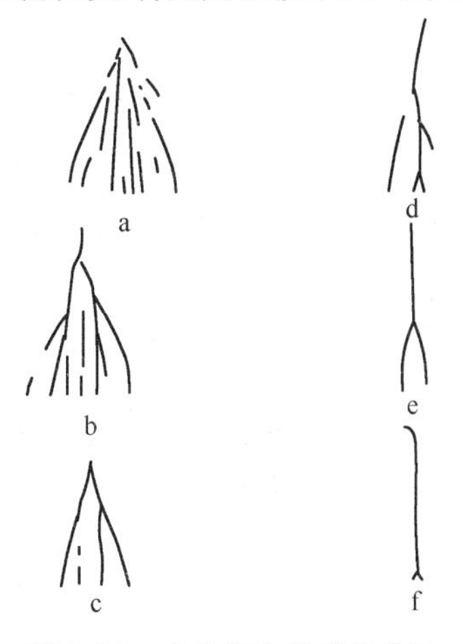

图 1-31 玻璃板中的裂纹分叉

对于有限尺寸物体的情况，由于裂纹扩展速度小于材料的弹性波速度，受冲击载荷作用下，产生的冲击波速度高于裂纹速度，遇边界反射回裂纹尖端，发生应力强度因子加强，也会引起裂纹分叉。

另一种观点认为，当裂纹扩展产生的能量释放率足以促使两条裂纹扩展时，出现裂纹分叉。但这样的裂纹分叉将导致裂纹扩展速度的降低，并有可能出现某一裂纹停止扩展。这种条件下，裂纹扩展的过程是：裂纹扩展加速达到极限速度；出现分叉，速度降低，甚至某一裂纹止裂；再次裂纹扩展加速，出现分叉，依次重复的过程。原因是裂纹分叉将导致能量分配变化，而裂纹的扩展速度依赖能量释放维持。

图1-32所示的是最简单的裂纹扩展分叉解释。当裂纹扩展从失稳点A开始，扩展到原来长度2倍时，能量释放率为裂纹扩展阻力的2倍，此时裂纹分叉；当裂纹扩展为原来长度3倍时，能量释放率足以促使3条裂纹扩展，于是再次分叉。

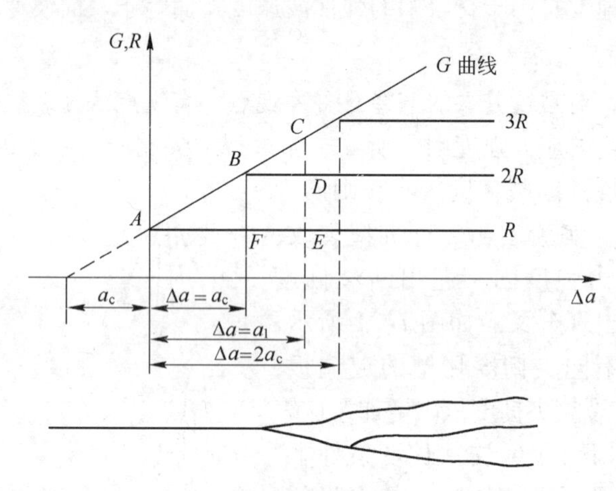

图1-32 能量释放与裂纹分叉关系

事实上，裂纹分叉过程要复杂得多，分叉中包含动能的变化，甚至出现分叉后有的裂纹止裂等。

1.6.5.3 裂纹止裂

关于裂纹止裂，也存在两种观点。一种是静力学的观点，认为当裂纹尖端的应力强度因子小于裂纹的断裂韧度时，裂纹止裂。另一种是动力学的观点，认为当快速扩展裂纹的能量释放率不足以维持裂纹扩展时，裂纹止裂。

从能量平衡的观点出发，一种观点为能量率平衡，即裂纹扩展的能量释放率小于裂纹扩展阻力时裂纹止裂，如图1-33所示。当裂纹

扩展至长度 a_{st} 时，$G=R$，裂纹止裂。

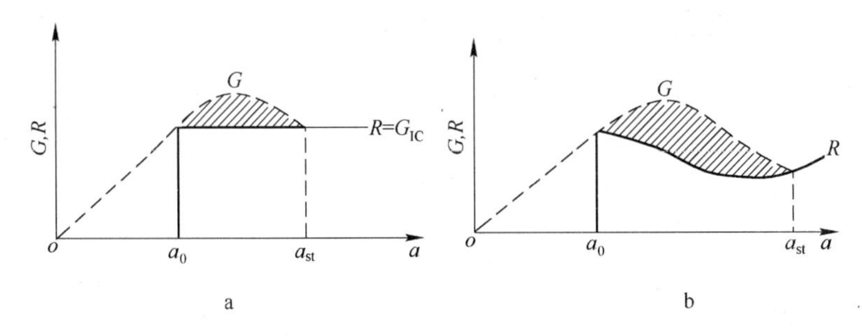

图 1-33　能量率平衡的裂纹止裂

a—R 为常数，与应变率无关；b—R 与应变率相关

另一种观点认为，能量率平衡的观点过于简单。因为裂纹失稳后，多余的能量会转化为动能，这种动能能够维持裂纹扩展，能量率平衡的观点不能成立。因此认为，应采用总能量的平衡而非能量率的平衡来判定裂纹的止裂。如图 1-34 所示，当总能量（用阴影面积表示）平衡时，即：面积 ABC 等于面积 CDE 时，裂纹止裂。

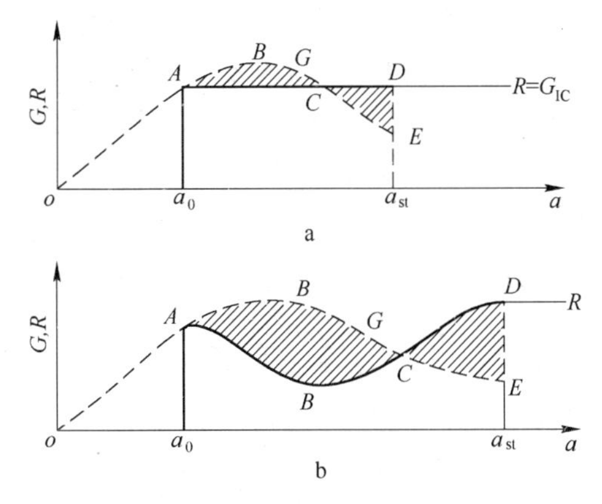

图 1-34　总能量平衡的裂纹止裂

a—R 为常数，与应变率无关；b—R 与应变率相关

裂纹止裂依赖于总能量平衡的一个潜在的重要结论——止裂时的能量释放率 G 不是常数，而依赖于能量释放率 G 与裂纹扩展阻力 R 两者随裂纹长度和裂纹速度的变化。如图 1-35 所示，尽管最大的能

量释放率 G 相等，且 R 为常数，但很明显，对不同的初始裂纹长度 a_0，止裂时的能量释放率 G 不同，止裂裂纹长度也不同。

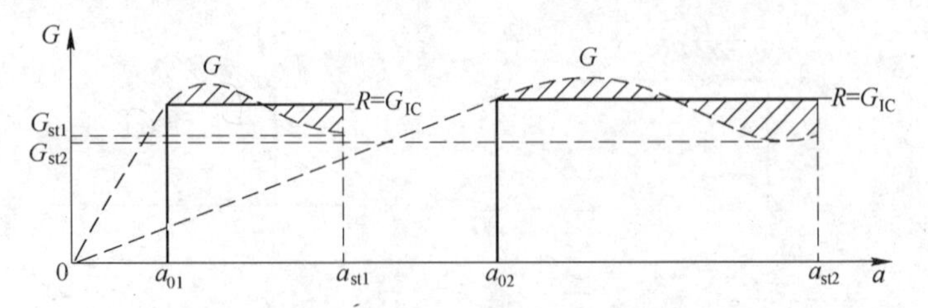

图 1-35　应变率无关材料的初始裂纹长度对止裂能量释放率的影响

1.7　岩石力学中的损伤理论与分形方法

损伤力学是近 30 多年发展起来的一门新学科，目前已被广泛用来解决岩土工程问题，并取得了许多较为满意的结果[26~28]。损伤力学理论研究材料或构件从原生缺陷到形成宏观裂纹，直至破坏的全过程，也就是通常指的从微裂纹的萌生、扩展或演变、体积元的破裂、宏观裂纹的形成到裂纹的稳定扩展和失稳扩展的全过程[25]。

与损伤力学不同，断裂力学主要研究裂纹尖端附近的应力场和应变场，以建立宏观裂纹起裂、稳定扩展和失稳扩展的判据，但无法分析宏观裂纹出现前材料中的微缺陷或微裂纹的扩展对材料性质的影响。断裂力学的不足促使了损伤力学理论的产生与发展。损伤力学现已形成了两个主要分支：一是连续损伤力学，利用连续介质力学与连续介质热力学的唯象方法研究损伤的力学过程；二是细观损伤力学，根据损伤基元（如微裂纹、微孔洞等以及组合）的变形与演化过程，通过某种力学平均化方法，求得材料变形及损伤过程与细观损伤参量的关联。下面介绍连续损伤力学的基本概念。

1.7.1　损伤及其表示

1.7.1.1　损伤的定义

所谓损伤指在外载和环境作用下，由于细观结构的缺陷（如微裂纹、微孔洞等）引起的材料或结构的劣化过程[25]。在连续损伤力学中，作为一种近似，材料的劣化（微缺陷等）被连续化，并用损伤变量或损伤因子来表示。损伤变量的定义有许多种，下面几种是岩石力学中比较常用的。

1.7.1.2　按裂隙面积定义损伤变量

图 1-36 所示的为一均匀受拉的直杆，认为材料劣化的主要机制是微缺陷导致的有效承载面积的减少，设无损伤时的承载面积为 A，损伤后的有效承载面积减少到 A_1，则损伤变量或损伤因子 D 定义为[2,28]：

$$D=\frac{A-A_1}{A} \quad \text{或} \quad A_1=(1-D)A \tag{1-117}$$

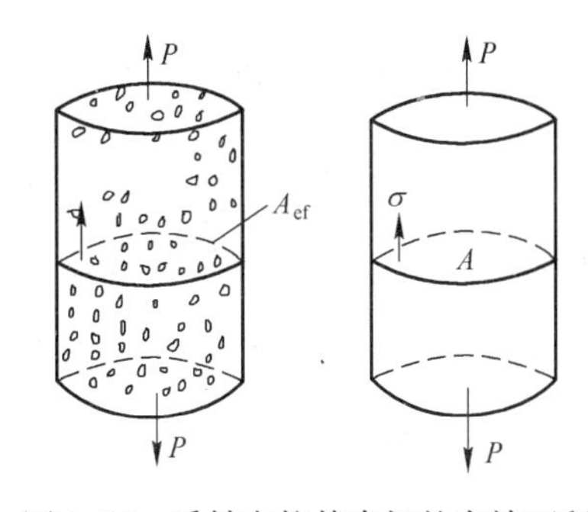

图 1-36　受轴向拉伸直杆的有效面积

若材料无损伤，则 $D=0$；若材料完全破坏，则 $D=1$。$0<D<1$ 表示材料中有不同程度的损伤。

1.7.1.3　按弹性模量降低定义损伤变量

设无损伤时材料的弹性模量为 E_0，损伤后的有效承载面积减少到 E_1，则损伤因子 D 定义为[2,26,28]：

$$D=1-\frac{E_1}{E_0} \tag{1-118}$$

定义了损伤因子 D 后，可得到材料损伤前后材料中的应力关系

$$\sigma^*=\frac{\sigma}{1-D} \tag{1-119}$$

和等效应变假设

$$\varepsilon=\frac{\sigma}{E_1}=\frac{\sigma}{(1-D)E_0}=\frac{\sigma^*}{E_0} \tag{1-120}$$

1.7.2　损伤的演化方程及损伤材料的本构方程

描述材料从开始损伤到严重损伤，以至于引起材料破坏的过程中，损伤因子与外部载荷及材料性质参数等之间的关系式，称为损伤演化方程[26,28]。可写为：

$$D=F(\sigma,\ \xi,\ D_0,\ T,\ \cdots) \tag{1-121}$$

式中，σ 为受载条件，也可用应变 ε 表示；ξ 代表材料的性质参数整体；D_0为初始损伤；T 为环境条件参数。

如果只研究载荷条件的影响，并写成增量形式，有：

$$\mathrm{d}D=\frac{\mathrm{d}F}{\mathrm{d}\sigma}\mathrm{d}\sigma \tag{1-122}$$

根据 Loland 对混凝土受拉的实验研究[29]，得到损伤演化方程为

$$D=D_0+C_1\varepsilon^{\beta} \quad (\varepsilon \leqslant \varepsilon_c) \tag{1-123}$$

$$D=D_0+C_1\varepsilon_c^{\beta}+C_2(\varepsilon-\varepsilon_c) \quad (\varepsilon > \varepsilon_c) \tag{1-124}$$

式中，C_1，C_2，β 为材料常数，ε_c 为对应于 σ_t（峰值应力）时的应变。利用 $\varepsilon=\varepsilon_c$ 时，$\sigma=\sigma_t$，$\frac{\mathrm{d}\sigma}{\mathrm{d}\varepsilon}=0$，并考虑到 $\varepsilon=\varepsilon_u$（材料破坏的极限应变）时，$D=1$，可得：

$$\beta=\frac{\lambda}{1-D_0-\lambda},\ C_1=\frac{(1-D_0)\varepsilon_c^{-\beta}}{1+\beta},\ C_2=\frac{1-D_0-C_1\varepsilon_c^{\beta}}{\varepsilon_u-\varepsilon_c}$$

式中

$$\lambda=\frac{\sigma_t(1-D)}{E\varepsilon_c}$$

材料受损伤后，按照等效应变假设，用有效应力 σ^* 代替表观应力 σ，则得损伤材料的本构关系：

$$\varepsilon=G(\sigma,\ D,\ \cdots)=G(\sigma^*,\ \cdots) \tag{1-125}$$

对于 Loland 研究的混凝土受拉的情况，可写出本构方程为：

$$\sigma=\frac{E\varepsilon(1-D)}{1-D_0} \quad (\varepsilon \leqslant \varepsilon_c) \tag{1-126}$$

$$\sigma=\frac{E\varepsilon_c(1-D)}{1-D_0} \quad (\varepsilon > \varepsilon_c) \tag{1-127}$$

利用 Loland 模型描述的受拉下混凝土的损伤演化规律及本构关系，如图 1-37 所示。

1.7.3　岩石中损伤的测量方法

岩石是一种复杂的天然地质体。由于长期的地质作用，岩石中含有许多微裂隙、微孔洞等缺陷。这些缺陷造成岩石力学性质的劣化，

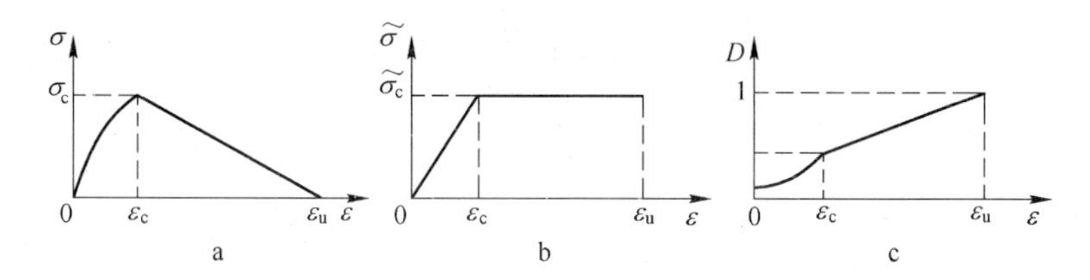

图 1-37 Loland 的损伤演化 CDM 模型

a—应力与应变的关系；b—有效应力与应变的关系；c—损伤因子与应变的关系

称为损伤（初始损伤）。弄清外载荷作用下岩石中的损伤演化规律，是岩石损伤力学的一个重要课题，对深入研究岩石变形特性与强度特性（包括承载能力和破坏特性）具有重要意义。

通过实验测量手段获取岩石中的损伤因子是有效可靠的方法。损伤力学发展到今，已形成了十余种损伤因子测量方法[28]，这些方法各有特点、适用范围和局限性。损伤的测量方法分直接测量和间接测量两大类。

直接测量指用金相学方法直接测量材料中各种微缺陷的数目、形状大小、分布形态、方位取向、裂纹性质及各类损伤所占的比例[28]。这类方法包括：光学显微镜观察、电镜扫描观察、X 射线成像、CT 全程扫描、红外紫外摄像等方法。而间接方法是利用材料的微观结构决定其宏观物理（声、光、电、热、磁等）行为的原理，通过测量材料的某种物理和力学行为的变化，从而确定材料的损伤因子及其变化。属于损伤因子间接测量的方法包括：测量电阻、波速的变化，测量刚度、强度、塑性变形等来反映损伤因子的方法。

在这些方法中，X 射线摄像、声发射、超声技术、红外显示技术、CT 技术等应用范围较广，能分辨尺寸较大的损伤，适用岩石、混凝土等非金属材料的损伤因子测量。这里，我们只介绍以下两种简单易行，在岩石爆破损伤理论研究中得到较多应用的方法，其余可参考有关文献［28］~［30］。

1.7.3.1 弹性模量测量法

由前面的分析知，材料岩石的损伤导致其弹性模量变化，并具有关系：

$$D=1-\frac{E_1}{E_0} \tag{1-128}$$

由此，测量加载前后岩石的弹性模量，可以得到岩石的损伤因子。

1.7.3.2 波速测量法

岩石中弹性波的速度，是其力学性质的综合反映。受岩石损伤程度的影响，岩石弹性波速度的变化与损伤因子之间存在以下关系，首先

$$c=\sqrt{\frac{E}{\rho}} \quad 或 \quad E=\rho c^2$$

于是

$$D=1-\frac{\rho_1 c_1^2}{\rho_0 c_0^2} \tag{1-129}$$

式中，ρ_0，ρ_1 和 c_0，c_1 分别表示岩石损伤前后的密度与弹性波速度。若忽略损伤过程中岩石密度的变化，认为 $\rho_0 \approx \rho_1$，则：

$$D=1-\frac{c_1^2}{c_0^2} \tag{1-130}$$

据此，由加载前后岩石的弹性波速，可以得到岩石的损伤因子。

1.7.4 岩石力学中的分形几何方法

1.7.4.1 分形及其维数

分形几何是由 Mandelbrot 创建并发展起来的[26,31]，目前已在物理、化学、生物学、地学、冶金学、材料学、经济学、书法艺术等领域中得到了大量应用。分形几何主要研究一些具有自相似性，具有自反演性的不规则图形以及具有自平方性的分形变换和自仿射分形集等。这里的不规则图形在传统的几何（欧氏几何）里被认为是病态的，不予研究。实际上传统的几何学也无法对这些不规则图形进行研究。这里，我们仅涉足具有自相似性的分形几何。

分形维是分形几何的主要概念，最早是由 Hausdorff 提出的。我们知道：直线是一维的，平面图形是二维的，空间图形是三维的，因为这些图形的测量都是以长度 l 为基础的，它们的几何量（长度、面

积、体积）分别与长度 l 的一次方、二次方、三次方成正比，以直线、正方形、正方体的情况为例，有：

直线：长度 $=l$；

正方形：面积 $=l^2$；

正方体：体积 $=l^3$。

当测量基础量缩小 1/2 倍，变为 $l/2$ 时，测得的几何量分别增加为：2 倍、$2^2=4$ 倍、$2^3=8$ 倍；变为 $l/3$ 时，测得的几何量分别增加为：3 倍、$3^2=9$ 倍、$3^3=27$ 倍。可以看到，测量基础量的相似比 r、图形的维数 d 与图形几何量 N 之间有如下关系：

$$N=\left(\frac{1}{r}\right)^{d} \tag{1-131}$$

或

$$d=\frac{\ln N}{\ln \dfrac{1}{r}} \tag{1-132}$$

类似地，对图 1-38 所示的图形，我们有相似比 $r=1/3$，几何量 $N=4$，于是得其维数：

$$d=\frac{\ln 4}{\ln 3}=1.268$$

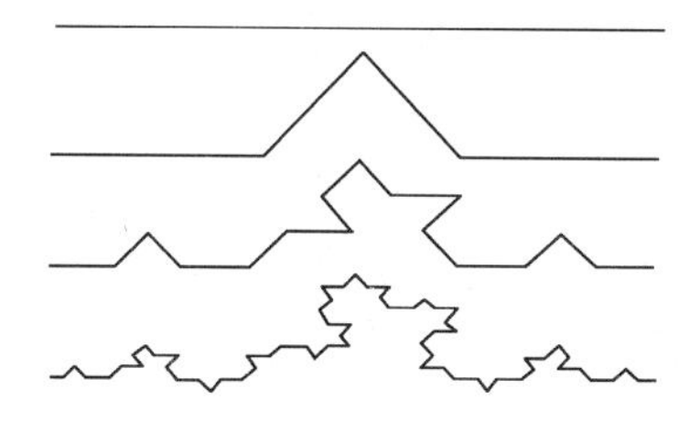

图 1-38 三次 Koch 曲线

在图 1-39 中，相似比 $r=1/3$，几何量 $N=8$，于是图形的维数为：

$$d=\frac{\ln 8}{\ln 3}=1.8928$$

像图 1-38、图 1-39 这样一些维数为非整数的几何图形，即是分

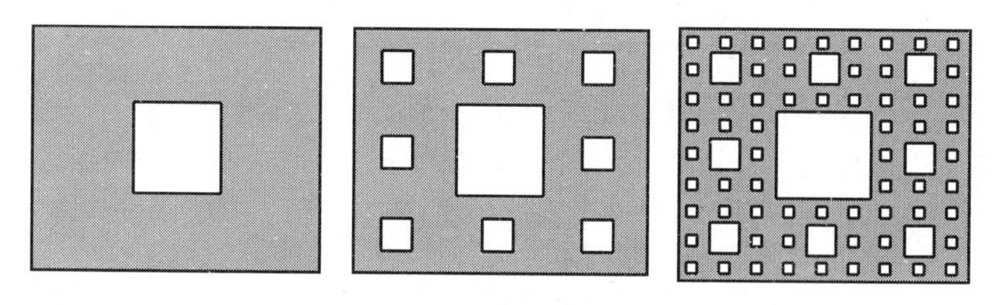

图 1-39 Sierpinski 地毯

形，是分形几何的研究对象。在分形几何中，除上面提到的形似维外，还有覆盖维、信息量维、关联维、充填维、分配维、Lyapunov维等，详情请阅文献［26］，［31］。

1.7.4.2 分形理论在岩石力学研究中的应用

A 岩石断裂的分形研究

谢和平[26]利用分形方法对岩石的断裂过程进行了研究，认为岩石的断裂表面是分形，断裂表面粗糙度分形维反映岩石断裂的形式（沿晶断裂、穿晶断裂及复合断裂）及断裂的临界能耗，并得到关系：

$$G_{crit}=2\gamma_s l^{1-d} \tag{1-133}$$

式中，G_{crit}为岩石的临界扩展力；γ_s 为单位宏观量度面积的表面能；l 为晶体尺寸；d 为断裂表面粗糙度分形维。

B 分形维数在岩石损伤分析中的应用[28]

岩石断口的不规则性也反映岩石在损伤断裂过程中的能量耗散。这种断口表面的分形维与岩石在损伤断裂中的能量耗散之间有如下关系：

$$d=K_1-K_2\gamma_f \tag{1-134}$$

式中，K_1、K_2为岩石常数，与岩石结构、受力方式有关；γ_f 为岩石断裂时的损伤能量耗散率。

因此，通过断口分析，可得到岩石经历的断裂过程及耗散的能量。

C 岩石破碎过程的分形研究[32]

岩石的破碎过程可看成是一个大的四面锥体容易破碎的四个角被分割出来，形成4个小四面体和一个较难破碎的核，小的四面体再次破碎成更小的四面体和核，如图1-40所示，依此进行，以至无穷。不同层次碎块之间符合自相似条件，可认为岩石破碎构成是一个分形的生成过程。

进一步，研究得出岩石破碎块度的分布规律：

$$y_n=\left(\frac{x_n}{k}\right)^{3-d} \tag{1-135}$$

式中，x_n为粒级大小（或筛孔尺寸）；y_n为相应于x_n的碎粒及筛下体积比例关系；k为待定常数。

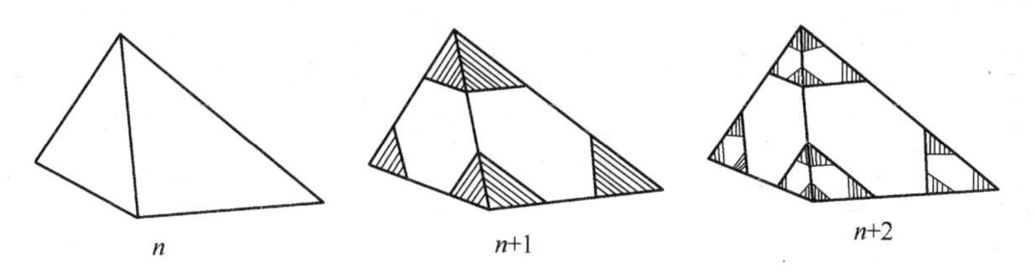

图 1-40 岩石破碎过程的分形模型

2 岩石中的应力波

2.1 应力波的基本概念

2.1.1 应力波的产生

当外载荷作用于可变形固体的局部表面时，一开始只有那些直接受到外载荷作用的表面部分的介质质点因变形离开初始平衡位置。由于这部分介质质点与相邻介质质点发生了相对运动，必然将受到相邻介质质点所给予的作用力（应力），同时表面质点也给相邻介质质点以反作用力，因而使它们离开平衡位置而运动起来。由于介质质点的惯性，相邻介质质点的运动将滞后于表面介质质点的运动。依此类推，外载荷在表面上引起的扰动将在介质中逐渐由近及远传播出去。这种扰动在介质中由近及远的传播即是应力波。其中的扰动与未扰动的分界面称为波阵面，而扰动的传播速度称为波速。

实际上，引起应力波的外载荷都是动态载荷。所谓动态载荷（也称动载荷）指的是其大小随时间而变的载荷，载荷随时间的变化速度用加载率（$\frac{\partial \sigma}{\partial t}$ 或 $\frac{\mathrm{d}\sigma}{\mathrm{d}t}$）描述。根据加载率（或应变率 $\frac{\partial \varepsilon}{\partial t}$ 或 $\frac{\mathrm{d}\varepsilon}{\mathrm{d}t}$）的不同，可按表 2-1 对外加载荷进行分类。

表 2-1 不同加载率的载荷状态[18]

加载率/s^{-1}	$<10^{-5}$	$10^{-5}\sim10^{-1}$	$10^{-1}\sim10^{1}$	$10^{1}\sim10^{3}$	$>10^{4}$
载荷状态	蠕变	静态	准动态	动态	超动态
加载手段	蠕变试验机	普通液压或刚性伺服试验机	气动快速加载机	霍布金森压杆或其改型装置	轻气炮或平面波发生器或电磁轨道炮
动静明显区别	惯性力可忽略		惯性力不可忽略		

2.1.2 应力波分类

应力波有多种分类方法，依据不同的特性指标，可对应力波进行不同的分类[33]。

（1）按物理实质分类。波的基本类型有纵波(P 波、胀缩波) 和横波(S 波、畸变波)。它们的速度分别为 V_P 和 V_S。P 波的质点振动方向与波阵面行进方向平行，S 波的质点振动方向则与波阵面行进方向垂直。

（2）按与界面的相互作用分类。在与界面相互作用时，纵波 P 保持原来的特性，但 S 波却不同。为了研究方便，把横波 S 分为两个分量或两种类型的波，即：SH 波和 SV 波。

（3）按与界面相互作用形成的面波分类：

1）表面波——与自由表面有关，常见的有：Rayleigh 波，出现在弹性半空间或弹性分层半空间的表面附近；Love 波，系由弹性分层半空间中的 SH 波叠加所形成。

2）界面波——沿两介质的分界面传播，通常称为 Stonely 波。

（4）按与介质不均匀性及复杂界面相联系的波分类：

1）弹性波遇到一定形状的物体时，要发生绕射现象，并形成绕射波，或称为衍射波。

2）弹性波遇到粗糙界面或介质内不规则的非均匀结构时，可能出现散射，并形成散射波。

（5）按弥散关系 $c(k)=\omega(k)/k$ [$c(k)$ 和 $\omega(k)$ 分别是波数 k 的简谐波的相速度和圆频率] 分类。

1）如果 $\omega(k)$ 是实函数，且正比于 k，则相速度 $c(k)$ 与波数 k 无关。这样的系统是简单的，此时波动在传播过程中相速度不变，形状不变，故称这样的波动为简单波或者是非弥散非耗散波。

2）如果 $\omega(k)$ 是关于 k 的非线性实函数，即 $\omega''(k)\neq 0$，则系统是弥散的。在此情况下不同波数的简谐波具有不同的传播速度。于是初始扰动的波形随着时间的发展将发生波形歪曲，这样的波称为弥散波。弥散波又分为物理弥散和几何弥散。前者是由介质特性引起的，后者是由几何效应引起的。

3）如果 $\omega(k)$ 是复函数，则波的相速度由 $\omega(k)/k$ 的实部给出。在此条件下产生的波既有弥散效应又有耗散效应，称为耗散波。

（6）按应力波中的应力大小的波分类。如果应力波中的应力小于介质的弹性极限，则介质中传播弹性扰动，形成弹性波，否则将出现弹塑性波；若介质为黏性介质，视应力是否大于介质的弹性极限，将出现黏弹性波或黏弹塑性波。弹性波通过后，介质的变形能够完全恢复，弹塑性波则将引起介质的残余变形，黏弹性波或和弹塑性波引起的介质变形将有一时间滞后。

（7）按波阵面几何形状进行的波分类。根据波阵面的几何形状，应力波可分为平面波、柱面波和球面波。一般认为，平面波的波源是平面载荷，柱面波的波源是线载荷，而球面波的波源是点载荷。

（8）按波动方程自变量个数进行的波分类。根据描述应力波波动方程的自变量个数，应力波可分为一维应力波，二维应力波和三维应力波。

另外，应力波还可分为入射波、反射波和透射波，加载波和卸载波，以及连续性波和间断波等。

2.1.3　应力波方程的求解方法

根据问题难易程度及特点，发展了各种相应的求解应力波的解析法、半解析法、近似数值解法等。这里简要介绍一些常见方法[33]。

（1）波函数展开法。该方法的思想是将位移场 u 分解成无旋场和旋转场，并分别满足相应的波动标量方程与矢量方程。它的实质是一种分离变量解法，关键是如何求解标量方程与矢量方程。这种方法适用于求解均匀各向同性介质中弹性波二维、三维问题和柱体、球体中的波动问题。对于各向异性和不均匀介质，则因无法分离变量而难于采用此种方法。

（2）积分方程法。如果研究的波动问题涉及扰动源，可用积分方程法求解。积分方程表达式可以通过格林函数方法和变分方法推导而得，其实质是把域内问题转化为边界问题进行求解。求解问题的关键在于格林函数的确定。该方法对于求解均匀各向异性问题是有效的，对不均匀介质，因格林函数是未知的而不能求解。此方法是近似理论如有限元法和边界元法的基础。

(3) 积分变换法。该法的思路是把原函数空间中难以求解的问题进行变换，化为函数空间较简单的问题去求解，然后进行逆变换最后得到问题的解。此法难点在于逆变换很难找到精确解。积分变换类型是多种多样的，常见的有 Laplace 变换、Fourier 变换、Hankel 变换，这一方法常用于求瞬态波动问题，对于非线性问题则无能为力。

(4) 广义射线法。该法是研究层状介质中弹性瞬态波动的有效方法，在地球物理学研究中有广泛的应用。其优点在于有明显的物理特征：它是将由波源发出而在某一瞬时到达接收点的波分解为直接到达、经一次反射到达、经二次反射到达……经 N 次反射到达（N 可由波动的路径、历时 t 及波速确定）的波叠加而得，清晰地反映了瞬态波的变化过程。

(5) 特征线法。特征线法实质上是基于沿特征线的数值积分。该法对研究应力波问题有特殊的意义，因为特征线实际上就是扰动传播或波行进的路线。找到了特征线，就有了问题的解，而且可以给出清晰的图像。特征线法对线性、非线性问题都较为有效，它已成为应力波研究的经典方法。大体上说，特征线法有其独特的优点，理论体系便于应用到二维和三维动问题中，求解起来方便可靠，有较好的数值稳定性。本书将重点介绍这一方法。

(6) 其他方法。波动问题的不断发展，研究领域的不断扩大，问题复杂程度的不断提高，迫使人们研究更多、更新的方法，特别是用数值方法来解决相应的问题。目前应用较成熟的有 T-矩阵法、谱方法和波慢度法、反射率法、有限差分法、有限元法、边界元法、摄动法和小波变换法等，它们都在各种具体问题的研究中发挥着作用。

2.1.4 应力波理论的应用

应力波知识的大量积累开辟了应力波在自然探索和技术开发等方面应用的广阔前景。在武器效应、航空航天工程、国防工程、矿山及交通工程、爆破工程、安全防护工程、地震监测、石油勘探、水利工程、建筑工程及机械加工等诸多领域都可以找到它的用武之地；应力波打桩、应力波探矿及探伤、应力波铆接等甚至正在发展为专门的技术。不仅如此，应力波的研究将会在缺陷的探测和表征、超声传感器性能描述、声学显微镜的研制、残余应力的超声测定、声发射等技术领域的研究中发挥其潜力。此外，应力波理论研究还是当前固体力学中极为活跃的前沿课题之一，是现代声学、地球物理学、爆炸力学和材料力学性能研究的重要基础。

2.2　无限介质中的弹性应力波方程

受动载荷作用的物体或处于静载荷作用初始阶段的物体，内部的应力、变形、位移不仅是位置的函数，而且还将是时间的函数。在建立平衡方程时，除考虑应力、体力外，还需要考虑由于加速度而产生的惯性力。以 u、v、w 表示位移，ρ_0 表示密度，则相应的惯性力密度分量为：

$$\rho_0 \frac{\partial^2 u}{\partial t^2},\ \rho_0 \frac{\partial^2 v}{\partial t^2},\ \rho_0 \frac{\partial^2 w}{\partial t^2}$$

于是，可以写出动态平衡方程：

$$\begin{cases} \dfrac{\partial \sigma_x}{\partial x} + \dfrac{\partial \tau_{yx}}{\partial y} + \dfrac{\partial \tau_{zx}}{\partial z} + F_x = \rho_0 \dfrac{\partial^2 u}{\partial t^2} \\ \dfrac{\partial \sigma_y}{\partial y} + \dfrac{\partial \tau_{zy}}{\partial z} + \dfrac{\partial \tau_{xy}}{\partial x} + F_y = \rho_0 \dfrac{\partial^2 u}{\partial t^2} \\ \dfrac{\partial \sigma_z}{\partial z} + \dfrac{\partial \tau_{xz}}{\partial x} + \dfrac{\partial \tau_{yz}}{\partial y} + F_z = \rho_0 \dfrac{\partial^2 u}{\partial t^2} \end{cases} \tag{2-1}$$

它与几何方程、物理方程联立，即得弹性动力学问题的基本方程。

方程 2-1 中，含有位移分量，一般宜采用位移法求解[1]。为此，利用几何方程和物理方程，并略去体力，可将方程 2-1 化为按位移法求解动力问题所需的基本微分方程：

$$\begin{cases} \dfrac{E}{2(1+\mu)\rho_0}\left(\dfrac{1}{1-2\mu}\dfrac{\partial e}{\partial x} + \nabla^2 u\right) = \dfrac{\partial^2 u}{\partial t^2} \\ \dfrac{E}{2(1+\mu)\rho_0}\left(\dfrac{1}{1-2\mu}\dfrac{\partial e}{\partial y} + \nabla^2 v\right) = \dfrac{\partial^2 v}{\partial t^2} \\ \dfrac{E}{2(1+\mu)\rho_0}\left(\dfrac{1}{1-2\mu}\dfrac{\partial e}{\partial z} + \nabla^2 w\right) = \dfrac{\partial^2 w}{\partial t^2} \end{cases} \tag{2-2}$$

其中

$$\nabla^2 = \frac{\partial^2}{\partial x^2}+\frac{\partial^2}{\partial y^2}+\frac{\partial^2}{\partial z^2}$$

$$e = \frac{\partial u}{\partial x}+\frac{\partial v}{\partial y}+\frac{\partial w}{\partial z}$$

取位移势函数 $\psi = \psi(x, y, z, t)$，使得：

$$u = \frac{\partial \psi}{\partial x},\ v = \frac{\partial \psi}{\partial y},\ w = \frac{\partial \psi}{\partial z} \tag{a}$$

由于旋转量

$$\theta_z = \frac{1}{2}\left(\frac{\partial v}{\partial x} - \frac{\partial u}{\partial y}\right) = \frac{1}{2}\left(\frac{\partial^2 \psi}{\partial yx} - \frac{\partial^2 \psi}{\partial xy}\right) = 0$$

同理，旋转量 $\theta_x = \theta_y = 0$，因此式 a 表示的位移为无旋位移。相应于这种状态的弹性波称为无旋波。

根据式 a，有：

$$e = \frac{\partial u}{\partial x} + \frac{\partial v}{\partial y} + \frac{\partial w}{\partial z} = \nabla^2 \psi$$

$$\frac{\partial e}{\partial x} = \frac{\partial}{\partial x}\nabla^2 \psi = \nabla^2 \frac{\partial \psi}{\partial x} = \nabla^2 u \tag{b}$$

同理

$$\frac{\partial e}{\partial y} = \nabla^2 v,\ \frac{\partial e}{\partial z} = \nabla^2 w \tag{c}$$

将以上各式依次代入式 2-2 各式，经化简即得无旋波的波动方程：

$$\frac{\partial^2 u}{\partial t^2} = c_1^2\ \nabla^2 u,\ \frac{\partial^2 v}{\partial t^2} = c_1^2\ \nabla^2 v,\ \frac{\partial^2 w}{\partial t^2} = c_1^2\ \nabla^2 w \tag{2-3}$$

其中

$$c_1 = \sqrt{\frac{E(1-\mu)}{(1+\mu)(1-2\mu)\rho_0}} \tag{2-4}$$

称为无旋波的波速。

无旋波不会引起其通过介质的旋转，只会引起介质的拉伸（膨胀）或压缩。无旋波不会引起介质形状的改变，只会引起体积的变化，因此无旋波也称胀缩波，因其引起的介质质点运动方向与波的行进方向平行，故又称为纵波。

另外，如果设弹性物体中发生的位移 u、v、w 满足

$$e = \frac{\partial u}{\partial x} + \frac{\partial v}{\partial y} + \frac{\partial w}{\partial z} = 0 \tag{d}$$

则这样的位移为等容位移，相应于这种状态的弹性波称为等容波。将式 d 代入式 2-2，得等容波的波动方程：

$$\frac{\partial^2 u}{\partial t^2} = c_2^2 \nabla^2 u, \frac{\partial^2 v}{\partial t^2} = c_2^2 \nabla^2 v, \frac{\partial^2 w}{\partial t^2} = c_2^2 \nabla^2 w \tag{2-5}$$

其中

$$c_2 = \sqrt{\frac{E}{2(1+\mu)\rho_0}} = \sqrt{\frac{G}{\rho_0}} \tag{2-6}$$

称为等容波波速。

与无旋波不同，等容波引起介质形状改变，不会导致介质体积变化。等容波也称畸变波、剪切波及横波。

比较式 2-4 与式 2-6 知：

$$\frac{c_1}{c_2} = \sqrt{\frac{2(1-\mu)}{1-2\mu}} \tag{2-7}$$

由于岩石的泊松比一般为 $\mu = 0.2 \sim 0.45$，故知 $c_1/c_2 = 1.63 \sim 3.32$。于是得知，岩石中的弹性纵波速度大于横波速度，一般可以认为，$c_1 = 2c_2$。在工程中，进行波动监测时，首先监测到的是纵波，而后才监测横波，其原因正在于此。

无旋波和等容波是弹性波的两种基本形式。它们的波动方程可以统一写为：

$$\frac{\partial^2 \varphi}{\partial t^2} = c^2 \nabla^2 \varphi \tag{2-8}$$

式中，c 表示弹性波波速；φ 为位移分量和时间的函数，表示为 $\varphi(x, y, z, t)$。对无旋波，$c = c_1$；对等容波 $c = c_2$。并且可以证明：在弹性体中，应力、变形等都将和位移以相同的方式与速度进行传播。

2.3　一维长杆中的应力波

2.3.1　描述运动的坐标系

研究物质的运动，总是要在一定的坐标系里进行的。对于波动问

题，可供选择的坐标系有两种：拉格朗日（Lagrange）坐标和欧拉（Euler）坐标。

拉格朗日坐标也称物质坐标，采用介质中固定的质点来观察物质的运动，所研究的是在给定的质点上各物理量随时间的变化，以及这些物理量由一质点转到其他质点时的变化。而欧拉坐标则是在空间固定点来观察物质的运动，所研究的是在给定的空间点以不同时刻到达的不同质点的物理量随时间的变化，以及这些量由一空间点转到其他空间点时的变化。

在拉格朗日坐标中，质点的位置 X（也可表示质点本身）是空间点坐标 x 和时间 t 的函数，即 $X = X(x, t)$ 。在欧拉坐标中，介质的运动表现为不同的质点在不同时刻占据不同的空间点坐标 x，于是有 $x = x(X, t)$ 。

特定质点 X 运动的速度写为：

$$v = \left(\frac{\partial x}{\partial t}\right)_X \tag{2-9}$$

式 2-9 表示跟随同一质点观察到的空间位置的变化率，称为随体微商或物质微商。如果在欧拉坐标中观察物质的波动，设时刻 t 波阵面传到空间点 x，以 $x = \varphi(t)$ 表示波阵面在欧拉坐标中的传播规律，则：

$$c = \left(\frac{\mathrm{d}x}{\mathrm{d}t}\right)_w \tag{2-10}$$

称为欧拉波速或空间波速。式 2-9 和式 2-10 有不同的物理意义，前者表示的是质点在空间中的速度，后者表示波阵面在空间的速度。类似地，在拉格朗日坐标中，假定在时刻 t 波阵面传到质点 X，以 $X = \varphi(t)$ 表示波阵面在拉格朗日坐标中的运动规律，则：

$$C = \left(\frac{\mathrm{d}X}{\mathrm{d}t}\right)_w \tag{2-11}$$

称为拉格朗日或物质波速。一般来说，这两种波速是不同的，除非波阵面前方的介质静止且无变形[34,35]。

在一维运动中，有[34,35]：

$$\left(\frac{\partial x}{\partial X}\right)_t = 1 + \varepsilon \tag{2-12}$$

式中，ε 称为名义应变或工程应变。

如果跟随波阵面来考察某物理量 ψ 的变化，在拉格朗日坐标中，有：

$$\left(\frac{\mathrm{d}\psi}{\mathrm{d}t}\right)_W = \left(\frac{d\psi}{dt}\right)_X + \left(\frac{\partial\psi}{\partial X}\right)_t\left(\frac{\partial X}{\partial t}\right)$$

$$= \left(\frac{\mathrm{d}\psi}{\mathrm{d}t}\right)_X + C\left(\frac{\partial\psi}{\partial X}\right)_t$$

若 ψ 具体指空间坐标 x，则：

$$\left(\frac{\mathrm{d}x}{\mathrm{d}t}\right)_W = \left(\frac{\mathrm{d}x}{\mathrm{d}t}\right)_X + c\left(\frac{\partial x}{\partial X}\right)_t$$

于是，可推得平面波条件下的空间波速与物质波速有如下关系：

$$c = v + (1 + \varepsilon)C \tag{2-13}$$

2.3.2 一维应力波的基本假定

研究一维等截面均匀长杆的纵向波动，通常在拉格朗日中进行。为使问题得到简化，需要作如下两个基本假设。

第一基本假设：杆截面在变形过程中保持为平面，截面内只有均布的轴向应力。从而使各运动参量都只是 X 和 t 的函数，问题化为一维问题。这时，位移 u、应变 $\varepsilon(=\frac{\partial u}{\partial x})$、质点速度 $v(=\frac{\partial u}{\partial t})$ 及应力 σ 等均直接表示 X 方向的分量。

第二基本假设：将材料的本构关系限于应变率无关理论，即认为应力只是应变的单值函数，不计入应变率对应力的影响。这样，材料的本构关系可写为：

$$\sigma = \sigma(\varepsilon) \tag{2-14}$$

2.3.3 一维杆中纵波的控制方程

取变形前（$t=0$ 时）一维杆材料质点的空间位置为物质坐标，杆轴为 X 轴，如图 2-1 所示。杆变形前的原始截面积为 A_0，原始密度为 ρ_0，材料性能参数均与坐标无关，于是可以得到一维杆波动的基本方程（控制方程），包括：质量守恒方程或连续方程、动量守恒方程或动力学方程和材料本构方程或物性方程。

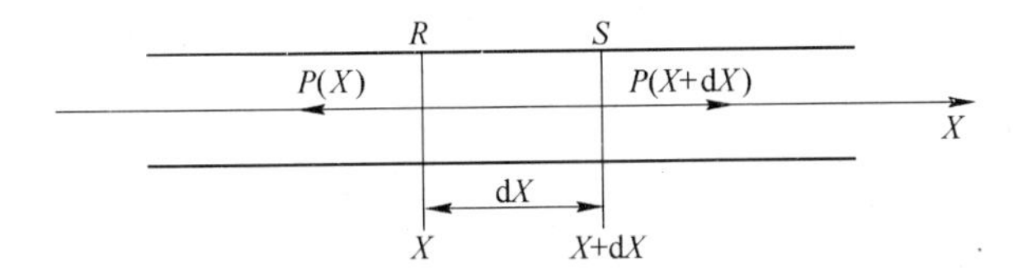

图 2-1 一维杆中的应力波

根据基本假设，应变 ε 和质点速度 v 分别是位移 u 对 X，t 的一阶导数，由位移 u 的单值连续条件（$\dfrac{\partial^2 u}{\partial X \partial t} = \dfrac{\partial^2 u}{\partial t \partial X}$），可得到连续方程或 ε 与 v 之间的相容性方程：

$$\frac{\partial v}{\partial X} = \frac{\partial \varepsilon}{\partial t} \tag{2-15}$$

另外，在图 2-1 中的长度为 dX 的微元体上，截面 R 作用有总力 $P(X, t)$，而截面 S 作用的总力为：

$$P(X + \mathrm{d}X, t) = P(X, t) + \frac{\partial P(X, t)}{\partial X}\mathrm{d}X$$

根据牛顿第二定律，得：

$$P(X + \mathrm{d}X, t) - P(X, t) = \frac{\partial P(X, t)}{\partial X}\mathrm{d}X = \rho_0 A_0 \mathrm{d}X \frac{\partial v}{\partial t}$$

将名义应力 $\sigma = \dfrac{P}{A_0}$ 代入，并经整理即得动量守恒方程：

$$\rho_0 \frac{\partial v}{\partial t} = \frac{\partial \sigma}{\partial X} \tag{2-16}$$

本构方程由第二基本假设已经得到，由式 2-14 给出。这样便得到了关于变量 σ 、ε 和 v 的封闭控制方程 2-14 ~ 方程 2-16 组成的控制方程组。求解一维杆中纵向应力波的问题就是从这些基本方程，按给定的初始条件和边界条件，找出三个未知函数 $\sigma(X, t)$，$\varepsilon(X, t)$ 和 $v(X, t)$。

一般地，$\sigma(\varepsilon)$ 是连续可微的，令

$$C^2 = \frac{1}{\rho_0}\frac{\mathrm{d}\sigma}{\mathrm{d}\varepsilon} \tag{2-17}$$

则由式 2-14、式 2-15 消去 ε，得：

$$\frac{\partial \sigma}{\partial t} = \rho_0 C^2 \frac{\partial v}{\partial X} \tag{2-18}$$

由式 2-14、式 2-16 消去 σ，得：

$$\frac{\partial v}{\partial t} = C^2 \frac{\partial \varepsilon}{\partial X} \tag{2-19}$$

于是一维杆中的应力波问题化为求解由式 2-16 和式 2-18 构成的关于 σ 和 v 的一阶微分方程组或由式 2-15 和式 2-19 构成的关于 ε 和 v 的一阶微分方程组。

将 $\varepsilon = \frac{\partial u}{\partial X}$ 和 $v = \frac{\partial u}{\partial t}$ 代入式 2-19，于是一维杆中的应力波问题又可归结为求解以 u 为未知函数的二阶微分方程：

$$\frac{\partial^2 u}{\partial t^2} - C^2 \frac{\partial^2 u}{\partial X^2} = 0 \tag{2-20}$$

这里的二阶微分方程与一阶微分方程组是完全等价的。

2.4　一维杆中应力波方程的特征线求解

一维应力波的控制方程一般是非线性的，只有在特殊的情况下才能得到精确解析解，因此一维杆中应力波方程大都用数值方法求解。

根据基本假定，方程 2-20 属于两个自变量的二阶拟线性偏微分方程，当 C 为常数时，属于线性偏微分方程[36]。进一步，由于大多数情况下，应力随应变而增加，$\frac{d\sigma}{d\varepsilon} > 0$，而 ρ_0 也总大于零，因而有 $C^2 = \frac{1}{\rho_0}\frac{d\sigma}{d\varepsilon} > 0$，由数理方程理论知，二阶的偏微分方程分三类，分别是双曲线型、抛物线型和椭圆型微分方程，它们分别具有两族特征线（双曲线型）、一族特征线（抛物线型）和没有特征线（椭圆型）[36]。方程 2-20 为双曲线型偏微分方程，有两族实特征线。方程（2-20）可用特征线方法来求解。

特征线方法是求解双曲线型偏微分方程的主要方法之一，在应力波，特别是一维应力波的研究中占有重要的地位，目前已得到了广泛应用。实质上，特征线方法是把解两个自变量的二阶拟线性偏微分方程的问题化为解特征线上的常微分方程的问题。

2.4.1 特征线及特征线上的相容关系

特征线有多种不同的相互等价的定义方法。这里先介绍方向导数定义法。在只包含自变量（X，t）的平面上，如果存在曲线 $S(X, t)$，便能够把二阶偏微分方程或等价的一阶偏微分方程组的线性组合化为只包含沿其上的方向导数的形式，则该曲线称为相应偏微分方程的特征线。

对方程 2-20，设在自变量（X，t）平面上存在曲线 $S(X, t)$，位移 u 的一阶导数，即 v 和 ε 沿曲线方向的微分为：

$$\mathrm{d}v = \frac{\partial v}{\partial X}\mathrm{d}X + \frac{\partial v}{\partial t}\mathrm{d}t = \frac{\partial^2 u}{\partial t \partial X}\mathrm{d}X + \frac{\partial^2 u}{\partial t^2}\mathrm{d}t \tag{2-21}$$

$$\mathrm{d}\varepsilon = \frac{\partial \varepsilon}{\partial X}\mathrm{d}X + \frac{\partial \varepsilon}{\partial t}\mathrm{d}t = \frac{\partial^2 u}{\partial X^2}\mathrm{d}X + \frac{\partial^2 u}{\partial X \partial t}\mathrm{d}t \tag{2-22}$$

式中，$\mathrm{d}X$、$\mathrm{d}t$ 是曲线 $S(X, t)$ 上微段 $\mathrm{d}S$ 在 X 和 t 轴上的分量，$\frac{\mathrm{d}X}{\mathrm{d}t}$ 是曲线在（X，t）处的斜率。如果曲线 $S(X, t)$ 是方程 2-20 的特征线，则方程 2-20 的左边应能化为只包含沿此曲线的方向微分。于是，首先要求式 2-21、式 2-22 的线性组合满足：

$$\mathrm{d}v + \lambda \mathrm{d}\varepsilon = \frac{\partial^2 u}{\partial t^2}\mathrm{d}t + (\mathrm{d}X + \lambda \mathrm{d}t)\frac{\partial^2 u}{\partial X \partial t} + \lambda \frac{\partial^2 u}{\partial X^2}\mathrm{d}X = 0 \tag{2-23}$$

式中，λ 为待定系数。对比式 2-23 与式 2-20，只要满足下列关系即可：

$$\frac{1}{\mathrm{d}t} = \frac{0}{\mathrm{d}X + \lambda \mathrm{d}t} = -\frac{C^2}{\lambda \mathrm{d}X} \tag{2-24}$$

于是，得到：

$$\lambda = -\frac{\mathrm{d}X}{\mathrm{d}t}, \frac{\mathrm{d}X}{\mathrm{d}t} = \pm C$$

将上式改写成：

$$\mathrm{d}X = \pm C\mathrm{d}t \tag{2-25}$$

这就是特征线的微分方程，对其积分便可得特征线方程。正、负号分别表示过平面（X，t）上的任一点存在右行、左行两族特征线。

将式2-25代入式2-24，可得 $\lambda=\mp C$，于是方程2-20以及式2-23化为只包含沿特征线方向微分的常微分方程：

$$\mathrm{d}v=\pm C\mathrm{d}\varepsilon \tag{2-26}$$

式2-26即是特征线上 v 和 ε 必须满足的制约关系，称为特征线上的相容关系。式2-26也称为平面（v，ε）上的特征线。这样，就把解偏微分方程2-20化为求解特征线方程2-25及相应的相容关系式2-26的常微分方程的问题。

许多时候，我们需要知道波阵面上的守恒关系。由于右行波的波阵面总是穿过左行波的特征线，因此在右行波的波阵面上，质点速度 v 和应变 ε 之间有式2-27第一式的守恒关系。同理，在左行波的波阵面上，有以式2-27第二式的守恒关系：

$$\begin{cases}\mathrm{d}v=+C\mathrm{d}\varepsilon & （右行波）\\ \mathrm{d}v=-C\mathrm{d}\varepsilon & （左行波）\end{cases} \tag{2-27}$$

式2-25的积分所表示的物理平面（X，t）上的两族特征线与式2-27积分所表示的速度平面（v，ε）上的两族特征线有一一对应关系。这提供了方程2-20特征线解法的基础。

当波动方程以一阶偏微分方程组出现时，也同样可以用特征线方法求解。这时，求特征线方程一般采用不定线法。由于一阶偏微分方程组（式2-16和式2-18或式2-15和式2-19）与二阶偏微分方程（式2-20）等价，一阶偏微分方程组中的式2-15和式2-19与式2-21、式2-22组成以下方程组：

$$\begin{cases}\dfrac{\partial v}{\partial X}-\dfrac{\partial \varepsilon}{\partial t}=0\\[2mm] \dfrac{\partial v}{\partial t}-C^2\dfrac{\partial \varepsilon}{\partial X}=0\\[2mm] \dfrac{\partial v}{\partial X}\mathrm{d}X+\dfrac{\partial v}{\partial t}\mathrm{d}t=\mathrm{d}v\\[2mm] \dfrac{\partial \varepsilon}{\partial X}\mathrm{d}X+\dfrac{\partial \varepsilon}{\partial t}\mathrm{d}t=\mathrm{d}\varepsilon\end{cases}$$

此方程组可看成是以 $\dfrac{\partial v}{\partial X}$、$\dfrac{\partial v}{\partial t}$、$\dfrac{\partial \varepsilon}{\partial X}$、$\dfrac{\partial \varepsilon}{\partial t}$ 为未知函数的代数方程组。

如果 S 是方程组的特征线，则此方程组解不确定，应有以下行列式：

$$\Delta=\begin{vmatrix}1 & 0 & 0 & -1\\0 & 1 & -C^2 & 0\\ \mathrm{d}X & \mathrm{d}t & 0 & 0\\0 & 0 & \mathrm{d}X & \mathrm{d}t\end{vmatrix}=0\ ,\ \Delta_1=\begin{vmatrix}0 & 0 & 0 & -1\\0 & 1 & -C^2 & 0\\ \mathrm{d}v & \mathrm{d}t & 0 & 0\\ \mathrm{d}\varepsilon & 0 & \mathrm{d}X & \mathrm{d}t\end{vmatrix}=0\ ,$$

$$\Delta_2=\begin{vmatrix}1 & 0 & 0 & -1\\0 & 0 & -C^2 & 0\\ \mathrm{d}X & \mathrm{d}v & 0 & 0\\0 & \mathrm{d}\varepsilon & \mathrm{d}X & \mathrm{d}t\end{vmatrix}=0\ ,\ \Delta_3=\Delta_4=0$$

展开行列式，即可得到特征线方程（式2-25）及特征线上的相容关系（式2-26）。同样，也可得到以 σ 和 v 为未知函数的一阶偏微分方程组的特征线及其相容关系：

$$\begin{cases}\mathrm{d}X\ \pm C\mathrm{d}t=0\\ \mathrm{d}\sigma\ \pm\rho_0 C\mathrm{d}v=0\end{cases}\tag{2-28}$$

在物理意义上，特征线方程表示扰动或波阵面在 $(X,\ t)$ 平面上传播的轨迹，$C=\sqrt{\dfrac{1}{\rho_0}\dfrac{\mathrm{d}\sigma}{\mathrm{d}\varepsilon}}$ 代表扰动传播的速度，正号时表示右行波，负号时表示左行波。相容方程则表示沿特征线或波阵面上质点速度 v 与应变 ε 或应力 σ 之间的相容关系。同样，正号对应右行波，负号对应左行波。

此外，特征线具有以下基本性质[37,38]：

（1）在连续流动区域内，同族特征线不相交。因为流场中每个点的 $(X,\ t)$ 是唯一的，因此每个点只能有一条右行特征线和一条左行特征线相交，而不可能出现两条右行或左行，即：同族特征线不相交。

（2）弱间断只能沿特征线传播。如图2-2所示，流动的初始值在 A 点具有弱间断，则该间断只能沿过 A 点的特征线传播。

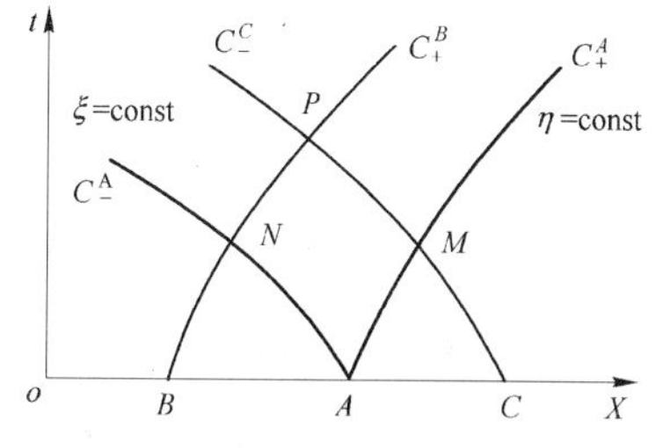

图2-2 弱间断的传播

（3）相邻的不同类型流动区域的分界线是特征线。在（X，t）平面上的两个相邻区域中，流动由不同形式的解描述，一般地，在两区域交界处流动的某个物理量的变化率将出现间断，且为弱间断。由于弱间断沿特征线传播，所以流动区域的分界线是特征线。

2.4.2　半无限长杆中一维弹性应力波的特征线解

根据前面的推导，方程 2-20 表示的杆中波动方程在平面（X，t）上存在右行、左行两族特征线。这些特征线在平面（X，t）上形成十字交叉网格，按照精度要求，选取合适的间隔距离，并把网格四边的微段看成直线，如果已知相邻两个点 1、2 的有关参数（X，t，v，ε）及波速 C，则可以求出过 1 点右行特征线与过 2 点左行特征线交点 3 的参数（X_3，t_3，v_3，ε_3），如图 2-3 所示。写出相应的特征线方程及其相容关系：

$$\begin{cases} X_1 - C_1 t_1 = X_3 - C_1 t_3 \\ X_2 + C_2 t_2 = X_3 + C_2 t_3 \\ v_1 - C_1 \varepsilon_1 = v_3 - C_1 \varepsilon_3 \\ v_2 + C_2 \varepsilon_2 = v_3 + C_2 \varepsilon_3 \end{cases} \tag{2-29}$$

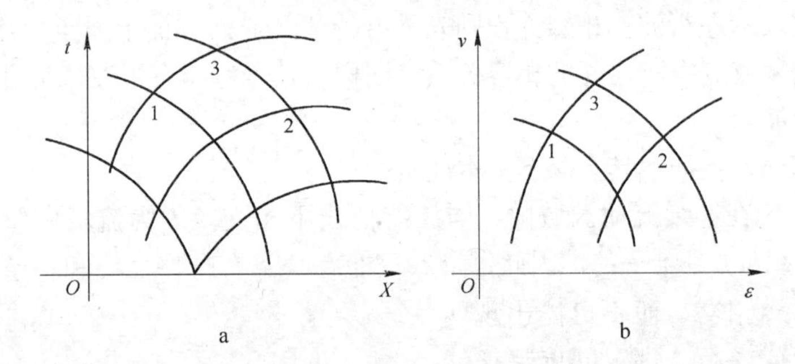

图 2-3　平面（X，t）上和平面（v，ε）上的特征线

a—平面（X，t）上的特征线；b—平面（v，ε）上的特征线

可知，4 个代数方程求解 4 个未知数（X_3，t_3，v_3，ε_3），3 点的参数是确定的，而且是唯一的。下面就半无限长杆中的弹性波求解进行详细讨论。

半无限长杆中指的是X在0到∞之间取值，因而只有沿X轴正方向的单向波，没有反射波的情况。此外，还做出限制：$\left|\frac{\partial\sigma}{\partial t}\right| \geqslant 0$ 或 $\left|\frac{\partial v}{\partial t}\right| \geqslant 0$，即没有卸载出现，以简化分析。

2.4.3 线弹性应力波

这时，材料的本构关系可用 Hooke 定律表达，即式 2-14 具体化为：

$$\sigma = E\varepsilon$$

式中，E 为杨氏模量。进而，由式 2-17 得弹性应力波速度：

$$C_0 = \sqrt{\frac{1}{\rho_0}\frac{\mathrm{d}\sigma}{\mathrm{d}\varepsilon}} = \sqrt{\frac{E}{\rho_0}} \tag{2-30}$$

于是波动方程 2-20 变为：

$$\frac{\partial^2 u}{\partial t^2} - C_0^2\frac{\partial^2 u}{\partial X^2} = 0$$

由于 C_0 为常数，对特征线 2-25 和相容方程 2-26 进行积分运算，并引入积分常数 ξ_1、ξ_2 与 R_1、R_2，得：

$$\begin{cases} X - C_0 t = \xi_1 \\ v - C_0\varepsilon = R_1 \end{cases} \quad (\text{右行波}) \tag{2-31a}$$

$$\begin{cases} X + C_0 t = \xi_2 \\ v + C_0\varepsilon = R_2 \end{cases} \quad (\text{左行波}) \tag{2-31b}$$

有时称 R_1 和 R_2 为 Riemann 不变量。

假设问题具有如下初始条件和边界条件：

初始条件 $v(X,\ 0) = \varepsilon(X,\ 0) = 0 \quad X \in \{\boldsymbol{R}_+\}$ (2-32a)

边界条件 $v(0,\ t) = v_0(\tau) \quad t \in \{0,\ \boldsymbol{R}_+\}$ (2-32b)

式中，$\boldsymbol{R}_+$表示正的实数集。

如图 2-4 所示，OA 为经过 $O(0,\ 0)$ 的右行特征线。在 XOA 区，沿 OX 轴的 v 和 ε 由初始条件给出，是已知的，而区内任一点 P 的右行特征线 QP 与左行特征线 RP 都与 OX 轴相交，于是有：

沿 QP $\quad v(P) - C_0\varepsilon(P) = v(R) - C_0\varepsilon(R)$

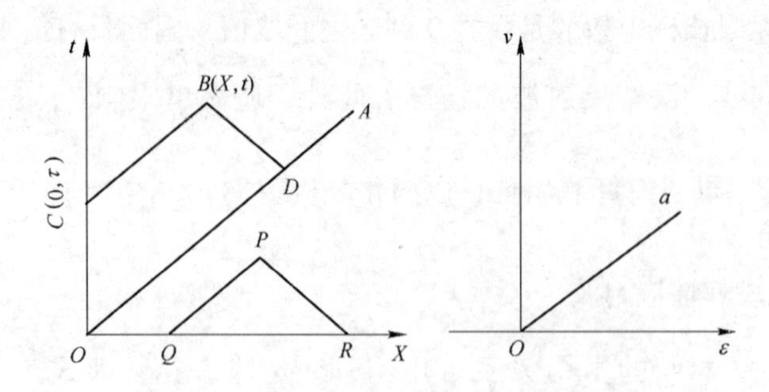

图 2-4　半无限长杆中的弹性应力波求解

沿 RP $\qquad v(P) + C_0\varepsilon(P) = v(R) + C_0\varepsilon(R)$

由以上两式解得 P 点的 v 和 ε 为：

$$\begin{cases} v(P) = \dfrac{1}{2}\left\{[v(R) + v(Q)] + C_0[\varepsilon(R) - \varepsilon(Q)]\right\} \\ \varepsilon(P) = \dfrac{1}{2C_0}\left\{[v(R) - v(Q)] + C_0[\varepsilon(R) + \varepsilon(Q)]\right\} \end{cases} \tag{2-33}$$

由此知，对恒值初始条件，即 $v(Q) = v(R) =$ 常数，$\varepsilon(Q) = \varepsilon(R) =$ 常数，总有：$v(P) = v(Q) = v(R)$，$\varepsilon(P) = \varepsilon(Q) = \varepsilon(R)$，在 XOA 区 ε，v 总是恒值，该区称为恒值区。对当前初值条件（式 2-32），在 XOA 区 $v = \varepsilon = 0$。

这种在任意线段 QR（不一定与 X 轴平行）上给定 v 和 ε，则可在由 QR 和特征线 QP、RP 为界的曲线区域 QPR 中求得单值解的问题，称为初值问题或 Cauchy 问题。

现在讨论 AOt 的情况。经过任一点 B 的左行特征线 BD 总交于 OA，沿 OA 线 $v = \varepsilon = 0$，因此在 AOt 区恒有 $R_2 = 0$，同时也恒有：

$$v = -C_0\varepsilon = -\frac{\sigma}{\rho_0 C_0} \tag{2-34}$$

右行特征线 CB 总交于 t 轴，沿 t 轴的 v 由边界条件给出，于是 R_1 由 C 点的 $v_0(\tau)$ 确定，沿 BC 线有：

$$R_1 = v - C_0\varepsilon = 2v = -2C_0\varepsilon = 2v_0(\tau)$$
$$X = C_0(t - \tau)$$

式中，τ 为 BC 线在 t 轴上的截距，因而 AOt 区任意点 $B(X,\ t)$ 处的 v

和 ε 可确定为：

$$v = -C_0\varepsilon = v_0\left(t - \frac{X}{C_0}\right) \tag{2-35}$$

与上述解 AOt 区问题类似，如果在一条特征线上给定 v 和 ε，而在另一条与之相交的非特征线（要求经其上任一点的两条特征线随时间增加，只有一条进入所讨论的区域）上给定 v 或 ε，可在以两曲线为边界的区域中求得单值解，则这类问题称为混合问题或 Picard 问题。

以上是在杆端给定质点速度作边界条件进行讨论的。如果在杆端给定的是应变边界条件或应力边界条件，也完全可以得到类似的结果。

2.4.4 一维杆中弹性应力波的作图法求解

这一方法是以特征线法为基础的。用作图法可以简单方便地确定任一时刻杆中应力(或应变、质点速度)随时间的变化。

如图 2-5 所示，在 (X, t) 平面上作 $t = t_1$ 水平线，与简单波各右行特征线交于 1，2，3，4，5，6 诸点，由于沿各特征线 v(或 ε 、σ)

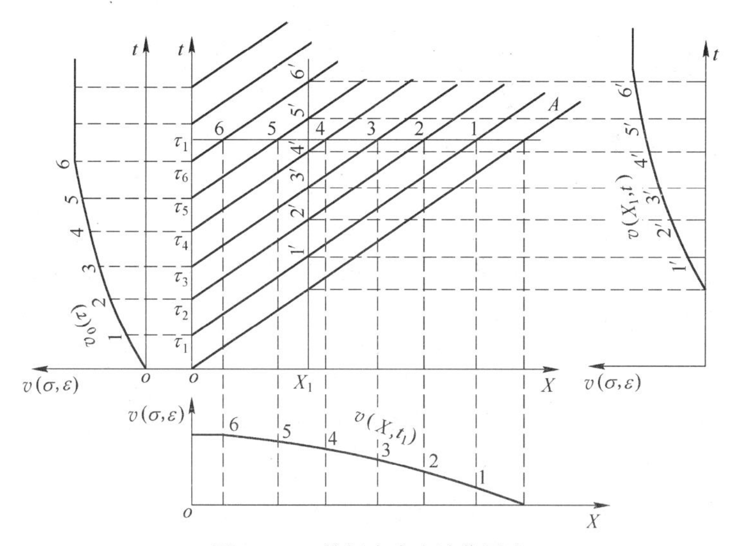

图 2-5 一维杆中应力波作图法

等于杆端的已知值，因而得到 $t=t_1$ 时刻的质点速度分布以及相应的应变分布和应力分布，称为波形曲线（图 2-5 中的下图）。类似地，在 (X, t) 平面上作 $X=X_1$ 垂直线，与各特征线交于 1′，2′，3′，4′，5′，6′诸点，由此得到 $X=X_1$ 截面上的质点速度、应变和应力随时间的变化，称为时程曲线（图 2-5 中的右图）。通过一系列不同时刻的波形曲线，或一系列不同截面上的时程曲线可以形象地刻画出应力扰动的传播。如果是线弹性波，波速恒定，则可看出应力波形在波阵面传播过程中不改变。

2.5　一维杆中线弹性应力波方程有效性的讨论

由前面论述知，一维杆中线弹性应力扰动的传播保持波形曲线形状不变，即线弹性应力波不会发生衰减。这样的结果来自于 2.3.2 节的基本假定：经历应力扰动传播过程中，杆截面保持平面，杆截面只有杆截面均布的轴向应力，各运动参量只有沿轴向 X 的分量。即在分析过程中，忽略了杆中质点横向运动的惯性作用，忽略了杆横向膨胀或收缩对动能的贡献。

事实上，杆在轴向应力 $\sigma(X, t)$ 作用下，除产生轴向应变 ε_X 外，由于泊松效应，还将有横向应变 ε_Y 和 ε_Z，分别是：

$$\varepsilon_X = \frac{\partial u_X}{\partial X} = \sigma(X, t)/E$$

$$\varepsilon_Y = \frac{\partial u_Y}{\partial Y} = -\mu\varepsilon_X\ ,\ \varepsilon_Z = \frac{\partial u_Z}{\partial Z} = -\mu\varepsilon_X$$

式中，E 为弹性模量；μ 为泊松比。

因此，杆截面上将出现非均匀的横向质点位移 (u_Y, u_Z) 和质点速度 (v_Y, v_Z)。由于 $\sigma(X, t)$，进而 ε_X 只是 (X, t) 的函数，与 Y，Z 无关，因此有：

$$\begin{cases} u_Y = -\mu\varepsilon_X Y = -\mu Y\dfrac{\partial u_X}{\partial X} \\ u_Z = -\mu\varepsilon_X Z = -\mu Z\dfrac{\partial u_X}{\partial X} \end{cases} \tag{2-36}$$

和

$$\begin{cases} v_Y = \dfrac{\partial u_Y}{\partial t} = -\mu Y \dfrac{\partial \varepsilon_X}{\partial t} = -\mu Y \dfrac{\partial v_X}{\partial X} \\ v_Z = \dfrac{\partial u_Z}{\partial t} = -\mu Z \dfrac{\partial \varepsilon_X}{\partial t} = -\mu Z \dfrac{\partial v_X}{\partial X} \end{cases} \tag{2-37}$$

由此知，横向运动的存在使得真正的一维问题不存在，一维杆中的应力波问题成为三维问题，至少成为二维问题。

这样的横向惯性运动，产生横向运动动能。单位体积的横向运动动能表示为：

$$\frac{1}{A_0 \mathrm{d}X} \iiint_{A_0 \mathrm{d}a} \frac{1}{2}\rho_0 (v_Y^2 + v_Z^2)\, \mathrm{d}X\mathrm{d}Y\mathrm{d}Z = \frac{1}{2}\rho_0 \mu^2 r_{\mathrm{g}}^2 \left(\frac{\partial \varepsilon_X}{\partial t}\right)^2$$

$$r_{\mathrm{g}} = \frac{1}{A_0} \iint_{A_0} (Y^2 + Z^2)\, \mathrm{d}Y\mathrm{d}Z$$

式中，r_{g} 为杆截面对 X 轴的回转半径。

于是，外力作用所做的功包含两部分，一部分增加单元体应变能，另一部分转变成横向动能，有：

$$\sigma_X \frac{\partial \varepsilon_X}{\partial t} = \frac{\partial}{\partial t}(E\varepsilon_X^2{}^2/2) + \frac{\partial}{\partial t}\left(\rho_0 \mu^2 r_g^2 \left(\frac{\partial \varepsilon_X}{\partial t}\right)^2 /2\right)$$

$$\sigma_X = E\varepsilon_X + \rho_0 \mu^2 r_{\mathrm{g}}^2 \frac{\partial^2 \varepsilon_X}{\partial t^2} \tag{2-38}$$

如果忽略第二项，式 2-38 则变为胡克定律。换句话说，在考虑了横向惯性效应后，胡克定律将由式 2-38 表示的应变率相关的应力应变关系所取代。

利用式 2-16 和式 2-38，可得到以位移为未知函数的二阶偏微分方程：

$$\frac{\partial^2 u}{\partial t^2} - \mu^2 r_g^2 \frac{\partial^4 u}{\partial^2 X \partial^2 t} - C^2 \frac{\partial^2 u}{\partial X^2} = 0 \tag{2-39}$$

式 2-39 中的第二项即是横向惯性效应的体现。如果以谐波解

$$u(X,\ t) = u_0 \exp[i(\omega t - kX)]$$

代入式 2-39，则得到：

$$\omega^2 = C_0 k^2 - \mu^2 r_{\mathrm{g}}^2 \omega^2 k^2$$

式中，ω 为圆频率，$\omega = 2\pi f$；f 为频率；k 为波数，$k = 2\pi/\lambda$；λ 为波长。

于是，得到圆频率为 ω 的谐波的相速度 C 为：

$$C = \omega/k = C_0\left(\frac{1}{1+\mu^2 r_g^2 k^2}\right)^{1/2} \tag{2-40}$$

可见，考虑横向惯性效应后，杆中弹性波阵面不再以横速度 C_0 传播，而是对不同频率谐波，有不同的速度。如果 $\mu r_g k<1$，则利用级数展开，并取近似，得：

$$C/C_0 \approx 1-(\mu r_g k)^2/2 = 1-2\pi^2\mu^2(r_g/\lambda)^2 \tag{2-41}$$

对于半径为 a 的圆杆，$r_g = a/\sqrt{2}$，于是：

$$C/C_0 \approx 1-\pi^2\mu^2(a/\lambda)^2 \tag{2-42}$$

式 2-42 称为考虑横向惯性效应的 Rayleigh 近似解。如果与波长相比，圆杆半径足够小，则前面忽略横向惯性效应的一维杆中的弹性应力波方程及其解是足够精确的，否则将产生较大误差。

由式 2-41 知，高频波（短波）的速度小于低频波（长波），由于弹性波可看成是不同频率谐波的叠加，因此波阵面传播过程中，应力波形将会发生改变，发生散射，这种现象称为波的弥散。进一步知，这样的散射是由杆的几何效应引起的，称为几何弥散。如果杆截面沿杆轴线不均匀，也将引起弥散[35,39]，也是一种几何弥散。除此之外，还有本构黏性弥散。一维杆中波的弥散，使得杆横截面上应力分布不再均匀，波形产生振荡，应力脉冲前沿上升时间增大，应力脉冲峰值随传播距离而衰减[35]。

2.6 一维弹性应力波的反射与透射

2.6.1 两弹性波的相互作用

2.6.1.1 图解法

一原来处于静止的弹性杆，在左端和右端受到突加恒值冲击载荷（图 2-6a），于是从杆的两端发出迎面的两个强间断弹性波（应力 σ、应变 ε、质点速度 v 等状态参数跨过波阵面时发生突变），在平面 (X,t) 上分别用右行特征线 OA 和左行特征线 LA 表示（图 2-6e）。左行波波阵面通过之处，即跨过左行特征线 LA，杆将处于 σ_1、ε_1、v_1 状态，并根据式 2-27 及突加弹性波的性质，有 $v_1=-C_0\varepsilon_1=-\dfrac{\sigma_1}{\rho_0 C_0}$ 或

$\sigma_1 = -\rho_0 C_0 v_1$。右行波波阵面通过之处，即跨过右行特征线 OA，杆将处于 σ_2、ε_2、v_2 状态，并有 $\sigma_2 = \rho_0 C_0 v_2$。在（$\sigma$，$v$）平面上分别对应于从 0 点突跃到点 1、点 2（图 2-6f）。在两波相遇瞬间（图 2-6c），断面右方杆具有质点速度 v_1，左方杆具有质点速度 v_2，紧随其后，将由两波相遇处向杆的两侧产生新的右行波 AB 和左行波 CD（图 2-6d、e），新的右行波波阵面通过之处，即跨过特征线 AB，杆的状态将由 σ_1、ε_1、v_1 突跃到 σ_3'，ε_3'，v_3'，按波阵面上的守恒关系，应有：

$$\sigma_3' - \sigma_1 = \rho_0 C_0 (v_3' - v_1)$$

在（σ，v）平面上对应于从点 1 跨过特征线突跃到点 3′。新的左行波波阵面通过之处，杆的状态将由 σ_2、ε_2、v_2 突跃到 σ_3''，ε_3''，v_3''，且有：

$$\sigma_3'' - \sigma_2 = -\rho_0 C_0 (v_3'' - v_2)$$

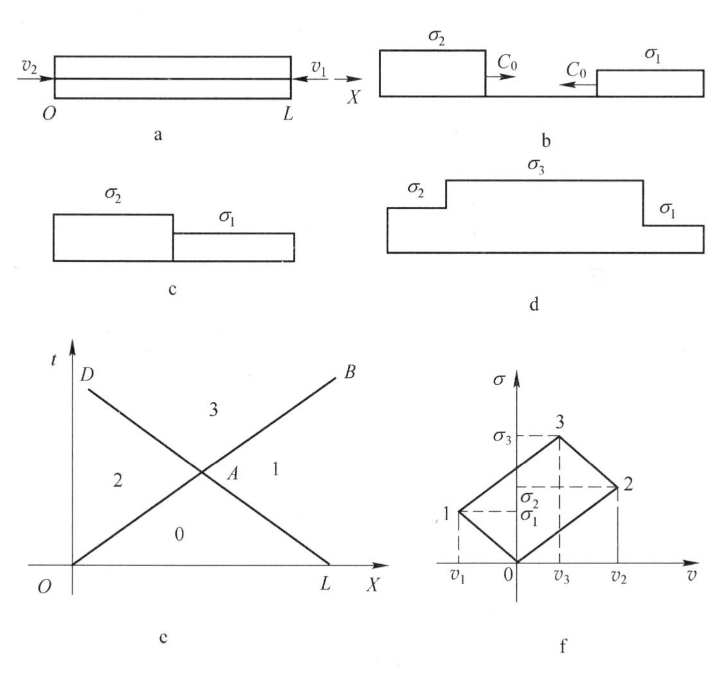

图 2-6 弹性波相互作用的图解法

在（σ, v）平面上对应于从点 2 跨过特征线突跃到点 3″。根据两波相遇后相遇界面应满足质点速度相等、应力相等的条件，有：

$$\sigma_3' = \sigma_3'' = \sigma_3 \text{ 和 } v_3' = v_3'' = v_3$$

这样由(σ,v)平面上过点1的左行特征线与过点 2 的右行特征线确定其交点 3。

2.6.1.2　解析法

由前面的分析知，第一次左行波通过后，杆的状态为 σ_1、ε_1、v_1 且 $\sigma_1 = -\rho_0 C_0 v_1$；第一次右行波通过后，杆的状态为 σ_2、ε_2、v_2，且 $\sigma_2 = \rho_0 C_0 v_2$。第二次右行波通过后，杆的状态将由 σ_1、ε_1、v_1 突跃到 σ_3'，ε_3'，v_3'，第二次左行波通过后，杆的状态将由 σ_2、ε_2、v_2 突跃到 σ_3''，ε_3''，v_3''。且有：

$$\sigma_3' - \sigma_1 = \rho_0 C_0 (v_3' - v_1)$$
$$\sigma_3'' - \sigma_2 = -\rho_0 C_0 (v_3'' - v_2)$$

进一步，根据两波相遇后相遇界面应满足质点速度相等、应力相等的条件，可得二元代数方程：

$$\begin{cases} \sigma_3 - \sigma_1 = \rho_0 C_0 (v_3 - v_1) \\ \sigma_3 - \sigma_2 = -\rho_0 C_0 (v_3 - v_2) \end{cases} \tag{2-43}$$

解之得：

$$\begin{cases} v_3 = v_1 + v_2 \\ \sigma_3 = \sigma_1 + \sigma_2 \end{cases} \tag{2-44}$$

式 2-44 表明：两弹性波相互作用时，其结果可由两作用扰动分别单独传播时的结果进行代数叠加而得。由于弹性波的控制方程是线性的，因而叠加原理必定成立。且表明，作图法与解析法得到相同的结果。这里规定，应力以压为正，速度以沿坐标正向为正，反之均为负。

2.6.2　弹性波在固定端和自由端的反射

有限长杆中的弹性扰动传播到另一端射，将发生反射，边界条件决定反射波的性质。入射波与反射波的总效果可按叠加原理确定，反射过程的处理可按两弹性波相互作用的特例进行分析。

对图 2-6 的情况，如果 $v_2 = -v_1$，则有 $v_3 = 0$，$\sigma_3 = 2\sigma_1$（图

2-7a)，即两波相遇处质点速度为0，而应力加倍。这相当于法向入射弹性波在固定端（刚壁）的反射，因此法向入射弹性波在固定端反射时，可把端面想象为一面镜子，反射波正好是入射波的正像。拉伸波反射为拉伸波，压缩波反射为压缩波。

如果 $v_2 = v_1$，则有 $v_3 = 2v_1$，$\sigma_3 = 0$（图2-7b），两波相遇处质点速度加倍，而应力为0。这相当于法向入射弹性波在自由端（自由表面）的反射，因此法向入射弹性波在自由端反射时，也可把端面想象为一面镜子，反射波正好是入射波的倒像。拉伸波反射为压缩波，压缩波反射为拉伸波。

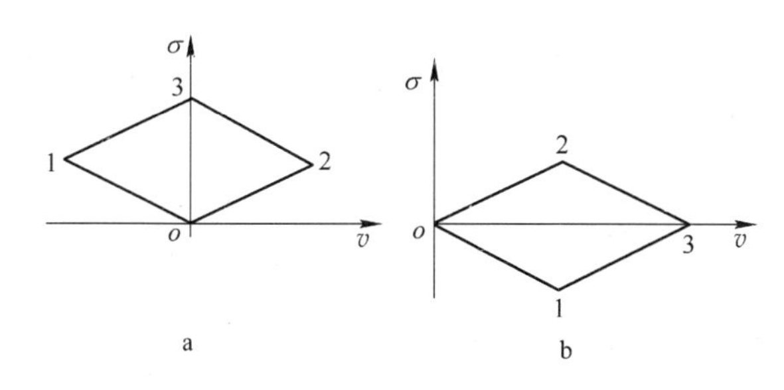

图2-7 弹性波在固定端与自由端的反射
a—两相同弹性波相遇后的状态；b—两相异弹性波相遇后的状态

值得一提的是，弹性波在固定端的反射可用来说明 Hopkinson 关于由落重冲击拉伸钢丝的早期著名实验[34,40,41]（图2-8），钢丝受冲击而被拉断的位置不是冲击端 A，而是固定端 B，并且冲击拉断的控制因素是落重的高度，而与落重质量的大小无关。原因是在固定端最早达到反射后的应力 $\sigma = 2\rho_0 C_0 v_0$，反射应力大小取决于冲击速度 v_0。

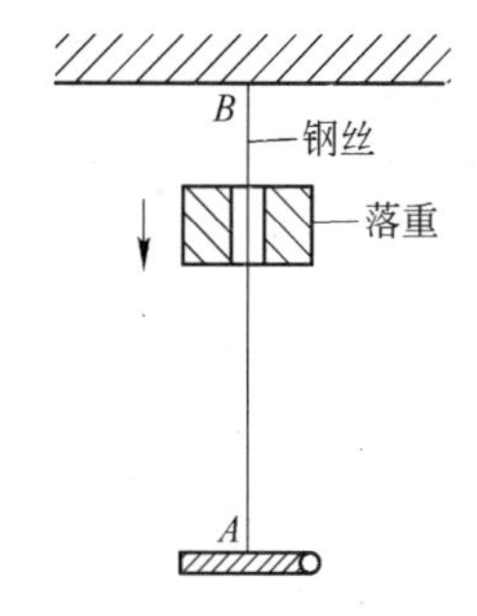

图2-8 Hopkinson 的落重冲击拉伸钢丝实验

2.6.3 不同介质界面上弹性波的反射与透射

设有弹性波从介质1垂直穿过界面进入介质2（这种情况称为正

入射)。当两介质的波阻抗不同时，在界面处应力波将发生反射与透射，反射与透射的情况与介质的波阻抗密切相关。所谓波阻抗即是介质的密度 ρ_0 与纵波速度 C_0 的乘积（$\rho_0 C_0$）。

如图 2-9 所示，当从介质 1 通往介质 2 的弹性波到达两介质界面时，无论对介质 1 还是介质 2 都将引起扰动，这就是波的反射与透射。返回介质 1 中的波叫反射波，进入介质 2 中的波叫透射波。假定两介质界面始终保持接触，也就是既能承压力又能承拉力而不分离，于是根据牛顿第三定律，界面两侧质点速度和应力之间有以下关系：

$$\begin{cases} v_{\mathrm{T}} = v_{\mathrm{I}} + v_{\mathrm{R}} \\ \sigma_{\mathrm{T}} = \sigma_{\mathrm{I}} + \sigma_{\mathrm{R}} \end{cases} \tag{2-45}$$

式中，下标 I，R 和 T 分别表示入射波、反射波和透射波。

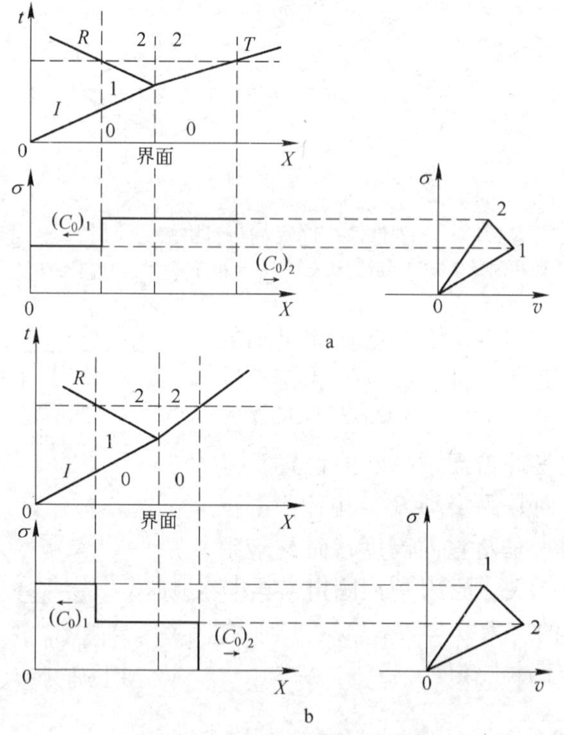

图 2-9　弹性波的反射与透射

a—$(\rho_0 C_0)_1 < (\rho_0 C_0)_2$；b—$(\rho_0 C_0)_1 > (\rho_0 C_0)_2$

由波阵面上的守恒条件，将式2-45改写成：

$$\begin{cases}\dfrac{\sigma_{\mathrm{T}}}{(\rho_0 C_0)_2}=\dfrac{\sigma_{\mathrm{I}}}{(\rho_0 C_0)_1}-\dfrac{\sigma_{\mathrm{R}}}{(\rho_0 C_0)_1}\\ \sigma_{\mathrm{T}}=\sigma_{\mathrm{I}}+\sigma_{\mathrm{R}}\end{cases}\tag{2-46}$$

解式2-46，可得：

$$\begin{cases}\sigma_{\mathrm{R}}=F\sigma_{\mathrm{I}}\\ v_{\mathrm{R}}=-Fv_{\mathrm{I}}\end{cases}\tag{2-47}$$

$$\begin{cases}\sigma_{\mathrm{T}}=T\sigma_{\mathrm{I}}\\ v_{\mathrm{T}}=nTv_{\mathrm{I}}\end{cases}\tag{2-48}$$

式中

$$\begin{cases}n=(\rho_0 C_0)_1/(\rho_0 C_0)_2\\ F=\dfrac{1-n}{1+n}\\ T=\dfrac{2}{1+n}\end{cases}\tag{2-49}$$

F 和 T 分别称为反射系数与透射系数，完全取决于两介质波阻抗的比值 n。显然

$$1+F=T$$

在（σ，v）平面上以上结果相当于由经过点1的介质1的左行 σ-v 特征线1—2与经过点0的介质2的右行 σ-v 特征线0—2的交点2确定的状态（图2-9）。由于 T 总大于0，因而透射波与入射波总同号。但 F 的情况则不同，讨论如下：

（1）如果 $(\rho_0 C_0)_1<(\rho_0 C_0)_2$，$n<1$，则 $F>0$。这时，反射波与入射波同号，透射波在应力幅值上强于入射波（$T>1$）。这称为应力波由“软”材料传入“硬”材料的情况（图2-9a）。

若 $(\rho_0 C_0)_2\to\infty$，$n\to 0$，则有 $T=2$，$F=1$。这相当于弹性波在刚壁（固定端）的反射。

（2）如果 $(\rho_0 C_0)_1>(\rho_0 C_0)_2$，$n>1$，则 $F<0$。这时，反射波与入射波异号，透射波在应力幅值上弱于入射波（$T<1$）。这称为应

力波由“硬”材料传入“软”材料的情况（图2-9b），由此可理解各种“软”垫能起到减振缓冲作用。

若$(\rho_0 C_0)_2 \to 0$，$n \to \infty$，则有$T = 0$，$F = -1$。这相当于弹性波在自由表面（自由端）的反射。

需要指出：即便两种介质的ρ_0和C_0各不相同，只要其波阻抗相同，即$(\rho_0 C_0)_1 = (\rho_0 C_0)_2$，$n = 1$，则弹性波通过两种介质的界面时不产生反射，这称为阻抗匹配。当不希望产生反射时，可通过选材的阻抗匹配来达到。

变截面杆中的弹性波，通过杆截面改变界面时，也发生波的反射和透射。这时，只需将界面上两侧的应力相等条件改变为总的作用力相等条件，而质点速度相等条件不变，即可按上述方法进行类似分析，并得出类似的结果[34,40]。

如图2-10所示，下列关系成立：

$$\begin{cases} A_1(\sigma_I + \sigma_R) = A_2 \sigma_T \\ \dfrac{\sigma_T}{(\rho_0 C_0)_2} = \dfrac{\sigma_I}{(\rho_0 C_0)_1} - \dfrac{\sigma_R}{(\rho_0 C_0)_1} \end{cases} \tag{2-50}$$

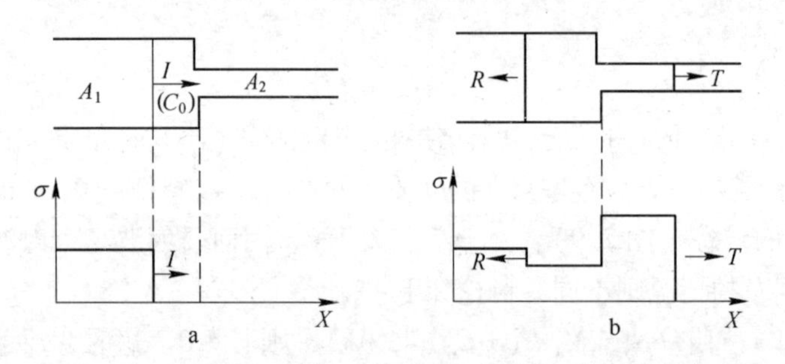

图2-10 应力波在杆中变截面处的传播

a—反射前的情况；b—反射后的情况

由此联立求解可得：

$$\begin{cases} \sigma_R = F \sigma_I \\ v_R = -F v_I \end{cases} \tag{2-51}$$

$$\begin{cases}\sigma_T = T\sigma_I A_1/A_2 \\ v_T = nTv_I\end{cases} \tag{2-52}$$

$$\begin{cases}n = (\rho_0 C_0 A)_1/(\rho_0 C_0 A)_2 \\ F = (1-n)/(1+n) \\ T = 2/(1+n)\end{cases} \tag{2-53}$$

式中，$(\rho_0 C_0 A)$ 称为广义波阻抗。

当界面两侧材料的波阻抗相同时，$n = A_1/A_2$，这时，由于 n、T 总为正，所以透射波与入射波总是同号；而 F 的正负则因 A_1 和 A_2 的相对大小而异。当应力波从小截面传入大截面时，$A_1 < A_2$，$n<1$，反射波的应力和入射波的应力同号（反向加载），此时由于 $2n/(n+1)<1$，因而透射波弱于入射波。当应力波从大截面传入小截面时，$A_1 > A_2$，$n>1$，反射波的应力和入射波的应力异号（反向卸载），但 $2n/(n+1)>1$，因而透射波强于入射波。这是与单纯由波阻抗 $(\rho_0 C_0)$ 变化引起的反射透射情况的不同之处。

由此可见，杆的大端受冲击时，另一端有小杆相连时，小杆将起到“捕波器”的作用。当 $A_2/A_1 \to 0$，$n \to \infty$ 时，$2n/(n+1) \to 2$ 即应力波通过截面积间断截面时，单级放大倍数的极限为 2。

2.7 弹性波斜入射时的反射与透射

2.7.1 弹性纵波在自由面上斜入射时的反射

图 2-11 所示，一弹性纵波在与自由面法线呈 α_1 角的方向上向自由面入射，并发生反射，产生反射纵波和反射横波。由于自由面上没有正应力和剪应力，如果仅有反射纵波，将不能实现自由面上正应力和剪应力均为零的边界条件，因此纵波斜入射时，将产生反射纵波和反射横波。图 2-11 中，入射角、反射纵波的反射角和反射横波的反射角之间满足光学折射的 Snell 定律，即：

$$\frac{C_{p1}}{\sin\alpha_1} = \frac{C_{p2}}{\sin\alpha_2} = \frac{C_s}{\sin\beta_2} = C_r \tag{2-54}$$

式中，C_r 称为视速度。由于 $C_{p1} = C_{p2} = C_p$，进而得到：

$$\alpha_1 = \alpha_2 \tag{2-55}$$

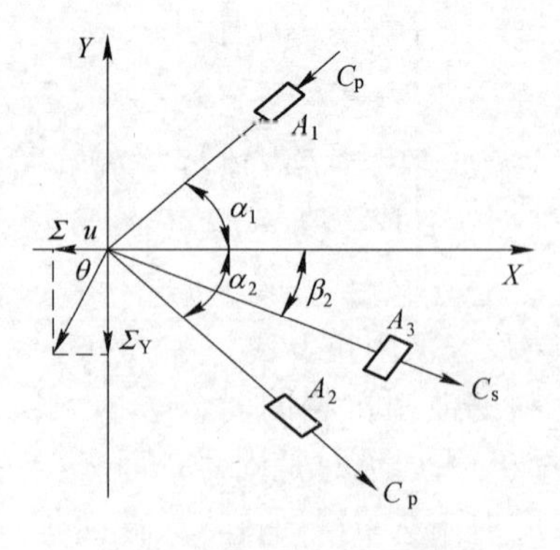

图2-11 纵波在自由面上的斜反射

$$\frac{\sin\alpha_1}{\sin\beta_2}=\frac{C_{p1}}{C_s}=\sqrt{\frac{2(1-\mu)}{1-2\mu}} \tag{2-56}$$

各波的位移之间满足下列关系：

$$\begin{cases}2(A_2-A_1)\cos\alpha_1\sin\beta_2-A_3\cos2\beta_2=0\\(A_2+A_1)\cos2\beta_2\sin\alpha_1-A_3\sin\beta_2\sin2\beta_2=0\end{cases} \tag{2-57}$$

式中，A_1、A_2 和 A_3 分别为入射纵波、反射纵波和反射横波的幅值。

令

$$R=\frac{\tan\beta_2\ \tan^2 2\beta_2-\tan\alpha_1}{\tan\beta_2\ \tan^2 2\beta_2+\tan\alpha_1} \tag{2-58}$$

则由式2-57，有：

$$\begin{cases}A_2=RA_1\\A_3=A_1(R+1)\dfrac{C_p}{C_s}\tan^{-1}2\beta_2\end{cases} \tag{2-59}$$

R 称为反射系数。进一步有入射应力 σ_I 与反射纵波应力 σ_R、反射横波应力 τ_R 之间的关系：

$$\begin{cases}\sigma_R=R\sigma_I\\\tau_R=[(1+R)\tan^{-1}2\beta_2]\sigma_I\end{cases} \tag{2-60}$$

由此看出：反射系数 R 与材料的泊松比有关，如图 2-12 所示[42]。由图2-12进一步得知：

（1）当材料的泊松比大于某一临界值时，无论入射角多大，反射系数均小于0；

（2）当材料的泊松比小于某一临界值时，仅在一定的入射角范围内，反射系数小于0，这一范围的大小与材料的泊松比成正比；

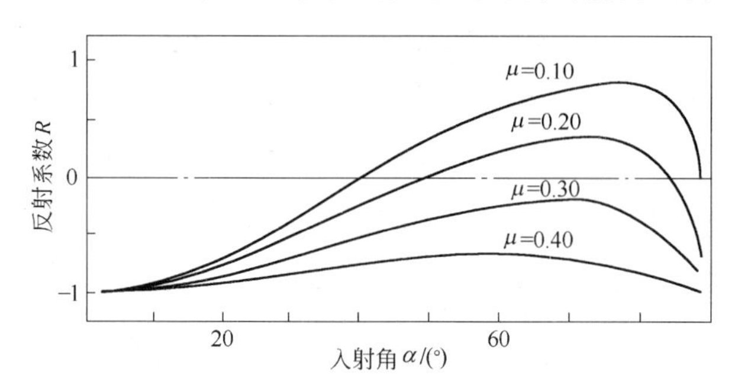

图 2-12　纵波反射系数 R 与入射角 α 的关系

（3）当入射角为0（正入射）时，仅有反射纵波，且反射系数 $R=-1$。

自由面质点运动方向 θ 由三个波产生位移的矢量和确定，而且可以证明：$\theta = 2\beta_2$ [17,42]。

2.7.2　弹性纵波在介质分界面斜入射时的反射与透射

如图 2-13 所示，弹性纵波斜入射到两介质分界面时，将产生四

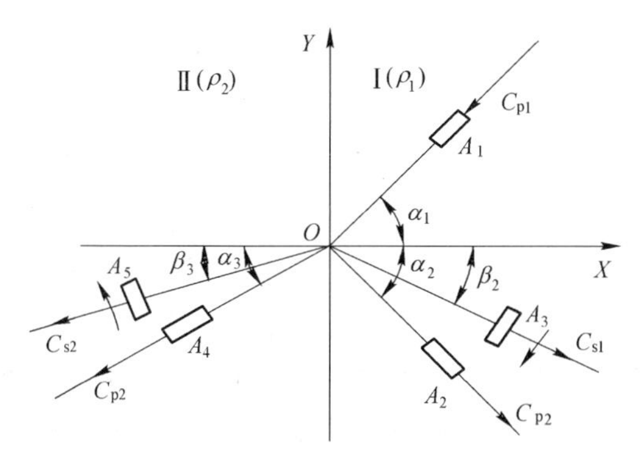

图 2-13　弹性纵波斜入射时的反射与透射

种新的波，它们是：反射纵波、反射横波、透射纵波和透射横波。假定界面无相对滑动，则界面上应满足的边界条件是：界面两边的法向位移、切向位移、法向应力、切向应力相等。

入射角与各反射、透射角之间同样满足 Snell 定律，即有：

$$\frac{\sin\alpha_1}{C_{p1}}=\frac{\sin\alpha_2}{C_{p1}}=\frac{\sin\beta_2}{C_{s1}}=\frac{\sin\alpha_3}{C_{p2}}=\frac{\sin\beta_3}{C_{s2}}=\frac{1}{C_r} \tag{2-61}$$

而各波的位移幅值之间则满足下列方程：

$$\begin{cases}(A_1-A_2)\cos\alpha_1+A_3\sin\beta_2-A_4\cos\alpha_3-A_5\sin\beta_3=0\\(A_1+A_2)\sin\alpha_1+A_3\cos\beta_2-A_4\sin\alpha_3+A_5\cos\beta_3=0\\(A_1+A_2)C_{p1}\cos2\beta_2-A_3C_{s1}\sin2\beta_2-A_4C_{p2}\left(\frac{\rho_2}{\rho_1}\right)\cos2\beta_3\\-A_5C_{s2}\left(\frac{\rho_2}{\rho_1}\right)\sin2\beta_3=0\\\rho_1C_{s1}^2\left[(A_1-A_2)\sin2\alpha_1-A_3\left(\frac{C_{p1}}{C_{s2}}\right)\cos2\beta_2\right]-\rho_2C_{s2}^2\times\\\left[A_4\left(\frac{C_{p1}}{C_{p2}}\right)\sin2\alpha_3-A_5\left(\frac{C_{p1}}{C_{p2}}\right)\cos2\beta_3\right]=0\end{cases} \tag{2-62}$$

式中，A_1、A_2、A_3、A_4 和 A_5 分别为入射纵波、反射纵波、反射横波、透射纵波和透射横波的幅值。

正反射时，$\alpha_1=0$，这种情况下，$A_3=A_5=0$。

2.8　应力波反射引起的破坏

由前面几节的讨论知道，入射到自由表面的压缩波经反射会形成拉伸波。这些反射回来的拉伸波将与入射压缩波的后续部分相互作用，其的结果有可能在邻近自由表面附近造成拉应力，如果所造成的拉应力满足某种材料动态的断裂准则，则将在该处引起材料破坏，裂口足够大时，整块的裂片便会携带着其中的动量而飞离。这种由压应力波在自由表面反射造成的动态断裂称为剥落或层裂，飞出的裂片称为痂片。层裂多发生在一些拉伸强度低于其压缩强度的工程材料（如岩石、混凝土）中。最早发现并研究这种动态剥落现象的是Hopkinson，因此也称这种破坏为Hopkinson破裂。

在层裂过程中，在第一层层裂出现的同时，也形成了新的自由表面，继续入射的压力脉冲将在此新的自由表面上反射，从而有可能造成第二层层裂，以此类推，在一定条件下会形成多层层裂，产生一系列的痂片。图2-14给出了混凝土杆在一端接触爆炸时它的另一端产生层裂剥落的示意图，图2-15是一厚钢板在炸药接触爆炸时其背面发生层裂的示意图。

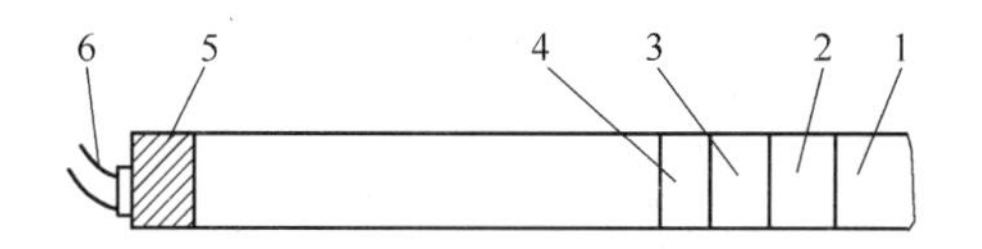

图2-14　混凝土杆的层裂现象

1~4—痂片；5—炸药；6—起爆装置

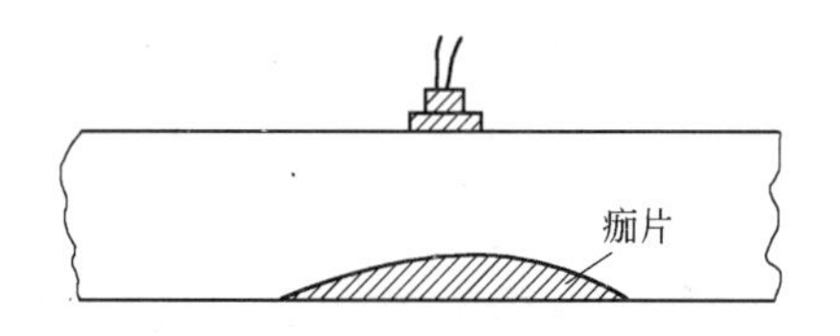

图2-15　厚钢板的层裂现象

下面对三角形应力波反射引起层裂的情况进行分析。图2-16a为一三角形应力波向自由面正入射；图2-16b表明入射一开始便出现了净拉应力，净拉应力的值在波头最大，并随着反射的继续而增大；图2-16c所示为应力波一半反射时，净拉应力达到最大，等于应力波峰值；图2-16d所示为反射继续进行，入射压缩波形仅有尾部存在杆中。进一步整个反射完成，压缩波形全部反射成拉伸波形（图2-16e）。在图2-16c出现之前，一旦净拉应力满足强度条件，则将发生断裂。最早提出而且形式简单的动态断裂准则是最大拉应力瞬时断裂准则，表述为：

$$\sigma_e \geqslant \sigma_{td} \tag{2-63}$$

式中，σ_e 为截面上的净拉应力；σ_{td} 为材料的动态断裂强度。

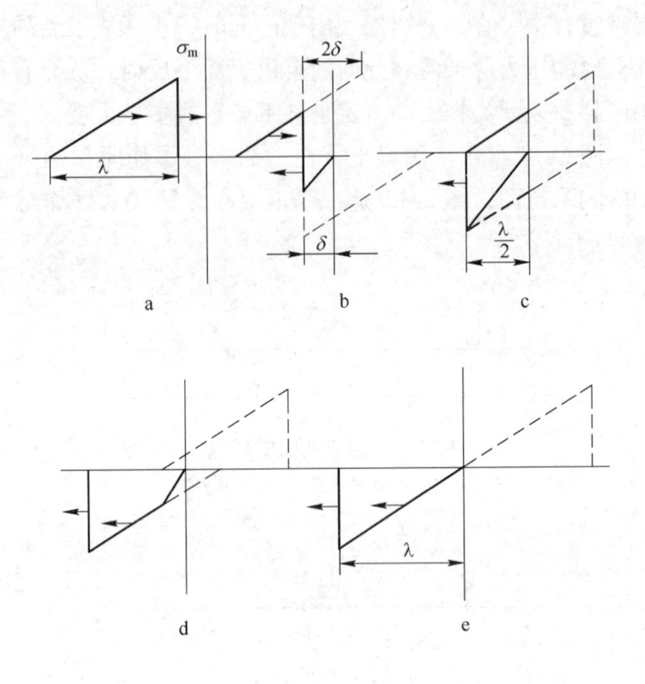

图 2-16　三角形应力波在自由面反射造成层裂过程

将应力波的作用表示为时间的函数 $\sigma(t)$，并设波头到达时刻为 $t=0$，则距离自由面 δ 处（图 2-16b）形成的净拉应力将是：

$$\sigma_e = \sigma(0) - \sigma\left(\frac{2\delta}{C_0}\right) \tag{2-64}$$

对图 2-16 的三角形应力波，可将 $\sigma(t)$ 的表达式写成：

$$\sigma = \sigma_m\left(1 - \frac{C_0 t}{\lambda}\right) \quad \left(0 \leqslant t \leqslant \frac{\lambda}{C_0}\right) \tag{2-65}$$

式中，λ 为波长；σ_m 为应力波峰值。

由此得三角形应力波在自由面反射出现层裂的应力条件为：

$$|\sigma_m| \geqslant \sigma_{td} \tag{2-66}$$

若正好是 $|\sigma_m| = \sigma_{td}$，则层裂裂片厚度为 $\delta = \lambda/2$；如果 $|\sigma_m| > \sigma_{td}$，则可根据式2-63～式2-65确定首次层裂的裂片厚度 δ_1 为：

$$\delta_1 = \frac{\lambda}{2} \cdot \frac{\sigma_{td}}{\sigma_m} \tag{2-67}$$

发生首次层裂的时间（从反射开始起计时）t_1 为：

$$t_1 = \frac{\delta_1}{C_0} = \frac{\lambda}{2C_0} \cdot \frac{\sigma_{td}}{\sigma_m} \tag{2-68}$$

由冲量准则，首次层裂裂片的飞离速度 v_f 为：

$$v_f = \frac{1}{\rho_0 \delta_1 A_0} \int_0^{\frac{2\delta_1}{C_0}} \sigma_m \left(1 - \frac{C_0 t}{\lambda}\right) A_0 \mathrm{d}t = \frac{2\sigma_m - \sigma_{td}}{\rho_0 C_0} \tag{2-69}$$

式中，A_0 为杆的截面积。

首次层裂发生后，应力波未反射的剩余部分将在由层裂形成的新自由面处发生反射，并可能发生第二次层裂。如果 σ_m 足够大，则将会发生多次层裂。发生 n 次层裂的应力波峰值大小为：

$$n\sigma_{td} \leqslant |\sigma_m| < (n+1)\sigma_{td} \tag{2-70}$$

利用同样的方法，不难对其他形式的应力波在自由面的反射引起层裂问题进行分析。图2-17所示为指数衰减的压应力波在自由面反射发生多次层裂及裂片厚度逐渐增大的情况[35]。

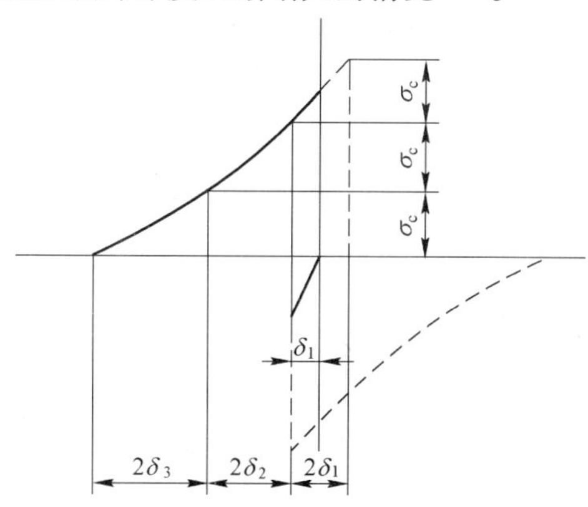

图2-17　指数衰减的压应力波在自由面反射发生多次层裂及裂片厚度逐渐增大的情况

最后需要指出，材料的破坏不是瞬时发生的，而是一个裂纹以有限速度发展的过程，特别是高加载率载荷作用下，更呈现明显的断裂滞后现象。断裂的发生，不仅与作用应力的大小有关，而且还与应力作用的持续时间有关。因此更为准确的分析应当采用损伤积累断裂准则代替瞬时断裂准则，损伤积累断裂准则的表达式为：

$$\int_0^t \left[\sigma(t) - \sigma_0\right]^{\alpha} \mathrm{d}t = K \tag{2-71}$$

式中，α，K 为材料常数；σ_0 为材料发生断裂的下界应力，即损伤应力阈值。

与层裂现象相类似，在由多个自由表面围成的物体内部，当有一个压缩扰动向外传播时，将会在各个自由表面反射形成拉伸波，这些拉伸波相遇后还会形成类似的其他形式的破裂。如图 2-18 所示的柱状物体，其顶面中心经受炸药爆炸时，将形成几个不同的破裂区域，$K-H$ 裂缝是由上述的层裂现象产生的，顶面 S 和 T 所示的环向破裂是由从侧表面反射形成的拉伸波而造成的，沿轴线延伸的线状破裂 PC（通常称为心裂）是由从柱侧面反射的拉伸波集中于轴线上引起的拉应力所造成的。由柱底面和侧面反射的拉伸波相遇后相互作用，将在柱底周角处形成一个锥形破裂面，如图 2-18 中 L 和 M 所示，通常称这种形式的破坏为角裂。除此之外的其他应力波在自由面反射引起破裂的情况，如图 2-19 ~ 图 2-21 所示[35,41,43]。

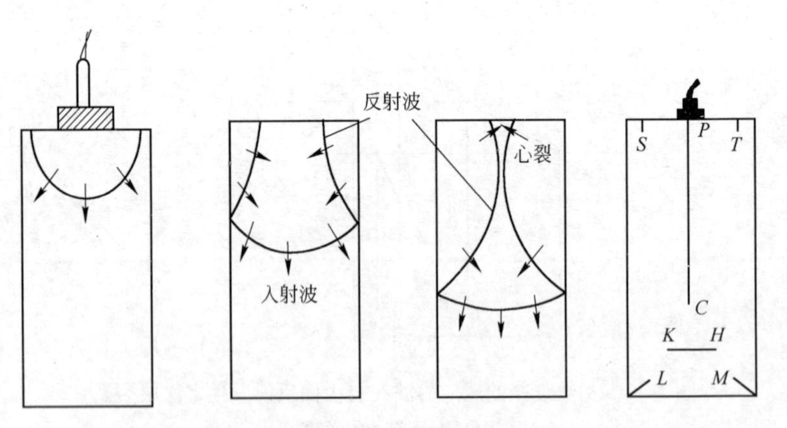

图 2-18 点载荷（应力波）引起直圆柱体的破裂（角裂、心裂）

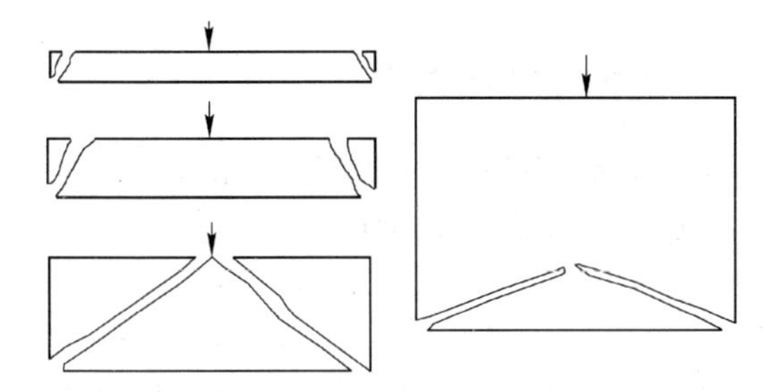

图 2-19 点载荷（应力波）对不同厚度板引起的破裂（角裂）

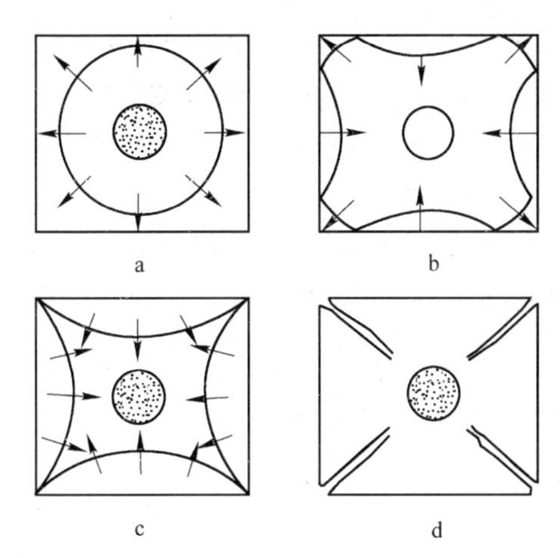

图 2-20 内部爆炸加载引起方形筒的破裂（角裂）

a—爆炸载荷向外传播；b—爆炸载荷边界发生反射；

c—发射波相互作用；d—出现角裂缝

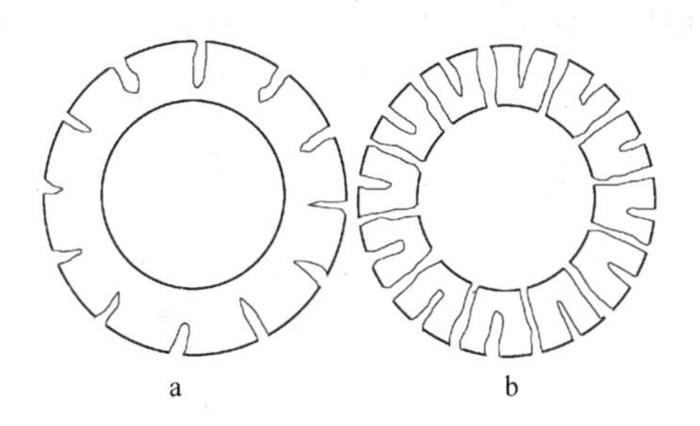

图 2-21 内部爆炸加载引起刻槽圆筒的破裂

a—刻槽圆筒；b—内部爆炸加载后的破坏

2.9　一维杆中的弹塑性应力波

以 σ_{γ} 表示材料在一维应力下的动态屈服极限，则当撞击杆的速度 v 大于某一极限值 v_{γ}（称为屈服速度）时，即：

$$|v| > v_{\gamma} = \frac{\sigma_{\gamma}}{\rho_0 C_0} \tag{2-72}$$

时，材料进入塑性状态，被撞击杆中将产生弹性应力波和塑性应力波。塑性应力条件下，波速 $C = \sqrt{\frac{1}{\rho_0}\frac{d\sigma}{d\varepsilon}}$ 是应变 ε 的函数，一般不再是常数，因而特征线及其相容关系一般也不再是直线。虽然问题仍用特征线法按类似于弹性波的步骤求解，但问题变得复杂。

塑性波的波形要随波阵面的传播发生变化，有可能会聚，波剖面变得越来越陡，最后形成冲击波；也可能发散，波剖面变得越来越平坦。塑性扰动在传播过程波形如何变化，取决于材料的塑性应力应变特性。本节将对弹塑性应力波进行简要讨论。

2.9.1　材料的弹塑性应力-应变模型

材料进入塑性后，其应力-应变曲线的斜率$\left(\frac{d\sigma}{d\varepsilon}\right)$特性决定着应力波的特性。一般地，$\frac{d\sigma}{d\varepsilon}$不是常数，而是应变 ε 的函数，根据 $\frac{d\sigma}{d\varepsilon}$ 随应变 ε 增加变化的不同，材料分有四种，这就是：递减硬化、递增硬化、先递减后递增硬化及线性硬化（图 2-22）[34,40,44]。

（1）递减硬化材料。如果材料应力-应变曲线的塑性段呈现上凸特性，即：$\frac{d^2\sigma}{d\varepsilon^2}<0$，进入塑性段后，这类材料的 $\frac{d\sigma}{d\varepsilon}$ 随应变增加而减小，称为递减硬化材料，如图 2-22a 所示。这类材料中塑性波随波阵面传播，而逐渐被拉长，波速逐渐降低。许多岩石及低碳钢等具有递减硬化的特性。

（2）递增硬化材料。这类材料的应力-应变曲线塑性段呈现上凹特性，即：$\frac{d^2\sigma}{d\varepsilon^2}>0$，进入塑性段，这类材料的 $\frac{d\sigma}{d\varepsilon}$ 随应变增加而增大，

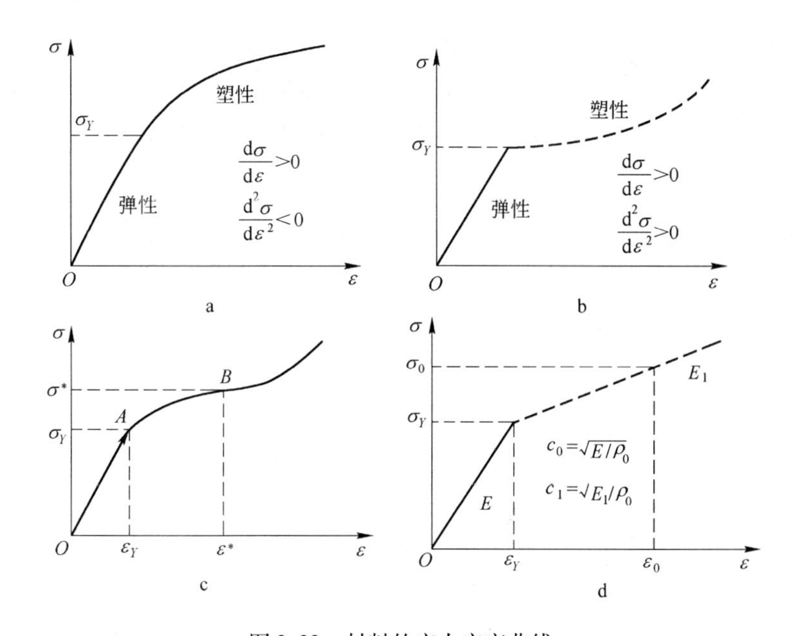

图 2-22 材料的应力应变曲线

a—递减硬化材料；b—递增硬化材料；c—先递减后递增硬化材料；d—线性硬化材料

称为递增硬化材料，如图 2-22b 所示。塑性波随波阵面传播，而波速增加，塑性波形不断被压缩，变得越来越窄，最后弱间断变成强间断，形成冲击波（如图 2-23 所示）。橡皮、塑料及各种强度的合金钢都属于这类材料。

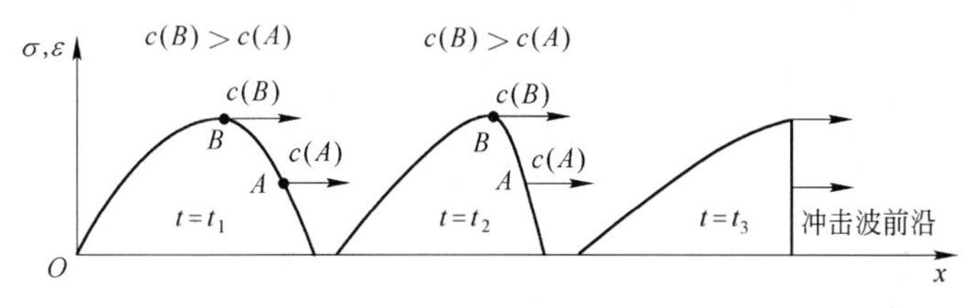

图 2-23 递增硬化材料中冲击波的形成

（3）先递减后递增硬化材料。开始进入塑性阶段，随应变增加，这类材料的 $\frac{d^2\sigma}{d\varepsilon^2}<0$，$\frac{d\sigma}{d\varepsilon}$ 随应变增加而减小，当加载应力或应变增大，

超过某一临界值后，进一步增加应变，则 $\frac{d\sigma}{d\varepsilon}$ 随应变增加而增加，表现出 $\frac{d^2\sigma}{d\varepsilon^2}>0$，如图 2-22c 所示。在高强度爆炸载荷作用下，岩石将表现出这种特性，参见第 3 章。

(4) 线性硬化材料。这是对材料塑性硬化性质的简化，认为材料进入塑性后，其 $\frac{d\sigma}{d\varepsilon}$ 不随应变增加而变化，而是不同于弹性模量 E 的另一个常数（图 2-22d），这时材料的应力应变关系为：

$$\sigma = \begin{cases} E\varepsilon & (\varepsilon \leqslant \varepsilon_y) \\ E\varepsilon_y + E_1(\varepsilon - \varepsilon_y) & (\varepsilon > \varepsilon_y) \end{cases} \tag{2-73}$$

式中，E_1 为塑性硬化模量；ε_y 为弹性应变极限。

并有一维杆中的塑性波速度为 C_1：

$$C_1 = \sqrt{(1/\rho_0)(d\sigma/d\varepsilon)} = \sqrt{E_1/\rho_0} \tag{2-74}$$

于是，材料中的塑性波形状在波阵面传播过程中保持不变，既不会出现波形发散，也不会出现波形会聚。下面仅针对线性硬化材料进行分析。

此外，还有弹性理想塑性材料，这种材料进入塑性后，$\frac{d\sigma}{d\varepsilon}=0$，应力不再随应变增加而改变。为简化问题分析，弹性理想塑性的材料模型简化在弹塑性静力学问题分析中经常用到。

需要注意[45]，对理想塑性材料，应力应变曲线的斜率为零，材料具有无限制的塑性流动，而一维杆中的塑性应力波速度为零，但是在一维应变条件下，理想塑性材料的塑性波速度并不为零，而是等于 $\sqrt{\frac{E}{3(1-2\mu)\rho_0}}$，2.10 节将对此进行分析。

2.9.2　一维杆中的塑性加载波

对于塑性（应力）波，前面针对弹性波的质量守恒、动量守恒仍然成立，本构关系仍可用式 2-14 表示，于是塑性波的二阶偏微分方程或一阶偏微分方程组在性质上与弹性波相同。

类似地，得到塑性（应力）波问题的特征线和特征线上的相容关系：

$$dX = \pm C dt$$

$$dv = \pm C d\varepsilon$$

由于线性硬化材料的塑性波速度为常数 C_1，可对上两式积分，得到代数形式的特征线方程及其相容关系。因此半无限长杆中初始条件（式 2-32a）、边界条件（式 2-32b）条件下的弹塑性波问题求解步骤与弹性波问题相同（图 2-4），归结为在 AOX 区解初值问题（Cauchy 问题）和在 AOt 区解混合问题（Picard 问题），而且弹性波部分与前面结果完全相同，塑性波部分的右行特征线为：

$$X = C_1(t - \tau) \tag{2-75}$$

式中，τ 为任一开始时刻。

左、右行特征线上的相容关系分别为：

$$v = \int_0^{\varepsilon} C d\varepsilon = \int_0^{\sigma} \frac{d\sigma}{C\rho_0} = \frac{\sigma_y}{C_0\rho_0} + \frac{\sigma - \sigma_y}{C_1\rho_0} \tag{2-76a}$$

$$v = v_0(\tau) \tag{2-76b}$$

可见，对于线性硬化材料，塑性（应力）波的特征线及特征线相容关系曲线仍为直线，但斜率与弹性波不同。

作为实例，在线性硬化材料杆端施加渐变载荷（图 2-24a）和突变载荷（图 2-24b）两种情况，弹性波在先，塑性波阵面在后面，而且由于材料的塑性硬化模量小于弹性模量，塑性波速度小于弹性波速度，弹性波阵面与塑性波阵面之间的距离将逐渐增大，两者之间出现平台，呈现双波结构（图 2-24c、d）。

2.9.3 弹塑性波的相互作用

2.9.3.1 弹塑性（应力）波的迎面碰撞

假设长杆中右端 B 截面和左端 A 截面处产生两矩形弹塑性间断波，发生迎面相互碰撞（图 2-25），在物理平面（X，t）上有左行波的扰动线 BC（弹性波）、BE（塑性波）及右行波的扰动线 AC（弹性波）和 AD（塑性波）。在 C 点两个弹性波阵面相遇，由于两个弹性波在相互作用前的强度已经达到了弹性极限，所以在相互作用后，强度

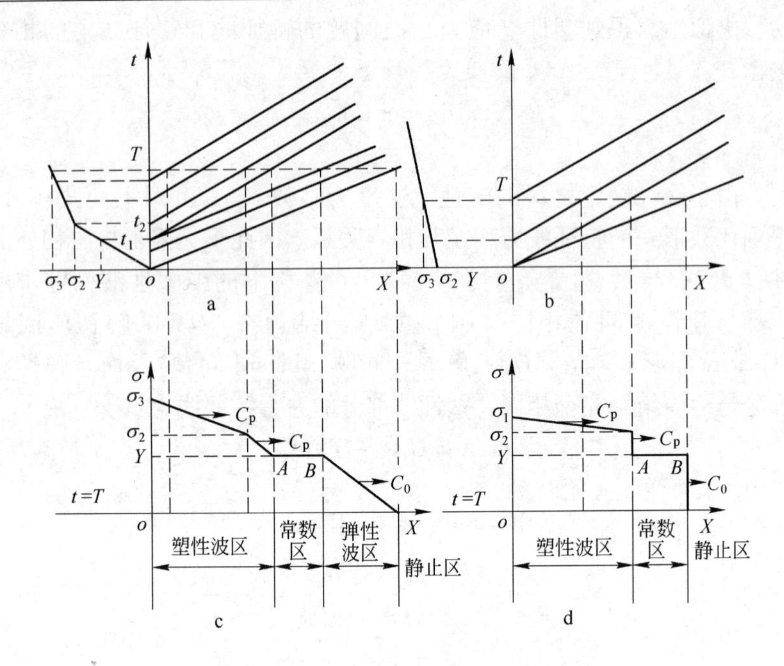

图 2-24 线性硬化材料中的弹塑性加载波

a—渐变加载；b—突变加载；c，d—双波结构

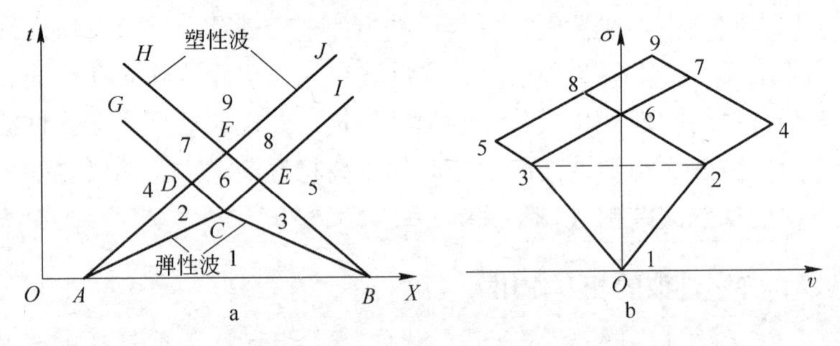

图 2-25 弹塑性的相互碰撞

a—特征线平面或物理平面；b—状态平面或速度平面

提高而转变成塑性波 *CD* 和 *CE*。在 *D* 点有两个塑性波相遇，相互作用后变成两个强度更高的塑性波 *DG* 和 *DF*，*E* 点的两塑性波相遇并相互作用，与 *D* 点相同。最后塑性波 *DF* 和 *EF* 相交于 *F* 点，变成两个新的塑性波 *FH* 和 *FJ* 。

在整个相互作用过程中特征线将（X，t）平面划分为从 1 到 9 的 9 个区域，其中 1 区是未扰动区。假设杆子原来速度是 $v_1(=0)$，且不受力 σ_1（=0）（此处 σ_1 不代表最大主应力，只表示 1 区的应力，其他类同），则 2 区和 3 区是弹性前驱波波后的区域，其应力和速度分别是：

2 区

$$\begin{cases}\sigma_2 = \sigma_y \\ v_2 = \dfrac{\sigma_y}{\rho_0 C_0}\end{cases} \tag{2-77}$$

3 区

$$\begin{cases}\sigma_3 = \sigma_y \\ v_3 = -\dfrac{\sigma_y}{\rho_0 C_0}\end{cases} \tag{2-78}$$

4 区、5 区为塑性波阵面通过后的区域，应力分别达到载荷值 σ_4、σ_5（均为条件所给，在此视为已知），则相应的应力、速度分别为：

4 区

$$\begin{cases}\sigma_4(\text{已知}) \\ v_4 = v_2 + \dfrac{\sigma_4 - \sigma_2}{\rho_0 C_1}\end{cases} \tag{2-79}$$

5 区

$$\begin{cases}\sigma_5(\text{已知}) \\ v_5 = v_3 - \dfrac{\sigma_5 - \sigma_3}{\rho_0 C_1}\end{cases} \tag{2-80}$$

由图 2-25a 知，由 3 区穿过右行塑性波特征线 CI 进入 6 区，由 2 区穿过左行特征线 CG 进入 6 区，于是有：

$$\sigma_6 - \sigma_3 = \rho_0 C_1 (v_6 - v_3) \tag{a}$$

$$\sigma_6 - \sigma_2 = -\rho_0 C_1 (v_6 - v_2) \tag{b}$$

联立式 a、式 b 求解，得 6 区的状态参数为：

$$\begin{cases}v_6 = \dfrac{1}{2}\left(v_2 + v_3 - \dfrac{\sigma_3 - \sigma_2}{\rho_0 C_1}\right) = 0 \\ \sigma_6 = [\sigma_2 + \sigma_3 - \rho_0 C_1 (v_3 - v_2)]/2 = \sigma_y (1 + C_1/C_0)\end{cases} \tag{2-81}$$

由6区穿过右行特征线 DJ 进入7区，由4区穿过左行塑性波特征线 DG 进入7区，类似6区的情况有：

$$\sigma_7 - \sigma_6 = \rho_0 C_1 (v_7 - v_6) \tag{c}$$

$$\sigma_7 - \sigma_4 = -\rho_0 C_1 (v_7 - v_4) \tag{d}$$

联立式c、式d求解，得7区的状态参数为：

$$\begin{cases} v_7 = \dfrac{1}{2}\left(v_4 - \dfrac{\sigma_6 - \sigma_4}{\rho_0 C_1}\right) \\ \sigma_7 = (\sigma_6 + \sigma_4 + \rho_0 C_1 v_4)/2 \end{cases} \tag{2-82}$$

用类似方法，可进一步得到8、9区的状态参数，于是利用特征线方法，通过代数方程求解，可以解出弹塑性波迎面碰撞问题。图2-25b所示为同一问题依据特征线原理作图求解的结果，两种求解方法的结果是一致的。

2.9.3.2 弹塑性（应力）波在固定端的反射

弹塑性波在固定端反射相当于两个等强度的弹塑性波迎面碰撞加载，而且根据固定端的条件，碰撞加载后质点速度为零。图2-26所示为压缩弹塑性波右行，遇固定端反射的 X–t 图、$\sigma-v$ 图和 $\sigma-\varepsilon$ 图。

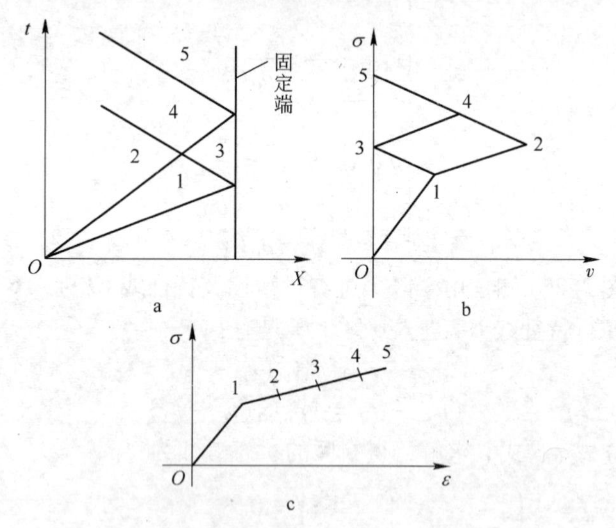

图2-26 弹塑性波在固定端反射

a— $X-t$ 图；b— $\sigma-v$ 图；c— $\sigma-\varepsilon$ 图

弹性波前面区域为零状态，$\sigma = v = 0$；1 区为弹性波后状态，$\sigma_1 = \sigma_y$，$v_1 = v_y = \dfrac{\sigma_y}{\rho_0 C_0}$；2 区为塑性波阵面后状态，其状态参数为 $\sigma_2 = \sigma_M$（载荷值，有加载条件给定），$v_2 = v_y + \dfrac{\sigma_M - \sigma_y}{\rho_0 C_1}$。

3 区为弹性前驱波反射后的状态，状态参数为：

$$\begin{cases} \sigma_3 = (1 + C_1/C_0)\sigma_y \\ v_3 = 0 \end{cases} \tag{2-83}$$

4 区为反射塑性波与入射塑性波碰撞加载后的状态，状态参数为：

$$\begin{cases} \sigma_4 = (\sigma_2 + \sigma_3 - \rho_0 C_1 v_2)/2 \\ v_4 = (v_2 - \dfrac{\sigma_3 - \sigma_2}{\rho_0 C_1})/2 \end{cases} \tag{2-84}$$

5 区为经反射塑性波加载后的塑性波在固定端反射后的状态，其状态参数为：

$$\begin{cases} \sigma_5 = \sigma_4 + \rho_0 C_1 v_4 = 2\sigma_M - (1 - C_1/C_0)\sigma_y \\ v_5 = 0 \end{cases} \tag{2-85}$$

可见，塑性波在固定端的反射与弹性波不同，反射后应力增加 1 倍的关系不再成立。

2.9.4　塑性波的卸载

2.9.4.1　卸载波控制方程

载荷随时间增大的过程叫加载，而载荷随时间减小的过程则叫卸载。如果没有卸载，弹塑性应力波与非线弹性应力波是没有区别的，但考虑卸载效应后，两者情况则不相同。材料进入塑性后的卸载是按弹性规律卸载的，即在卸载过程中，$\dfrac{d\bar{\sigma}}{d\bar{\varepsilon}} = E$（$\bar{\sigma}$，$\bar{\varepsilon}$ 表示卸载过程参量）与加载模量不一定相同。换句话说，卸载波阵面是以弹性波速度传播的。如图 2-27 所示，可以写出卸载过程中的材料本构方程：

$$\bar{\sigma} = \sigma_m(X) - E[\varepsilon_m(X) - \bar{\varepsilon}] \tag{2-86}$$

式中，σ_{m}，ε_{m} 对应于开始卸载点的应力和应变（图 2-27）。

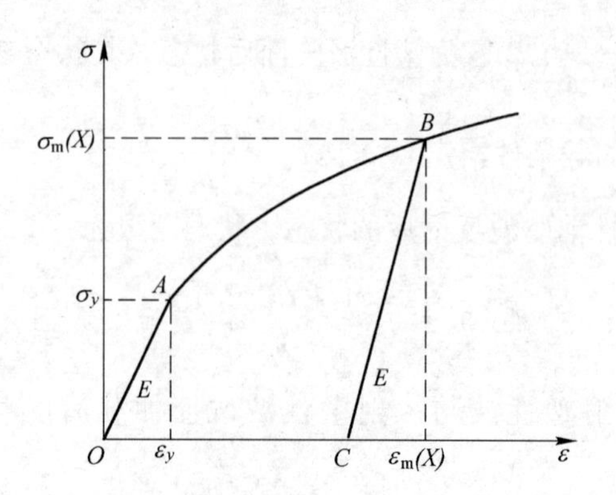

图 2-27　弹塑性材料卸载的应力-应变关系曲线

如图 2-28 所示，线性硬化材料的半无限长杆，经加载产生弹塑性应力波后发生卸载，在 t_{d} 时刻加载端卸载到零，产生的卸载波阵面以弹性波速度（大于塑性波速度）追赶塑性波，进而对塑性波产生卸载。

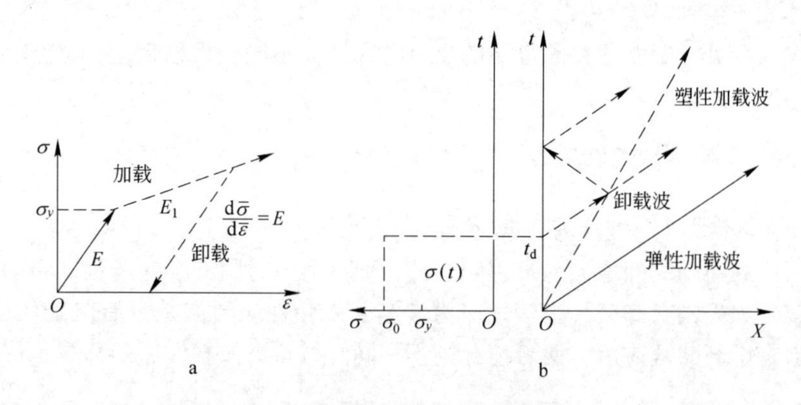

图 2-28　线性硬化材料中的卸载波

a—应力应变曲线；b—应力波 X-t 图

对于卸载波，连续方程（质量守恒）、运动方程（动量守恒）依然成立，但本构方程需采用式 2-86，由此得到卸载波的控制方程：

$$\frac{\partial\bar{\varepsilon}}{\partial t}=\frac{\partial\bar{v}}{\partial X},\ \frac{\partial\bar{v}}{\partial t}=\frac{1}{\rho_0}\frac{\partial\bar{\sigma}}{\partial X},\ \bar{\sigma}=\sigma_{\mathrm{m}}(X)-E[\varepsilon_{\mathrm{m}}(X)-\bar{\varepsilon}]$$

式中，$\bar{\sigma}$，$\bar{\varepsilon}$，$\bar{v}$ 表示卸载波的相应量。

进而，可得卸载波的一阶偏微分方程组描述的波动方程：

$$\begin{cases}\dfrac{\partial\bar{\sigma}}{\partial t}=\rho_0 C_0^2\dfrac{\partial\bar{v}}{\partial X}\\[2ex]\dfrac{\partial\bar{\sigma}}{\partial X}=\rho_0\dfrac{\partial\bar{v}}{\partial t}\end{cases}\tag{2-87}$$

二阶偏微分方程表示的波动方程：

$$\frac{\partial^2\bar{u}}{\partial t^2}=C_0^2\frac{\partial^2\bar{u}}{\partial X^2}+\frac{1}{\rho_0}\frac{\partial\sigma_{\mathrm{m}}(X)}{\partial X}-C_0^2\frac{\mathrm{d}\varepsilon_{\mathrm{m}}(X)}{\mathrm{d}X}\tag{2-88}$$

方程组 2-87 与方程式 2-88 仍可利用特征线方法求解，它们共同的特征线及其特征线相容关系为：

$$\begin{cases}\mathrm{d}X=\pm C_0\mathrm{d}t\\ \mathrm{d}\bar{\sigma}=\pm\rho_0 C_0\mathrm{d}\bar{v}\end{cases}\tag{2-89}$$

利用上述卸载波的控制方程特征线解，可以对不同情况下的塑性波卸载问题进行分析。

2.9.4.2 追赶卸载

图 2-28b 所示即是追赶卸载的情形。首先自杆左端突然受载，产生右行弹性先驱波和随后的塑性加载波，经历一时间滞后出现弹性卸载波，由于卸载波速度大于塑性加载波，于是发生追赶，削弱塑性加载波，这称为追赶卸载。追赶卸载分强卸载和弱卸载两种情况，若经追赶卸载后，塑性加载波消失，则为强卸载追赶弱加载；反之，经一次卸载后，塑性加载波依然存在，需要多次卸载方能使塑性加载波消失，则为弱卸载追赶强加载。

图 2-29 所示为强卸载追赶弱加载。卸载波 AB 追赶塑性加载波 OB，假定它们的强度（$\sigma_2-\bar{\sigma}_3$）和（$\sigma_2-\sigma_1$）已知。由于是强卸载，发生卸载后塑性加载波将消失，出现右行弹性波 BC 和左行弹性波 BD。加载、卸载波特征线将（X，t）平面分为五个区，其中 0，1，2 区的状态参数由前面弹塑性加载波知识即可确定，不再重复。3 区为

卸载波后状态，应力为 $\bar{\sigma}_3$，质点速度为 $\bar{v}_3$，可通过 2 区状态参数确定，由

$$\sigma_2 - \bar{\sigma}_3 = \rho_0 C_0 (v_2 - \bar{v}_3)$$

进行整理，并将 $v_2 = \dfrac{\sigma_2 - \sigma_y}{\rho_0 C_1} + \dfrac{\sigma_y}{\rho_0 C_0}$ 代入，得：

$$\bar{v}_3 = \frac{\bar{\sigma}_3}{\rho_0 C_0} + (\sigma_2 - \sigma_y)\left(\frac{1}{\rho_0 C_1} - \frac{1}{\rho_0 C_0}\right) \qquad (2\text{-}90)$$

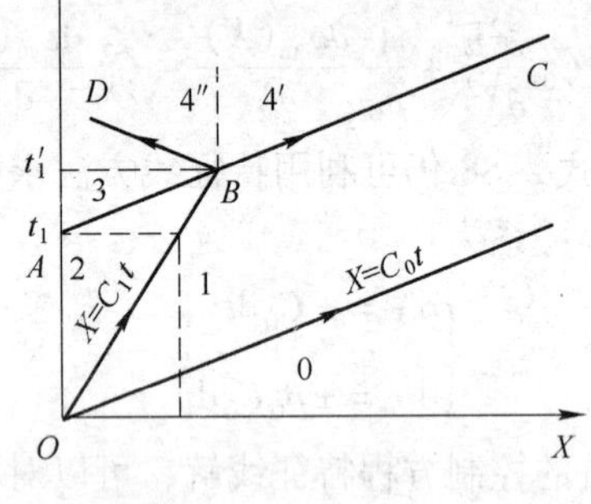

a

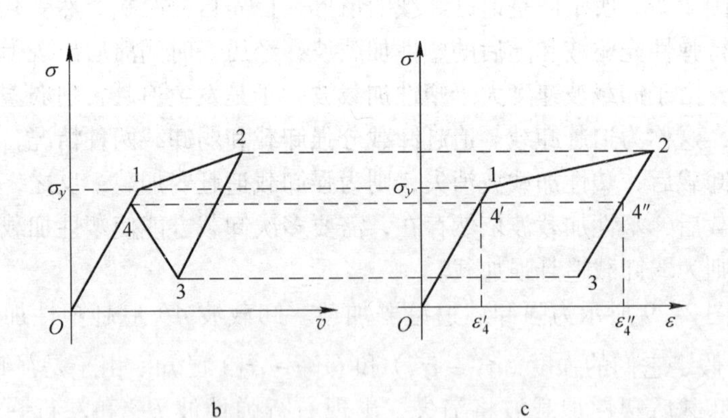

b　　　　　　c

图 2-29　强卸载追赶弱加载

a—物理平面；b—速度平面；c—应力-应变曲线

4 区中，4″区与4′区的应力与质点速度分别相等，因此4区的状态参数可由方程组

$$\begin{cases}\bar{\sigma}_4 - \sigma_1 = \rho_0 C_0(\bar{v}_4 - v_1)\\ \bar{\sigma}_4 - \bar{\sigma}_3 = -\rho_0 C_0(\bar{v}_4 - \bar{v}_3)\end{cases}$$

求解，其中需要注意到，$\sigma_1 = \sigma_y$，$v_1 = v_y$，得：

$$\begin{cases}\bar{\sigma}_4 = [(\sigma_y + \bar{\sigma}_3) + \rho_0 C_0(\bar{v}_3 - v_y)]/2\\ \bar{v}_4 = \left[(v_1 + \bar{v}_3) + \dfrac{1}{\rho_0 C_0}(\bar{\sigma}_3 - \sigma_y)\right]/2\end{cases} \tag{2-91}$$

至此，得到了各区状态参数，如图2-29b所示。图2-29c所示为追赶卸载前后的应力应变图，可以看出4″区与4′区中，虽然应力相同，但应变不同。在4″区与4′区出现应变间断，原因是4″区中经历了塑性波作用，产生了塑性变形，而4′区中没有经历塑性波和塑性变形。

由于是强卸载追赶弱加载，因此要求 $\bar{\sigma}_4 \leqslant \sigma_y$。由此，利用式2-91可推得强卸载追赶弱加载的条件为：

$$\frac{\sigma_2 - \bar{\sigma}_3}{\rho_0 C_0} \geqslant (\sigma_2 - \sigma_y)\left(\frac{1}{\rho_0 C_1} + \frac{1}{\rho_0 C_0}\right)/2 \tag{2-92}$$

式2-90～式2-92中，当杆端完全卸载，则以 $\bar{\sigma}_3 = 0$ 代入，可以求解相应参数。

如果是弱卸载追赶强加载，则一次卸载完成后，塑性波仍然存在，但卸载波返回经杆端反射后，将会对载波进行二次卸载，依次进行，最终塑性加载波消失。图2-30所示为弱卸载多次对强塑性加载波卸载的物理平面与速度平面，图中 l_1'，l_2'，l_3' 依次为各次卸载波追赶上加载波的位置。

2.9.4.3 迎面卸载

一维杆中两相向异号的应力波相遇，产生迎面卸载；有限长细杆中的弹塑性波在自由面反射，反射波与塑性波相遇也造成迎面卸载。

迎面卸载中，同样分两种情况。一是强卸载遇弱加载，卸载波与塑性加载波相遇后，塑性波消失；另一是弱卸载遇强加载，卸载波与塑性加载波相遇后，塑性加载波虽有削弱，但仍然存在，将出现二次

卸载、三次卸载等，直至塑性加载波消失。

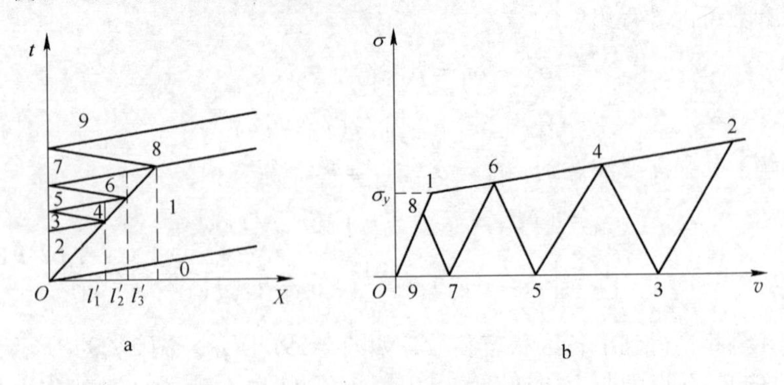

图 2-30 弱卸载追赶强加载

a—物理平面；b—速度平面

下面分析一维杆中两相向异号应力波的迎面强卸载遇弱加载的情况。设杆中有右行弹塑性压缩波和左行弹塑性拉伸波，强度分别记为 σ_3 和 σ_4，且 $|\sigma_3| > |\sigma_4|$，首先两弹性前驱波相遇，而后两弹性波分别与两塑性波相遇，发生迎面卸载，塑性波消失，如图 2-31a 所示。图 2-31b 所示为由相应的特征线法解得的各区状态参数，图 2-31c所示为应力-应变关系。图 2-31 中各图均以压应力、压应变为正，拉应力、拉应变为负。

类似于前面的方法，利用特征线及其相容关系，可以得到各区状态参数的代数方程解[39,40]。

如果塑性波的强度较大，则一次迎面卸载后塑性波不会消失，将出现多次卸载。图 2-32 为右行拉伸波与左行压缩波发生多次迎面卸载的情形，每次卸载后塑性波强度均有减弱，最终消失。

如果一次迎面卸载后的卸载区应力绝对值小于材料的弹性极限，即图 2-32b 中的 $|\bar{\sigma}_6| \leqslant \sigma_y$ 及 $|\bar{\sigma}_7| \leqslant \sigma_y$，则塑性波消失。由此可推得强卸载的条件为：

$$\min(|\sigma_3|, |\sigma_4|) \leqslant \left(\frac{2C_1}{C_0 + C_1} + 1\right)\sigma_y \tag{2-93}$$

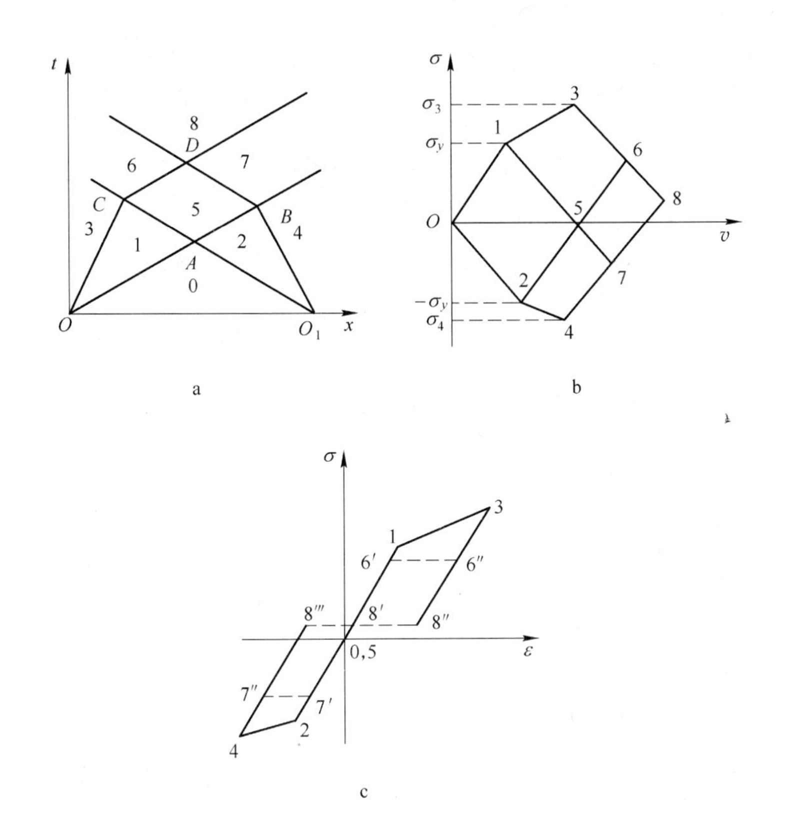

图 2-31 两弹塑性波的迎面卸载

a—物理平面；b—速度平面；c—应力-应变图

2.9.4.4 弹塑性波在自由面的反射

有限细长杆中的弹塑性应力波，弹性前驱波将首先到达杆端自由面，并发生发射，而后与塑性波相遇，对塑性波迎面卸载。根据塑性波强度的不同，迎面卸载后的应力组成状态不同。如果塑性波强度足够大，迎面卸载后，仍将有弹塑性波，其中的弹性波再次在杆端反射，这一反射波将随塑性波进行二次迎面卸载，进而还可能出现三次卸载，直到塑性波消失。图 2-33 所示为弹塑性波在杆端自由面反射，发生二次迎面卸载的情况。

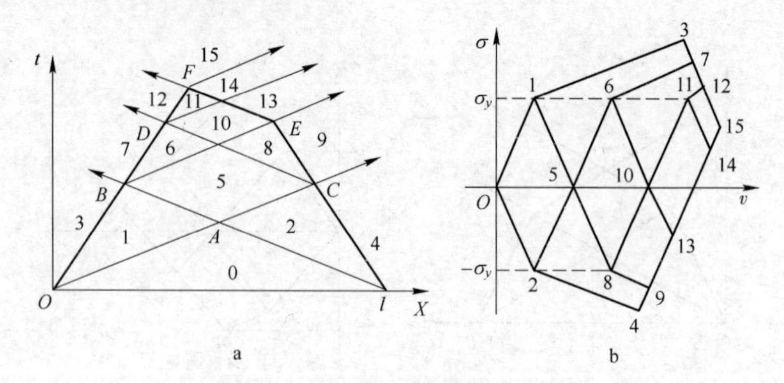

图 2-32　两弹塑性波的多次迎面卸载

a—物理平面；b—速度平面

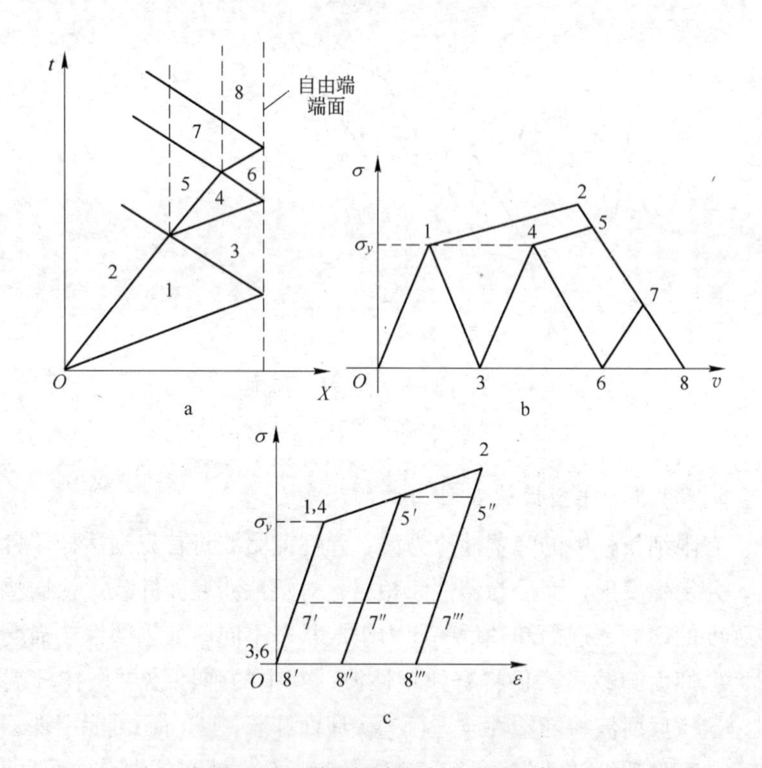

图 2-33　弹塑性波在自由面的反射

a—物理平面；b—速度平面；c—应力-应变曲线

图 2-33b 中，各点所代表的状态参数分别是：

$$\sigma_1 = \sigma_y \text{ , } v_1 = v_y$$

$$\sigma_2 = \sigma_2 \text{ , } v_2 = v_2 \text{（载荷条件，视为已知）}$$

$$\sigma_3 = 0 \text{ , } v_3 = 2v_y$$

$$\sigma_4 = \sigma_y \text{ , } v_4 = 3v_y$$

$$\sigma_5 = \sigma_2 - \frac{C_1}{C_0 + C_1}\sigma_y \text{ , } v_5 = \frac{\sigma_2}{\rho_0 C_1} - \frac{\sigma_y}{\rho_0(C_0 + C_1)}\left(\frac{3C_1}{C_0} - \frac{C_0}{C_1}\right)$$

$$\sigma_6 = 0 \text{ , } v_6 = 4v_y$$

$$\begin{cases} \sigma_7 = \sigma_2(1 + C_0/C_1)/2 - \sigma_y(3 + C_0/C_1)/2 \\ v_7 = \dfrac{1}{2\rho_0 C_1}[(1 + C_0/C_1)\sigma_2 - (5 - C_0/C_1)\sigma_y] \end{cases}$$

$$\begin{cases} \sigma_8 = 0 \\ v_8 = \dfrac{1}{\rho_0 C_1}[(1 + C_0/C_1)\sigma_2 + (C_0/C_1 - 1)\sigma_y] \end{cases}$$

2.10 一维应变波

一维应力波存在于细杆中，杆截面很小，几乎不存在横向约束，且忽略横向变形的条件下，一维应力波中仅有沿轴向的应力。而一维应变波要求仅能存在沿轴向的一维应变，因此要求横向尺寸很大，横向约束完全受到限制，横向变形为零。因而，一维应变波中存在着三维应力，这使得一维应变波较一维应力波要复杂一些。下面对一维应变波作简要介绍。

2.10.1 一维应变状态

2.10.1.1 弹性应力应变关系

弹性状态下，一点的应力与应变之间的关系服从胡克定律，可表示为：

$$\begin{cases} \varepsilon_X = \dfrac{1}{E}[\sigma_X - \mu(\sigma_Y + \sigma_Z)] \\ \varepsilon_Y = \dfrac{1}{E}[\sigma_Y - \mu(\sigma_X + \sigma_Z)] \\ \varepsilon_Z = \dfrac{1}{E}[\sigma_Z - \mu(\sigma_X + \sigma_Y)] \end{cases} \tag{2-94}$$

一维应变中由于横向约束，仅有 X 方向产生变形，因此 $\varepsilon_Y = \varepsilon_Z = 0$，由此得到：

$$\sigma_X = \frac{E(1-\mu)}{(1+\mu)(1-2\mu)}\varepsilon_X \tag{2-95}$$

$$\sigma_Y = \sigma_Z = \frac{\mu}{1-\mu}\sigma_X \tag{2-96}$$

一般地，泊松比 μ 在0.2 ~ 0.5之间，$\dfrac{\mu}{1-\mu}>0$，于是可知，一维应变下，三个主应力同号，材料处于三维压缩或拉伸状态。另外，式2-95还可以改写成

$$\sigma_X = \left(K + \frac{4}{3}G\right)\varepsilon_X \tag{2-97}$$

式中，K 为体积变形模量；G 为剪切模量。

2.10.1.2 屈服条件

一维应力条件下，屈服条件为 $|\sigma_X| = \sigma_y$，但一维应变下，材料处于三向应力条件，因此其屈服条件变得较复杂，一般采用 Mises 准则或 Tresca 准则判定。

Mises 准则：

$$(\sigma_X - \sigma_Y)^2 + (\sigma_Y - \sigma_Z)^2 + (\sigma_X - \sigma_Z)^2 = 2\sigma_y$$

Tresca 准则：

$$\max\{|\sigma_X - \sigma_Y|,\ |\sigma_Y - \sigma_Z|,\ |\sigma_X - \sigma_Z|\} = \sigma_y$$

由此得，一维应变下的屈服准则表述为：

$$\sigma_X - \sigma_Y = \pm\sigma_y \tag{2-98}$$

$$\sigma_X = \pm\frac{1-\mu}{1-2\mu}\sigma_y \tag{2-99}$$

由式2-99知，在泊松比的取值范围0.2～0.4内，$\frac{1-\mu}{1-2\mu}>1$，一维应变波使材料的屈服极限较一维应力条件提高1.3～3.0倍。利用式2-98、式2-99，可画出一维应变的屈服轨迹线，如图2-34所示。

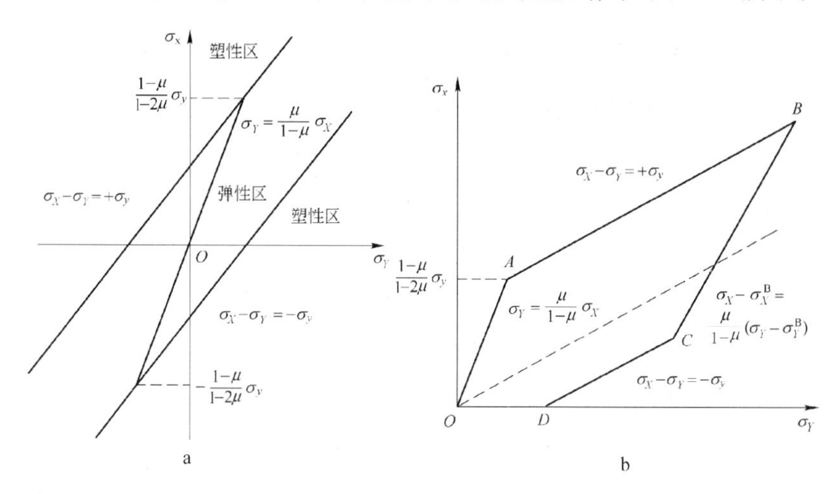

图2-34 一维应变下的屈服轨迹线

a—应力平面；b—加、卸载过程

当$|\sigma_X|$超过$\frac{1-\mu}{1-2\mu}\sigma_y$时，材料屈服。若继续加载，材料处于塑性区，应力沿$AB$线发展，若在$B$点卸载，应力沿$BC$线发展，在$C$点，若继续下载，材料进入反向屈服（图2-34）。

2.10.1.3 塑性应力应变关系

一维应变状态下，材料处于三向应力状态，问题变得复杂，因此这里仅能就理想塑性模型进行论述。

首先，将应力分解成平均应力和应力偏量两部分，即：

$$\sigma_X = S_X + p \tag{2-100}$$

$$p = (\sigma_X + \sigma_Y + \sigma_Z)/3 = (\sigma_X + 2\sigma_Y)/3 \tag{2-100a}$$

式中，S_X为应力偏量；p为平均应力。

由广义胡克定律有：

$$p = K\varepsilon_X \tag{2-101}$$

由于处于塑性状态，$\sigma_X - \sigma_Y = \pm\sigma_y$，于是有：

$$S_X = \sigma_X - p = \frac{2}{3}(\sigma_X - \sigma_Y) = \pm \frac{2}{3}\sigma_y \tag{2-102}$$

及塑性区的应力应变关系。

$$\sigma_X = K\varepsilon_X \pm 2\sigma_y/3 \tag{2-103}$$

2.10.2 一维应变弹塑性波

一维应变波仍然遵循质量守恒和动量守恒，即有：

$$\frac{\partial v_X}{\partial X} = \frac{\partial \varepsilon_X}{\partial t}$$

$$\frac{\partial \sigma_X}{\partial X} = \rho_0 \frac{\partial v_X}{\partial t}$$

但是，应力应变关系应针对弹性波或塑性波分别采用式 2-95 或式 2-103。由此得到与一维应力波形式相同的一维应变波的波动方程。一维应变波方程仍然可用特征线方法求解，其特征线及其相容关系为：

$$\begin{cases} \mathrm{d}X = \pm C\mathrm{d}t \\ \mathrm{d}\sigma_X = \pm \rho_0 C\mathrm{d}v_X \end{cases} \tag{2-104}$$

或

$$\begin{cases} \mathrm{d}X = \pm C\mathrm{d}t \\ \mathrm{d}\varepsilon_X = \pm \dfrac{1}{C}\mathrm{d}v_X \end{cases} \tag{2-105}$$

于是，有式 2-95，有一维应变弹性波速度 C_e 为：

$$C_e = \sqrt{\frac{1}{\rho_0}\frac{\mathrm{d}\sigma_X}{\mathrm{d}\varepsilon_X}} = \sqrt{\frac{1}{\rho_0}\frac{(1-\mu)E}{(1+\mu)(1-2\mu)}} = \sqrt{\frac{K+4G/3}{\rho_0}} \tag{2-106}$$

泊松比在 0 ~ 0.5 之间取值，可以证明，一维应变弹性波的速度大于一维应力弹性波的速度。

对于一维应变塑性波，由式 2-103 得到波速 C_p 为

$$C_p = \sqrt{\frac{1}{\rho_0}\frac{\mathrm{d}\sigma_X}{\mathrm{d}\varepsilon_X}} = \sqrt{\frac{K}{\rho_0}} \tag{2-107}$$

可以看出，与一维应力波相同，一维应变塑性波的速度小于一维

应变弹性波的速度。因此，当进入塑性后，仍然会出现弹性前驱波和后续塑性波构成的双波结构。

同样地，一维应变波也会遇到界面反射及透射问题，这些问题的分析方法与前面讲述的一维应力波相似，但应注意两方面的不同：

(1) 一维弹塑性应力波及其卸载主要针对线性硬化模型进行而一维弹塑性应变波采用理想塑性模型，但分析中在现象和结果上有相似之处；

(2) 一维应变波卸载中，存在反向塑性加载现象，问题比一维应力波更为复杂。

关于一维弹塑性应变波的反射、透射及卸载波问题的分析，读者可参阅文献 [34]，[35]，[39]，[40]。

3 岩石中的爆炸应力波

埋入岩石中炸药的爆轰（爆炸）产生岩石中的爆炸应力波。本章将在前面两章的基础上，论述炸药爆炸在岩石中激起的应力波(称为爆炸应力波)、爆炸应力载荷在岩石中的传递方式及过程以及爆破的破岩作用。

3.1 炸药的爆轰理论基础

炸药是一种相对稳定的，在一定的外在因素作用下，能够发生化学爆炸反应的物质[47~49,52,53]。根据受外界作用条件的不同，炸药发生化学反应的形式不同，所产生的效应也不相同，一般炸药发生化学反应的形式有三种，即：缓慢热分解，燃烧和爆炸[51,52,54]。爆炸是炸药化学反应的最高形式，具有化学反应速度高、发出大量热量及生成大量气体等特征。而将具有这三个特征，并且传递速度恒定的爆炸称为爆轰[50,52]。工程中都是利用炸药的爆轰，释放炸药能量，对外做功，达到既定的破坏目的。

炸药的爆轰产生爆轰波。爆轰波定义为存在于炸药中的伴随有化学反应的冲击波。炸药的爆轰过程是很复杂的，经过长期的研究，人们提出各种描述炸药爆轰过程的爆轰模型，这些模型中，目前得到普遍公认的有 C-J 模型和 ZND 模型[51~56]。

爆轰的 C-J 模型由 Chapman 和 Jouguet 在 20 世纪初分别提出，这一模型不考虑炸药爆轰的化学动力学过程，而是从流体动力学出发，将爆轰面看成是没有厚度的炸药与反应产物的突跃分界面，如图 3-1 所示。据此 C-J 模型应用流体动力学理论，从质量守恒、动量守恒和能量守恒研究分界面（爆轰）的传播，进一步提出爆轰稳定传播的条件，发展成为爆轰波 C-J 理论，也称炸药爆轰的流体

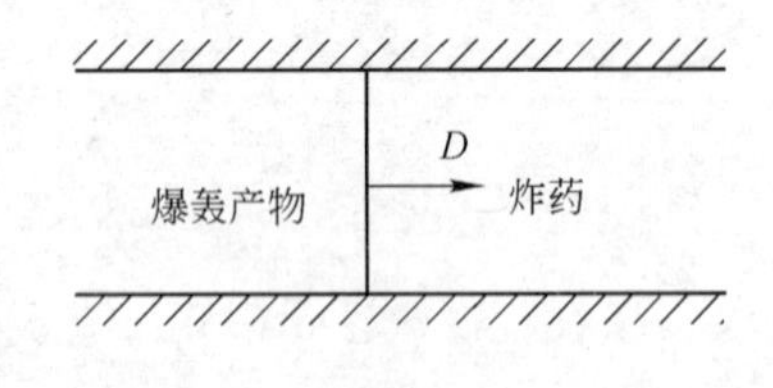

图 3-1 炸药爆轰 C-J 模型

动力学理论。利用 C-J 理论，可以定性解释炸药爆轰的物理现象，建立炸药爆轰参数的计算式。一直以来，C-J 理论得到了广泛应用。

爆轰的 ZND 模型由 Zel' dovich，Von Neumann 和 Doring 于 20 世纪 40 年代独立提出。与 C-J 模型不同，ZND 模型将爆轰波看成由前沿状态突跃面和紧随其后的化学反应区组成，两者以同一速度传播，如图 3-2 所示。根据 ZND 模型，炸药先受到前沿冲击波的强烈压缩，由初始状态达到高压状态，并激发化学反应，之后化学反应不断进行，压力减小，化学反应结束时达到 C-J 状态，放出最大反应热。C-J 面之后，爆轰产物等熵膨胀，压力缓慢下降（图 3-2）。ZND 模型较 C-J 模型更接近实际，但仍不能完全描述炸药的实际爆轰过程。长期以来，ZND 模型在研究爆轰波的物理本质及反应区结构方面具有重要的理论指导意义。

3.1.1 爆轰波基本方程

爆轰波是带有化学反应的冲击波，遵循质量、动量和能量三个守恒定律。在一维爆轰条件下，以 D 表示爆轰波速度，以 ρ_0、p_0、u_0、T_0和 e_0分别表示冲击波前初始状态的炸药密度、压力、质点速度、温度和比热力学能，以 ρ_H、p_H、u_H、T_H和 e_H分别表示冲击波后 C-J 面上的爆炸产物的相应参数（图 3-3）。假定 $u_0=0$，则可写出三个守

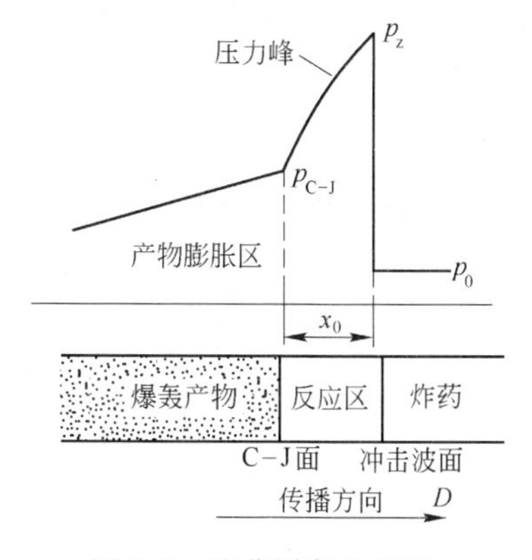

图 3-2 炸药爆轰的 ZND 结构与模型

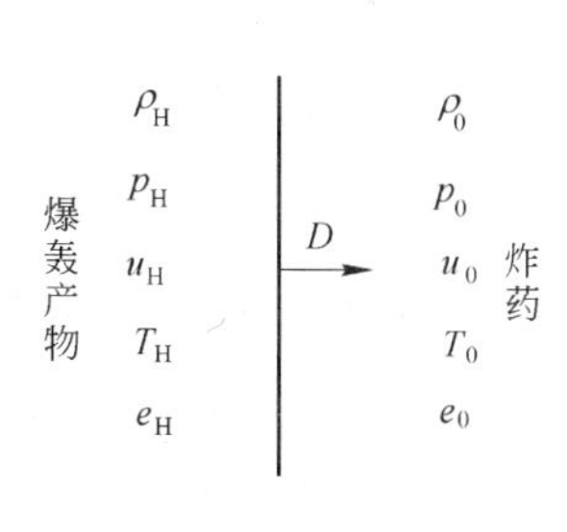

图 3-3 一维爆轰下爆轰波两侧的状态参数

恒关系式。

质量守恒关系（连续方程）：

$$\rho_0 D = \rho_H (D - u_H) \tag{3-1}$$

动量守恒关系（运动方程）：

$$p_H - p_0 = \rho_0 D u_H \tag{3-2}$$

能量守恒关系（能量方程）：

$$\rho_0 D e_0 + \frac{1}{2}\rho_0 D D^2 + p_0 D + \rho_0 D Q_V$$
$$= \rho_H (D - u_H) e_H + \frac{1}{2}\rho_H (D - u_H)(D - u_H)^2 + p_H (D - u_H) \tag{3-3}$$

式中，Q_V为单位质量炸药爆轰释放的能量。等号左边第一项代表物质的内能，第二项代表介质运动的动能，第三项代表压力位能，第四项代表爆轰区单位时间释放的能量；等号右边各项含义依次为爆轰产物的物质内能、介质运动动能和压力位能。

利用式 3-1，并除 $\rho_0 D$，可将式 3-3 改写成：

$$e_H - e_0 = \frac{1}{2}D^2 + p_0/\rho_0 + Q_V - \frac{1}{2}(D - u_H)^2 - \frac{p_0 (D - u_H)}{\rho_0 D} \tag{3-4}$$

为便于应用，常对上述三个守恒方程做一定的转换。首先，由式 3-1 和式 3-2，可以将爆轰波速度 D 表述为：

$$D = V_0 \sqrt{(p_H - p_0)/(V_0 - V_H)} \tag{3-5}$$

式中，V_0为炸药初始状态下的质量体积，$V_0 = 1/\rho_0$；V_H为爆轰产物的质量体积，$V_H = 1/\rho_H$。

再由式 3-2 和式 3-5，得到波后爆轰产物的速度 u_H为：

$$u_H = \sqrt{(p_H - p_0)(V_0 - V_H)} \tag{3-6}$$

利用式 3-2，可将式 3-4 化为：

$$e_H - e_0 = \frac{p_H u_H}{\rho_0 D} - \frac{1}{2}{u_H}^2 + Q_V \tag{3-7}$$

将式 3-5、式 3-6 代入式 3-7，得到：

$$e_H - e_{0V} = (p_H + p_0)(V_0 - V_H)/2 + Q_V \tag{3-8}$$

如果将方程式 3-5 进行转化，可得到：

$$p_H = p_0 + \frac{D^2}{{V_0}^2}(V_0 - V_H) \tag{3-9}$$

可以看出，在 p-V 平面上，式 3-9 表示一以（V_0，p_0）为起始点的直线，该直线的斜率为：

$$\tan\alpha = -\tan\varphi = -D^2/V_0^2$$

该直线称为波速线或 Rayleigh 曲线（也有称米海尔孙曲线的），它具有以下属性：表示由炸药初态（V_0，p_0）为始点向外发出的直线。由于爆轰波是冲击波，因此与冲击波的情况相同，波速线不代表物质状态改变的连线，而代表经由相同的初始状态（V_0，p_0）点，同一速度（如 D_1）的冲击波（爆轰波）经过不同介质后所达到终点状态的连线。一条波速线上含有无穷多个终点状态点。冲击波速度不同，波速线斜率不同，表明经过同一初始状态点，冲击波速度不同，则波后状态不同，如图 3-4 所示。

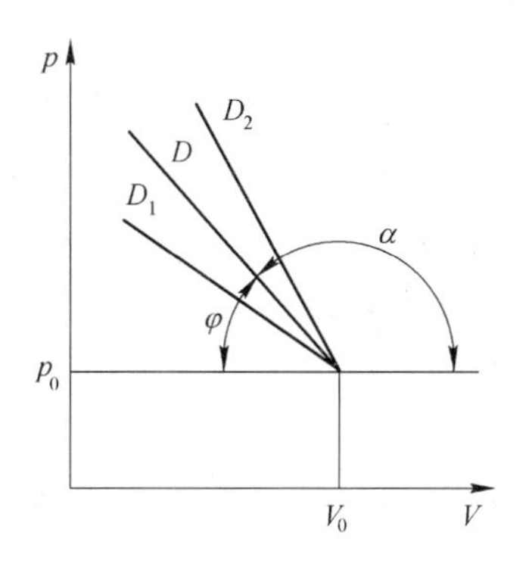

图 3-4　波速线

另外，在 p-V 平面上式 3-8 代表经过初始（V_0，p_0）点的一条向上凹的双曲线（图 3-5），称为冲击绝热线或 Hugoniot 曲线。由于爆轰波是伴随有化学反应的冲击波，因此爆轰波的能量方程与冲击波有所不同，相对于爆轰波，冲击波的能量方程缺少反应释放能量 Q_V 项，即对冲击波能量方程为：

$$e_H - e_{0V} = (p_H + p_0)(V_0 - V_H)/2$$

其基本属性是经过同一初始状态点，不同速度的冲击波，经过同一介质后所达到波后终点状态的连线，如图 3-5a 所示。不同介质具有不同的冲击绝热线。对于爆轰波，由于伴随化学反应的释放能量 Q_V，其冲击绝热线位于冲击波的上方（图 3-5b），代表经由相同的炸药初始状态（V_0，p_0）点，经冲击压缩和炸药化学反应，所达到波阵面后不同炸药爆轰产物状态（V_H，p_H）点的连线。

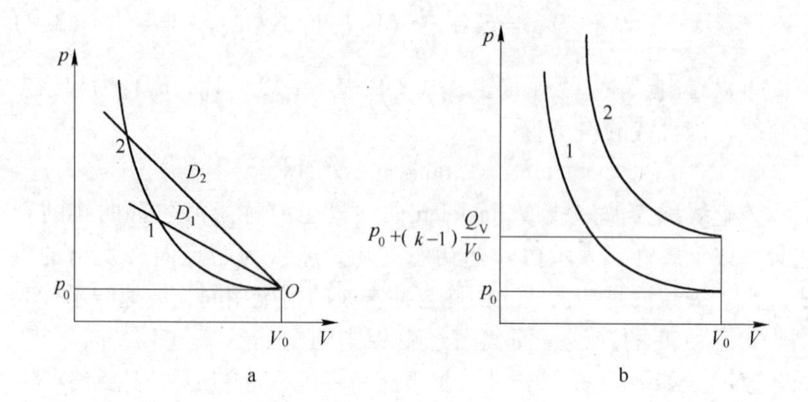

图 3-5　冲击绝热线

a—冲击波的冲击绝热线；b—爆轰波与冲击波冲击绝热线的关系

进一步，经过初始状态（V_0，p_0）点，作垂直线和水平线与冲击绝热曲线分别相交于 B、C 点，可将爆轰波的冲击绝热线分解为三段组成，分别是 AB 段、BC 段和 CD 段，如图 3-6 所示。各段所表示的含义分别为：

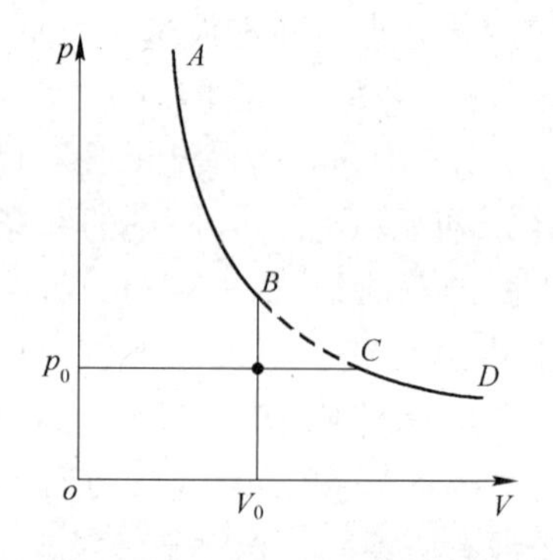

图 3-6　爆轰波冲击绝热线的含义

首先，沿过 B 点的垂直线，有 $V=V_0$，$p>p_0$，由式 3-5，知 $D\to\infty$。可知，B 点对应于定容爆轰。

沿过 C 点的水平线，有 $p=p_0$，$V>V_0$，由式 3-5 知 $D=0$。可知，C 点对应于定压燃烧。

接下来，AB 段，有 $p>p_0$，$V<V_0$，由式 3-5 及式 3-6 知，$D>0$，$u_H>0$，在该段曲线上冲击波与质点在同一方向运动，具有爆轰特征，称为爆轰支。

CD 段，有 $p<p_0$，$V>V_0$，由式 3-5 及式 3-6 知，$D>0$，$u_H<0$，在该段曲线上冲击波与质点在相反方向运动，具有燃烧特征，称为燃

烧支。

BC 段，有 $p>p_0$，$V>V_0$，由式 3-5 及式 3-6 知，*D* 和 u_H 无实数解，因此该段不能与实际过程相对应。

特别说明，波速线与冲击绝热线是冲击波理论与爆轰波理论中的两个重要概念。如果已知物质的冲击绝热特性和初始状态，利用波速线和冲击绝热线的交点，即可确定已知波速 *D* 下物质的波后状态参数（图 3-5）。

3.1.2 爆轰稳定传播的条件

3.1.2.1 稳定爆轰的 C-J 条件

炸药的稳定爆轰指炸药爆轰以恒定的速度传播的特性。如图 3-7 所示，根据前面分析，以爆速 *D* 传播的爆轰，波阵面前的原始爆炸物在遭受冲击而尚未发生化学反应时，其状态由 *O*（p_0，V_0）突跃到瑞利（Rayleigh）线 *ON* 上的某一点，该点是该瑞利线与冲击波的 Hugoniot 曲线 1 的交点 *N* 或 *N′*。然而，爆轰反应完成后由于爆轰反应热 Q_V 已放出，故爆轰波阵面传过后刚刚形成的爆轰产物的状态必定落在放热的 Hugoniot 曲线 2 上的某一点，该点应是瑞利线与曲线 2 的相交点 *K*、*L* 或是相切点 *M*（图 3-7）。显然，若爆速不同，爆轰波阵面传过后爆轰产物所达到的状态点也不同。

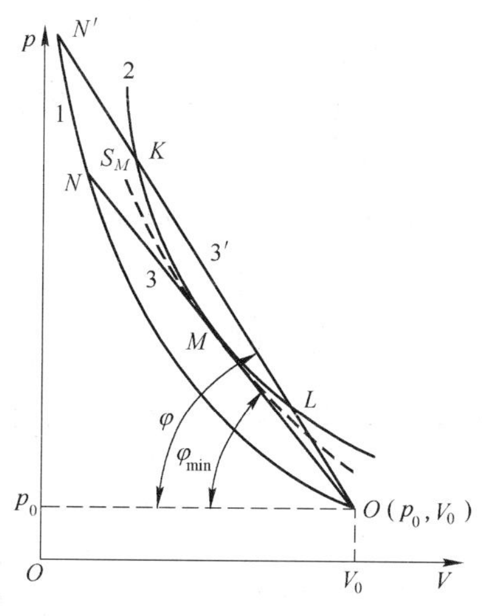

图 3-7 炸药稳定的 C-J 条件

1—前沿冲击波的冲击绝热线；2—爆轰波的冲击绝热线；3，3′—波速线；S_M—等熵线

Chapman 和 Jouguet 各自对这一问题进行了研究，得出的相同结论是：波速线与反应终了产物的冲击绝热线相切时，爆轰稳定传播。即 *M* 点的状态为爆轰稳定传播的唯一状态。其他状态均不能保证爆

轰稳定传播（图3-7）。这一条件称为C-J理论，M点称为C-J点，M点的状态为炸药爆轰反应终了的产物状态，称为C-J状态。

根据热力学第一定律，有：

$$TdS=de+pdV$$

式中，T为温度；S为熵；e为比内能；p为压力；V为质量体积。

将式3-8进行微分运算（略去下标H），得：

$$de=[(V_0-V)dp-(p+p_0)dV]/2$$

代入上式，有：

$$TdS=[(V_0-V)dp-(p+p_0)dV]/2+pdV$$

$$2TdS=\left[(V_0-V)^2d\left(\frac{p-p_0}{V_0-V}\right)\right] \tag{3-10}$$

参照图3-4，令

$$\tan\varphi=(p-p_0)/(V_0-V)$$

代入，整理得：

$$2TdS=(V_0-V)^2d\tan\varphi=(V_0-V)^2\left[1+\left(\frac{p-p_0}{V_0-V}\right)^2\right]d\varphi$$

$$2T\frac{dS}{dV}=(V_0-V)^2\left[1+\left(\frac{p-p_0}{V_0-V}\right)^2\right]\frac{d\varphi}{dV} \tag{3-11}$$

式3-11中，$p>p_0$，$V<V_0$，因而$\frac{dS}{dV}$的符号决定于$\frac{d\varphi}{dV}$的符号。

由图3-7看出，在M左侧V向右逐渐增大时，φ逐渐减小，即$\frac{d\varphi}{dV}<0$；在M点右侧V逐渐增大时，φ逐渐增大，即$\frac{d\varphi}{dV}>0$，于是在M点，有$\frac{d\varphi}{dV}=0$，φ取极值，且φ取极小值（图3-8），即爆轰波冲击绝热线2与波速线3的切点M处具有最小的熵值。

同时还表明，爆轰波的冲击绝热线2与等熵线S_M也在M点相切，因为过M点的等熵线，其S随V的变化是与V平行的水平线，且等熵线上$\frac{dS}{dV}=0$。由此，在M点有：

$$-\frac{dp}{dV}\bigg|_{2,M}=-\frac{dp}{dV}\bigg|_{S,M} \tag{3-12}$$

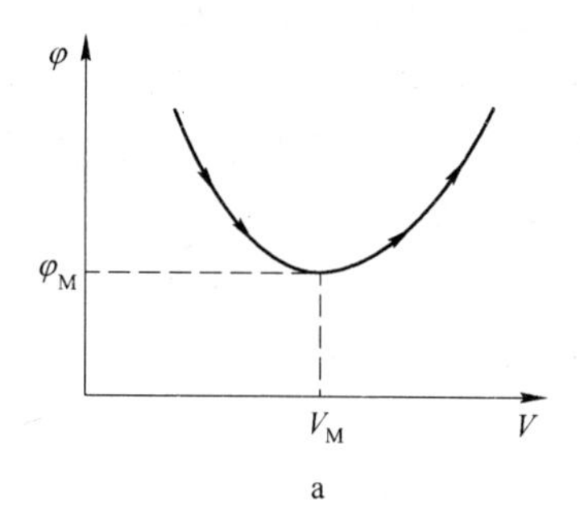

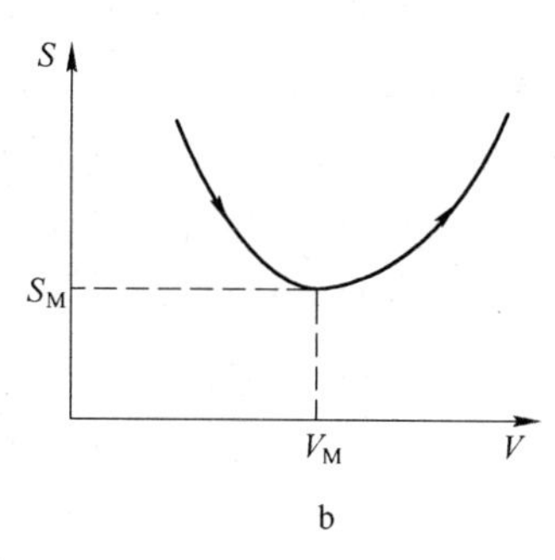

图 3-8 φ 与 S 随 V 的变化

a—φ-V 关系；b—S-V 关系

又爆轰波冲击绝热线与波速线在 M 点相切，有：

$$-\frac{\mathrm{d}p}{\mathrm{d}V}\bigg|_{2,\ M}=\frac{p_{\mathrm{H}}-p_{0}}{V_{0}-V_{\mathrm{H}}} \tag{3-13}$$

于是，有：

$$\frac{p_{\mathrm{H}}-p_{0}}{V_{0}-V_{\mathrm{H}}}=-\frac{\mathrm{d}p}{\mathrm{d}V}\bigg|_{2,\ M}=-\frac{\mathrm{d}p}{\mathrm{d}V}\bigg|_{S,\ M} \tag{3-14}$$

将式 3-14 改写为：

$$V_{M}\sqrt{\frac{p_{\mathrm{H}}-p_{0}}{V_{0}-V_{\mathrm{H}}}}=V_{M}\sqrt{-\frac{\mathrm{d}p}{\mathrm{d}V}\bigg|_{S,\ M}} \tag{3-14a}$$

式 3-14a 中，左边可写为：

$$V_{M}\sqrt{\frac{p_{\mathrm{H}}-p_{0}}{V_{0}-V_{\mathrm{H}}}}=V_{0}\sqrt{\frac{p_{\mathrm{H}}-p_{0}}{V_{0}-V_{\mathrm{H}}}}-(V_{0}-V_{M})\sqrt{\frac{p_{\mathrm{H}}-p_{0}}{V_{0}-V_{\mathrm{H}}}}$$

由式 3-5 和式 3-6，得到：

$$V_{M}\sqrt{\frac{p_{\mathrm{H}}-p_{0}}{V_{0}-V_{\mathrm{H}}}}=D-u_{\mathrm{H}} \tag{3-14b}$$

利用 $\rho=1/V$，将式 3-14a 的右边写为：

$$V_{M}\sqrt{-\frac{\mathrm{d}p}{\mathrm{d}V}\bigg|_{S,\ M}}=\sqrt{\frac{\mathrm{d}p}{\mathrm{d}\rho}\bigg|_{S,\ M}}=C_{\mathrm{H}} \tag{3-14c}$$

由式 3-14b、式 3-14c 得到：

$$D-u_{\mathrm{H}}=C_{\mathrm{H}}\quad \text{或}\quad D=u_{\mathrm{H}}+C_{\mathrm{H}} \tag{3-15}$$

式中，C_{H} 为爆轰波 C-J 面上的声速；$u_{\mathrm{H}}+C_{\mathrm{H}}$ 等于当地声速。

式 3-15 称为稳定爆轰的 C-J 条件，是 M 点或爆轰 C-J 点上状态参数遵循的关系式。爆轰稳定传播的条件也可叙述为：爆轰波后稀疏波速度等于爆轰波阵面的向前推进速度。u_H+C_H 等于 C-J 面后的稀疏波速度，因为稀疏波阵面总是以当地声速传播。

图 3-7 中 M 点（C-J 点）具有三个重要性质。分别是：

（1）C-J 点是爆轰波冲击绝热线、波速线和等熵线的共切点；

（2）C-J 点为爆轰波冲击绝热线上熵最小的点；

（3）C-J 点为波速上熵最大的点。

上述（1）、(2)已在前述做了证明，(3)的证明可参阅文献［53］，［54］。

3.1.2.2　稳定爆轰 C-J 条件的物理本质

在物理本质上，爆轰在炸药中能够稳定传播的原因，完全在于化学反应供给能量，这个能量维持爆轰波阵面不衰减地传播下去。假若这个能量受到了损失，则爆轰波就会因缺乏能量而衰减。

爆轰在炸药中传播过后，产物处于高温高压状态。但是此高温高压状态不能孤立存在，必定迅速发生膨胀。从力学观点来说，也就是从外界向高压产物传播进一系列的膨胀扰动，这一膨胀波速度在化学反应区末端面上等于 u_H+C_H。

$u_H+C_H=D$，意味着爆轰产物膨胀所形成的膨胀波到达化学反应区末端面时，在此处与爆轰的传播速度相等，因而无法再传入化学反应区内，化学反应区放出的能量不会受到损失，全部用来支持爆轰波的运动，使爆轰稳定传播，爆轰波速度恒定。

若 $u_H+c_H>D$，则意味着从爆轰产物传入的膨胀波在化学反应区末端面上的速度比爆轰波传播速度快，从而膨胀波可以进入化学反应区，使化学反应区膨胀而损失能量，这样化学反应放出的能量就不能全部用来支持爆轰波的运动，导致爆轰波衰减。

类似地，$u_H+c_H<D$，意味着弱扰动速度小于爆速，这在实际中是不可能实现的。从力学观点来讲，在化学反应区内部，由于不间断的层层进行化学反应放出热量，陆续不断地层层产生压缩波，此一系列压缩波向前传播，最终汇聚成为前沿冲击波。在弱扰动速度小于爆速的情况下，化学反应区内向前传播的压缩波无法达到前沿冲击波，因

此前沿冲击波会脱离化学反应区而成为无能源的一般冲击波，所以传播过程中必然衰减。

通过上面的分析再次明显看出，只有爆轰波的波速线和冲击绝热线相切点 M 所具有的条件 $u_H+c_H=D_H$ 才能保证爆轰稳定传播。

3.1.2.3 稳定爆轰过程描述

根据爆轰波的 ZND 模型，爆轰波是由前沿冲击波和靠跟在其后的化学反应区组成。如图 3-9 所示，当爆轰在炸药中传播时，炸药首先受到前沿冲击波的强烈压缩，使炸药从初始状态 O 点立即上升到冲击波的冲击绝热线和波速线的交点状态 N。然后炸药在高温高压下迅速进行剧烈的化学反应，随着化学反应的进行，不断放出热量，化学反应区的产物也不断发生膨胀，使压力和密度不断下降。但爆轰稳定传播的速度不变，于是图 3-9 上状态只能由 N 点沿波速线不断下降，当化学反应结束到达化学反应区末端面时，状态对应于爆轰波的冲击绝热线和波速线的切点 M（C-J 点）。按照 C-J 点的特点，爆轰稳定传播。

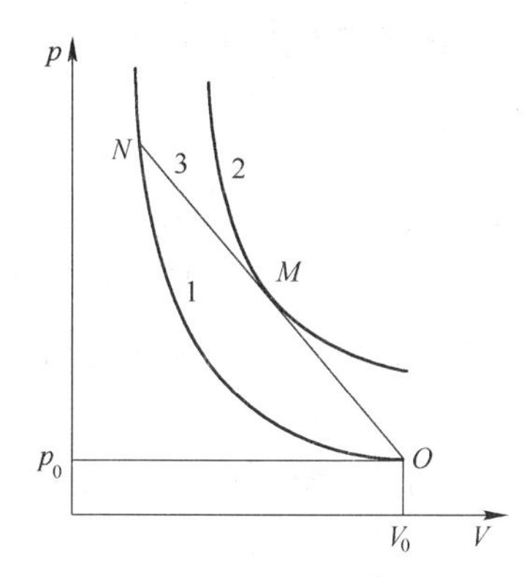

图 3-9 稳定的爆轰过程

3.1.3 爆轰的参数计算

3.1.3.1 气体爆轰的参数计算

对于气体爆轰的参数计算[53~57]，一般认为波前、波后均为气体，认为波前、波后气体均遵循理想气体状态方程。同时认为爆轰压力 $p_H \gg p_0$，p_0 可以忽略。于是，质量守恒、动量守恒和能量守恒方程式 3-1、式 3-2 和式 3-8 重写为：

$$\rho_0 D = \rho_H (D - u_H)$$

$$p_H = \rho_0 D u_H \tag{3-16}$$

$$e_H - e_0 = p_H (V_0 - V_H)/2 + Q_V \tag{3-17}$$

同时，具有爆轰稳定传播条件，式3-15：

$$D = u_H + C_H$$

和理想气体状态方程：

$$p_H V_H = RT_H / M_H \tag{3-18}$$

式中，M_H为爆生气体产物的摩尔质量。

利用理想气体的状态方程，可将理想气体的内能表示为：

$$e_H = c_V T = \frac{R}{k-1}T = \frac{p_H V_H}{k-1} \quad e_0 = \frac{p_0 V_0}{k-1} \tag{3-19}$$

式中，k为爆轰产物的比热比或爆轰气体的等熵膨胀指数。

可以看出，爆轰波参数的6个未知量（D，p_H，u_H，V_H或ρ_H，T_H，e_H），可由上述6个方程（式3-1、式3-15～式3-19）唯一确定。

由式3-1和式3-16，解得：

$$D = V_0 \sqrt{p_H / (V_0 - V_H)} \tag{3-20}$$

$$u_H = (V_0 - V_H) \sqrt{p_H / (V_0 - V_H)} \tag{3-21}$$

将式3-19代入式3-17，并忽略p_0，得：

$$\frac{p_H V_H}{k-1} = \frac{1}{2} p_H (V_0 - V_H) + Q_V \tag{3-22}$$

利用爆轰稳定条件（式3-14）及等熵膨胀过程的状态方程（$pV^k = A$（常数）），有：

$$\frac{p_H}{V_0 - V_H} = -\frac{dp}{dV}\Big|_S = \frac{kp_H}{V_H} \tag{3-23a}$$

由式3-23a可得：

$$\frac{V_0}{V_H} = \frac{k+1}{k} \quad 或 \quad V_H = \frac{k}{k+1} V_0 \tag{3-23b}$$

由式3-20、式3-23a及式3-23b，可得：

$$D = V_0 \sqrt{\frac{kp_H}{V_H}}$$

$$\rho_0 D^2 = kp_H \frac{V_0}{V_H} = (k+1) p_H$$

$$p_H = \frac{1}{k+1}\rho_0 D^2 \tag{3-24}$$

利用式3-20及式3-21，再根据式3-23a，有：

$$u_H = (V_0 - V_H)D/V_0 = \frac{1}{k+1}D \tag{3-25}$$

由爆轰稳定条件（式3-15），得到：

$$C_H = D - u_H \tag{3-26}$$

将式3-23a及式3-24代入理想气体状态方程（式3-18），得：

$$T_H = \frac{M_H}{R}\frac{k}{(k+1)^2}D^2 \tag{3-27}$$

将式3-23a、式3-24代入式3-22，有：

$$\frac{1}{k-1}\frac{kD^2}{(k+1)^2} = \frac{D^2}{2(k+1)^2} + Q_V$$

$$Q_V = \frac{D^2}{2(k^2-1)}$$

$$D = \sqrt{2(k^2-1)Q_V} \tag{3-28}$$

至此，得到了爆轰波的6个未知量的解。

3.1.3.2 凝聚态炸药爆轰的参数近似计算

凝聚态炸药指液体炸药和固体炸药。与气体炸药相比，凝聚态炸药的密度大，爆速高，爆轰压力高。对于凝聚态炸药，虽然质量守恒、动量守恒、能量守恒及爆轰稳定条件不变，但爆轰产物的理想气体状态方程不再适用，参数计算时需要采用适合于描述相应爆轰产物参数之间关系的状态方程。

凝聚态炸药爆轰产物的状态方程非常复杂[48,58~60]。凝聚态爆轰参数近似计算时，可采用兰道-斯达纽科维奇给出的状态方程[59,60]：

$$p = AV^{-r} + f(V)T \tag{3-29}$$

式中，r 为凝聚态炸药的爆轰产物膨胀指数；A 为常数；$f(V)$ 为质量体积的函数。

而且对于实际使用的炸药，其密度一般大于1g/cm^3，因此分子热运动表现的压强 $f(V)T$ 的影响可以忽略，因此将式3-29改写为：

$$p = AV^{-r} = A\rho^{r} \tag{3-30}$$

由此，经过类似的推导，得到凝聚态炸药爆轰的参数近似计算式：

$$\begin{cases} D = \sqrt{2(r^2 - 1)Q_V} \\ u_H = \dfrac{1}{r+1}D \\ V_H = \dfrac{r}{r+1}V_0 \quad 或 \quad \rho_H = \dfrac{r+1}{r}\rho_0 \\ p_H = \dfrac{1}{r+1}\rho_0 D^2 \\ e_H = \dfrac{p_H V_H}{r-1} \\ C_H = D - u_H = \dfrac{r}{r+1}D \end{cases} \tag{3-31}$$

进一步，根据实验研究结果，认为对于常用的大多数炸药，可以取 $r=3$，将状态方程写为 $p = A\rho^3$，于是，式 3-31 变为：

$$\begin{cases} D = 4\sqrt{Q_V} \\ u_H = D/4 \\ V_H = 3V_0/4 \quad 或 \quad \rho_H = 4\rho_0/3 \\ p_H = \rho_0 D^2/4 \\ e_H = p_H V_H/2 \\ C_H = D - u_H = 3D/4 \end{cases} \tag{3-32}$$

以上爆轰波参数计算中涉及爆轰热 Q_V，但实际中的爆轰热 Q_V 很难获得。因此，工程中往往是利用实测手段先确定其中的一个参数，然后再利用计算式计算其余参数。比较而言，爆速较容易测量，获得准确值，因此多数情况下，都是事先测量炸药的爆速 D，然后利用式 3-32 计算其余爆轰波参数。目前，已有多种测量炸药爆速的方法，不仅可以测得平均速度，而且可以测得主要爆轰过程的瞬时速度[48,52,61]。

3.2　炸药爆炸传入岩石中的载荷

这里，我们先引入几个基本概念。在柱状装药条件下，如果炸药充满整个药室空间，不留有任何空隙，则称为耦合装药。如果装入药室的炸药包（卷）与药室壁之间留有一定的空隙，则称为不耦合装药。不耦合装药分为径向不耦合装药和轴向不耦合装药两种情况，分别用装药不耦合系数和装药系数来表述各自的装药不耦合程度。它们分别定义为：

不耦合系数：
$$k = d_b/d_c \tag{3-33}$$

装药系数：
$$\eta = l_e/l \tag{3-34}$$

式中，k 为装药不耦合系数；η 为装药系数；d_b和 d_c分别为药室直径和药包直径；l 和 l_e分别为药室长度和装药长度。

3.2.1　耦合装药时传入岩石中的爆炸载荷

3.1 节中，根据流体动力学爆轰理论[47~50]，建立了炸药正常爆轰条件下的爆轰参数计算式，得到目前工程上普遍采用的炸药爆轰参数的简明计算式（式 3-32）。

耦合装药条件下，炸药与岩石紧密接触，因而爆轰波将在炸药岩石界面上发生透射、反射。利用炮眼法爆破岩石时（如隧道、巷道掘进），通常炸药柱在一端用雷管引爆，爆轰波不是平面波，而是呈球面形，而且爆轰波对炮眼壁岩石的冲击也不是正冲击（正入射），而是斜冲击，如图 3-10 所示。目前确定炸药爆轰传入岩石的载荷，采用的是近似方法。由于在装药表面附近，球面爆轰波的曲率半径已减小到很小，波头与炮眼壁间的夹角——爆轰波的入射角不大[17]，因而近似将爆轰波对炮眼

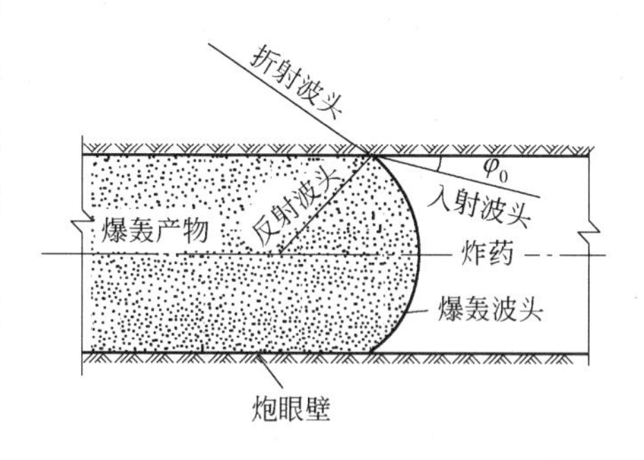

图 3-10　爆轰波对炮眼壁的冲击

壁的冲击看成正冲击，可按正入射求解岩石中的透射波参数。

如图 3-11 所示，平面爆轰在炸药内从左向右传播，到达炸药岩石分界面时，发生透射和反射，透射波面在岩石中继续向右传播，反射波面则在爆轰产物内向左传播。设炸药的初始参数为：p_0，ρ_0，$u_0=0$；爆轰波速度为 D；爆轰波即爆轰产物初始参数为 p_H，ρ_H，u_H；岩石的初始参数为 $p_m=p_0$，ρ_m，$u_m=0$；反射波参数为 p'_2，ρ'_2，u'_2，D'_2；透射波参数为 p_2，ρ_2，u_2，波速为 D_2。在炸药与岩石的分界面上有连续条件，$p'_2=p_2$ 和 $u'_2=u_2$。

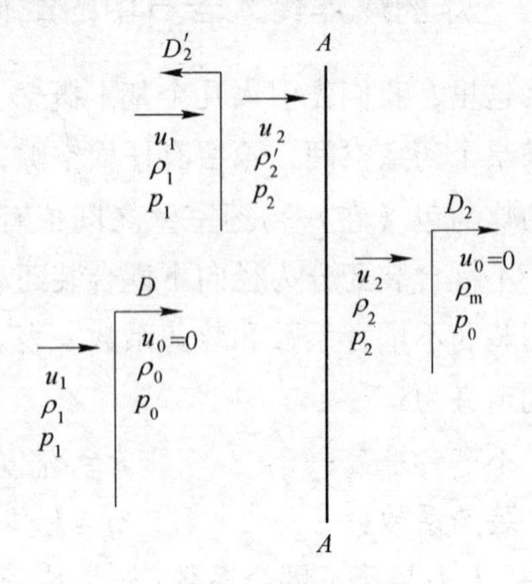

图 3-11　爆轰波的透射和反射

分别对入射波、反射波和透射波建立连续方程和运动方程，并利用界面上的连续条件即可求得[17]：

$$\frac{p_2-p_0}{p_H-P_0}=\frac{1+N}{1+N\rho_0 D/\rho_m D_2} \tag{3-35}$$

式中

$$N=\frac{\rho_0 D}{\rho_H(D'_2+u_H)}$$

由于 $P_2 \gg P_0$，$P_H \gg P_0$，P_0 可忽略，上式可化为：

$$p_2=p_H\frac{1+N}{1+N\rho_0 D/\rho_m D_2} \tag{3-36}$$

$\rho_0 D$，$\rho_H(D'_2+u_H)$，$\rho_m D_2$ 分别称为炸药的冲击阻抗，爆轰产物的冲击阻抗和岩石的冲击阻抗。它们都是物质受扰动前的密度与波相对于受扰动物质传播速度的乘积。如果 $\rho_m D_2>\rho_0 D$，即岩石的冲击阻抗大于炸药的冲击阻抗，则反射波为压缩波，$p_2>p_H$，如果 $\rho_m D_2<\rho_0 D$，则反射波为稀疏波，$p_2<p_H$。关于压缩波与稀疏波的概念请参考文献［51］～［53］。

为求得岩石中透射波的其他参数（ρ_2，D_2，u_2），我们需要知道岩石的 Hugoniot 曲线。岩石的 Hugoniot 曲线需要利用冲击试验来确定，其中之一为[47,53]：

$$p_2=\frac{\rho_m C_{re}^2}{4}\left[\left(\frac{\rho_2}{\rho_m}\right)^4-1\right] \tag{3-37}$$

式中 C_{re}——岩石中的弹性波速度。

此外，还有 p-u 形式的 Hugoniot 方程。如果知道岩石和炸药的 Hugoniot 方程及炸药的等熵膨胀方程，也可利用冲击波的透射、反射原理确定岩石中的冲击波初始参数[35,62]，如图 3-12 所示。

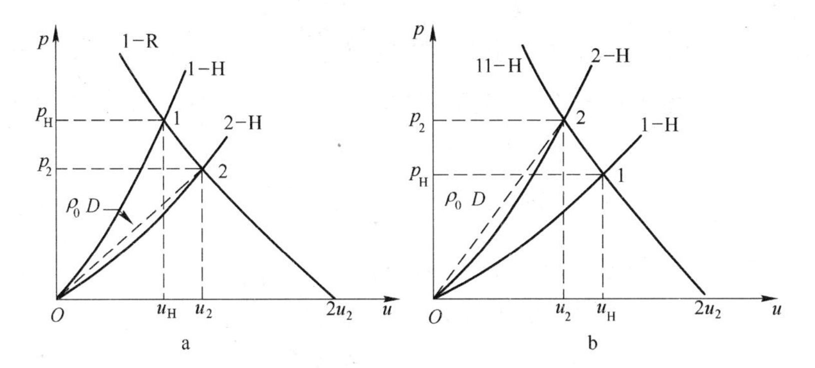

图 3-12 冲击波的反射透射参数确定

a—$\rho_0 D>\rho_m D_2$；b—$\rho_0 D<\rho_m D_2$

1-H—炸药中入射波的 Hugoniot 曲线；2-H—岩石中入射波的 Hugoniot 曲线；

1-R—炸药中反射波的等熵膨胀曲线；11-H—炸药中反射波的 Hugoniot 曲线；

1—入射冲击波参数；2—反射波或透射冲击波参数

实践表明，炸药爆炸并非在所有岩石中都能生成冲击波，这取决于炸药与岩石的性质。对大多数岩石而言，即便生成冲击波，也很快衰减成弹性应力波，作用范围也很小，故有时也近似认为爆轰波与炮眼壁岩石的碰撞是弹性的，岩石中直接生成弹性应力波（简称应力波），进而按弹性波理论或声学近似理论确定岩石界面上的初始压力。根据声学近似理论可推得：

$$p_2=p_H\frac{2}{1+\rho_0 D/\rho_m C_{re}} \tag{3-38}$$

3.2.2 不耦合装药时传入岩石中的爆炸载荷

不耦合装药情况下，爆轰波首先压缩装药与药室壁之间间隙内的空气，引起空气冲击波，而后再由空气冲击波作用于药室壁，对药室壁岩石加载。为求得岩石中的载荷值，先做三点假定：

（1）爆炸产物在间隙内的膨胀为绝热膨胀，其膨胀规律为 pV^3 = 常数，遇药室壁激起冲击压力，并在岩石中引起爆炸应力波。

（2）忽略间隙内空气的存在。

（3）爆轰产物开始膨胀时的压力按平均爆轰压 p_m 计算，即有：

$$p_m = \frac{1}{2}p_H = \frac{1}{8}\rho_0 D_1^2 \tag{3-39}$$

由以上假设，爆轰产物撞击药室壁前的炮眼内压力，即入射压力为：

$$p_2 = p_m\left(\frac{V_c}{V_b}\right)^3 = \frac{1}{8}\rho_0 D^2\left(\frac{V_c}{V_b}\right)^3 \tag{3-40}$$

式中，V_c，V_b分别为炸药体积和药室体积。

根据有关研究[17]，爆轰产物撞击药室壁时，压力将明显增大，增大倍数 $n = 8 \sim 11$。因此，得到不耦合装药时，药室壁受到的冲击压力为：

$$p_2 = \frac{1}{8}\rho_0 D^2 \left(\frac{V_c}{V_b}\right)^3 n \tag{3-41}$$

对隧硐掘进中的钻眼柱状装药，$V_c = \frac{1}{4}\pi d_c^2$，$V_b = \frac{1}{4}\pi d_b^2$，其中，$d_c$、$d_b$分别为炮眼直径和装药直径，炮眼岩石壁受到的冲击压力为：

$$p_2 = \frac{1}{8}\rho_0 D^2 \left(\frac{d_c}{d_b}\right)^6 \left(\frac{l_e}{l}\right)^3 n \tag{3-42}$$

如果装药与药室之间存在较大的间隙（如硐室爆破装药），则爆轰产物的膨胀宜分为高压膨胀和低压膨胀两个阶段。当气体产物压力大于临界压力时，为高压膨胀阶段，膨胀规律为 pV^3 = 常数，当气体产物压力小于临界压力时，为低压膨胀阶段，膨胀规律为 pV^{χ} = 常数（$\chi = 1.2 \sim 1.3$）。临界压力 p_{cri} 按下式计算：

$$p_{cri} = 0.154 \times \sqrt{\left(E_{en} - \frac{p_m}{2\rho_0}\right)^2 \frac{\rho_0^2}{p_m}} \tag{3-43}$$

式中，E_{en}为单位质量炸药含有的能量；其余符号意义同前。

作为一种近似，也可取 $p_{cri} = 100\text{MPa}$。

据此，炸药爆轰作用于岩石的入射冲击波压力为[52,63]：

$$p_2 = p_{cri}\left(\frac{p_m}{p_{cri}}\right)^{\chi/3}\left(\frac{V_c}{V_b}\right)^{\chi} n \tag{3-44}$$

3.3 岩石中的应力波速度

3.3.1 应力波速度与岩石力学性质参数的关系

岩石中的应力波并非理想的弹性波，其速度的大小取决于应力波的性质和岩石的物理力学性质。如：冲击波速度大于弹性应力波速度，岩石中的冲击波速度与其应力峰值有关；纵波速度大于横波速度等。根据实验测试结果[64,65]，结构完整岩石中的纵波速度与横波速度的比值为 1.7 左右。

岩石中的应力波速度大小是岩石孔隙率、弹性模量、结构完整性等的综合反映。利用实验测得的岩石内的纵波与横波速度，可以计算出岩石的动态弹性模量和动态泊松比等性质参数[51]：

$$\begin{cases} \mu_d = \dfrac{C_p^2 - 2C_s^2}{2(C_p^2 - C_s^2)} \\ E_d = \dfrac{C_p^2\rho_r(1+\mu_d)(1-2\mu_d)}{1-\mu_d} = 2C_s^2\rho_r(1+\mu_d) \\ G_d = \rho_r C_s^2 \\ K_d = \rho_r\left(C_p^2 - \dfrac{4}{3}C_s^2\right) \\ \lambda_d = \rho_r(C_p^2 - 2C_s^2) \end{cases} \tag{3-45}$$

式中，C_s为岩石中的横波速度；μ_d，E_d，G_d，K_d，λ_d 依次为岩石的动态泊松比、岩石的动态弹性模量、动态剪切弹性模量、动态体积弹性模量和动态拉梅常数。

岩石的应力波速度越高，表明岩石的孔隙率越低，完整性越好。对同种岩石，岩块试件的波速高，岩体的波速低。表3-1为常见岩石的弹性波速度，表3-2为常见岩石的弹性性质。

表3-1 常见岩石的弹性波速度[17]

岩石名称	容重 /kg·m^{-3}	岩体内的纵波速度/m·s^{-1}	岩石杆内的纵波速度/m·s^{-1}	岩体内的横波速度/m·s^{-1}
石灰岩	2.42×10^3	3.43×10^3	2.92×10^3	1.86×10^3
石灰岩	2.70×10^3	6.33×10^3	5.16×10^3	3.70×10^3
白大理岩	2.73×10^3	4.42×10^3	3.73×10^3	2.80×10^3
砂岩	2.45×10^3	2.44×10^3 ~ 4.25×10^3	—	0.95×10^3 ~ 3.05×10^3
花岗岩	2.60×10^3	5.20×10^3	4.85×10^3	3.10×10^3
石英岩	2.65×10^3	6.42×10^3	5.85×10^3	3.70×10^3
页岩	2.35×10^3	1.83×10^3 ~ 3.97×10^3	—	1.07×10^3 ~ 2.28×10^3
煤	1.25×10^3	1.20×10^3	0.86×10^3	0.72×10^3

表3-2 常见岩石的弹性性质[17]

岩石名称	泊松比	弹性模量 /MPa	剪切模量 /MPa	体积压缩模量/MPa	拉梅常数 /MPa	波阻抗 /MPa·s^{-1}
石灰岩	0.26	0.217	0.085	0.171	0.091	0.83
石灰岩	0.33	0.731	0.274	0.436	0.556	1.70
白大理岩	0.20	0.384	0.160	0.332	0.106	1.21
砂岩	0.25	0.441	0.147	0.294	0.245	0.6~1.0
花岗岩	0.22	0.620	0.254	0.377	0.206	1.35
石英岩	0.25	0.926	0.370	0.789	0.370	1.70
页岩	0.31	0.294	0.098	0.196	0.098	0.43~0.93
煤	0.36	0.018	0.007	0.009	0.005	0.15

利用同类岩石（岩块）与岩体的弹性波速度，可以判定岩体的完整性或岩体中结构面的发育程度，进一步可结合岩石强度估计出岩体完整性系数甚至岩体的强度[4,5,64]：

$$k_v = (C_{mp}/C_{rp})^2 \tag{3-46}$$

式中，k_v为岩体完整性系数；C_{mp}和C_{rp}分别为岩体和岩石中的弹性纵波速度。

需要说明，无限岩体中的一维应力波，由于岩石的侧向变形受到限制，成为一维应变波，因而速度比其在岩石杆件中的要大，应用时应注意区分。弹性条件下，两者速度之间的关系为：

$$C_{0e} = C_0\sqrt{\frac{1-\mu}{(1+\mu)(1-2\mu)}} \tag{3-47}$$

式中，C_{0e}和C_0分别为一维弹性应变波和一维弹性应力波速度；μ为岩石的泊松比。

第2章已做分析，也表明$C_{0e}>C_0$。

再者，岩石的容重是一个不同于密度的概念，两者有本质的区别，但在数值上，对完整性好的岩石，两者相差不大，作为近似，可以相互代用。

3.3.2 影响应力波速度的岩石性质参数

3.3.2.1 岩石种类

不同岩石，其组成成分、孔隙率、微裂隙密度、结构完整性等必然不同，因而应力波速度不同。从表3-1可以看出，岩石中的速度最大的可达到6000m/s以上，最小的却不到2000m/s。

3.3.2.2 岩石组成

非均质岩石中的应力波，不同矿物成分有不同的应力波速度。根据F. 伯奇的研究[65]，非均质岩石中的应力波速度可用组成它的各种矿物的波速来描述。有关系式：

$$C = 1/\sum \frac{x_i}{C_i} \tag{3-48}$$

式中，C为岩石中应力波表观速度；x_i为第i种矿物的容积比；C_i为第i种矿物的波速。

Kolar研究了岩石组成与纵波速度的关系，得出结论[65]：当岩石中角闪石含量增加时，纵波速度增加，当岩石中石英的含量增加时，纵波速度降低。

3.3.2.3 密度

岩石密度是影响应力波速度的重要因素，由于岩石密度也影响到岩石的其他力学性质参数，因而使问题变得复杂。在岩石中的波速与岩石密度的函数关系上，不同的研究得出的结论可能不同，甚至是矛盾的。根据F. 伯奇和V. 伦威斯克的研究[65]，对于普通岩石，波速与密度成正比。

需要指出：我们前面曾经述及，弹性介质中的纵波速度为：

$$C_0 = \sqrt{\frac{E}{\rho_0}}$$

该式对岩石中的弹性波也是成立的。因而，理解岩石中的波速与密度成正比时，但注意到岩石密度的增加会引起其弹性模量的增加，而且这种弹性模量的增加对波速的影响将超过上式中因岩石密度增加引起的波速降低，从而在整体上表现出岩石中的波速随岩石密度的增加而增加。

3.3.2.4 孔隙比

岩石中的孔隙分晶粒间的孔隙和岩石介质间的天然裂隙两类，虽然都导致应力波速度的降低，但它们对应力波速度的影响程度明显不同，前者低于后者。对具体的岩石，其结晶粒之间的孔隙形状对岩石中的波速也有影响，如石灰岩中结晶粒间有贝壳形孔隙时，孔隙率对波速的影响较小，而当结晶粒间有圆球形孔隙时，则孔隙率对波速的影响较大。

实验得到的石灰岩的孔隙率 n 与纵波速度 C_0 的关系如图3-13所示。这种关系可用下列函数来近似：

$$C_0 = 5430 - 107n \tag{3-49}$$

3.3.2.5 各向异性

绝大多数岩石是各向异性的。层状岩石中，各向异性较为明显。大理岩中，在三个相互垂直的方向 X、Y、Z 钻取岩芯，并使 Z 方向平行于层面；砂岩、页岩中，在两个相互垂直的方向 X、Y 钻取岩芯，并使 Y 方向平行于层面。在各个方向上测得的波速如表3-3所示。

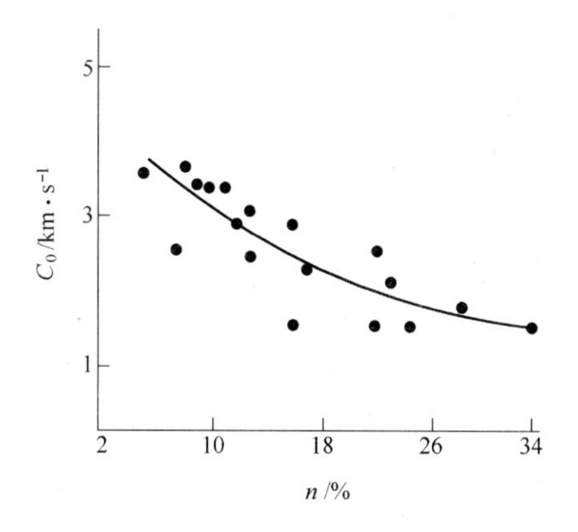

图 3-13　石灰岩孔隙率与纵波速度的关系

表 3-3　岩石特定方向上的波速及弹性常数[65]

岩石名称	岩芯方向	纵波速度 /km·s^{-1}	横波速度 /km·s^{-1}	弹性模量 /MPa	泊松比
大 理 岩	*X*	4.320	2.640	4.6×10^4	0.170
	Y	5.021	2.594	4.9×10^4	0.315
	Z	4.876	2.603	4.8×10^4	0.289
里昂砂岩	*X*	3.776	2.554	3.5×10^4	0.076
	Y	4.097	2.682	3.9×10^4	0.115
格林河页岩（节理不发育）	*X*	4.342	2.611	4.0×10^4	0.217
	Y	4.743	2.644	4.3×10^4	0.266
格林河页岩（节理发育）	*X*	3.577	2.035	2.4×10^4	0.261
	Y	5.062	2.719	4.7×10^4	0.297

由表 3-3 可知，砂岩在 *X* 和 *Y* 方向的纵波速度相差 8%，而横波速度相差 5%。大理岩中，*X* 和 *Y* 方向的纵波速度相差 11%，而横波速度相差 1%。在节理不发育的页岩中，*X* 和 *Y* 方向的纵波速度相差 8%，而横波速度相差 1%。在节理发育的页岩中，*X* 和 *Y* 方向的纵波速度相差 41%，而横波速度相差 34%。由实验数据还可知，在相同的条件下，沿层面的纵波速度大于垂直层面的纵波速度。

对花岗岩，在三个特定的互相垂直的方向上取岩芯进行实验，结论为：在 0.1013 MPa 压力下，纵波速度在 10% 范围内变化；在 1000MPa 压力下，纵波速度变化不超过 2% ~3% 。

3.3.2.6　应力状态

在一定的压缩应力作用下，岩石中的波速要增大。当作用应力较低时，随应力的增加波速增加较快，应力进一步增加时，波速增加逐渐减弱，当力超过某一临界值时，若继续增大应力，则波速将降低，图 3-14 为花岗岩中波速与应力状态的关系，图 3-15 为压应力作用下不同岩石的纵波速度变化。在较低压应力阶段，裂隙发育岩石中波速对应力状态的变化敏感程度比致密岩石高。

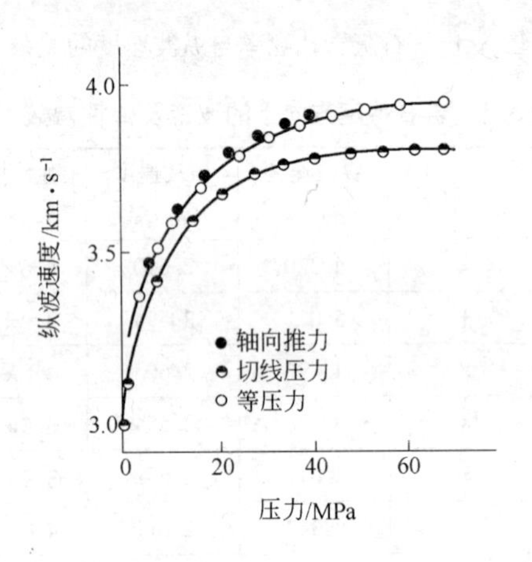

图 3-14　花岗岩纵波速度与压应力的关系

岩石是天然的工程地质体，不同岩石含有数量不等的孔隙、裂隙。在压应力作用下，有的孔隙、裂隙会闭合，闭合孔隙、裂隙的数量随应力增加而增加，但增加的速率逐渐降低，岩石中所含孔隙、裂隙闭合越多，应力作用引起的孔隙、裂隙越多。但当压应力超过某一临界值后，压应力将引起岩石损伤，造成新的裂纹。根据 3.3.2.4 节孔隙率与岩石中波速的关系，即可得知应力状态影响岩石中波速的关系。这就是在开始加压阶段，波速随应力增加而增加，而当应力超过一定值后，波速则随应力的进一步增加而降低。

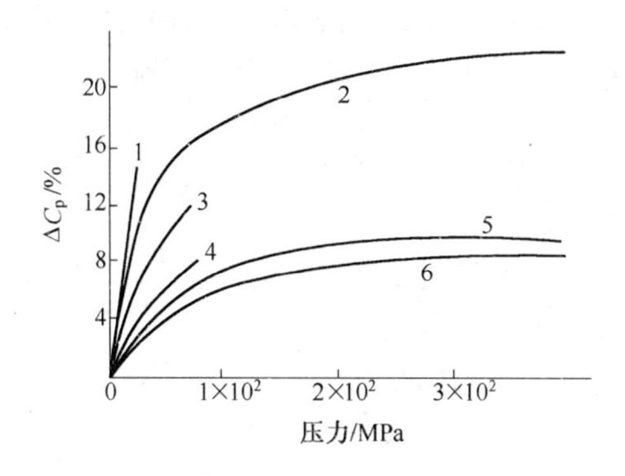

图 3-15 压应力作用下不同岩石的纵波速度变化

1—砂岩；2—花岗岩；3—白云岩；4—片岩；5—玄武岩；6—辉长岩

3.3.2.7 含水量

表 3-4 所示为岩石中充填物质时的纵波速度，可以看出，水的波速是空气的 5 倍。因此，当岩石中的孔隙被水充填时，将引起岩石波速增加。在饱和含水条件下，岩石中的波速随水饱和时间的增加而增加，48h 后达到稳定。

表 3-4 岩石中充填物质的纵波速度

充填物质	密度/kg · m^{-3}	纵波速度/m · s^{-1}
水	1000	1485
冰	918	3200 ~ 3300
空气	1.29	331

利用岩石的这些特性，地下及采矿工程中，通过测量硐室围岩中的弹性波速，可以判定硐室围岩的受力及完整性状态。如隧道开挖后周围岩石中的松动圈范围，判定矿柱的稳定性及破坏预报等。进而判定地下硐室的稳定性，为硐室支护参数的设计提供依据。

3.4 岩石中爆炸应力波的特征与衰减规律

绝大多数情况下，岩石爆破采用柱状装药或延长装药，在岩石中传播的爆炸应力波为柱面波。一般地，耦合装药条件下，在装药室附近岩石中形成冲击波，随着远离装药中心，冲击波衰减，应力幅值不断衰减，波速不断降低，最后冲击波演变成应力波。进一步远离装药中心，应力波继续衰减，又演变成地震波。分析认为，引起爆炸应力波衰减的原因有：波阵面的扩大，导致单位面积波阵面上能量密度的降低；传播介质（岩石）质点运动引起的内摩擦能量耗散；爆炸应力波后期的追赶卸载。

冲击波、应力波和地震波具有不同的应力幅值和加载率，因而具有不同的衰减速率和作用范围，如图3-16所示。综合当前的研究成果，冲击波、（应力）压缩波和地震波等在岩体中遵循相同的衰减规律——指数规律衰减，但衰减指数不同。

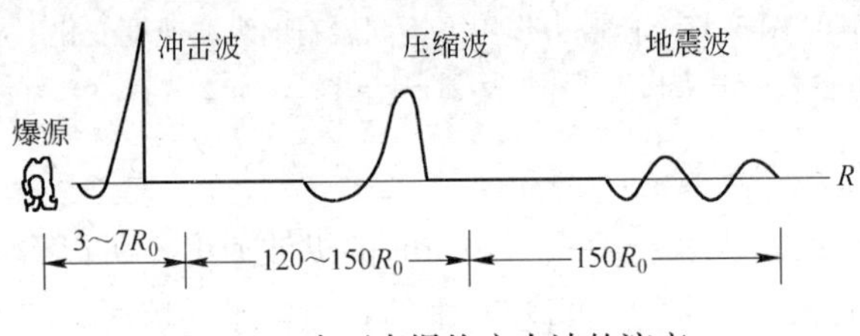

图3-16　岩石中爆炸应力波的演变

3.4.1　冲击载荷作用下岩石变形规律与特征

固体材料（岩石）在冲击载荷作用下的变形规律如图3-17所示，对应不同应力幅值，所形成的应力波特征不同，如图3-18所示。

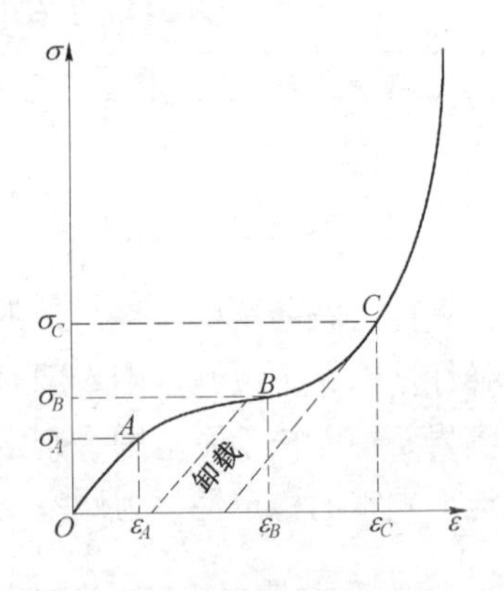

图3-17　冲击载荷作用下岩石的变形规律

（1）在装药近区，作用于岩石的爆炸载荷值很高，若 $\sigma > \sigma_C$，将在岩石中形成波阵面上所有状态参数都发生突变的冲击波（图3-18a），冲击波在岩石中的速度为超音速，衰减最快。

（2）随着冲击波阵面向外传播，应力幅值衰减，当 $\sigma_B < \sigma < \sigma_C$ 时，如图3-17所示，由于变形模量 $\mathrm{d}\sigma/\mathrm{d}\varepsilon$ 随应力的增大而增大，波速大于图3-17中 A–B 段的塑性波波

速，但小于 $O\text{-}A$ 段的弹性波波速，因此应力幅值大的塑性波追赶前面的塑性波，形成塑性追赶加载，形成陡峭的波阵面，但波速低于弹性波速，为亚音速，这种波称为非稳定的冲击波，如图 3-18b 所示。

（3）进一步，当 $\sigma_A < \sigma < \sigma_B$ 时，由于 $d\sigma/d\varepsilon$ 不是常数，且随应力的增大而减小，因此应力幅值大的应力波速度低于小应力幅值的应力波，随远离波源波阵面逐渐变缓，塑性波速度以亚音速传播。而应力小于 σ_A 的部分，则以弹性波速度传播，如图 3-18c 所示。

（4）当 $\sigma < \sigma_A$ 时，$d\sigma/d\varepsilon$ 为常数，等于岩石的弹性常数，这时应力波为弹性波，以未受到扰动岩石中的音速传播，如图 3-18d 所示。

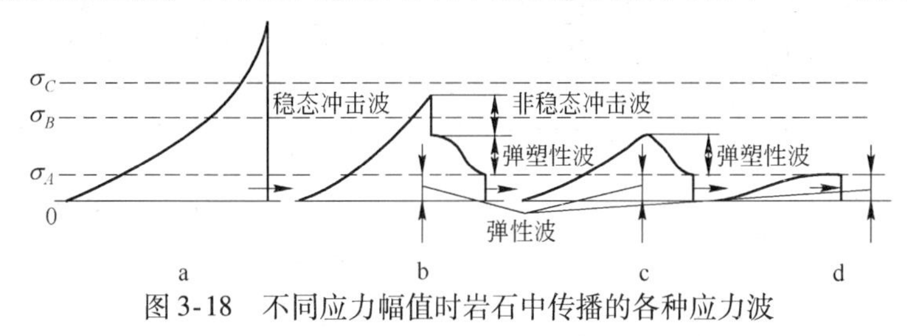

图 3-18　不同应力幅值时岩石中传播的各种应力波

3.4.2　岩石中爆炸应力波的衰减

在爆炸源近区，一般情况下岩石中出现的是冲击波。这时可把岩石看成流体，冲击波压力 p 随距离的衰减规律为[42,51]：

$$p = \sigma_r = p_2 \bar{r}^{-\alpha} \tag{3-50}$$

式中，$\bar{r}$ 为比距离，$\bar{r} = r/r_b$，r 为距药室中心的距离，r_b 为药室（炮眼）半径；σ_r 为径向应力峰值；α 为压力衰减指数，对冲击波，取 $\alpha \approx 3$ 或 $\alpha = 2 + \dfrac{\mu}{1+\mu}$。

冲击波阵面上，各状态参数满足冲击波的基本方程，即：

$$\begin{cases} \dfrac{D_c}{D_c - u} = \dfrac{V_0}{V} \\ \dfrac{D_c u}{V} = p - p_0 \\ E_e - E_{e0} = \dfrac{1}{2}(p + p_0)(V_0 - V) \end{cases} \tag{3-51}$$

式中，D_c 为冲击波速度；u 为质点速度；p，V，E_e 分别表示压力、质量体积和内能；带下标“0”的物理量表示初始量。

利用式3-51求冲击波阵面上的状态参量，还需要知道岩石的状态方程，而获得岩石的状态方程是十分困难的，因此，一般用岩石的Hugoniot曲线式3-37或下式代替：

$$D = a + bu \tag{3-52}$$

式中，a、b 为实验确定的常数，部分岩石的 a、b 值见表3-5。

表3-5　部分岩石的 a、b 值[42]

岩石名称	密度/kg · m^{-3}	a/m · s^{-1}	b
花岗岩(1)	2.63	2.1×10^3	1.63
花岗岩(2)	2.67	3.6×10^3	1.1
玄武岩	2.67	2.6×10^3	1.6
辉长岩	2.98	3.5×10^3	1.32
大理岩	2.7	4.0×10^3	1.32
石灰岩(1)	2.6	3.5×10^3	1.43
石灰岩(2)	2.5	3.4×10^3	1.27
页　岩	2.0	3.6×10^3	1.34

这样，知道其中的一个参数便可求得冲击波阵面上的所有状态参量。对冲击波，一般认为 $\sigma_r = \sigma_\theta$（σ_θ 为切向应力峰值），岩石处于各向等压状态。根据冲击波速度与波阵面至波源距离的经验关系式[65]：

$$D = D_0 - B(\bar{r} - 1) \tag{3-53}$$

式中，D_0为冲击波传播初始速度；B 为冲击波速度衰减常数，与炸药和岩石有关。如对大理岩中装填太安炸药，有 $D_0 = 6850$m/s，$B = 152.5$m/s。

进一步，可以求得冲击波的作用范围：

$$r = r_b[1 + (D_0 - D)/B] \tag{3-54}$$

根据研究与实验观察[66]，常规炸药在岩石引起的冲击波作用范围仅为装药半径的3～5倍。冲击波作用范围虽小，但却消耗炸药能量的大部分。在实施周边爆破时，总是设法避免在岩石中形成冲击波，避免炮孔壁岩石出现压碎。

在冲击波作用区之外，冲击波衰减为应力波，应力波的衰减规律与冲击波相同，但衰减指数较小。前苏联学者给出的应力波的衰减指数为[42,65]：

$$\alpha = 2 - \frac{\mu}{1 - \mu} \tag{3-55}$$

此外，我国武汉岩土力学研究所通过现场试验得出的应力波衰减指数为[42,67]：

$$\alpha = -4.11 \times 10^{-7} \times \rho_r C_0 + 2.92 \tag{3-56}$$

若爆源为柱状药包，应力波作用区岩石中柱状应力波的径向应力与切向应力之间有如下关系：

$$\sigma_\theta = \frac{\mu}{1 + \mu}\sigma_r \tag{3-57}$$

应力波进一步衰减将变成地震波，习惯上用质点速度来表示地震波的强度，这时其衰减规律表示为[67]：

$$v = K\left(\frac{Q}{r}\right)^{\alpha} \tag{3-58}$$

式中，K 为与岩土性质有关的系数，岩石中 $K=30 \sim 70$，土壤中 $K=200$；衰减指数 $\alpha = 1 \sim 2$；Q 为一次起爆的炸药质量，kg，分段爆破时为同段起爆的炸药量；v，r 的单位分别是 m/s 和 m。

地震波远离爆源，可以近似看成平面波，求得地震波的质点速度后，可由下式得到地震波的应力：

$$\sigma = \rho_r C_0 u \tag{3-59}$$

3.4.3 岩石中平面应力波的衰减

K. O. Hakailehto 研究了杆中平面应力波的衰减[18,68]，他认为：当加载应力大于岩石的初始破裂应力（对应于弹性极限 σ_e）时，由于岩石内部裂纹的扩展，导致应力波阵面沿岩石杆传播时应力幅值降低，设岩石试件某截面的应力为 σ_a，传播距离 l 后的应力为 σ_b，则有：

$$\sigma_b = \begin{cases} \sigma_a & \sigma_a \leq \sigma_e \\ f(\sigma_a) & \sigma_a > \sigma_e \end{cases} \tag{3-60}$$

他认为，当 $\sigma_a > \sigma_e$ 时，应力衰减主要是由大于 σ_e 的部分 $\sigma_a - \sigma_e$ 引起的，令 $\sigma_x = \sigma_a - \sigma_e$，$\sigma_y = \sigma_b - \sigma_e$，并假定衰减沿试件长度呈指数变化，且与岩石试件的破碎程度成正比，而 σ_y/σ_e 越大，对应的岩石破碎程度也越大，由此得：

$$\mathrm{d}\sigma_y = \mathrm{d}\sigma_x - \mathrm{e}^{-\beta l}\frac{\sigma_y}{\sigma_e}\mathrm{d}\sigma_x$$

即：

$$\frac{\mathrm{d}\sigma_y}{\mathrm{d}\sigma_x} + \frac{\mathrm{e}^{-\beta l}}{\sigma_e}\sigma_y = 1 \qquad (3\text{-}61)$$

式中，σ_e 由静压试验确定；β 为材料常数。β、σ_e 的取值参见表 3-6。

表 3-6　几种岩石的材料常数 β 及初始破裂应力 σ_e

岩石名称	大理岩	花岗岩	砂　岩	灰色砂岩	石灰岩
β/m^{-1}	34.0	29.5	21.3	39.0	55.0
σ_e/MPa	77	141	95	120	153

注意到初始条件，$\sigma_x = 0$ 时，$\sigma_y = 0$，则：

$$\sigma_y = \mathrm{e}^{-\beta l}\sigma_e\left(1 - \mathrm{e}^{-\beta l\frac{\sigma_x}{\sigma_e}}\right)$$

于是，得岩石中平面应力波的衰减方程：

$$\sigma_b = \begin{cases} \sigma_a & \sigma_a \leqslant \sigma_e \\ \sigma_e + \sigma_e \mathrm{e}^{-\beta l}\left(1 - \mathrm{e}^{-\beta l\frac{\sigma_a - \sigma_e}{\sigma_e}}\right) & \sigma_a > \sigma_e \end{cases} \qquad (3\text{-}62)$$

3.5　应力波通过结构面的透射与反射

前节讨论的是均匀岩石中应力波的衰减情况。由于岩石中往往含有节理、层理等结构面，了解应力波通过结构面的情况仍是十分必要的。在第 2 章中，我们讨论了结构面两侧岩石无相对滑动可能时，弹性应力波斜入射的反射、透射情况，本节将进一步讨论结构面两侧岩石可滑动时，弹性应力波斜入射的透射、反射[18]和弹塑性应力波通过结构面的透、反射[69,70]。为便于讨论，我们先提出应力波通过任意结构面时的一般解。

3.5.1 应力波向结构面斜入射时的一般解

图3-19所示为应力纵波向结构面斜入射时的反射、透射情况。这里，我们改用波势函数表示各种波，并设纵波和横波的波势函数分别为 Φ 和 Ψ，入射纵波的波势函数为 Φ''，反射纵波和横波的波势函数分别为 Φ' 和 Ψ'，透射纵波和横波的波势函数分别为 Φ_1'' 和 Ψ_1''，纵波波势的反射系数为 $V_{ll}=\Phi'/\Phi''$，透射系数为 $W_l=\Phi_1''/\Phi''$，纵波转化为横波的反射系数为 $V_{lt}=\Psi'/\Phi''$，纵波转化为横波的透射系数为 $W_t=\Psi_1''/\Phi''$。结构面两侧岩石的容重与纵波、横波速度分别用 ρ_r、C_p、C_s 和 ρ_{r1}、C_{p1}、C_{s1} 表示。对 $x>0$ 一侧，波势函数分别写为[18,46]：

$$\begin{cases}\Phi=[\Phi'\exp(\mathrm{j}Ax)+\Phi''\exp(-\mathrm{j}Ax)]\exp[\mathrm{j}(\xi x-\omega t)]\\ \Psi=\Psi'\exp(\mathrm{j}Bx)\exp[\mathrm{j}(\xi x-\omega t)]\end{cases}\tag{3-63}$$

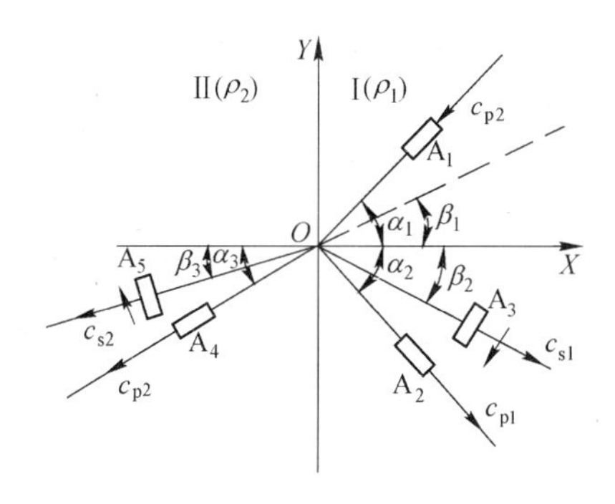

图3-19 应力纵波向结构面斜入射时的反射与透射

对 $x<0$ 一侧，仅存在透射波，有：

$$\begin{cases}\Phi_1=\Phi_1''\exp(-\mathrm{j}A_1x)\exp[\mathrm{j}(\xi x-\omega t)]\\ \Psi_1=\Psi_1''\exp(-\mathrm{j}B_1x)\exp[\mathrm{j}(\xi x-\omega t)]\end{cases}\tag{3-64}$$

以上两式中，$\xi=k_l\sin\alpha_1=k_{l1}\sin\alpha_3=k_{t1}\sin\beta_3$；$A=k_l\cos\alpha_1$；$A_1=k_{l1}\cos\alpha_3$；$B=k_t\cos\beta_1$；$B_1=k_{t1}\cos\beta_3$；$k_l$，$k_{l1}$ 为纵波波数；k_{t1} 为横波波数。

波势函数与应力、位移的关系为：

$$u_x = \frac{\partial \Phi}{\partial x} + \frac{\partial \Psi}{\partial y};\ u_y = \frac{\partial \Phi}{\partial x} - \frac{\partial \Psi}{\partial y};\ u_z = 0 \tag{3-65}$$

$$\sigma_x = \lambda\left(\frac{\partial u_x}{\partial x} + \frac{\partial u_y}{\partial y}\right) + 2G\frac{\partial u_x}{\partial x};\ \tau_{xy} = G\left(\frac{\partial u_x}{\partial y} + \frac{\partial u_y}{\partial x}\right) \tag{3-66}$$

假若结构面是有摩擦能滑动的，则其应力、应变应满足下列边界条件：

$$\begin{cases} u_x(y,\ 0,\ t) = u_{x1}(y,\ 0,\ t) \\ \sigma_x(y,\ 0,\ t) = \sigma_{x1}(y,\ 0,\ t) \\ \tau_{xy}(y,\ 0,\ t) = \tau_{xy1}(y,\ 0,\ t) \\ \tau_{xy}(y,\ 0,\ t) = -\sigma_x(y,\ 0,\ t)\tan\varphi \end{cases} \tag{3-67}$$

利用以上各式，得到：

$$\begin{cases} A(V_{ll} - 1) + \xi V_{lt} = -A_1 W_l + \xi W_t \\ -p(1 + V_{ll}) + BV_{lt} = -\dfrac{G}{G_1}(B_1 W_t + p_1 W_l) \\ A(V_{ll} - 1) + pV_{lt} = \dfrac{G}{G_1}(-A_1 W_l + p_1 W_t) \\ (p_1\tan\varphi + A_1)W_l + (B_1\tan\varphi - p_1)W_t = 0 \end{cases} \tag{3-68}$$

式中

$$p = (\xi^2 - k_t^2/2)\xi^{-1} = -k_t\cos 2\beta_1/2\sin\beta_1$$

$$p_1 = (\xi^2 - k_{t1}^2/2)\xi^{-1} = -k_{t1}\cos 2\beta_3/2\sin\beta_3$$

由式3-68，可解得：

$$\begin{cases} W_l = \dfrac{p_1 - B_1\tan\varphi}{p_1\tan\varphi + A_1}W_t = m_1 W_t \\ V_{lt} = \dfrac{A_1(1 - G_1/G)m_1 + (p_1 G_1/G - \xi)}{p - \xi}W_t = n_1 W_t \\ V_{ll} = \dfrac{(-A_1 m_1 + \xi - \xi n_1)}{\alpha_1}W_t + 1 \\ W_t = \dfrac{2p}{(B_1 + p_1 m_1)G_1/G + Bn_1 + pA_1 m_1/A + p\xi(n_1 - 1)/A} \end{cases} \tag{3-69}$$

式3-69即为可滑动条件结构面的反射、透射关系。知道结构面参数、结构面两侧岩石的波阻抗、应力波入射角，便能求出反、透射的应力幅值比。

第2章已经提到，应力纵波 σ_{I} 斜入射时，产生反射正应力 σ_{R} 和剪应力 τ_{R} 及透射正应力 σ_{T} 和剪应力 τ_{T}，它们与式3-69有下列关系：

$$\begin{cases}\sigma_{\mathrm{T}}/\sigma_{\mathrm{I}} = W_l\rho_1/\rho \\ \sigma_{\mathrm{R}}/\sigma_{\mathrm{I}} = V_{ll} \\ \tau_{\mathrm{T}}/\sigma_{\mathrm{I}} = W_t\rho_1/\rho \\ \tau_{\mathrm{R}}/\sigma_{\mathrm{I}} = V_{lt}\end{cases} \tag{3-70}$$

于是，求出 W_l，W_t，V_{ll}，V_{lt}后，即可得到相应的应力反、透射系数。

应当指出，若应力波的入射角较小，它的切向分量不足以克服结构面摩擦力产生滑动时，则应按完全黏性条件重新求解其反、透射关系。

3.5.2 结构面两侧为相同岩石的应力波反射与透射

当结构面两侧的岩石性质相同时，$\rho_1/\rho = 1$，$C_{\mathrm{p1}}/C_{\mathrm{p}} = 1$，$G_1/G = 1$，进而 $p_1 = p$，于是由式3-68知，$n_1 = 1$。由此得知：

$$\begin{cases}W_t = \dfrac{p}{B + pm} \\ V_{ll} = \dfrac{B}{B + pm}\end{cases} \tag{3-71}$$

式中

$$m = \frac{\cos2\beta_1 + \tan\varphi\sin2\beta_1}{\cos2\beta_1\tan\varphi - 2\sin\beta_1\cos\alpha_1(C_{\mathrm{s}}/C_{\mathrm{p}})}$$

将 m，p，B 的表达式代入式3-69、式3-71，得到：

$$\begin{cases}V_{ll} = \dfrac{(C_{\mathrm{s}}/C_{\mathrm{p}})^2\sin2\alpha_1/\cos2\beta_1 - \tan\varphi}{(C_{\mathrm{s}}/C_{\mathrm{p}})^2\sin2\alpha_1/\cos2\beta_1 + \tan^{-1}2\beta_1} \\ V_{lt} = W_t = \dfrac{\tan\varphi - (C_{\mathrm{s}}/C_{\mathrm{p}})^2\sin2\alpha_1/\cos2\beta_1}{1 + \tan2\beta_1\ (C_{\mathrm{s}}/C_{\mathrm{p}})^2\sin2\alpha_1/\cos2\beta_1} \\ W_l = \dfrac{\tan^{-1}2\beta_1 + \tan\varphi}{\tan^{-1}2\beta_1 + (C_{\mathrm{s}}/C_{\mathrm{p}})^2\sin2\alpha_1/\cos2\beta_1}\end{cases} \tag{3-72}$$

图3-20、图3-21为 $C_{\mathrm{s}}/C_{\mathrm{p}} = 0.6$（对应的泊松比 $\mu = 0.22$）时，由式3-72通过数值计算得到的不同摩擦角压应力纵波斜入射产生的

各种波的变化。

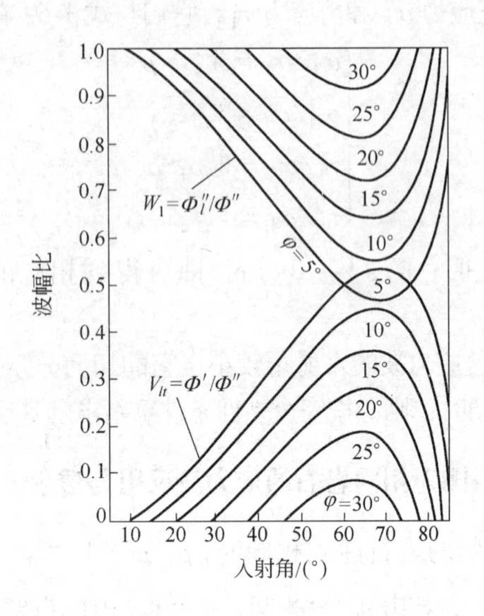

图 3-20 同种岩石中结构面在不同摩擦角下的纵波透、反射系数（$C_s/C_p=0.6$）[13]

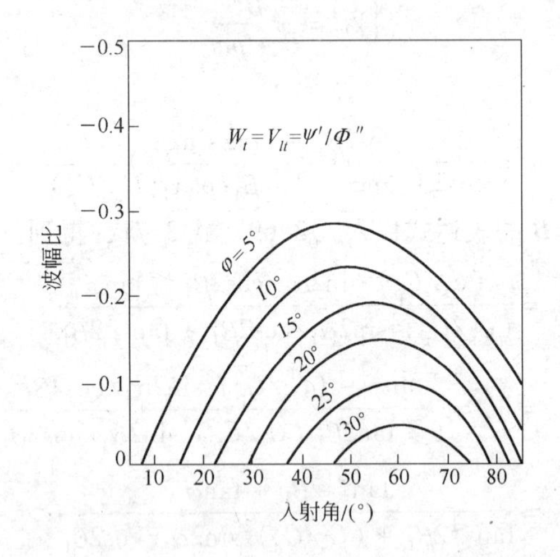

图 3-21 同种岩石中结构面在不同摩擦角下纵波转化为横波的透、反射系数（$C_s/C_p=0.6$）

3.5.3 结构面两侧岩石可自由滑动时的应力波透射与反射

这种情况相当于结构面的摩擦系数 $\tan\varphi=0$，利用式 3-72 可以得到结构面两侧岩石可自由滑动条件下的应力斜入射时各波幅值比与入射角的关系：

$$\begin{cases} V_{ll}=\dfrac{\sin 2\alpha_1 \sin 2\beta_1}{(C_p/C_s)^2\cos^2 2\beta_1+\sin 2\alpha_1 \sin 2\beta_1} \\ W_t=V_{lt}=-\dfrac{(C_p/C_s)^2 \sin 2\alpha_1 \cos 2\beta_1}{(C_p/C_s)^2\cos^2 2\beta_1+\sin 2\alpha_1 \sin 2\beta} \\ W_l=\dfrac{(C_p/C_s)^2\cos^2 2\beta_1}{(C_p/C_s)^2\cos^2 2\beta_1+\sin 2\alpha_1 \sin 2\beta} \end{cases} \tag{3-73}$$

此前，Rinehart[42] 对该问题进行了研究，得到了相同的结论。

3.5.4 弹塑性波通过界面的透射与反射

本节仅在第 2 章弹性应力波透射与反射的基础上，进一步讨论一维弹塑性应力波和一维弹塑性应变波通过界面的透射与反射。

3.5.4.1 一维弹塑性应力波通过界面的透射与反射

前面述及，弹性应力波通过界面的透射、反射情况与界面两侧介质的波阻抗有关。对于弹塑性波，情况要复杂得多。这时有弹性波阻抗和塑性波阻抗，并且需要考虑界面两侧介质的相对强度，而且这三者之间的相对大小是独立的，不存在相互依赖关系。于是，需要考虑的界面两侧不同介质的组合情况比较多。

下面将利用特征线作图方法就几种不同的介质组合情况进行讨论。在讨论中，认为应力波从介质 1 通过界面进入介质 2，将介质 1 的弹性波阻抗、塑性波阻抗和弹性极限分别表示为：$(\rho_0 C_0)_1$、$(\rho_0 C_1)_1$ 和 σ_{y1}，将介质 2 的相应量依次表示为：$(\rho_0 C_0)_2$、$(\rho_0 C_1)_2$ 和 σ_{y2}。

(1) $(\rho_0 C_0)_1<(\rho_0 C_0)_2$，$(\rho_0 C_1)_1<(\rho_0 C_1)_2$ 及 $\sigma_{y1}<\sigma_{y2}$。这种情况，相当于应力波从“软介质”进入硬介质，首先弹性前驱波 0-1（以特征线两侧的数字表示相应的波，后面同样处理）先到达界面，

并反射、透射，形成透射弹性波 0-3 和反射塑性波 1-3，然后反射波 1-3 与塑性波相遇，迎面加载，形成强度更高的两个塑性波 2-4 和 3-4，随后 3-4 到达界面，透射、反射，形成透射弹性波 3-5 和反射塑性波 4–5（图 3-22a）。如果介质的 σ_{y2} 不够高，$\sigma_{y2} < \sigma_5$，3-4 的透射将在介质 2 中出现弹塑性波 3-5 和 5-（图 3-22b），甚至 0-1 的透射在介质 2 中形成弹塑性波。

利用特征线作图方法，可以确定图 3-22a 中各区域的状态（图 3-22c），以及对应于图 3-22b 所示各区域的状态（图 3-22d）。也可以利用特征线及其相容关系方程组求代数解，得到问题的解，在此不再述及。

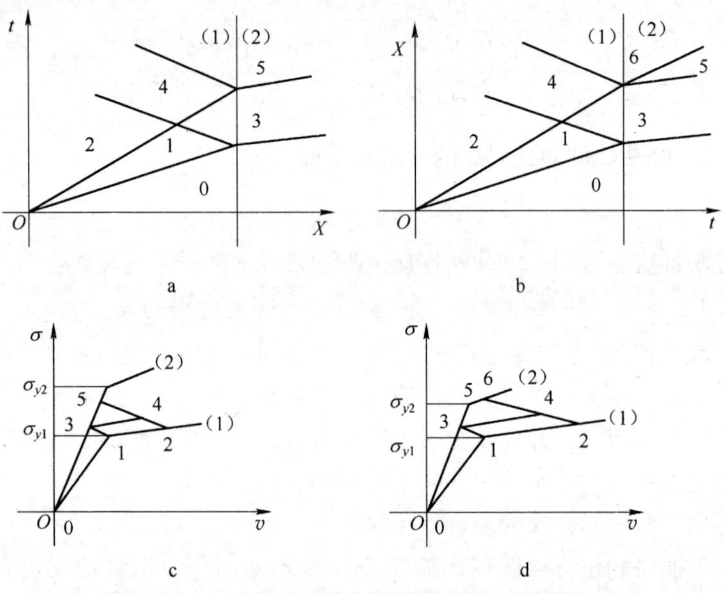

图 3-22　一维弹塑性应力波界面反射的弹塑性加载

a— $\sigma_{y2} > \sigma_5$ 时的弹塑性应力波透射域反射 X–t 图；b— $\sigma_3 < \sigma_{y2} < \sigma_6$ 时的弹塑性应力波透射域反射 X–t 图；c—与图 a 对应的 σ–v 图；d—与图 b 对应的 σ–v 图

（2）$(\rho_0 C_0)_1 < (\rho_0 C_0)_2$，$(\rho_0 C_1)_1 > (\rho_0 C_1)_2$ 及 $\sigma_{y1} < \sigma_{y2}$。这时，弹性前驱波的反射，将与塑性波迎面加载，形成塑性波 2-4 和 3-4，该塑性波达到界面反射后，将形成弹塑性透射波 3-5 和 5-6（$\sigma_3 < \sigma_{y2} < \sigma_6$），但反射波将是卸载波，使介质 1 中的应力降低（图 3-

23)。

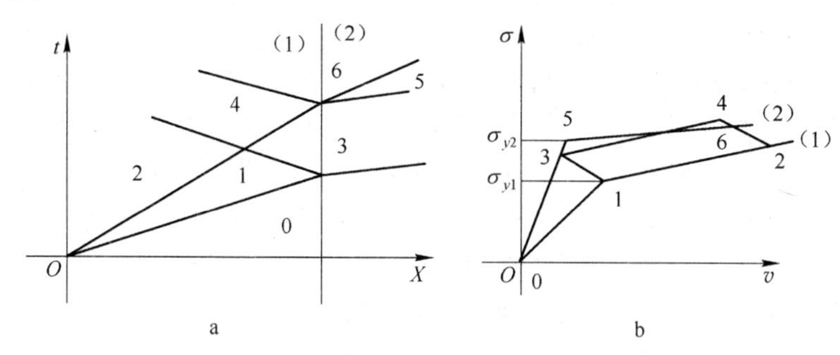

图 3-23 弹塑性应力波界面反射的弹性加载与塑性卸载

a—X-t 图；b—σ-v 图

(3) $(\rho_0 C_0)_1 > (\rho_0 C_0)_2$ 且 $(\rho_0 C_1)_1 > (\rho_0 C_1)_2$。这时将出现应力波界面反射的弹性卸载。如果塑性强度不够高，将不可能达到界面。而且视 σ_{y2} 大小不同，透射波可能为弹性波或弹塑性波，对此透射波的分析方法类似图 3-22 的情形，不再重复。

(4) $(\rho_0 C_0)_1 > (\rho_0 C_0)_2$ 且 $(\rho_0 C_1)_1 < (\rho_0 C_1)_2$。这时，如果入射塑性波强度足够高，能够达到界面，将出现反射弹性卸载和反射塑性加载，如图 3-24 所示。

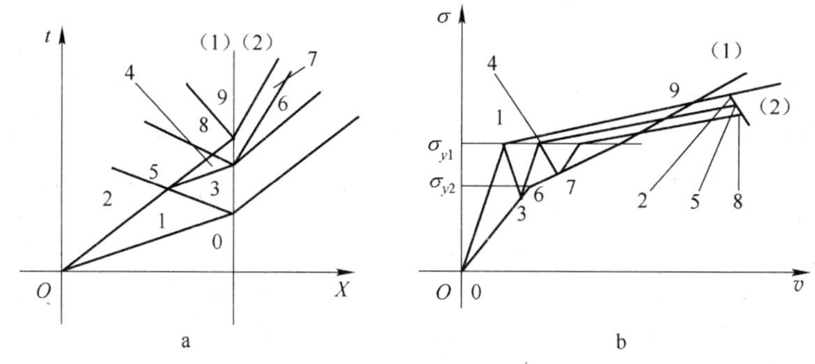

图 3-24 弹塑性应力波界面反射的弹性卸载与塑性加载

a—X-t 图；b—σ-v 图

3.5.4.2 一维弹塑性应变波通过界面的透射与反射

一维应变波通过界面的透射与反射遵循与一维应力波投射、反射相同的规律，问题的分析方法也与一维应力波基本相同。在此，仅就几种情况作简要分析。

(1) $(\rho_0 C_0)_1 < (\rho_0 C_0)_2$，$(\rho_0 C_1)_1 < (\rho_0 C_1)_2$。这种情况下，反射波将与入射波发生迎面加载，使应力波进一步加强。图 3-25 所示为针对理想塑性材料模型的分析结果。弹性前驱波先达到界面发生透射、反射，反射波与塑性波相遇，两塑性波迎面加载。而后塑性波达到界面发生透射、反射，强度进一步加强，透射波视材料屈服极限大小不同，可能是弹性波或弹塑性波。需要注意，对于相同材料，一维应变波的弹性波、塑性波、波阻抗及屈服极限均与一维应力波情况不同。图 3-25 中，$\sigma'_{y1} = \dfrac{1-\mu_1}{1-2\mu_1}\sigma_{y1}$，$\sigma'_{y2} = \dfrac{1-\mu_2}{1-2\mu_2}\sigma_{y2}$，且 $\sigma'_{y1} < \sigma'_{y2}$。

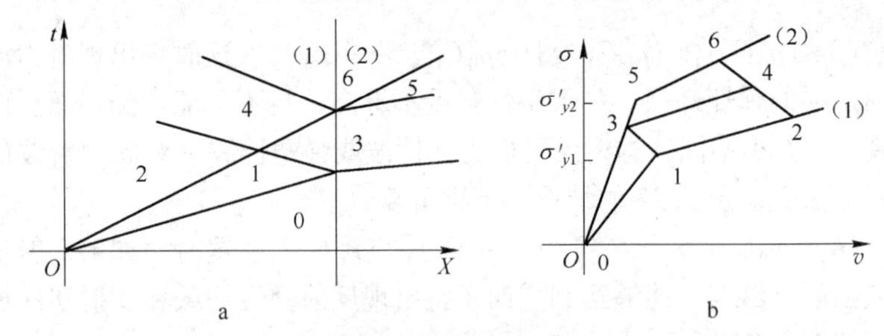

图 3-25　一维应变波通过界面的弹塑性反射加载

a—X-t 图；b—σ-v 图

(2) $(\rho_0 C_0)_1 < (\rho_0 C_0)_2$ 但 $(\rho_0 C_1)_1 > (\rho_0 C_1)_2$。这种条件下，将发生弹性反射波加载和塑性反射波卸载（图 3-26）。σ'_{y1} 与 σ'_{y2} 相对大小不同，结果不同，如果 $\sigma'_{y1} < \sigma'_{y2}$，则有图 3-26a 和图 3-26b 的结果。

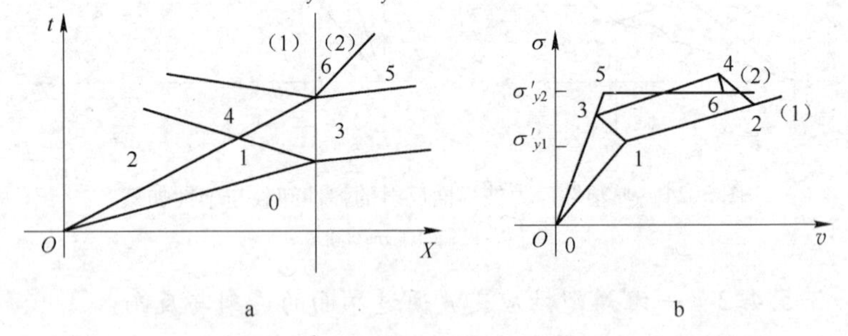

图 3-26　一维应变波通过界面的弹性反射加载和塑性反射卸载

a—X-t 图；b—σ-v 图

当 $\sigma'_{y1} > \sigma'_{y2}$ 时，结果将不同，将出现弹性反射卸载和塑性反射卸载，如图 3-27 所示。

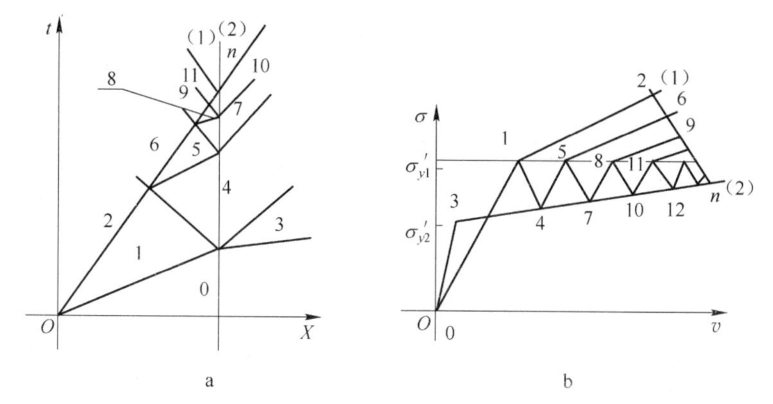

图 3-27 一维应变波通过界面的弹性反射和塑性反射卸载

a—X-t 图；b—σ-v 图

3.5.4.3 弹塑性通过界面透射与反射的基本规律

根据已完成的分析及前章弹性波透射、反射的分析，可以得到一维应力波与一维应变波通过界面时的一些基本规律：

（1）对于一维应力波，分析针对线弹性线性硬化塑性材料模型进行，一维应变波则针对线弹性理想塑性材料模型进行。

（2）入射波通过介质产生同样性质的透射波，入射波为压缩波，透射波也为压缩波，入射波为拉伸波时，透射波也为拉伸波；但反射波的情况则因界面两侧介质的波阻抗不同而异，当从波阻抗小的介质进入波阻抗大的介质时，反射波性质不变，与入射波同为压缩波或拉伸波，反射波与后续入射波相遇，迎面加载；当波从波阻抗大的介质进入波阻抗小介质时，反射波性质改变，入射波为压缩波时，反射波变成拉伸波，反之亦然，反射波与后续入射波相遇时迎面卸载。

（3）界面两侧的弹性波阻抗相对大小与塑性波阻抗相对大小之间没有约束关系，如介质 1 的弹性波阻抗大于介质 2 的弹性波阻抗，不意味塑性波阻抗之间也有同样关系。界面两侧介质屈服极限之间的相对大小也不受波阻抗关系的影响。

（4）界面透射侧介质或材料的屈服强度相对入射侧介质的屈服

强度的大小，影响透射波的结构，透射侧介质强度较小时，将出现弹塑性双波结构。如果透射侧介质的屈服强度足够大则可能只有弹性透射波。

（5）无论何种性质的波，在 $X-t$ 平面上的特征线斜率由波速和行进方向决定，在 $\sigma-v$ 平面上的特征线（$X-t$ 平面上的特征线的相容关系）斜率由波阻抗和波行进方向决定。

（6）分析一维应变波的透射、反射问题时，需要特别注意反向屈服现象。

3.6 层状岩石中的应力波

本节我们将从另一角度讨论应力波通过多个平行结构面的情况。为此，我们先介绍求解这一问题的一种简便方法——等效波阻抗法。利用这一方法，可以求出不同形式的瞬态波通过各种夹层时的透射效应。由于问题的复杂性，我们只讨论弹性应力波垂直入射多层岩石的传输效应，且不考虑所产生的横波效应。

3.6.1 等效波阻抗法

图 3-28 所示为应力波垂直通过 $k+1$ 层岩石介质的情况。在界面 1 上有应力和速度连续条件：

$$\begin{cases} v_0 = v_0^+ + v_0^- = v_{11}^+ + v_{11}^- \\ \sigma_0 = \sigma_0^+ + \sigma_0^- = z_1 v_{11}^+ - z_1 v_{11}^- \end{cases} \tag{3-74}$$

式中，z_1 为第一层介质的波阻抗，后面类同。

改变波的相位因子，可确定同一瞬时界面 2 的质点速度，正向前进的波乘因子 $\exp(-j\delta_1)$，负向前进的波乘因子 $\exp(j\delta_1)$。于是，有[18,71]：

$$\begin{cases} v_{12}^+ = v_{11}^+ \exp(-j\delta_1) \\ v_{12}^- = v_{11}^- \exp(j\delta_1) \end{cases} \tag{3-75}$$

式中，$\delta_1 = \omega t = 2\pi d_1/\lambda_1$，$d_1$ 为层厚，λ_1 为波长。

由式 3-74、式 3-75，得到：

$$\begin{bmatrix} v_0 \\ \sigma_0 \end{bmatrix} = \begin{bmatrix} \exp(\mathrm{j}\delta_1) & \exp(-\mathrm{j}\delta_1) \\ z_1\exp(\mathrm{j}\delta_1) & -z_1\exp(-\mathrm{j}\delta_1) \end{bmatrix} \cdot \begin{bmatrix} v_{12}^{+} \\ v_{12}^{-} \end{bmatrix} \tag{3-76}$$

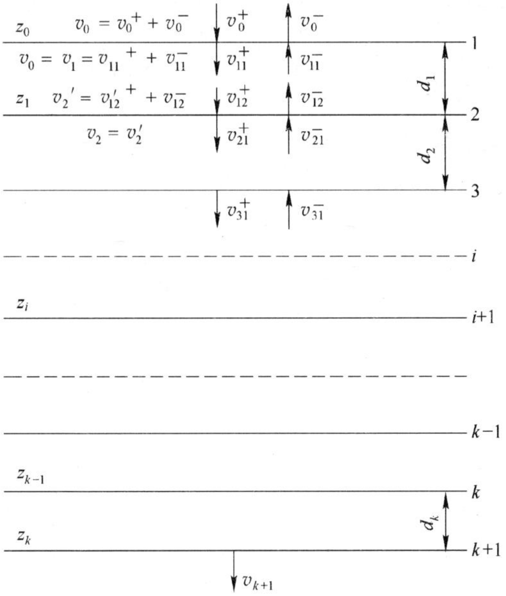

图 3-28 多层介质中的应力波

同理，在界面 2 上有：

$$\begin{bmatrix} v_{12}^{+} \\ v_{12}^{-} \end{bmatrix} = \begin{bmatrix} 1/2 & 1/2z_1 \\ 1/2 & -1/2z_1 \end{bmatrix} \cdot \begin{bmatrix} v_2 \\ \sigma_2 \end{bmatrix} \tag{3-77}$$

将式 3-77 代入式 3-76，并进行矩阵运算，有：

$$\begin{bmatrix} v_0 \\ \sigma_0 \end{bmatrix} = \begin{bmatrix} \cos\delta_1 & \mathrm{j}\sin\delta_1/z_1 \\ \mathrm{j}z_1\sin\delta_1 & \cos\delta_1 \end{bmatrix} \cdot \begin{bmatrix} v_2 \\ \sigma_2 \end{bmatrix} \tag{3-78}$$

同理，根据界面 2、3 上的连续条件，有：

$$\begin{bmatrix} v_2 \\ \sigma_2 \end{bmatrix} = \begin{bmatrix} \cos\delta_2 & \mathrm{j}\sin\delta_2/z_2 \\ \mathrm{j}z_2\sin\delta_2 & \cos\delta_2 \end{bmatrix} \cdot \begin{bmatrix} v_3 \\ \sigma_3 \end{bmatrix} \tag{3-79}$$

重复上述过程，直到界面 k 和 $k+1$，可得到：

$$\begin{bmatrix} v_k \\ \sigma_k \end{bmatrix} = \begin{bmatrix} \cos\delta_k & \mathrm{j}\sin\delta_{k1}/z_k \\ \mathrm{j}z_k\sin\delta_k & \cos\delta_{k1} \end{bmatrix} \cdot \begin{bmatrix} v_{k+1} \\ \sigma_{k+1} \end{bmatrix} \tag{3-80}$$

联立以上方程，有：

$$\begin{bmatrix} v_0 \\ \sigma_0 \end{bmatrix} = \left\{ \prod_{i=1}^{k} \begin{bmatrix} \cos\delta_i & \mathrm{j}\sin\delta_i / z_i \\ \mathrm{j}z_i\sin\delta_i & \cos\delta_i \end{bmatrix} \right\} \cdot \begin{bmatrix} v_{k+1} \\ \sigma_{k+1} \end{bmatrix} \tag{3-81}$$

其中，$\begin{bmatrix} \cos\delta_i & \mathrm{j}\sin\delta_i / z_i \\ \mathrm{j}z_i\sin\delta_i & \cos\delta_i \end{bmatrix}$ 是单位模矩阵。任意多个这样的矩阵相乘，结果仍是单位模矩阵。

设应力波通过的 k 层界面的等效波阻抗为 Y，并将图 3-28 改用图 3-29 来表示，则有：

$$\sigma_0 = z_0(v_0^+ - v_0^-) = Yv_{k+1} \quad （应力相等）$$

$$v_{k+1} = v_0^+ + v_0^- = v_0 \quad （速度相等）$$

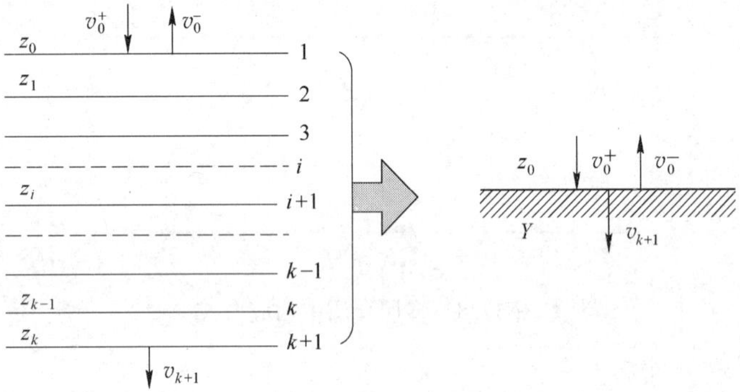

图 3-29 等效波阻抗示意图

由此可知：

$$\sigma_0 = Yv_0$$

又

$$\sigma_{k+1} = z_{k+1}v_{k+1}$$

将以上各式代入式 3-81，即得到：

$$v_0 \begin{bmatrix} 1 \\ Y \end{bmatrix} = \left\{ \prod_{i=1}^{k} \begin{bmatrix} \cos\delta_i & \mathrm{j}\sin\delta_i / z_i \\ \mathrm{j}z_i\sin\delta_i & \cos\delta_i \end{bmatrix} \right\} \cdot \begin{bmatrix} 1 \\ z_{k+1} \end{bmatrix} v_{k+1} \tag{3-82}$$

令

$$\begin{bmatrix} B \\ C \end{bmatrix} = \left\{ \prod_{i=1}^{k} \begin{bmatrix} \cos\delta_i & \mathrm{j}\sin\delta_i / z_i \\ \mathrm{j}z_i\sin\delta_i & \cos\delta_i \end{bmatrix} \right\} \cdot \begin{bmatrix} 1 \\ z_{k+1} \end{bmatrix}$$

则有：

$$Y = C/B$$

得到等效波阻抗后，应力的透、反射系数为：

透射系数 $$T_{\sigma}(\omega) = \frac{2Y}{z_0 + Y} \tag{3-83}$$

反射系数 $$R_{\sigma}(\omega) = \frac{z_0 - Y}{z_0 + Y} \tag{3-84}$$

位移的透、反射系数为：

透射系数 $$T_{u}(\omega) = \frac{2Y}{z_0 + Y} \tag{3-85}$$

反射系数 $$T_{u}(\omega) = \frac{Y - z_0}{z_0 + Y} \tag{3-86}$$

3.6.2 单频应力波通过岩石夹层的透射

设岩石中有一夹层，厚度为 d_1，波阻抗为 z_1，岩石波阻抗为 z_0，有一弹性应力波垂直向夹层入射，如图 3-30 所示。其等效波阻抗为：

$$Y = \frac{z_0 \cos\delta_1 + \mathrm{j} z_1 \sin\delta_1}{\cos\delta_1 + \mathrm{j}(z_0/z_1)\sin\delta_1} \tag{3-87}$$

式中，$\delta_1 = 2\pi d_1/\lambda_1$，$\lambda_1$ 为波长。

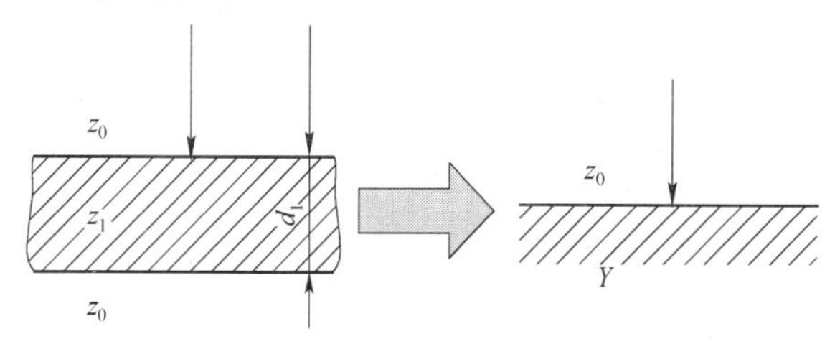

图 3-30 应力波通过夹层的透射

应力透射系数为：

$$T_{\sigma}(\omega) = \frac{2Y}{z_0 + Y} = \frac{2\left[1 + \mathrm{j}\left(\frac{z_1}{z_0}\right)\tan\delta_1\right]}{2 + \mathrm{j}\left(\frac{z_1}{z_0} + \frac{z_0}{z_1}\right)\tan\delta_1} \tag{3-88}$$

相应的幅值和相位为：

$$
\begin{cases}
|T_\sigma(\omega)|^2 = \dfrac{4[1 + (z_1/z_0)^2 \tan^2\delta_1]}{4 + (z_1/z_0 + z_0/z_1)^2 \tan^2\delta_1} \\
\varphi(\omega) = \tan^{-1}\left(\dfrac{z_1}{z_0}\tan\delta_1\right) - \tan^{-1}\left[\dfrac{1}{2}\left(\dfrac{z_1}{z_0} + \dfrac{z_0}{z_1}\right)\tan\delta_1\right]
\end{cases}
\tag{3-89}
$$

图 3-31、图 3-32 分别是不同波阻抗下，应力透射系数的幅值与相位随 δ_1 的变化。

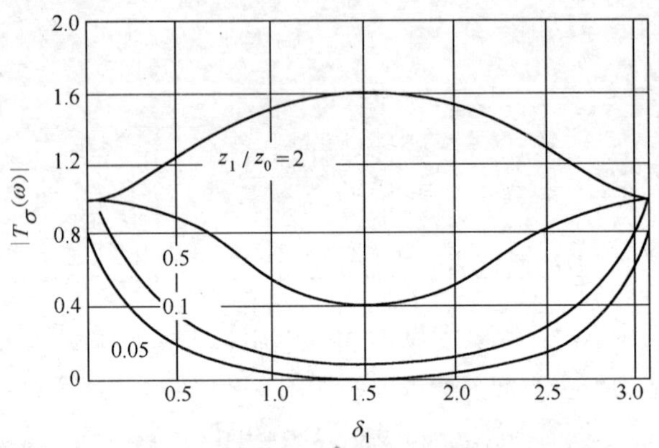

图 3-31 不同波阻抗下 $|T_\sigma(\omega)|$ 与 δ_1 的关系

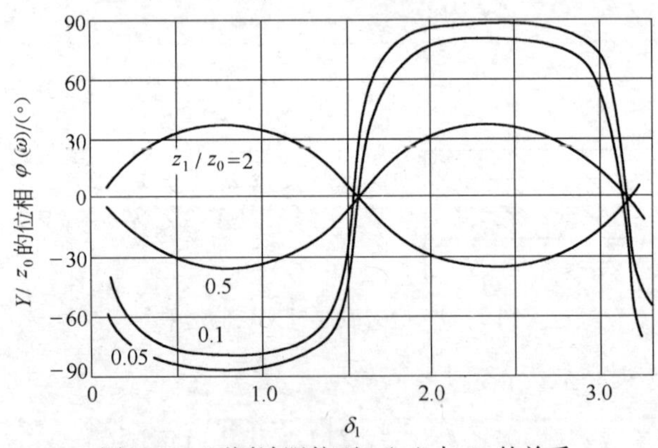

图 3-32 不同波阻抗下 $\varphi(\omega)$ 与 δ_1 的关系

3.6.3 三角形应力波通过夹层的透射

设有图 3-33 所示的持续时间为 τ 的三角形应力波通过图 3-30 所

示的岩石夹层。三角形应力波的函数为：

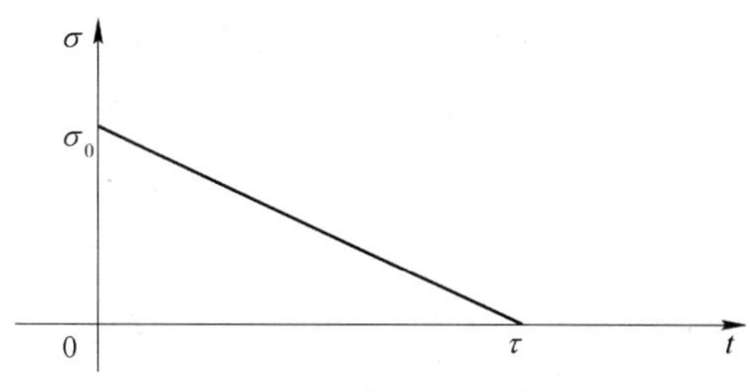

图 3-33 三角形应力脉冲波

$$\sigma_{\mathrm{I}}(t)=\sigma_0(1-t/\tau) \quad (0<t\leqslant\tau) \tag{3-90}$$

将其按正弦级数展开，则为：

$$\sigma_{\mathrm{I}}(t)=\sum_{i=1}^{\infty}a_k\sin\omega_k t=\frac{2\sigma_0}{\pi}\sum_{i=1}^{\infty}\frac{1}{i}\sin\frac{i\pi}{\tau}t \quad (0<t\leqslant\tau) \tag{3-91}$$

第 i 个谐波分量 $\sigma_{\mathrm{I}k}(t)$ 通过夹层后的应力 $\sigma_{Tk}(t)$ 为：

$$\sigma_{Tk}(t)=T(\omega_k)\sigma_{\mathrm{I}k}(t)=T(\omega_k)a_k\sin\omega_k t$$

整个应力波通过夹层后的应力为：

$$\sigma_T(t)=\sum_{i=1}^{\infty}T(\omega_k)\ a_k\sin\omega_k t \tag{3-92}$$

z_1/z_0、d_1/c_{p1}和持续时间 τ 知道后，即可求出压应力波通过夹层时的波形变化，对其他波形也可按类似方法求解。进行数值计算时，n 值越大，计算结果越精确。

3.6.4 不同应力波形通过夹层的透射应力特征

李夕兵等[18]对不同形状应力波通过夹层的应力透射和能量传递进行了研究，得到的基本结论是：

（1）矩形应力波通过波阻抗远小于岩体波阻抗的软弱夹层时，如：$z_1/z_0=0.05$、0.1，不但相位有滞后现象，而且矩形波变成了随时间逐渐上升的圆头形波，其上升时间与软弱夹层波阻抗及波通过夹层经历的时间有关，夹层波阻抗越小，波通过夹层经历的时间越长，上升时间越长；最大透射应力也与波通过夹层经历的时间及波阻抗有关，当夹层波阻抗较小，同时夹层厚度较大时，矩形波通过夹层后有明显的削波现象发生。

（2）不论何种应力加载波，当通过波阻抗相对很小而厚度又较大的软弱夹层时，透射波有明显的滞后和削波现象，其波峰值达不到原入射波峰值。

（3）当夹层波阻抗等于岩体介质波阻抗时，即相当于没有夹层的情形，矩形波通过夹层后仍为矩形波。

（4）当夹层波阻抗大于介质波阻抗时，相位超前，同时透射波的幅值在开始时将得到增大，即有明显的应力增强作用。对其他形式的瞬态波亦可得出与矩形波入射时相类似的结果。

（5）当波通过厚度较大的软弱夹层时。由于应力波在夹层中的来回反射时间较长，导致了一个单峰的应力波在通过夹层后将变为有几个波峰的应力波形，而且后一峰值将大于前一峰值，波峰间的间隔时间大约为波在夹层中来回的时间。

（6）采用傅氏级数的方法处理瞬态应力波时，取前 20 项即可达到精度要求，被弃掉的高频波对其影响很小。

（7）软弱夹层的波阻抗越小，能量传递效率越差；当夹层与岩体介质的波阻抗确定时，能量传递效率随夹层厚度的增大而减小；不同形式的瞬态应力波通过夹层时，其能量传递效率各不相同，加载波在确定的延续时间内以开始随时间上升然后又随时间下降的波能量传递效率较高，如三角形波及半周期正弦应力波。

3.7 顺岩石表面的应力波

当应力波向岩石界面入射时，如果入射角超过某一临界值，则将不能正常反射，形成反射波，而是形成一种顺表面的能量传递波，这种应力波称为表面波。按照应力波通过时介质质点运动轨迹的不同，表面波分两种：一种称为瑞利波（Rayleigh wave 或 R 波），另一种称为勒夫波（Love wave）。瑞利波通过时，介质质点在沿波传方向且与界面垂直的平面内做反向（与波前进方向相反）椭圆运动；勒夫波通过时，介质质点则在垂直于波传方向且平行于界面的平面内作剪切振动，没有垂直表面的运动分量。表面波的特点是：质点运动幅值均随远离岩石界面（表面）而呈指数衰减，但它们随远离波源的衰减却低于前面讲述的纵波和横波。相对于表面波，纵波和横波在介质内部传播，称为体波。

3.7.1 瑞利表面波

如图 3-34 所示，xoy 平面为自由表面，z 轴指向岩石内部，在紧靠表面的岩石中有沿 x 轴正向的表面，波通过时介质质点在与 xoz 平面平行的平面内运动[1,42,71,72]。这里设表面波为正弦波，频率为 ω，速度为 C_R。

定义势函数 φ 与 ϕ，使位移为：

$$\begin{cases} u_x = \dfrac{\partial \varphi}{\partial x} + \dfrac{\partial \phi}{\partial z} \\ u_z = \dfrac{\partial \varphi}{\partial x} - \dfrac{\partial \phi}{\partial z} \end{cases} \tag{3-93}$$

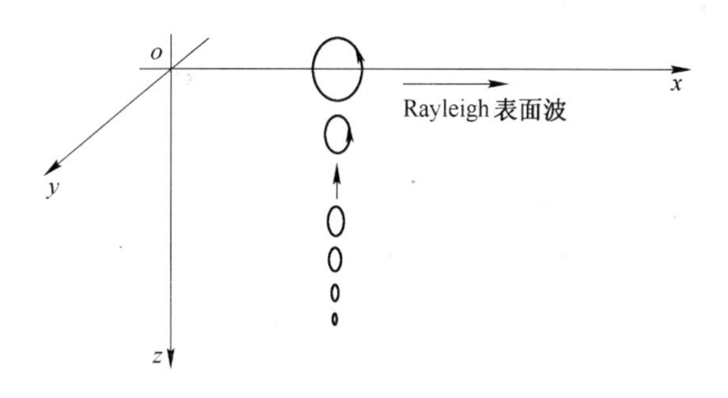

图 3-34 瑞利表面波传播特性

于是，体积应变 Δ 和剪切变形 $\bar{\omega}_y$ 可写为：

$$\begin{cases} \Delta = \dfrac{\partial u_x}{\partial x} + \dfrac{\partial u_z}{\partial z} = \nabla^2 \varphi \\ \bar{\omega}_y = \dfrac{\partial u_x}{\partial z} - \dfrac{\partial u_z}{\partial x} = \nabla^2 \phi \end{cases} \tag{3-94}$$

将式 3-94 代入应力波变形几何方程、物理方程（本构方程）和运动平衡方程：

$$\begin{cases}\varepsilon_x = \dfrac{\partial u_x}{\partial x},\ \varepsilon_y = \dfrac{\partial u_y}{\partial y},\ \varepsilon_z = \dfrac{\partial u_z}{\partial z} \\ \gamma_{xy} = \dfrac{\partial u_x}{\partial y} + \dfrac{\partial u_y}{\partial x},\ \gamma_{yz} = \dfrac{\partial u_y}{\partial z} + \dfrac{\partial u_z}{\partial y},\ \gamma_{zx} = \dfrac{\partial u_x}{\partial z} + \dfrac{\partial u_z}{\partial x}\end{cases} \tag{a}$$

$$\begin{cases}\sigma_x = \lambda\Delta + 2G\varepsilon_x,\ \sigma_y = \lambda\Delta + 2G\varepsilon_y,\ \sigma_z = \lambda\Delta + 2G\varepsilon_z \\ \tau_{xy} = G\gamma_{xy},\ \tau_{yz} = G\gamma_{yz},\ \tau_{zx} = G\gamma \\ \Delta = \varepsilon_x + \varepsilon_y + \varepsilon_z,\ \lambda = \dfrac{\mu E}{(1+\mu)(1-2\mu)},\ G = \dfrac{E}{2(1+\mu)}\end{cases} \tag{b}$$

$$\begin{cases}\dfrac{\partial \sigma_x}{\partial x} + \dfrac{\partial \tau_{xy}}{\partial y} + \dfrac{\partial \tau_{xz}}{\partial z} = \rho \dfrac{\partial^2 u_x}{\partial x^2} \\ \dfrac{\partial \tau_{xy}}{\partial x} + \dfrac{\partial \sigma_y}{\partial y} + \dfrac{\partial \tau_{yz}}{\partial z} = \rho \dfrac{\partial^2 u_y}{\partial y^2} \\ \dfrac{\partial \tau_{xz}}{\partial x} + \dfrac{\partial \tau_{yz}}{\partial y} + \dfrac{\partial \sigma_z}{\partial z} = \rho \dfrac{\partial^2 u_z}{\partial z^2}\end{cases} \tag{c}$$

可得下列形式的波动方程：

$$\frac{\partial^2 \varphi}{\partial t^2} = C_{\mathrm{p}}^2\,\nabla^2\varphi,\ \frac{\partial^2 \phi}{\partial t^2} = C_{\mathrm{s}}^2\,\nabla^2\phi \tag{3-95}$$

取

$$\begin{cases}\varphi = A\exp[-qz + \mathrm{j}(\omega t - ax)] \\ \phi = A\exp[-sz + \mathrm{j}(\omega t - ax)]\end{cases} \tag{3-96}$$

$$q = \frac{\omega^2(C_{\mathrm{p}}^2 - C_{\mathrm{R}}^2)}{C_{\mathrm{p}}^2 C_{\mathrm{s}}^2}$$

$$s = \frac{\omega^2(C_{\mathrm{s}}^2 - C_{\mathrm{R}}^2)}{C_{\mathrm{p}}^2 C_{\mathrm{R}}^2}$$

$$\mathrm{j} = \sqrt{-i}$$

$$a = \omega / C_R$$

式中，a 为瑞利波的波数；A，B 为常数，由边界条件确定。

利用边界条件

$$(\sigma_z)_{z=0} = 0,\qquad (\tau_{za})_{z=0} = 0$$

和方程 3-95 及式 a、式 b 的有关式，得：

$$\begin{cases}A[(\lambda + 2G)q^2 - \lambda a^2] - 2BG\mathrm{j}sa = 0 \\ 2\mathrm{j}qaA + (s^2 + a^2)B = 0\end{cases} \tag{3-97}$$

由方程有关于 A、B 的非零解的条件，引入符号：

$$\alpha = \sqrt{\frac{1-2\mu}{2(1-\mu)}}, \quad \zeta = \frac{C_R}{C_s}$$

得到决定表面波速度与岩石泊松比关系的六次方程：

$$\zeta^6 - 8\zeta^4 + 8(3-2\alpha^2)\zeta^2 + 16(\alpha^2 - 1) = 0 \tag{3-98}$$

该方程只有实数解才有意义。当泊松比 $\mu = 0.25$ 时，$\alpha^2 = 1/3$，这一条件下方程唯一的有意义的实数解是：$\zeta = 0.919$。

由此，对泊松比 $\mu = 0.25$ 的岩石，可写出纵波、横波和瑞利波速度：

$$C_p = 1.095\sqrt{\frac{E}{\rho}},\ C_s = 0.6633\sqrt{\frac{E}{\rho}},\ C_R = 0.582\sqrt{\frac{E}{\rho}} \tag{3-99}$$

式中，$\sqrt{\frac{E}{\rho}}$ 为同一岩石杆中的纵波速度。

若只考虑式3-96 的实部，代入式3-93，得到瑞利表面波的方程：

$$\begin{cases} u_x = Aa[\exp(-qz) - 2qs(s^2+a^2)^{-1}\exp(-sz)]\sin(\omega t - ax) \\ u_z = Aa[\exp(-qz) - 2qs(s^2+a^2)^{-1}\exp(-sz)]\cos(\omega t - ax) \end{cases} \tag{3-100}$$

由此可以看出，瑞利表面波的质点运动随深度的增加而很快衰减。

瑞利波在研究岩石内裂隙扩展机理时有重要意义。研究指出，裂隙在其尖端集中应力作用下，能够扩展的极限速度是瑞利波速。裂隙扩展速度超过瑞利波速时，裂隙的扩展将弯曲或分叉，因而导致速度下降。据此，可以求出爆破岩石的合理炸药单耗[17]。

3.7.2 勒夫表面波

勒夫波是一种表面波，在层状岩石中沿层面传递能量[65,68]。勒夫波可以沿岩石的一个内层传播，内层两侧被不同性质的厚层所限制时，勒夫波不会穿过界面。勒夫波在衰减特性、弥散现象方面，类似于瑞利波，而传播速度更接近于横波。

设有一厚度为 h 的薄层，一侧为有质量的半无限空间，另一侧为无质量的半无限空间，这时产生的表面波为勒夫波。薄层与有质量的

半空间的界面为 xoy 平面，在夹层内沿 y 轴正向有勒夫波，同时认为位移是（t，x，z）的函数，根据前面提到的勒夫波特性，可知位移函数：

$$u_x = u_z = 0,\ u_y = u_y(x,\ z,\ t) \tag{3-101}$$

将其代入方程 a ~ c，得到运动微分方程：

$$\frac{\partial^2 u_y}{\partial t^2} = \frac{G}{\rho}\nabla^2 u_y \tag{3-102}$$

其解为

$$u_y(x,\ z,\ t) = (A\cos\chi z + B\sin\chi z)\exp[\mathrm{j}k(C_{\mathrm{L}}t - x)] \tag{3-103}$$

式中，$\chi = \sqrt{C_{\mathrm{L}}^2/C_{\mathrm{s1}}^2 - 1}$；$A$，$B$ 为由边界条件确定的常数；k 为波数；C_{L}为勒夫波速度，由下式确定：

$$\tan[ah\sqrt{C_{\mathrm{L}}^2/C_{\mathrm{s1}}^2 - 1}] = \frac{G_2\sqrt{1 - C_{\mathrm{L}}^2/C_{\mathrm{s2}}^2}}{G_1\sqrt{C_{\mathrm{L}}^2/C_{\mathrm{s1}}^2 - 1}} \tag{3-104}$$

式中，C_{s1}为夹层中的横波速度；C_{s2}为质量半空间中的横波速度；G_1和 G_2为薄层和质量半空间的剪切模量。

3.7.3　沿边界的纵波（膨胀波）

图 3-35 表示沿自由面存在膨胀波的情形。图中表示平面波沿 MN 平面发生，然后波阵面向右传播，沿着弹性介质的自由面 MK 水平掠射。

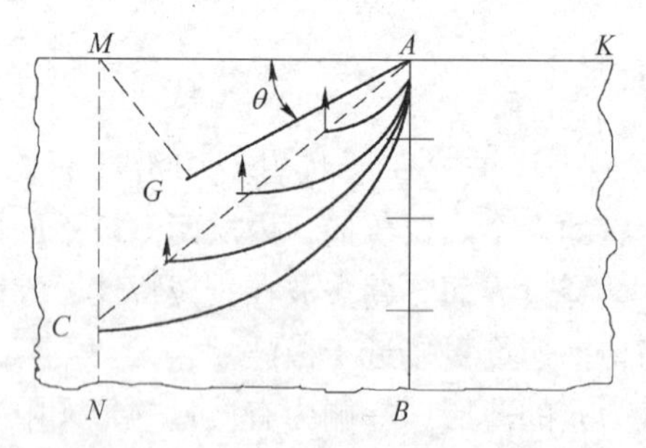

图 3-35　膨胀波沿自由边界的传播

由于质点 A 位于自由面 MK 上，因此它有向外被挤压造成自由膨胀的可能性，使 A 点可以向上运动，又可以向右运动。当波阵面通过时，自由面 MK 上的一切点，都有同时产生上述两种运动的可能性，即前者称为旁侧运动，后者称为向前运动。在边界 MK 上的点 A，旁侧运动和向前运动的总效果，相当于膨胀波倾斜入射到自由面 MK 上，反射后便产生了子膨胀波和子剪切波。波沿边界运动而产生的膨胀影响区，可以 M 点为圆心，取 MA 等于纵波波速 C_{f} 为半径画弧，则在圆弧 AC 与波阵面 AB 之间的区域，其介质质点只有向前运动，不存在旁侧运动，所以没有由于自由面 MK 产生的膨胀影响。圆弧 AC 左侧所限定的区域，旁侧与向前两种运动都有。在自由面 MK 上，当波通过时旁侧运动的质点速度最大；而在介质内部，随着到自由边界 MK 的距离的增加，其质点的旁侧运动速度迅速降低。因此，最大旁侧质点速度的轨迹为 AC，其斜率为 $\tan 45°$。

膨胀影响区可以设想为一个已经包含着无穷数量的子波区域，每一个子波是当母波的波阵面沿自由面边界传播时在表面的每一点产生的。而表面膨胀产生的剪切波是相对强大的，子膨胀波与子剪切波合并的相关波前为 AG，在 ΔMAG 区域内，只有剪切子波存在，其相关波前 AG 与自由边界的倾角，由下式得出：

$$\sin\theta = \frac{MG}{AM} = \frac{C_{\mathrm{s}}}{C_{\mathrm{f}}} = \sqrt{\frac{1-2\mu}{2-2\mu}} \tag{3-105}$$

因此，θ 为泊松比的单独函数。剪切波的振幅在平面 MG 左侧基本上是零。这个平面 MG 垂直于剪切波前 AG。

子膨胀波与子剪切波两者都是从母压缩波得到能量的，由于靠近自由边界的母压缩波能量不断地被消耗，它的波前强度不断下降，最后靠近表面的这部分波前一齐消失，最终演变成瑞利表面波。

3.7.4 平板中的波

关于平板中的压缩波，当波长比板厚度小得多时，其波速等于瑞利波速度；如果波长比板厚度大得多，则波阵面上应力分布均匀。如图 3-36 所示，沿 x 轴方向的波，xy 面与板面平行，z 轴方向为板厚，则可得到波动方程：

$$\frac{\partial^2 u_x}{\partial t^2} = \frac{E}{\rho(1-\mu^2)} \frac{\partial^2 u_x}{\partial x^2} \tag{3-106}$$

于是，得板中波的速度：

$$C_b = \sqrt{\frac{E}{\rho(1-\mu^2)}} = C_s\sqrt{\frac{2}{1-\mu}} = C'_p\sqrt{\frac{1-2\mu}{(1-\mu)^2}} \tag{3-107}$$

式中，C_b为板中波速；C'_p为弹性体中的纵波速度。

若取$\mu = 0.3$时，则可知，板中波速度比体中纵波速度小20%。

当沿板的x方向存在压缩或膨胀波时，由于在板的两个自由面的边界上发生复杂的效应，不断地产生大量的剪切波和拉伸波，其内部波型如图3-36所示。图中箭头表示各波前的运动方向，压缩或膨胀波前AB尾随两个剪切波：BD与AC，它们是由于表面膨胀产生的。相关波前BD和AC在自由边界反射成为剪切DE和CF。

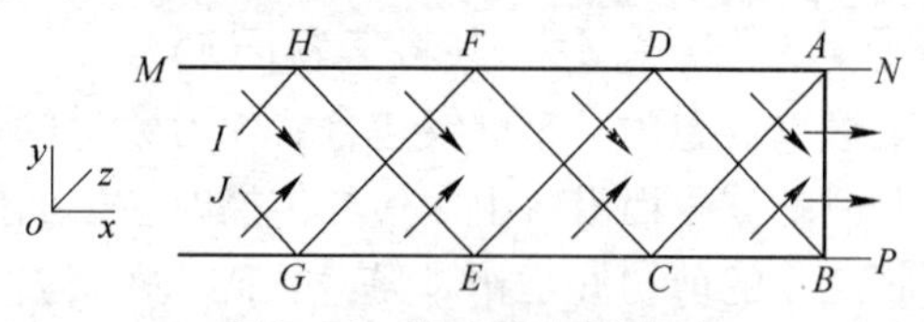

图3-36　板中的内部波型

在任何瞬间，应力与质点速度的分布都是很不均匀的，但它具有一个受到板的厚度与弹性波速度制约的周期性。图3-36中距离AD，DF，BC与CE相等，它们与板的厚度h和波速有如下的关系：

$$\overline{AD} = h\tan^{-1}\theta = D\sqrt{C_f^2/C_s^2 - 1} \tag{3-108}$$

图3-37中箭头表示与图3-36相联系的质点速度。单元$DOCR$为平行于CD方向受压。这是因为反射片段BD和DE上各质点速度方向均趋于向下，故D点受压。同理，C点亦受压。而单元$FREQ$则在平行于FE方向受拉。因此，当板中存在波时，板上的每一点以频率f上下振动，频率f由下式计算：

$$f = \frac{C_f}{DH} = C_f\frac{\sqrt{1-2\mu}}{2D} \tag{3-109}$$

随着图3-37中的波前AB向前运动，受到剪切波影响的区域加长，单元$DOCR$将产生越来越多的段。首先，波前AB以膨胀波速运动，但当波前传播2倍与3倍板厚的距离时波速下降到板中波速，原因与上述的旁侧运动效应类同。

当波在板中前进时，由于尾波向前运动的速度比脉冲的波前 AB 的速度小，波前 AB 与剪切波的最后片断或尾波之间的距离逐渐增加。经过时间 t，波前与波后之间的距离为：

$$L = (C_p - C_s \sin\theta)t \tag{3-110}$$

式中，t 为波从开始进入平板时刻算起的时间。

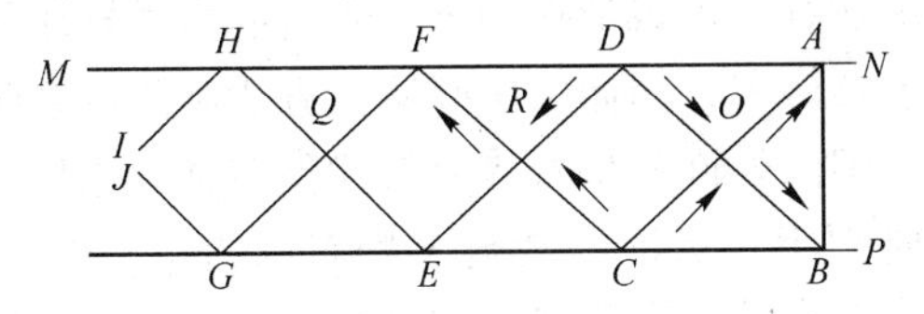

图3-37 各剪切波反射片段质点速度

4 岩石动力学实验技术

岩石爆破技术的发展给岩石动力学性质的研究提出了更高的要求，另外，岩石动力学性质方面的研究成果又促进了岩石爆破理论与技术的发展更趋深入，为更准确描述爆炸载荷作用下岩石的破坏过程创造了条件。爆炸等冲击载荷作用下，岩石的力学性质表现比静载荷下的力学性质复杂许多，因而给试验研究方法和测试系统提出了较高要求。近年来，国内外许多学者将分离式霍布金森压杆技术应用于岩石动力学性质研究中，对冲击载荷下岩石的力学特性进行了许多研究，取得了许多有益的研究成果，同时也对霍布金森压杆技术提出了改进意见，使得这一技术正日趋完善。

本章重点介绍分离式霍布金森压杆技术原理与相关技术以及应用这一技术在岩石动力学性质研究取得的相关成果。

4.1 霍布金森压杆技术原理

霍布金森压杆，全称为分离式霍布金森压杆（split Hopkinson pressure bar，缩写为：SHPB）。它是由 Hopkinson 于 1914 年提出的，经过近 100 年的发展，现已成为材料动力学性质研究的重要工具[39,44]。霍布金森压杆本质上是简单的弹性杆，在杆的一端施加应力（压力）载荷 $P(t)$，在杆中引起弹性应力波，弹性波通过试件时，使试件发生变形（有时包含塑性变形），通过正确的测量方法，应用一维杆中的应力波理论可以得到试件输入、输出端的一些参数。在杆保持弹性状态的前提下，进一步可以得到所加的应力载荷，也可以得到试件杆端的位移[18, 40, 73]。目前，利用霍布金森压杆测试系统（图 4-1），可以方便地得到加载脉冲的应力-应变、应力-时间、应变-时间、应变率-时间等动态曲线，因而可以利用霍布金森压杆实验系统来研究材料动力学性质的应变率敏感性及材料的动态本构关系等。

图 4-2 所示为霍布金森压杆测试方法的原理图。从左向右依次为

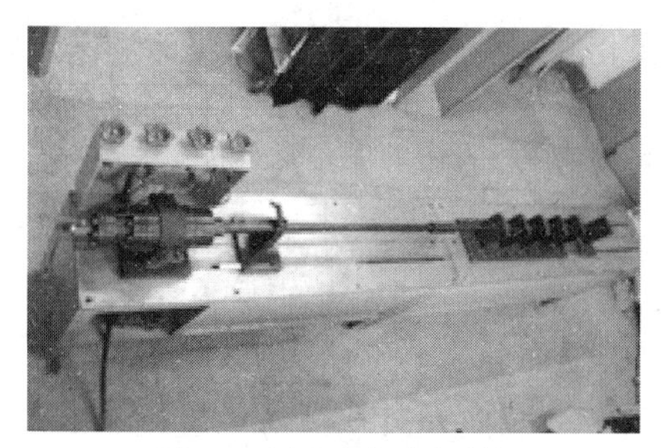

图 4-1 霍布金森试验系统

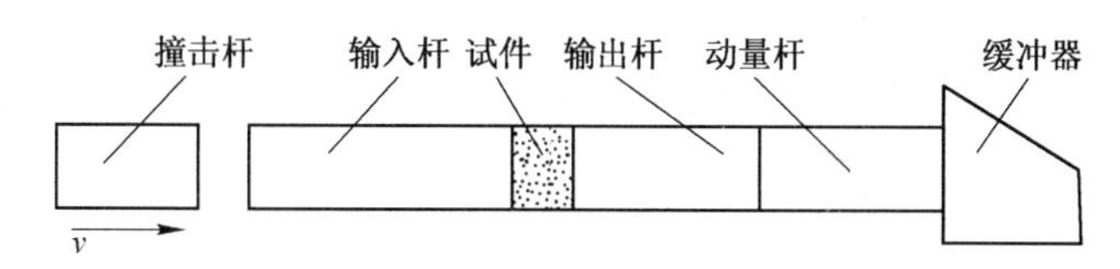

图 4-2 霍布金森压杆原理图

撞击杆、输入杆、试件、输出杆、动量杆和缓冲器。压杆采用高强度合金钢制成。要求压杆与试件的接触面加工得平整并保持平行，压杆用塑料或尼龙稳定地支撑在底座上（图 4-5），以便不会造成应力波的形状改变。动量杆的作用是带走输出杆传来的动量，由缓冲器吸收。撞击杆与输入杆应具有相同材料、相同直径，以使撞击应力波无反射地传入输入杆。由于撞击杆自由面（左面）的反射，输入杆中入射应力波的持续长度是撞击杆长度的 2 倍。

当输入杆中的入射应力波到达试件界面时，一部分被反射，另一部分通过试件透射进输出杆。这些入射、反射和透射应力的大小取决于试件材料的性质。由于加载应力波的作用时间比应力经过短试件的时间要长得多，因此在加载应力波的作用期间，试件中将发生多次应力波内反射，这些内反射使得试件中的应力很快地趋向均匀化，因此分析时可忽略试件内部应力波的变化效应。

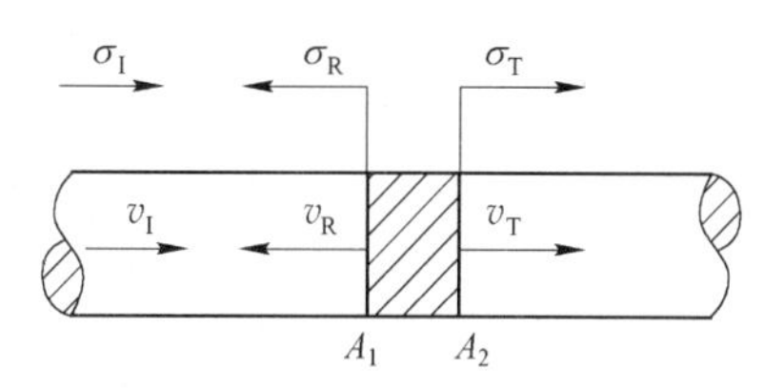

图 4-3 应力波在试件与弹性杆界面上的作用

图 4-3 所示为试件与弹性杆

界面上应力波的作用过程。带下标 I、R、T 的量分别为入射波、反射波、透射波的相应量。根据试件与压杆的界面条件和一维杆中的应力波理论，有试件或弹性杆中的任一截面的位移表达式：

$$u = C_0 \int_0^t \varepsilon \mathrm{d}t \tag{4-1}$$

式中，u 表示位移；C_0 为弹性纵波速度；ε 为应变；t 为时间。

于是，界面 A_1 上的位移 u_1 为：

$$u_1 = C_0 \int_0^t (\varepsilon_{\mathrm{I}} - \varepsilon_{\mathrm{R}}) \mathrm{d}t \tag{4-2}$$

界面 A_2 上的位移 u_2 为：

$$u_2 = C_0 \int_0^t \varepsilon_{\mathrm{T}} \mathrm{d}t \tag{4-3}$$

这样，试件中的平均应变 ε_{S} 为：

$$\varepsilon_{\mathrm{S}} = \frac{u_1 - u_2}{l_0} = \frac{C_0}{l_0} \int_0^t (\varepsilon_{\mathrm{I}} - \varepsilon_{\mathrm{R}} - \varepsilon_{\mathrm{T}}) \mathrm{d}t \tag{4-4}$$

式中，l_0 为试件的原始长度，根据试件中应力均匀化的假设，试件长度应远小于输入应力波的波长，于是可认为 $l_0 \to 0$，且认为试件中的应力均匀化、无衰减，因此输入、输出杆中的应变关系有：

$$\varepsilon_{\mathrm{I}} + \varepsilon_{\mathrm{R}} = \varepsilon_{\mathrm{T}} \quad 或 \quad \varepsilon_{\mathrm{R}} = \varepsilon_{\mathrm{T}} - \varepsilon_{\mathrm{I}} \tag{4-5}$$

而试件两端的载荷（合力）分别是：

$$\begin{cases} F_1 = EA(\varepsilon_{\mathrm{I}} + \varepsilon_{\mathrm{R}}) \\ F_2 = EA\varepsilon_{\mathrm{T}} \end{cases} \tag{4-6}$$

由此，试件中的平均应力 σ_{S} 为：

$$\sigma_{\mathrm{S}} = \frac{F_1 + F_2}{2A_{\mathrm{S}}} = \frac{1}{2} E\left(\frac{A}{A_{\mathrm{S}}}\right)(\varepsilon_{\mathrm{I}} + \varepsilon_{\mathrm{R}} + \varepsilon_{\mathrm{T}}) \tag{4-7}$$

式中，E 为弹性模量；A，A_{S} 分别为压杆和试件的截面积。

利用式 4-5，由式 4-7 得平均应力：

$$\sigma_{\mathrm{S}} = E\left(\frac{A}{A_{\mathrm{S}}}\right) \varepsilon_{\mathrm{T}} \tag{4-8}$$

由式 4-5 与式 4-4，得试件的平均应变率为：

$$\dot{\varepsilon}_{\mathrm{S}} = -\frac{2C_0}{l_0} \varepsilon_{\mathrm{R}} \tag{4-9}$$

可见，根据一维杆中的应力波理论，在压杆上记录得到入射、反射、透射波的应变-时间历史后，即可确定试件端面上的受力和引起的位移，进一步，可以得到材料的应力-应变-应变率的关系，即动态本构关系。

下面，结合图 4-4 所示简要分析试件中的应力经过多次反射后趋于入射应力的情况。试件的波阻抗 $(\rho_0 C_0 A)_S$ 小于压杆的波阻抗 $(\rho_0 C_0 A)$，于是界面 A_1 处的反射系数 F 为：

$$F = \frac{(\rho_0 C_0 A) - (\rho_0 C_0 A)_S}{(\rho_0 C_0 A) + (\rho_0 C_0 A)_S} \tag{4-10}$$

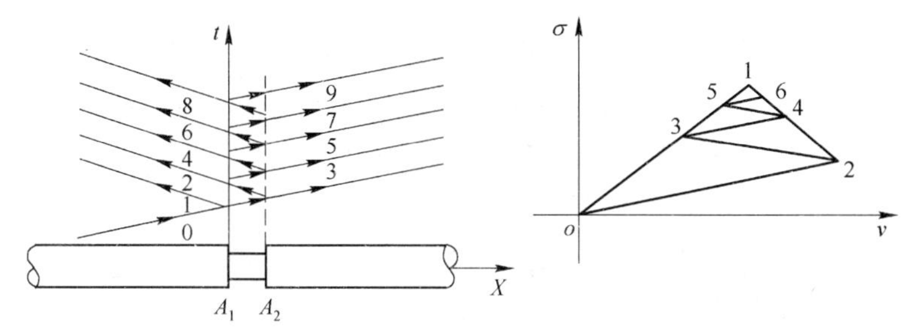

图 4-4 应力波在试件压杆界面的多次反射

透射系数 T_1 为：

$$T_1 = \frac{A}{A_S}(1 - F) \tag{4-11}$$

应力波通过试件传到界面 A_2 时，其反射系数为 $-F$，因而界面 A_2 处的透射系数 T_2 为：

$$T_2 = \frac{A}{A_S}(1 + F) \tag{4-12}$$

如图 4-3 所示，假设输入杆中入射波的应力是 σ_1，它传播到界面 A_1 时，透射进试件中的应力是 $\sigma_1 T_1$，此透射应力波阵面继续向前传播遇到界面 A_2 时再一次向输出杆透射，透射进输出杆的应力变为 $\sigma_1 T_1 T_2$，此透射波后 3 区的状态是：

$$\sigma_3 = \sigma_1 T_1 T_2 = \sigma_1 (1 - F^2) \tag{4-13}$$

而试件中的应力波在界面 A_2 透射的同时，还要发生反射，反射回试件中的应力为 $\sigma_1 T_1 F$，它回到界面 A_1 时再一次向试件中反射形成4区，其反射应力的强度为 $\sigma_1 T_1 F^2$，类似地，当它返回到界面 A_2 时，必然再次反射，其中透射进输出杆中的应力为 $\sigma_1 T_1 T_2 F^2$，它与3区的应力叠加，形成5区，5区的应力为：

$$\sigma_5 = \sigma_1 T_1 T_2 F^2 + \sigma_3 = \sigma_3(1 + F^2) = \sigma_1(1 - F^4) \tag{4-14}$$

依此类推，7区的应力为：

$$\sigma_7 = \sigma_1(1 - F^6) \tag{4-15}$$

一般地，输出杆第 n 道波后的应力即第（$2n+1$）区的应力，为：

$$\sigma_{2n+1} = \sigma_1(1 - F^{2n}) \tag{4-16}$$

因为 $F<1$，因此：

$$\lim_{n\to\infty} \sigma_{2n+1} = \sigma_1 \tag{4-17}$$

由此可以看出，只要应力脉冲长度远远大于试件的厚度，那么试件内的应力波经过多次反射后，可以视为处处相等。因此，假设试件内的应力、应变均匀分布是合理的。

李夕兵[18]对非脉冲方波形式的入射应力波进行了同样的分析，所得到的结论是：应力波在试件（岩石）中来回反射2~3次后，两端的应力差值已变得很小，岩石中的应力应变开始达到均匀。即认为非脉冲方波的入射应力波在试件内应力、应变的均匀分布假设也是合理的。

4.2 霍布金森压杆测试系统

如图4-5所示，霍布金森压杆测试系统由主体设备、发射系统和测试系统三大部分组成，包括动力源、弹性压力杆、支承架、测试分析仪表等。

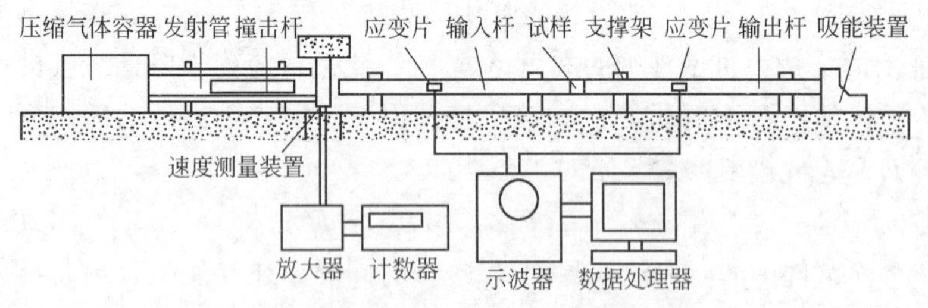

图4-5 霍布金森压杆测试系统示意图

4.2.1 动力源

动力源的作用是给撞击杆提供动力，使其加速运动，而后撞击入射杆，在入射杆中产生脉冲应力波。动力源有多种，撞击杆可以由压缩空气驱动，也可以由压缩氮气、轻气炮（分一级轻气炮和二级轻气炮两种）或炸药平面波发生器来驱动。它们各具特点，能够满足不同目的的试验测试要求[39,74,75]。目前，在岩石动态力学性质研究中，普遍采用压缩空气来推动撞击杆，这种动力源包括撞击杆、发射管、空气压缩机和控制阀，其主要特点是安全可靠，试验费用低以及可以实现不同的撞击速度和压力。发射管和撞击杆的长度可变，并且可以将撞击杆设计成不同的规格形状，如柱型、台锥型和台阶型等，以实现不同的加载应力波形。

利用这样的装置，撞击杆的最大运动速度可达到约30m/s，不仅能够满足岩石受冲击、爆破作用研究的需要，而且还能用来研究其他材料高加载率下的力学特性。不同加载方法所达到的加载（应变）率范围见表2-1。

李夕兵[18]、单仁亮[70]利用这种动力源的霍布金森压杆对岩石动力学性质进行了研究。图4-6为李夕兵[18]采用的加载动力源装置。

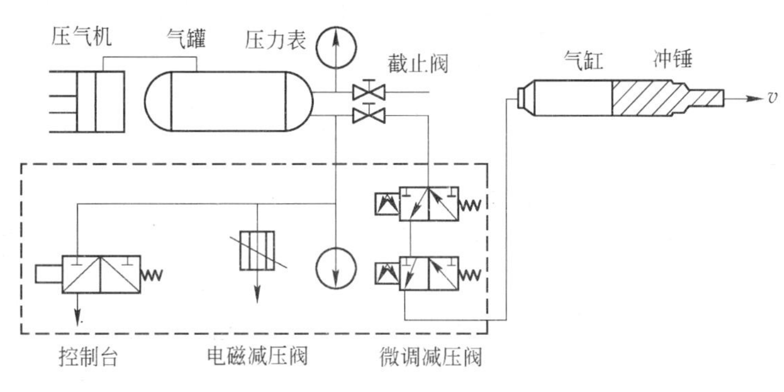

图4-6 使用压缩空气的动力发射装置

霍布金森试验装置的气压与弹速的计算如图4-7所示。设撞击杆长度为l，质量为m，发射管内径为d，截面积为s，长度为L，撞击杆后端面气体压力为 p，某时刻撞击杆后端面位置距发射管左端 x。忽略摩擦和能耗，撞击杆速度 v 可由牛顿第二定律得到，为：

$$\frac{\mathrm{d}v}{\mathrm{d}t}=\frac{\mathrm{d}v}{\mathrm{d}x}\frac{\mathrm{d}x}{\mathrm{d}t}=\frac{\mathrm{d}v}{\mathrm{d}x}v=\frac{ps}{m} \tag{4-18}$$

于是：

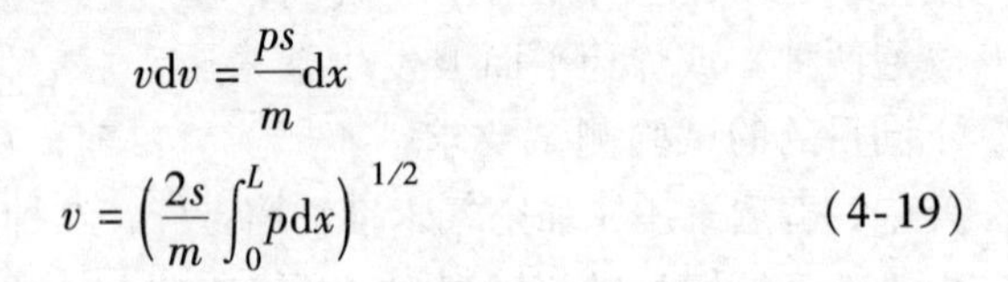

$$v\mathrm{d}v=\frac{ps}{m}\mathrm{d}x$$

$$v=\left(\frac{2s}{m}\int_0^L p\mathrm{d}x\right)^{1/2} \tag{4-19}$$

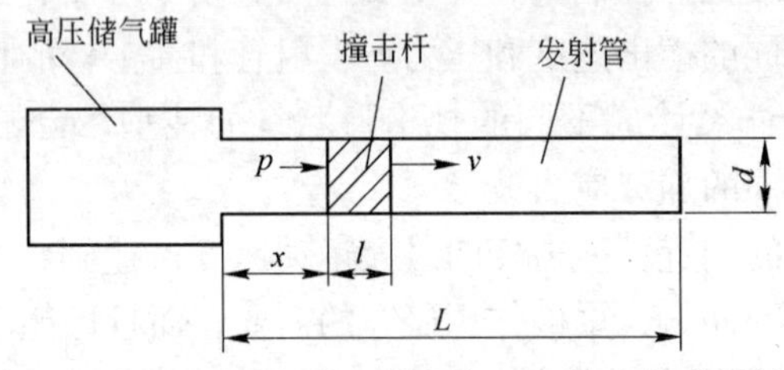

图 4-7　霍布金森压杆装置储气气压与撞击杆速度的关系

如果认为高压储气罐足够大，撞击杆发射过程中端部受到的气体压力不变，以 $\bar{p}$ 代替式 4-19 中的 p，则有：

$$v=(2s\bar{p}L/m)^{1/2} \tag{4-20}$$

用无量纲的发射管长度和无量纲的撞击杆长度来表达，式 4-20 化为：

$$v=\left(\frac{2\bar{p}}{\rho}\cdot\frac{L/d}{l/d}\right)^{1/2} \tag{4-21}$$

式中，ρ 为撞击杆材料的密度，$\rho=m/(sl)$。

可见，调节发射管长度和气体压力，可实现对撞击杆速度的控制。

如果考虑撞击杆运动过程中，气体膨胀引起的压力降低，且认为气体膨胀服从等熵规律：

$$p_0V_0^{\gamma}=p\,(V_0+sx)^{\gamma} \tag{4-22}$$

式中，p_0，V_0分别为初始压力和储气罐初始体积；γ 为气体等熵膨胀指数，对空气可取 $\gamma=1.4$，对氦气可取 $\gamma=1.66$。

于是，式4-18变为：

$$\frac{\mathrm{d}v}{\mathrm{d}t}=\frac{p_0 V_0^\gamma s}{m\left(V_0+sx\right)^\gamma} \tag{4-23}$$

进一步，有：

$$v\mathrm{d}v=\frac{p_0 V_0^\gamma s}{m\left(V_0+sx\right)^\gamma}\mathrm{d}x$$

两端积分上式，得：

$$\int_0^{v_\mathrm{p}} v\mathrm{d}v=\int_0^L \frac{p_0 V_0^\gamma s}{m\left(V_0+sx\right)^\gamma}\mathrm{d}x \tag{4-24}$$

式中，v_p为撞击杆脱离发射管的速度。

由此，得到：

$$v_\mathrm{p}=\left\{\frac{2p_0 V_0}{m(\gamma-1)}\left[1-\frac{V_0^{\gamma-1}}{(V_0+sL)^{\gamma-1}}\right]\right\}^{1/2} \tag{4-25}$$

4.2.2 弹性压力杆

弹性压力杆包括撞击杆、输入杆、输出杆和动量杆。弹性压力杆采用高强度的合金钢制作，如：40Cr 合金钢，它的弹性极限高达800MPa，相应的弹性极限冲击速度为40m/s。此外，要求弹性压力杆的端面必须加工光滑平整，以利于应力顺利通过界面。

4.2.3 支撑架

支撑架由包括两根长度可变的槽钢和固定在其上的升降架组成，用于安放、固定弹性杆。支撑架的高度和直线度应可调，以适应更换不同直径的弹性压力杆。

4.2.4 测试分析仪表

这是霍布金森压杆测试系统的主要部分，包括撞击杆速度测量，输入、输出杆中的应变测量以及信号分析处理。

4.2.4.1 速度测量

霍布金森压杆技术要求准确测定撞击杆撞击输入杆时的末速度。图4-8所示为常见的速度测试系统，当撞击杆撞击输入杆时，将会依次遮挡第一、第二激光束，通过光电放大转换电路可以得到撞击杆通过两激光束的时间差 Δt，由于两激光束的距离 L 已知，因而即可求得撞击杆的末速度 V：

$$V=\frac{L}{\Delta t} \tag{4-26}$$

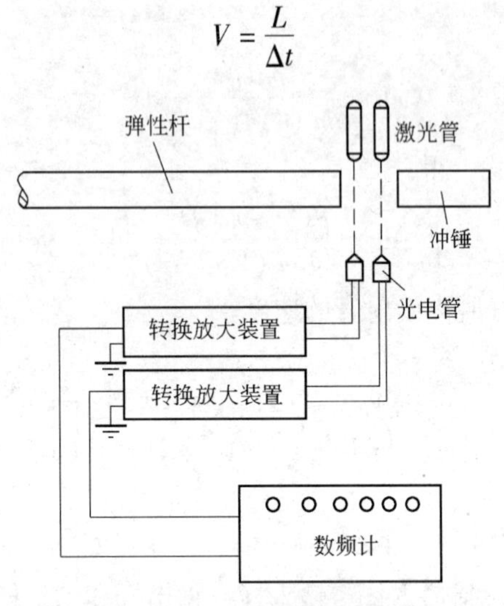

图 4-8　速度测试系统

这一测速系统无机械接触，也不增加被测部件的负荷，使用方便可靠，能获得较高的精度。为保证速度测量的精度，L 应在系统时间分别允许的条件下取较小值。

4.2.4.2　应变测量

应变测量由粘贴在输入、输出杆上的应变片，超动态应变仪和信号记录、存储、显示仪器组成的系统完成。对应变片，这里要求应变片的基长应满足：

$$l \leqslant \frac{C}{20f} \tag{4-27}$$

式中，l 为应变片基长；f 为应力波频率；C 为弹性应力波速度。

以压杆中应力波速度 $C=6000\text{m/s}$，应力波最高频率 $f=20\text{kHz}$，则应变片基长应为：

$$l \leqslant \frac{6000}{20\times 20000}\times 1000=15\text{mm}$$

对于霍布金森压杆中的脉冲应变波，采用1×1，2×2 或 2×5 的应变片都可满足要求。

一般地，由应变片得到的应变信号比较微弱，不能直接记录、显示，而应该采用超动态应变仪将应变信号放大。选择应变仪时，首先要考虑其工作频响，必须使被测信号的频率处在应变仪的工作频响范围内，否则就会使被测波形发生畸变，造成测量误差。其次，还应考虑仪器间的阻抗匹配，输入、输出间的衔接，工作稳定性等。针对霍布金森压杆的测试情况，采用压缩空气驱动撞击杆时，宜选用工作频响在 0 ~200kHz 的超动态应变仪。

如果采用半导体应变片，则可以不必进行应变放大，而直接进行信号的存储、显示和处理。

信号的显示由示波器完成。霍布金森压杆测量应变信号的显示，应采用工作频带较宽的电子示波器。正确使用示波器，应注意下面几点[73]：

（1）正确选择工作量程，包括 y 轴偏转灵敏度和扫描速度的选择。y 轴偏转灵敏度选择得偏低，则信号波形偏转太小，利用照相记录图像读数时的测量误差增大。偏转灵敏度选择偏高，则信号波形偏转过大，这时即使 y 轴放大器仍然处于线性工作段，但由于示波管的边缘区的偏转系数是非线性的，也同样使测量误差增大。扫描速度选择偏快，则可能在示波管上只显示部分波形。反之，若选择偏慢，则波形将压缩在一起，不易观察波形的细节。一般使整个波形展开在全屏的 1/3 范围为好。

（2）扫描工作方式的选择。对于爆炸冲击载荷测量来说，示波器都工作在触发扫描状态。根据试验条件和试验目的可以选择内触发，也可选择外触发。应根据触发信号的幅值和极性，正确选择相应的触发电平和极性，否则可能造成不正常的扫描，不能记录正确的波形或者记录不到波形。在某些示波器中，触发通道设有门电路，此时最好采用外触发，并设计一个单次触发电路，以保证获得一个完整、清晰的波形记录。

（3）对短持续时间的冲击波形测量，要想获得一个清晰的照相记录，应该选用后加速电压高、具有正程加亮措施的示波器，示波管荧光屏发光颜色为蓝光或黄光为好。显示图形应及时转换成数字信号，记录在计算机硬盘或专门的存贮器中，以便分析、再现使用。

4.2.4.3　信号分析处理

最后，我们还需要对测得的信号进行分析处理，这时我可以采用高速数据采集分析仪，或采用瞬态记录仪来一同完成对信号的显示、存储和处理。瞬态记录仪是继高速数-模变换器（D/A 变换器）和半导体存储器出现后发展起来的新型动态参数测量分析仪器，属于数字化测量仪器。它实质上是将一个电压模拟信号经过快速采样和比较变成一个数字化的信息，然后将所得的信息贮存在存储器中，这些信息资料可以以数字的形式记录下来，也可以直接输入电子计算机进行运算和处理。在需要观察这个模拟输入信号时，可以通过数-模变换器（D/A 变换器）将存储的数字信息转变为模拟信号，直接输入到一个模拟量记录或显示设备中，将该信号显示或记录。在数-模变换过程中，可以用不同的速度回放再现，因而可以达到速率变换的目的。对于一个单次的瞬变过程，在重放时可以周期性地再现，因而在示波器上可以获得一个稳定的波形，以利于观察和拍摄记录。

瞬态记录仪对于研究和观测某些快速变化的单次过程或者研究某些过渡过程的细节是十分有用的工具，它在爆炸冲击波形测量系统中也有着广泛的应用前景。此外，由于它将一个模拟量经过 A/D 变换转变为数字化的信息，因此它可以很方便地和数据处理中心或微处理机连接，以利于实现数据处理的自动化。

与使用电子示波器一样，使用瞬态记录仪时，应注意做到[73]：

（1）灵敏度和采样速度的选择。在使用仪器时，灵敏度选择要适当。若量程太小，可能造成记录的波形被限幅。若量程选择太大，则模拟量的测量精度降低，因为数字显示的绝对误差为±1 个字。因此在使用中一般粗估输入信号的幅度，使之在满量程值的 60% ~ 80% 之间为宜。

同样地，采样速度的选择也要综合考虑。对于一个随时间变化的模拟量来说，采样速度越快，经过 A/D，D/A 变换后的失真越小，但存储器的容量有限，仪器能够记录的最大持续时间为：

$$t_{\max} = \text{采样时间}(t_{\mathrm{s}}) \times \text{存储容量}(N)$$

因此应该根据测量要求来选择采样速度。若要记录一个完整的波形，在选择时还要兼顾考虑波形的持续时间。

(2) 触发方式的选择。选择的主要依据在于对被测信号的起始零点和过程的持续时间的测量要求。若对起始零点和持续时间的测量精度要求较高时，最好采用外触发方式。仪器工作在自动触发状态时，无论哪一种工作方式都多多少少会产生零点时间的偏移。在使用中同样地要注意“触发方式”、“触发极性”按键和“触发电平”调节旋钮是否置于所要求的状态，否则可能使存储器不投入工作，得不到记录结果。

(3) 仪器的连接。有关仪器输入端的接法以及仪器和各类模拟记录器的连接方法应按照规定进行，仪器和计算机连接时应增加相应的接口设备。

由此，对霍布金森压杆技术中的应变测试，我们可以采用图 4-9 所示的瞬态应变测试系统[73]。

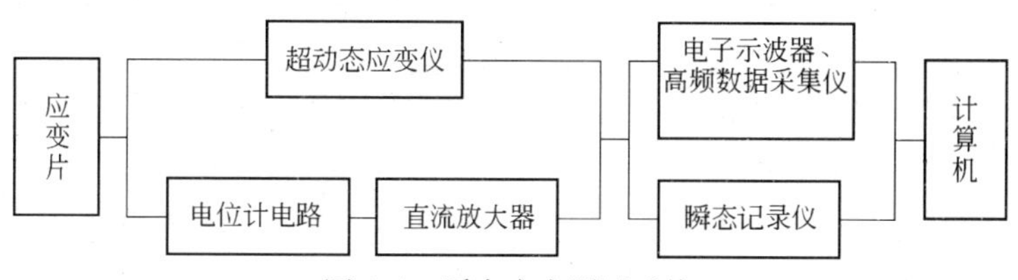

图 4-9 瞬态应变测试系统

近年来，随着电子技术及计算机技术的发展，测试中的数据记录、存储、转化与分析能力得到很大增强，设备实现了高度的集成化和智能化，并与计算机形成一体，可进行编程控制和数据处理，甚至实现了测试数据的远程传输和远程控制，大大方便了实验测试工作，同时也提高了测试精度和测试效率。

4.3 霍布金森压杆技术在岩石动力学性质研究中的应用

利用霍布金森压杆技术研究岩石的动态力学性质，可追溯到 20 世纪 60 年代，1968 年 Kumar[77] 利用 SHPB 对玄武岩、花岗岩进行了研究，1970 年 Hakalento[78] 利用 SHPB 对大理岩、花岗岩和砂岩进行了研究，1983 年 A. Kumano 和 W. Goldsmith[79]，B. Mohanty[80]，

T. L. Blanton[81]等利用SHPB对三轴应力条件下的砂岩、石灰岩、凝灰岩、页岩进行了研究。北京科技大学的于亚伦[82]、中南工业大学的李夕兵等[18]、中国科技大学的席道瑛等[83]、中国矿业大学的单仁亮[70]等，分别利用SHPB进行了岩石的动态力学性质研究。国内中国科学院力学研究所、北京科技大学、中国科技大学、中南大学、中国矿业大学等单位较早拥有霍布金森压杆技术完备的测试系统，早些年我国学者发表的岩石动态力学性质的研究成果大都是利用这几个单位的SHPB设备完成的。这里，主要介绍他们的部分研究成果。

4.3.1　花岗岩与大理岩的动态本构关系

中国矿业大学的单仁亮在其完成博士论文的过程中，利用SHPB对花岗岩的本构关系进行了研究[70]，实测了花岗岩受冲击破坏过程中的应变率、应变、应力等的时程曲线，并得到以下基本结论。

当冲击速度为6.2～19.6m/s，应变率大约在100～600s^{-1}时，花岗岩的应力应变曲线在峰前大多具有跃进特性，曲线在上升到第一极大值后随着应变的增加，应力往往先降低至极小值然后再升高至最大值，在第一极大值之前不管撞击速度或加载的应变率多大，曲线大多近似为直线，并且偏离不大，能够较好地重叠，这说明在这一阶段花岗岩具有较好的线弹性，其斜率（弹性模量E）一般在0.4×10^5～1.0×10^5MPa。在第一极大值之后特别是在峰值（最大值）后，应力应变曲线将与冲击速度及试件的破坏程度密切相关，其形态会发生很大差异。冲击速度较低时，试件被撞击后仍然保持完整的情况下，应力应变曲线在峰后能够立即出现回弹，如图4-10中的双点划线所示；当冲击速度很高时，应力应变曲线在峰后随着变形的持续增加，而应力（岩石试件抵抗载荷的能力）不断降低，甚至在应力下降至零时应变仍然在增加，说明这时的花岗岩试件已经完全破碎且已经从侧向飞离输入杆和输出杆，使得试件与钢杆之间的接触面成为自由状态，试件的“应变”实际上是入射波后期在自由端的反射结果，因而是虚假的；当冲击速度中等，试件虽然已经破坏但并没有被严重破碎时，峰后应变一般是先增加后减小，说明试件在变形后期仍然具有一定的反弹。图4-10为花岗岩的冲击应力-应变关系曲线。

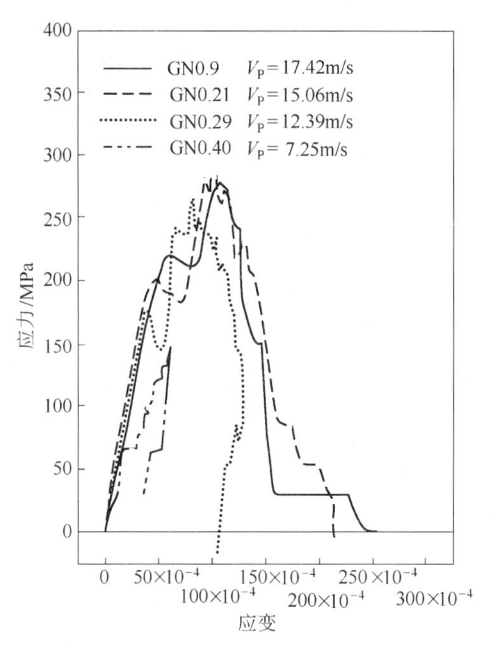

图 4-10 花岗岩的冲击应力-应变关系曲线

图 4-11 所示为大理岩的冲击应力-应变关系曲线。可以看出：大理岩的本构曲线在峰前一段沿正斜率直线上升，在峰后大多先是沿负斜率直线下降，然后沿垂直线下降。与花岗岩的本构曲线特性具有明显的不同，首先峰前直线的斜率（弹性模量 E）与碰撞速度或加载的应变率具有一定的相关性，一般地，应变率越大，弹性模量越大。在试验范围内，大理岩的动态弹性模量大约为 $(1.8\sim5.0)\times10^4$ MPa；其次，在峰前峰后的曲线之间有一个较短的近视水平的线段，它代表大理岩在受到冲击后的塑性特性；再次，大理岩试件的本构曲线在峰后只有一类卸载（副斜率）和刚性卸载（斜率为无穷），很少产生二类卸载（正斜率）。

4.3.2 大理岩与砂岩的本构关系

中国科技大学的席道瑛、郑永来、张涛在 SHPB 装置上，进行长杆冲击试验，进行了波形测量。通过对波形的拉格朗日分析和路径分

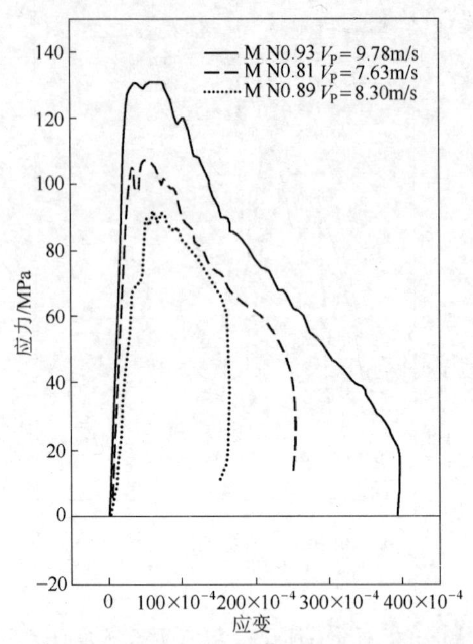

图 4-11　大理岩的冲击应力-应变关系曲线

析，得到了大理岩、砂岩在干燥、饱煤油条件下的动态本构关系[83]。

图 4-12、图 4-13 所示分别为大理岩和砂岩的动态应力-应变曲线。由图 4-12 和图 4-13 可见，大理岩和砂岩的 σ-ε 曲线具有如下三个特点：

（1）除干燥大理岩和饱油砂岩的三条加载线几乎重合外，其他 σ-ε 曲线的加载线斜率不断变化，加载段从 σ 很小时就分开了。研究者认为：这可能是由岩石本身的结构构造致密程度的不均匀造成的，可见大理岩的结构构造比砂岩均匀而致密。

（2）卸载曲线的斜率几乎都大于加载曲线的斜率，这就说明卸载模量大于加载模量。

（3）呈现极为明显的滞回效应。

图 4-12、图 4-13 中应力-应变曲线滞回是由可恢复的弹性变形和不可恢复的塑性变形组成的，后者可能主要由裂隙面间的摩擦运动引

起的。金属的塑性是位错的迁移，而岩石的塑性与此不同。根据摩擦学原理，施加外力使静止的物体开始滑动时，物体产生一极小的预位移，而达到新的静止位置，预位移大小随切向力而增大。物体开始作稳定滑动时的最大预位移为极限位移，与之对应的切向力为最大静摩擦力，当达到极限位移后，摩擦系数将不再增加。

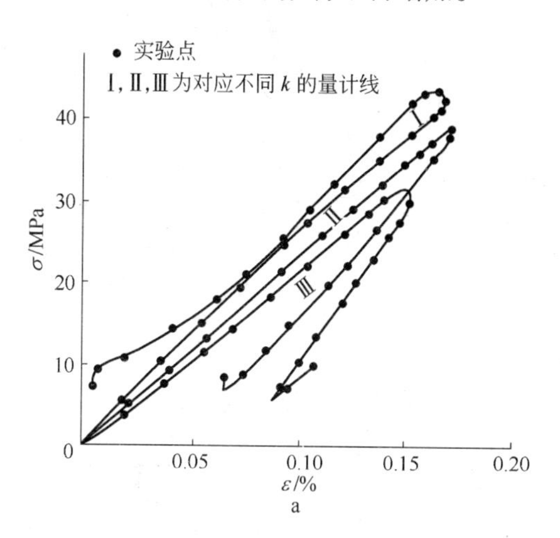

a

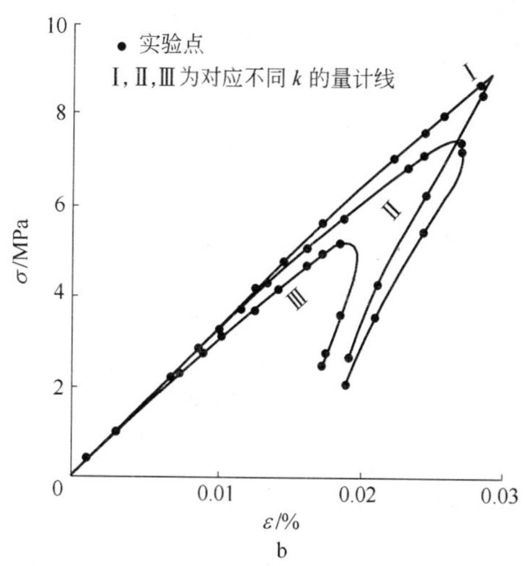

b

图 4-12 大理岩的动态应力-应变曲线

a—干燥；b—饱煤油

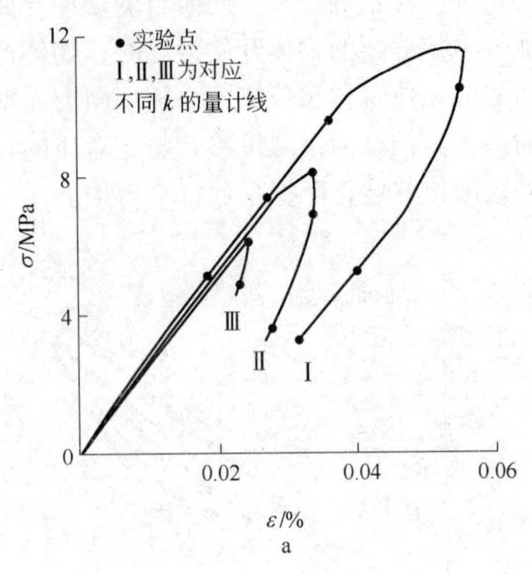

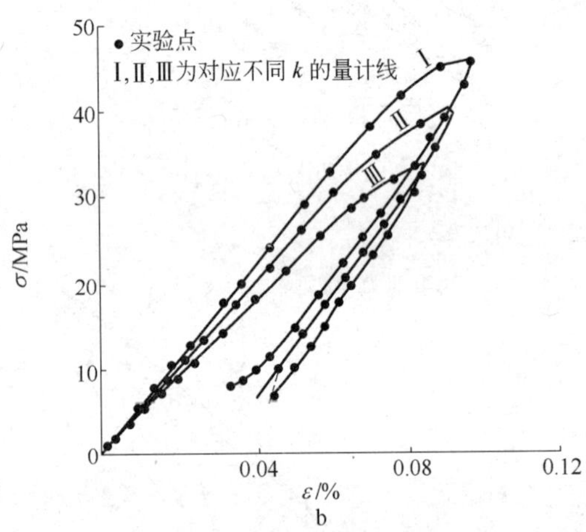

图 4-13　砂岩的动态应力-应变曲线

a—干燥；b—饱煤油

4.3.3　不同围压下岩石的动态本构关系

北京科技大学的于亚伦利用 SHPB 装置，对不同岩石的动态本构关系及强度特性等进行了研究，图 4-14 所示为不同应变率时岩石的应力-应变关系曲线[82]。在屈服点以前，岩石的变形表现为线性弹性变形，在屈服点以后出现应变软化。这样的岩石全应力-应变关系可用冲击载荷下岩石的本构方程表示为：

$$\dot{\varepsilon} = \frac{\dot{\sigma}}{E} + \frac{1}{\kappa}\left(\frac{\sigma - \sigma_s}{\sigma_s}\right)^n \tag{4-28}$$

式中，$\dot{\varepsilon}$ 为应变率；$\dot{\sigma}$ 为应力率；σ 为动应力；σ_s 为静载压缩破坏后的

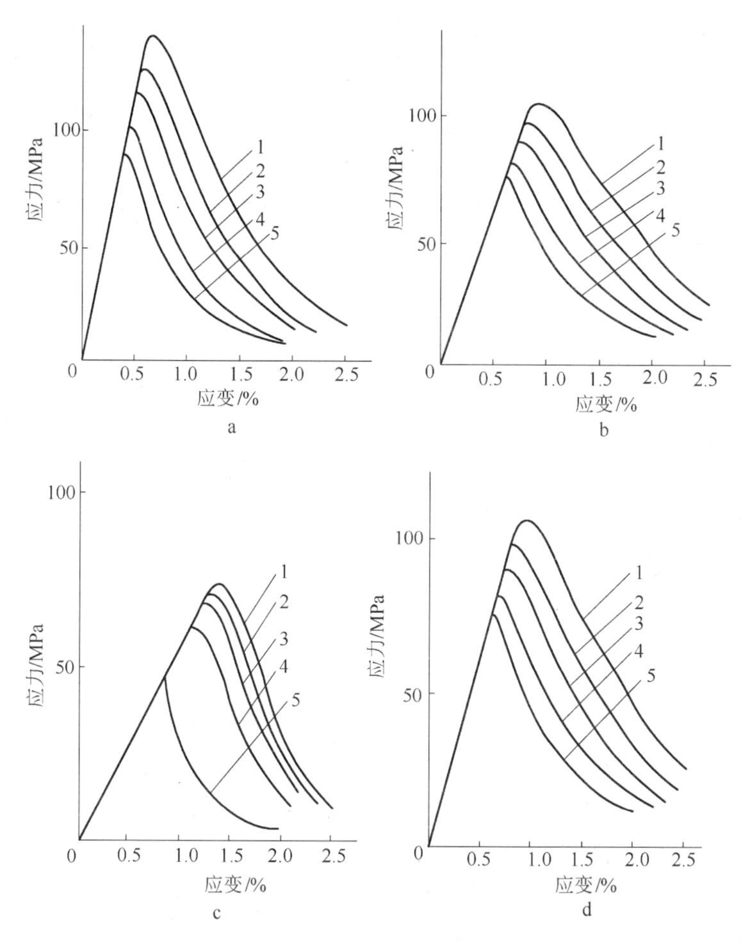

图 4-14 不同应变率时岩石的应力-应变关系曲线

a—细粒石灰岩；b—粗粒石灰岩；c—凝灰岩；d—砂岩

1—$\dot{\varepsilon}=200\text{s}^{-1}$；2—$\dot{\varepsilon}=100\text{s}^{-1}$；3—$\dot{\varepsilon}=50\text{s}^{-1}$；4—$\dot{\varepsilon}=10\text{s}^{-1}$；5—静态

应力，如图 4-14 所示；E 为岩石的弹性模量；κ，n 为岩石的固有常数，参见表 4-1。

表 4-1　岩石本构方程中的 n、κ 固有常数

岩　石	n	κ/s	相关系数
细粒石灰岩	1.53	7.75×10^{-3}	0.976
粗粒石灰岩	1.54	5.05×10^{-3}	0.968
凝　灰　岩	2.91	1.03×10^{-3}	0.973
砂　　岩	1.41	5.08×10^{-3}	0.985

冲击载荷下岩石的本构方程式 4-28 的力学模型及解析图如图 4-15和图 4-16 所示。该模型以两点假设为基础：（1）岩石破坏前的变形与静载条件下的变形斜率相同，呈线性变化；（2）岩石破坏后的应变率分两部分——弹性应变率和塑性流动的蠕变应变率。

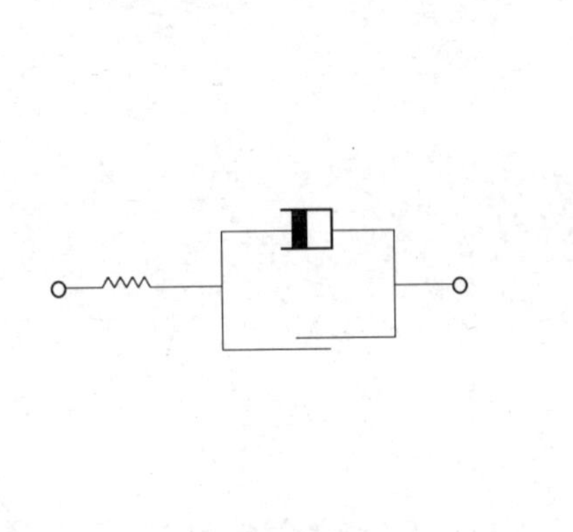

图 4-15　本构方程的力学模型

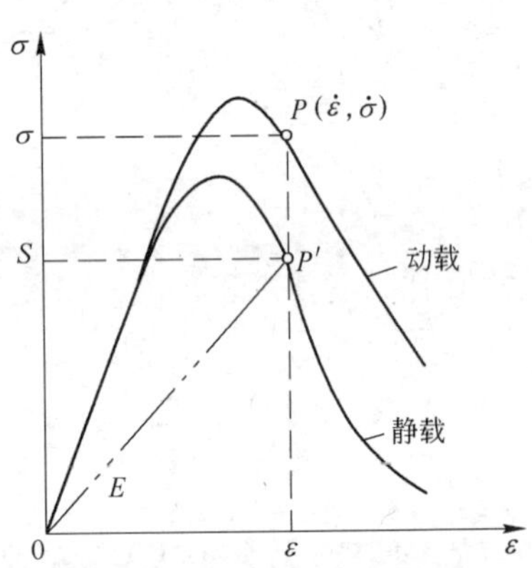

图 4-16　本构方程的解析图

在有围压条件下，砂岩的动态本构关系用轴应力差-轴应变的关系来表示，如图 4-17 所示。由图 4-17 看出，在不同的围压下，随应变率的增加，砂岩的强度增加，但曲线形状几乎不变。

单仁亮[70]根据花岗岩、大理岩的 SHPB 冲击加载试验结果，认为岩石的动态本构关系可用统计损伤失效模型（图 4-18）来描述。他假定：

（1）岩石试件可看成损伤体 D_a 与粘缸 η_b 的并联体（图 4-18），于是有：

$$\begin{cases} \varepsilon = \varepsilon_a = \varepsilon_b \\ \sigma = \sigma_a + \sigma_b \end{cases} \tag{4-29}$$

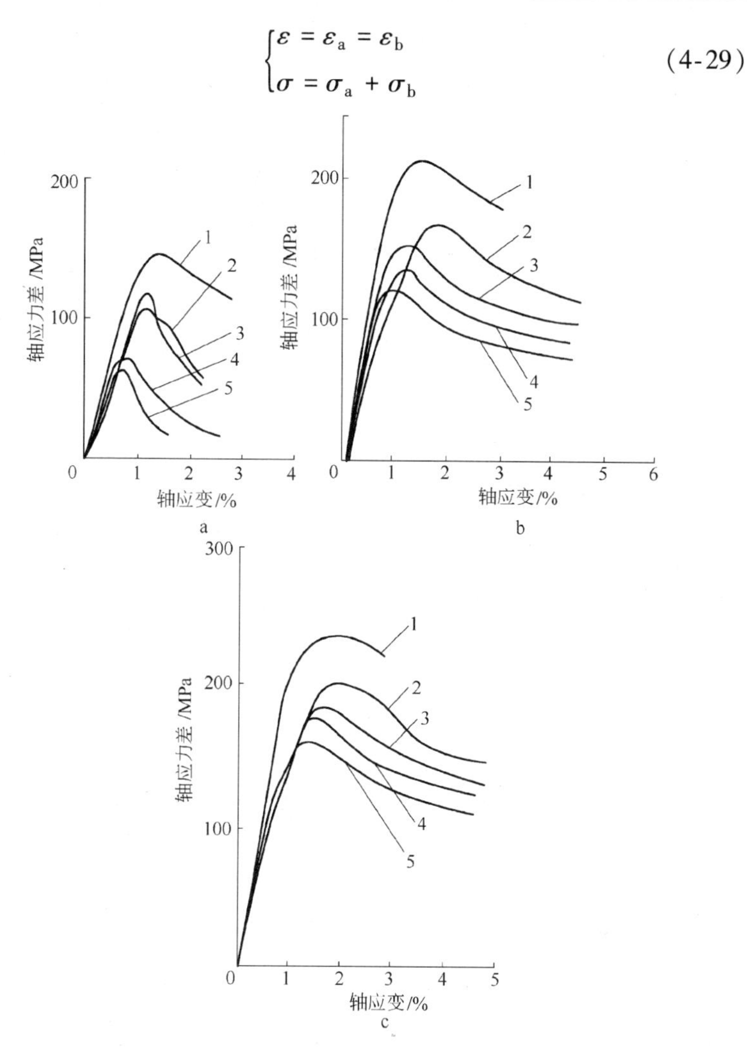

图 4-17 三轴应力条件下砂岩的动应力-应变关系

a—围压=0.1MPa

1—$\dot{\varepsilon}=300\text{s}^{-1}$；2—$\dot{\varepsilon}=0.5\text{s}^{-1}$；3—$\dot{\varepsilon}=0.1\text{s}^{-1}$；4—$\dot{\varepsilon}=0.01\text{s}^{-1}$；5—$\dot{\varepsilon}=0.001\text{s}^{-1}$

b—围压=10MPa

1—$\dot{\varepsilon}=300\text{s}^{-1}$；2—$\dot{\varepsilon}=0.5\text{s}^{-1}$；3—$\dot{\varepsilon}=0.1\text{s}^{-1}$；4—$\dot{\varepsilon}=0.001\text{s}^{-1}$；5—$\dot{\varepsilon}=0.0001\text{s}^{-1}$

c—围压=20MPa

1—$\dot{\varepsilon}=300\text{s}^{-1}$；2—$\dot{\varepsilon}=0.5\text{s}^{-1}$；3—$\dot{\varepsilon}=0.01\text{s}^{-1}$；4—$\dot{\varepsilon}=0.001\text{s}^{-1}$；5—$\dot{\varepsilon}=0.0001\text{s}^{-1}$

(2) 损伤体在损伤出现前是线弹性的，平均弹性模量 E 服从双参数（m，α）的 Weibell 分布，且有：

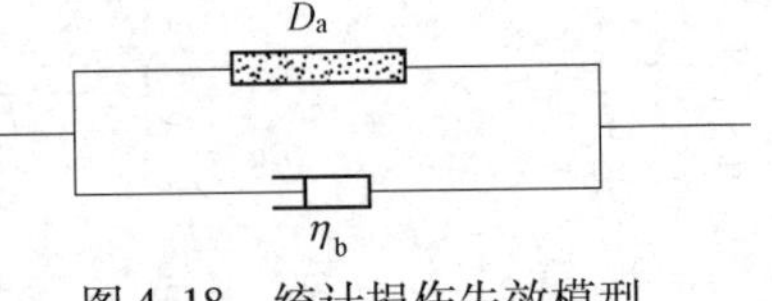

图 4-18　统计损伤失效模型

$$
\begin{cases}
E(\varepsilon, \alpha) = \dfrac{m}{\alpha}\varepsilon^{m-1}\exp\left(-\dfrac{\varepsilon^m}{\alpha}\right) \\
D = 1 - \exp\left(-\dfrac{\varepsilon^m}{\alpha}\right) \\
\sigma = E\varepsilon(1 - D) = E\varepsilon\exp\left(-\dfrac{\varepsilon^m}{\alpha}\right)
\end{cases}
\tag{4-30}
$$

(3) 粘壶的本构关系为：

$$
\sigma = \eta\frac{\mathrm{d}\varepsilon}{\mathrm{d}t} \tag{4-31}
$$

将式 4-30、式 4-31 代入式 4-29，则得花岗岩的本构关系：

$$
\sigma = E\varepsilon\exp\left(-\frac{\varepsilon^m}{\alpha}\right) + \eta\frac{\mathrm{d}\varepsilon}{\mathrm{d}t} \tag{4-32}
$$

式中，四个参数 E、m、α、η 需要分析实测的应变波形，试算确定。通常 E 与岩石的冲击应力应变曲线的初始上升斜率相近，用 E 表示未损伤岩石的初始弹性模量；m 表示 weibell 分布中分布曲线的形状系数，一般它在 1 附近变化；α 一般位于峰值应力对应的应变与平均应变之间；n 的变化范围一般在 0.1 ~ 0.5 之间。

图 4-19 为花岗岩、大理岩受冲击时的应力-应变曲线。实线为实测曲线，虚线为利用式 4-32 计算得到的曲线。

4.3.4　岩石的动态断裂强度与应变率的关系

早在 20 世纪 60 年代就有人研究岩石的动态断裂强度与应变率的关系，一致认为岩石的强度与应变率成正比。1991 年，W. A. Olsson 发表了常温下应变率从 $10^{-6} \sim 10^{4}\,\mathrm{s}^{-1}$ 时的凝灰岩单轴抗压强度的研究成果[84]。应变率从 $10^{-6}\,\mathrm{s}^{-1}$ 变化到 $76\,\mathrm{s}^{-1}$ 时是借助刚性伺服试验机完成的，应变率从 $76\,\mathrm{s}^{-1}$ 变化到 $10^{4}\,\mathrm{s}^{-1}$ 时，试验借助 SHPB 设备完成。所得到的基本结论是：应变率小于某一临界值时，强度随应变率的变

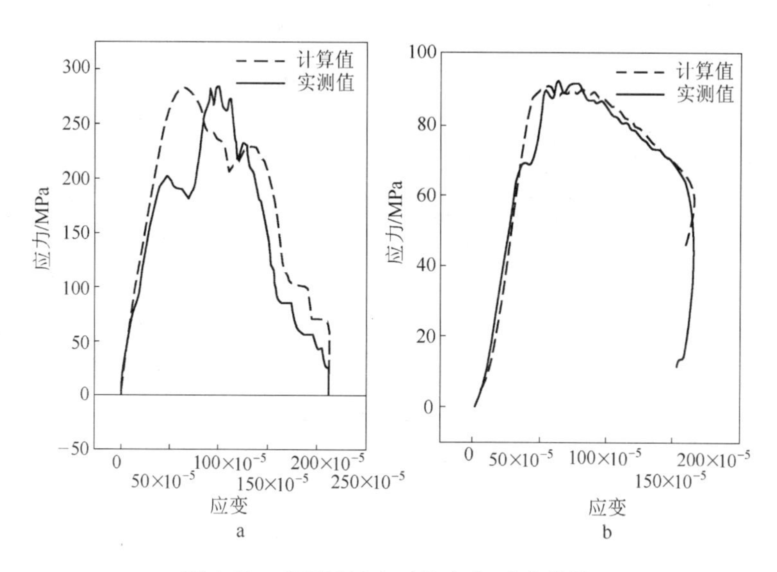

图 4-19 岩石受冲击时的应力-应变曲线

a—花岗岩；b—大理岩

化不大；而当应变率大于某一临界值时，强度随应变率迅速增大，如图 4-20 所示。这种关系可表示为：

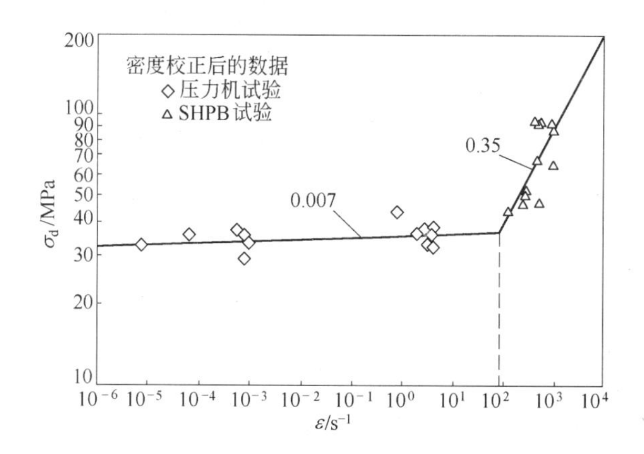

图 4-20 凝灰岩的单轴抗压强度与应变率的关系

（虚线对应于 $\dot{\varepsilon}=76\mathrm{s}^{-1}$）

$$\sigma_d \propto \begin{cases} \dot{\varepsilon}^{0.007} & \dot{\varepsilon} \leqslant 76s^{-1} \\ \dot{\varepsilon}^{0.35} & \dot{\varepsilon} \geqslant 76s^{-1} \end{cases} \tag{4-33}$$

Green 和 Perkin 等人进行的实验研究以及前苏联学者对大理岩的研究均得到了同样的结论[85]。

W. A. Olsson 还指出，当应变率在 $100s^{-1}$ 量级时，岩石的破坏时间为 20～23μs，试样破坏成许多碎块，而当应变率达到 $100s^{-1}$ 量级时试样破坏后碎块大都小于 1～2mm，几乎是粉末状[84]。

Kumar[77] 利用 SHPB 装置研究了温度与应力率对玄武岩、花岗岩单轴压缩强度的影响关系，其试验温度为：77～300K，应力率为：0.14MPa/s～2.1×10^5GPa/s。试验结果表明：静载下这两种岩石的强度很接近，当应变率达到 0.14MPa/s 时，它们的强度分别为 192.5MPa 和 203MPa，当应变率进一步达到 2.1×10^5GPa/s 时，它们的强度分别为 413MPa 和 490MPa。结果还表明：加载率增大对岩石强度的影响与降低温度的影响是一致的，如图 4-21 所示。

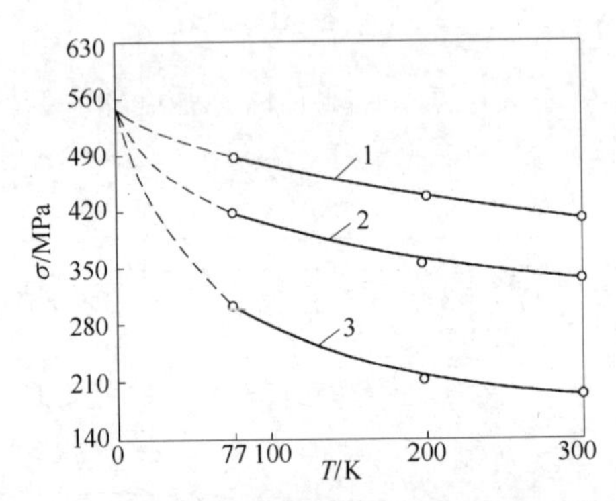

图 4-21　温度与应力率对玄武岩断裂强度的影响

1—$\dot{\sigma}=21\times10^4$GPa/s；2—$\dot{\sigma}=14\times10^4$GPa/s；3—$\dot{\sigma}=7\times10^4$GPa/s

陆岳屏、杨业敏和寇绍全也利用 SHPB 对砂岩、石灰岩的动态破碎应力与弹性模量进行了测试[85]，结果为：应变率为 100～$200s^{-1}$ 范围内，与静载状态相比，砂岩的弹性模量提高了 30%，强度提高了 40%，石灰岩的弹性模量提高了 20%，强度提高了 30%。

李夕兵等也利用岩石 SHPB 装置进行了动态强度实验、应力波特性、岩石对应力波能量的传播、吸收及破碎能耗等诸多方面的研究，取得了许多有意义的成果。对这方面研究有兴趣的读者请参考文献［70］及其他相关文献。

4.3.5　岩石动态破坏形态与应变率关系

许金余等[86]借助霍布金森实验装置进行了角闪岩、砂岩、云母石英片岩等5种岩石的动态试验，研究了单轴应力下不同应变率时岩石的破坏形态，其部分实验结果如图4-22、图4-23所示。

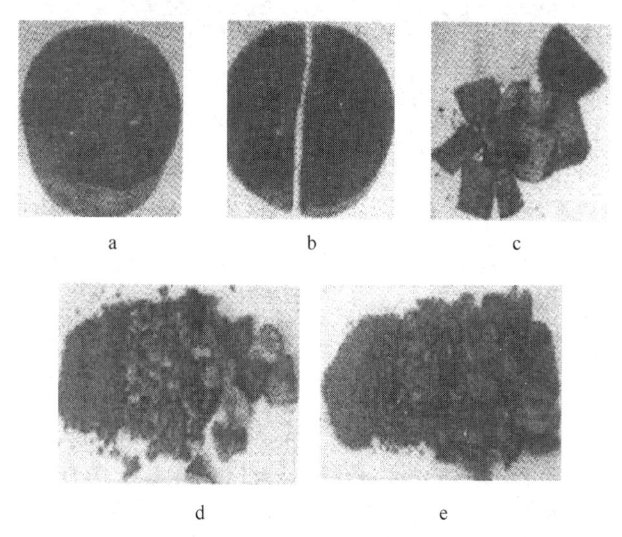

图4-22　单轴动态压缩下角闪岩的破坏形态与应变率的关系

a—$\dot{\varepsilon}=34.6s^{-1}$；b—$51.3s^{-1}$；c—$83.3s^{-1}$；d—$100.3s^{-1}$；e—$143.5s^{-1}$

三轴加载条件下，围压对云母石英片岩动态破坏形态的应变率效应的影响参见表4-2。

试验研究得出的基本结论是：单轴加载下，随应变率增加，岩石强度增加，但破碎块度数量增加，尺寸减小；不同岩石具有相同的趋势，但破坏效应的敏感性有一定区别；在有围压作用的条件下，岩石破坏与应变率之间的关系与单轴受压条件下的变化趋势相同，但围压增高引起的岩石破坏形态的变化与应变率增高产生的效应相反；围压增大，岩石的动态强度也是增大的。

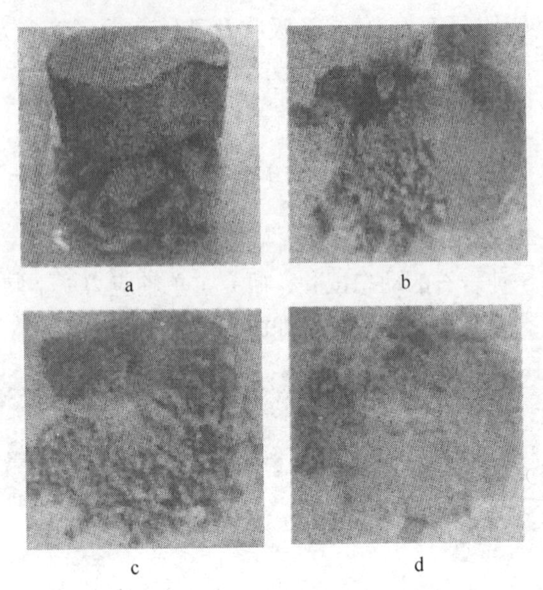

图 4-23 单轴动态压缩下砂岩的破坏形态与应变率的关系

a—$\dot{\varepsilon}=51.5\mathrm{s}^{-1}$；b—$83.3\mathrm{s}^{-1}$；c—$93.4\mathrm{s}^{-1}$；d—$100.0\mathrm{s}^{-1}$

表 4-2 围压对云母石英片岩动态破坏形态的应变率效应的影响

围压	破坏形态			
$p=2\mathrm{MPa}$	$\dot{\varepsilon}=98.5\mathrm{s}^{-1}$	$\dot{\varepsilon}=125.2\mathrm{s}^{-1}$	$\dot{\varepsilon}=139.8\mathrm{s}^{-1}$	$\dot{\varepsilon}=161.7\mathrm{s}^{-1}$
$p=4\mathrm{MPa}$	$\dot{\varepsilon}=104.1\mathrm{s}^{-1}$	$\dot{\varepsilon}=121.6\mathrm{s}^{-1}$	$\dot{\varepsilon}=143.5\mathrm{s}^{-1}$	$\dot{\varepsilon}=164.1\mathrm{s}^{-1}$

4.3.6 其他岩石类材料的动态性质

霍布金森在岩石动力学性质研究中得到越来越广泛的应用的同

时，也逐渐在混凝土等材料的动态性质研究中得到了应用。岩石、混凝土、钢纤维混凝土等统称为岩石类材料。

胡时胜、王道荣[87]利用直锥变截面大直径霍布金森压杆（图4-27）研究了混凝土受冲击载荷作用的动态本构关系，图4-24所示为其采用图4-27所示的试验系统测到的研究结果。

可见，冲击载荷作用下，混凝土的应变率效应十分明显，而且其损伤软化效应十分明显，并且很快超过应变硬化效应和应变率硬化效应，导致试件材料很快破裂。

胡时胜等[88]利用图4-27所示的试验系统进行了混凝土层裂的实验研究，研究得出的混凝土层裂强度的应变率效应如图4-25所示。此外，在实验中发现，较低应变率下被破坏的试件，大多为沿骨料和砂浆的接触面开裂；而在较高的应变率下，较多地出现骨料被拉裂的现象。这一现象可用来解释层裂强度的应变率效应：一般将混凝土看为三相复合材料，即骨料相、砂浆相和过渡区相，过渡区相为最薄弱的一环，因为其中含有大量的微裂纹等缺陷。在较低的应变率下，过渡区相中的微裂纹会在拉应力的作用下扩展，并与砂浆相中的裂纹相连通而使试件破坏，而当应变率很高时，由于材料的变形很快，过渡区相中的微裂纹来不及扩展，骨料就会承受较大的拉应力而使其中的裂纹扩展并与砂浆相的裂纹连通，材料破坏。所以，在较低的应变率下，混凝土的抗拉强度主要取决于砂浆和过渡区相，而与骨料相的强

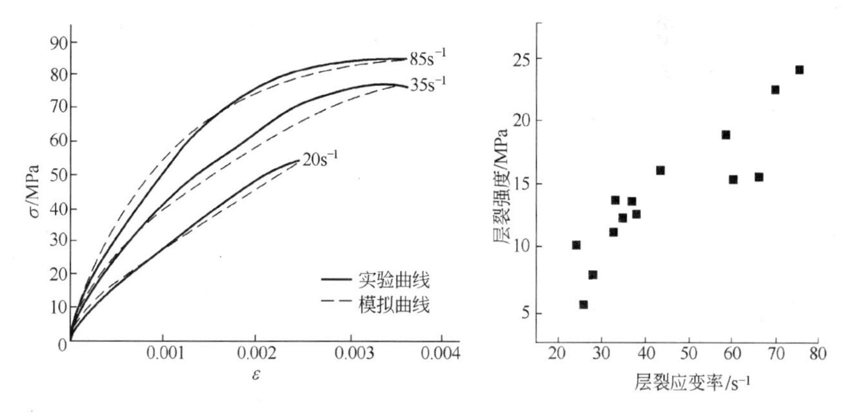

图4-24 实验与模拟本构曲线对比

图4-25 混凝土层裂强度的应变率效应

度没有太多的关系；而在较高的应变率下，骨料相的强度将影响混凝土的强度，因此在实验中就出现了较高的层裂强度，混凝土的层裂强度随应变率的增加而提高。

巫绪涛等[89]研究了钢纤维混凝土冲击压缩下的动态性质，分析了钢纤维的增韧作用等特性，图 4-26 所示为实验得到的应力-应变曲线。研究得出的主要结论是：钢纤维对高强混凝土破坏强度的增强效应突出体现在静态试验中，随钢纤维含量的增加而增强效果增加；但随着应变率的增加，这种增强效果逐渐减弱；钢纤维含量的多少对混凝土应力-应变曲线的上升段影响较小，而对下降段的影响较大，随着钢纤维含量的增加，下降段趋缓，反映了韧性减缓、脆性降低的趋势。此外，对相同基体强度混凝土，钢纤维低含量混凝土呈粉碎破坏，钢纤维高含量混凝土留芯或碎成块状。这一现象也定性地反映出钢纤维对混凝土的增韧效应。

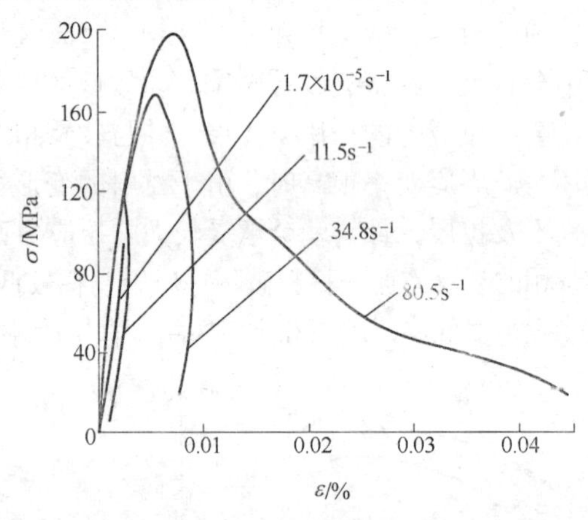

图 4-26 不同应变率下的钢纤维混凝土应力-应变曲线

4.4 霍布金森压杆技术的改进

最早的霍布金森压杆是 1914 年由 Hopkinson 提出的，1949 年 Kolsky 对之进行了改进，达到了今天广泛使用的形式——分离式霍布金森压杆。为此，分离式霍布金森压杆也称为 Kolsky 杆。然而，这样的霍布金森压杆主要是为研究金属材料的动态力学性能提出的。近四十多年来，由于岩石动力学和岩石爆破理论的发展，霍布金森压杆技术在岩石动力学性质研究中得到了广泛应用，同时也对分离式霍布金森压杆系统作了许多有益的改进[90~95]，从而为岩石动态力学性质的研究提供了更加可靠的实验手段。

4.4.1 直锥变截面霍布金森压杆

刘孝敏、胡时胜认为[90]，混凝土等复合材料内部存在大量不规则的裂隙和气泡，利用分离式霍布金森压杆研究其动态力学性质时，为避免试验的分散性，压杆的直径必须足够大。为此，他们设计、制作了直锥变截面的分离式霍布金森压杆试验装置。图 4-27 为这样的测试系统和直锥变截面杆。通过变截面杆中应力波的二维分析，他们得到了直锥变截面直杆中的应力波特性与直锥变截面几何尺寸的关系，即：一个矩形脉冲从这种杆的小端进入大端，其透射波的峰值和平台的放大倍率仅与大小端的直径之比有关，一维应力波理论所提供的设计公式有效。而透射波的波形，尤其是波形的头部则与直锥变截面过渡段的几何形状有关，过渡段的长度 L 越大，即半锥角 α 越小，透射波在横截面上的应力分布越均匀，但是波形中从峰值到平台所需的时间也越长。相反，若过渡段的长度 L 越小，虽然波形中从峰值到平台所需的时间缩短了，但它的二维效应显著，具体表现为透射波在横截面上的分布不均匀，波形尤其是波形的前面部分，高频振荡严重且不对称。

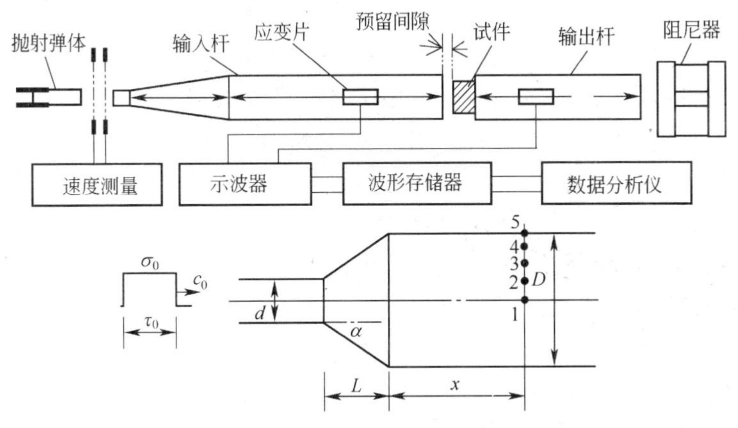

图 4-27 直锥变截面 SHPB 及其变截面杆

另外，与圣维南原理相一致，直锥变截面杆过渡段所引起的二维效应随离锥形段距离的增加而减弱。透射扰动随着远离端面距离的增加，应力分布的均匀性得到了改善，整个波形尤其是它的前面部分也得到了改善，如图 4-28 所示。

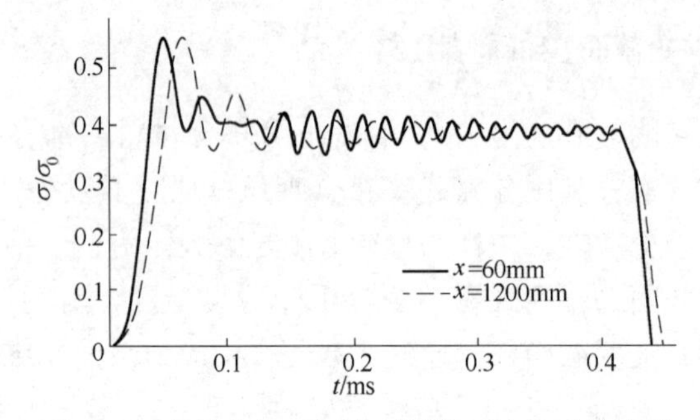

图 4-28　直锥变截面杆中不同截面处的透射波形

4.4.2　分离式霍布金森压杆（SHPB）中的预留间隙法

Hopkinson 压杆系统中，输入杆被撞击杆撞击后，产生矩形加载波的波形常带有明显的振荡，并且波头具有一上升前沿，如图 4-28 所示。这是由压杆的横向惯性效应，矩形加载波在杆中产生弥散造成的（另外撞击杆和输入杆撞击面不平行也会影响加载波上升沿的陡峭程度），并且这种影响随远离透射端距离的增大而增大。在一般情况下，这种弥散现象仅影响试验结果曲线初始部分的精度。然而脆性材料（如花岗岩）的破坏应变很小，仅为千分之几，因此其高应变率实验时试件达到破坏的历时将非常短，与加载波的上升沿历时相当，这使得用 Hopkinson 压杆对其实施较高应变率实验变得不可能。为此，刘剑飞、胡时胜、胡元育等针对这种现象，提出了所谓预留间隙的方法[95]。

常规实验法是将试件与输入杆和输出杆夹紧，而预留间隙法是将试件与输出杆贴紧，而与输入杆留一适当间隙（间隙距离为要避开的入射波波头弥散部分的历时与撞击杆速度的乘积），利用弹性波在间隙自由面的镜像反射可以避开具有上升前沿且振荡幅值很大的入射波波头部分对试件的作用，使得实际作用到试件上的加载波为上升沿历时为零且波形又十分平坦的加载波中后部分，极有效地改善加载波的质量。

图4-29为采用两种方法得到的实验结果，选用的材料为有机玻璃，可见常规实验法得到的结果（曲线1）由于弥散效应波头部分振荡较大，而预留间隙法得到的结果（曲线2）具有较为平整的波形，并与曲线1的中后部分有很好的吻合（因为弥散对实验结果中后部分影响不大）。因此，刘剑飞等利用预留间隙法成功方便地解决了在Hopkinson压杆上对花岗岩材料实施高应变率实验碰到的困难，并获得了很好的实验结果，如图4-30所示。

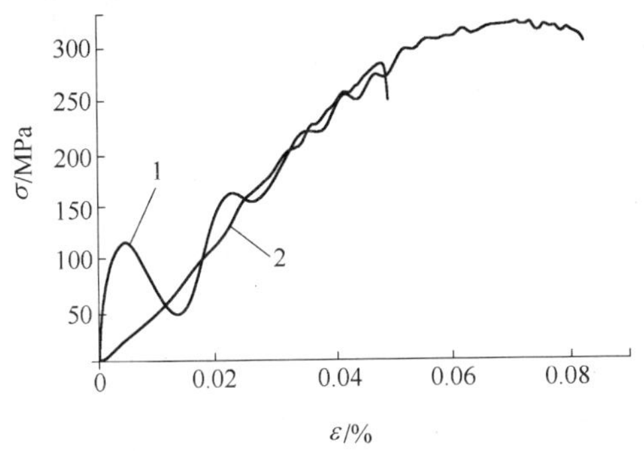

图4-29 两种方法得到的应力-应变曲线比较

1—振荡的波形；2—平整的波形

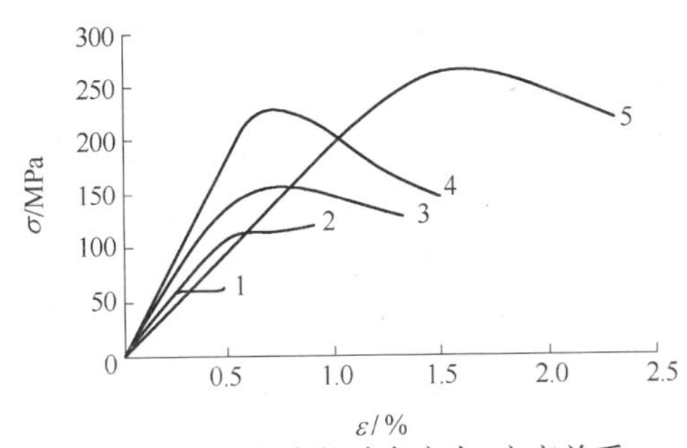

图4-30 花岗岩的动态应力-应变关系

应变率：1—46s^{-1}；2—10s^{-1}；3—186s^{-1}；4—335s^{-1}；5—874s^{-1}

4.4.3 不同撞击杆形状的SHPB测试系统

为了研究不同应力波形状对岩石破碎效果的影响，李夕兵等人设计了多种形状的撞击杆，并进行了相应的入射应力波形测量[18]。图 4-31 中 a、e、f 分别为长、中长、短圆柱形撞击杆，b 为锥形杆，c、d 为梯形中长撞击杆。右面为对应的入射应力波形。

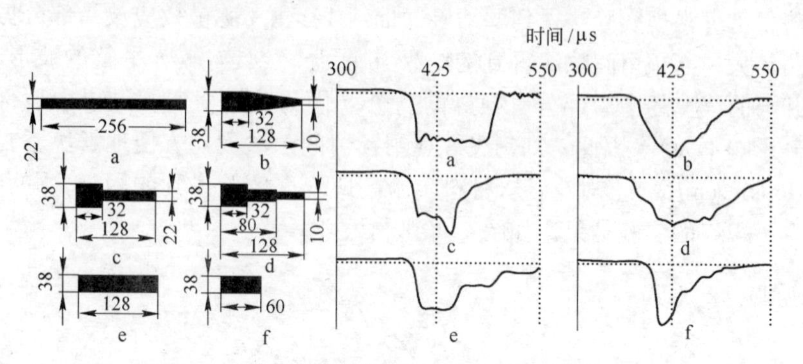

图 4-31　不同形状的撞击杆及对应的入射应力波形

4.4.4　用于研究硬脆材料的 SHPB

常规的 SHPB 用于研究陶瓷等硬脆性材料的动态力学性质时，存在一定的局限性。为了获得可靠的试验数据，需要对常规的 SHPB 进行改进。目前已有许多对常规 SHPB 的改进方法，下面的一种（图 4-32）是由 W. Chen 和 G. Ravichandran 提出的[93]。他们利用改进的 SHPB 对氮化铝的动力学性质进行了研究，取得了满意结果。

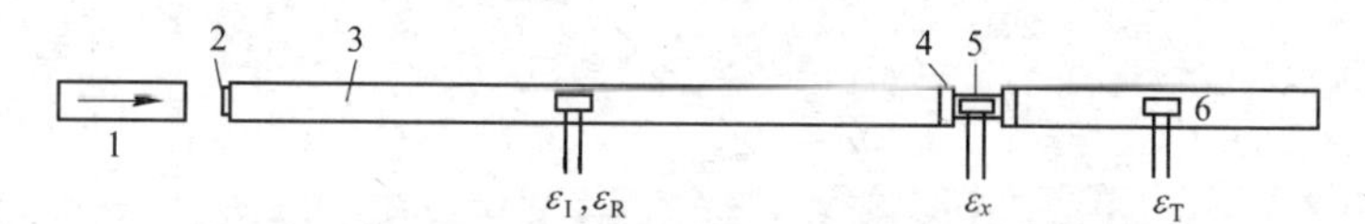

图 4-32　W. Chen 和 G. Ravichandran 改进的 SHPB 示意图

1—撞击杆；2—脉冲应力波矫形器；3—输入杆；4—约束 WC 板；5—试件；6—输入杆

如图 4-32 所示，W. Chen 和 G. Ravichandran 对常规 SHPB 的改进有这样的几个方面：

（1）设置脉冲应力波矫形，保证力学平衡。在输入杆的自由端放置一薄铜片对脉冲应力波矫形，这一薄铜片称为脉冲应力波矫形器。设置脉冲应力波矫形器后，可防止陶瓷硬脆材料试件在达到力学平衡前发生破坏。设置脉冲应力波矫形器可实现将试件中的应变率限制在一定范围。

（2）设置硬化板。常规的 SHPB 主要用于研究硬度小于压杆的金属材料的塑性力学行为。在这样的条件下，与试件接触的压杆端部表面在变形过程中保持为平面且平行，因而试件中的应力近乎为均匀应力状态。然而，当试件为陶瓷等高硬度材料时，加载过程中试件将压入压杆，进而在试件边沿引起应力集中，应力集中将使试件提早破坏，造成试验数据无效。为减少压入和应力集中，须在试件和压杆之间设置硬度大、强度高、波阻抗匹配的隔板，避免试件的压入和应力集中。

（3）直接测量应变。由于陶瓷等材料变形过程中产生的应变很小（0.1% ~0.2%），难以对常规 SHPB 中的反射脉冲应变进行精确测量，试验过程中，可靠的应变测量方法应当是将应变片贴于试件表面上。用这一方法可同时进行轴向应变和横向应变的测量。

（4）试件分离。采用常规 SHPB 技术，由于输入杆中的后续反射波的作用，试件可能被多次加载。为了弄清严格控制加载历史后破坏模式的特点，并不希望对试件进行多次加载。使输出杆比输入杆短，能够实现单次脉冲加载。这样改进后，较短的输出杆起到动量捕捉器的作用，在输入杆中的反射拉伸脉冲再次反射形成的压缩应力载荷到达试件前，输出杆将运动脱离试件。

（5）加侧向约束。当需要进行三轴应力条件下材料的动态力学性质实验时，W. Chen 和 G. Ravichandran 也提供了一种简单有效的方法。这就是在试件上加侧向约束。在圆柱形试件侧表面上加装紧缩配合的金属环可以实现试件的侧向约束。环的内径略小于试件的直径，安装紧缩环时，将环加热，使其内径膨胀，以使试件滑入环内，紧缩环冷却后即对试件侧面施加约束力，约束力的大小与环的材料和环的厚度有关，薄壁环条件下，即环的厚度 t 远小于环的内径 r 时，侧向约束力 σ_l 近似为：

$$\sigma_l = \frac{\sigma_y t}{r} \tag{4-34}$$

式中，σ_y 为环材料的屈服极限。

由于紧缩环容易制造，且不需要对 SHPB 进行更多的改进，因而这种力学约束方法有一定的优越性。此外，紧缩塑性变形环能够维持试件不散落，因而可以在试验后对试件的破坏模式进行观察。即便脆性材料在加载过程中破碎也是如此。在计算试件中的应力时，约束金属环的贡献可以忽略。图 4-33 为 W. Chen 和 G. Ravichandran 得到的氮化铝在约束与非约束时的静态、动态应力-应变曲线。

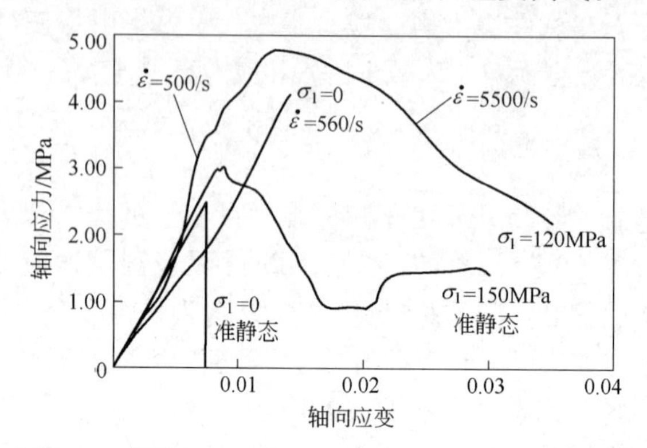

图 4-33　氮化铝在约束（$\sigma_1=120\text{MPa}$）与非约束时的静态（$\dot{\varepsilon}=4\times10^{-4}\text{s}^{-1}$）、动态（$\dot{\varepsilon}=5\times10^{2}\text{s}^{-1}$）应力-应变曲线

4.4.5　用于软材料的 SHPB

常规的 SHPB 系统用于进行低强度、低波阻抗材料的动态力学性能实验时，只有少部分载荷脉冲通过试件进入输出杆。事实上，根据一维杆杆中的应力波理论，试件中的应力可用下式估算：

$$\sigma(t)=\frac{2A_s\rho_s C_s}{A_0\rho_0 C_0+A_s\rho_s C_s}\cdot\frac{A_0}{A_s}\sigma_I(t) \tag{4-35}$$

式中，下标 0 和 s 分别代表压杆和试件中的量，如果试件的波阻抗 $A_s\rho_s C_s$ 远小于压杆的波阻抗 $A_0\rho_0 C_0$，则式 4-35 中的应力 $\sigma(t)$ 将很低。因此，用常规 SHPB 时，经过软试件进入输出杆的输出信号的幅值很小。这时，噪声干扰将使测量结果无法得到正确解释。为了准确确定低强度、低波阻抗材料的动态力学响应，使测量的输出信号具有一定的可测幅值，需要对常规的 SHPB 作必要的改进[96]。

此外，常规 SHPB 中的入射应力脉冲的典型上升时间小于 10μs，由于低波阻抗材料的波速较低，在这样短的时间内，软试件不能达到均匀变形，SHPB 的基本假设不能成立，测量结果不可能得到正确解释。为此，必须保证试件在破坏前的动力平衡和均匀变形。

一种改进方法是使用中空的铝输出杆来克服上述各种不确定性[96]。由于中空的铝输出杆降低了弹性模量，减少了短面积，因而能将输出杆中的信号提高 1 个数量级，这对于玻璃质、橡胶类聚合物，能够获得精确的应力历史。但如果材料的强度和波阻抗很低，如泡沫塑料等，那么将需要对输出杆中信号用更高灵敏度的，可靠实验技术来提高测量的信噪比，有效测量高应变率下这类材料的动态力学响应。

W. Chen 等提出的方法是在铝输出杆的中间设置同直径的压电传感器（x 切割石英晶体片），以直接测量与时间相关的透射应力，如图 4-34 所示。x 切割晶体检测 x 方向应力时的灵敏度大于表面粘贴应变片的间接方法。自制石英传感器的波阻抗十分接近铝输出杆的波阻抗，因此石英切片的置入不会影响输出杆中一维波的特性。石英传感器也可以设置于试件与压杆（输入杆或输出杆）之间，但对于软材料，这样做会因为压缩过程中软材料过大的侧向变形损坏脆性的石英晶体。相比之下，在输出杆中间置入同直径的石英晶体传感器，测量输出杆的透射力将具有较好的重复性，并能避免石英晶片的频繁破坏。从而，使得置埋石英传感器的方法成为可靠的动力学实验方法。

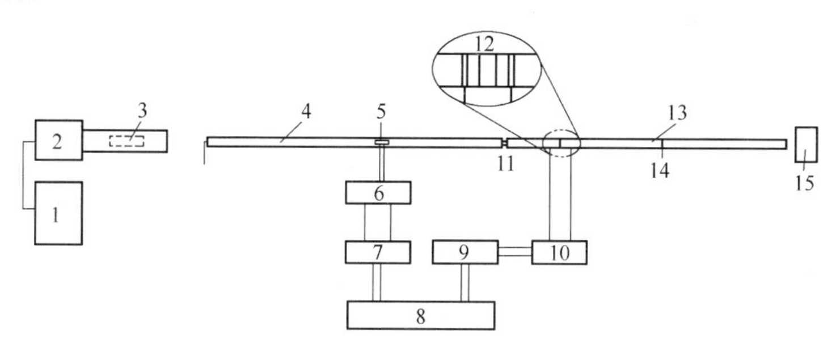

图 4-34 W. Chen 等提出的低强度低阻抗材料试验的 SHPB

1—储气罐；2—气炮；3—撞击杆；4—入射杆；5—应变片；6—惠斯通电桥；7，9—前置放大器；8—示波器；10—电荷放大器；11—试件；12—石英晶体；13—输出杆；14—绝缘体；15—吸收器

为了将石英晶片置入输出杆中间，需将输出杆切断。切割表面须进行打磨、抛光，使其不平整度不大于0.01mm，切割面垂直于杆轴，不同心度在0.01mm以内。晶片的负极用环氧塑脂（TRA-DUCT 2909）胶于与试件接触的半节输出杆末端，正极与另一半输出杆相接，而不粘连，以使压缩透射波通过石英晶体而不反射，当压缩透射波在输出杆的自由端反射成拉伸波时，因石英晶片未粘连，拉伸波到达时，输出杆分离，晶片完好无损。

图4-35所示为利用这种改进的SHPB系统得到的RTV630硅胶和泡沫聚苯乙烯的动态应力-应变关系。

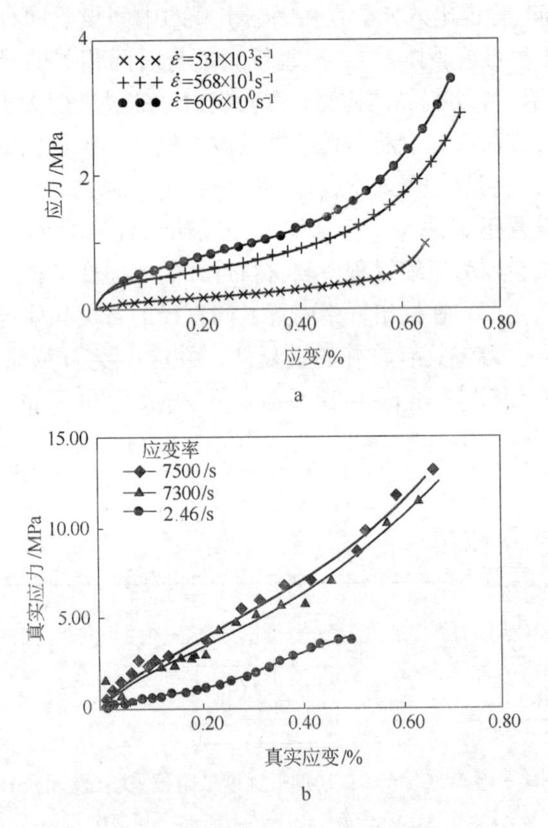

图4-35　软材料的动态应力-应变关系

a—RTV630硅胶；b—泡沫聚苯乙烯

4.5 霍布金森拉杆、扭杆及三轴应力霍布金森压杆

4.5.1 霍布金森拉杆

将霍布金森压杆进行一定的改变，可以用于材料受拉的动态力学性质试验。图 4-36 是其中的一种结构，称为套筒式霍布金森拉杆[18]。这种情况下，撞击产生的压缩脉冲不是在压杆上传播，而是在压杆外层的管壁里传播。当压缩脉冲传到管底时，在自由端反射拉伸波，回传通过压杆和试件，使试件受拉。这种装置可以实现高于 10^3s^{-1}的应变率加载，但存在的问题是：容易出现载荷偏心，难将测试精度控制在 5% 以内，而且由于应力波在杆、管底部连接处的耗散，所产生的拉伸波上升时间很长。

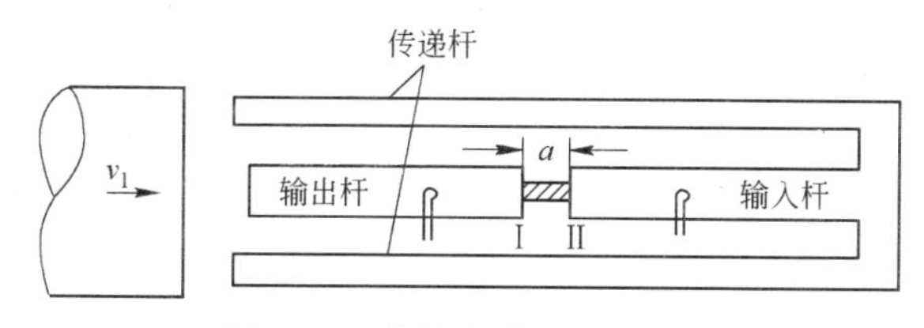

图 4-36 套筒式霍布金森拉杆

为了克服套筒式 Hopkinson 拉杆的缺点，Nicholas 提出了另外形式的 Hopkinson 拉杆，如图 4-37 所示。这一装置由撞击杆 A 和两根压杆 B、C 组成。当撞击杆 A 碰撞压杆 B 时，在杆 B 中产生波长等于 2 倍撞击杆 A 长度的压缩应力脉冲。当压缩应力脉冲传到试件附近时，由于肩套的作用，试件不承受压应力，压应力由肩套承担。即压缩应力脉冲经过肩套传入压杆 C，一直到自由面反射成拉伸波。由于试件与压杆 B、C 用螺纹连接，因此反射拉伸应力脉冲经过试件传播。在试件与压杆 B、C 的连接处，拉伸应力波发生透反射，这一过程与 SHPB 的过程类似。Nicholas 利用这样的装置得到了 AlSi304 不锈钢的拉伸应力-应变曲线，如图 4-38 所示，图中低应变率的曲线是在液压控制机完成的。但由于在岩石表面加工螺纹存在困难，这一方法不适合岩石试件。

最近，有人为了克服这种装置由试件横截面积远小于实心的输出

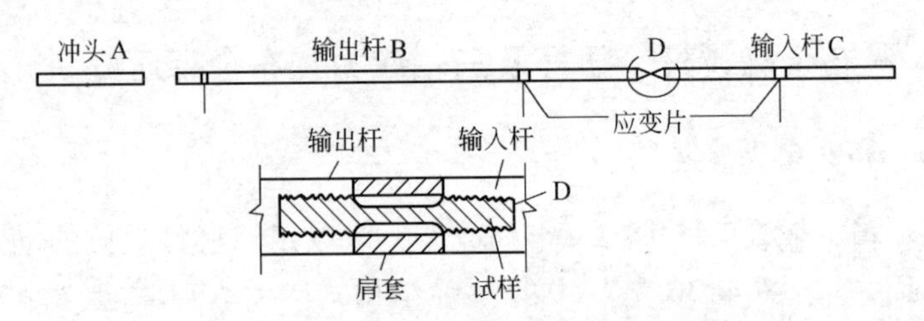

图 4-37　Nicholas 提出的 Hopkinson 拉杆

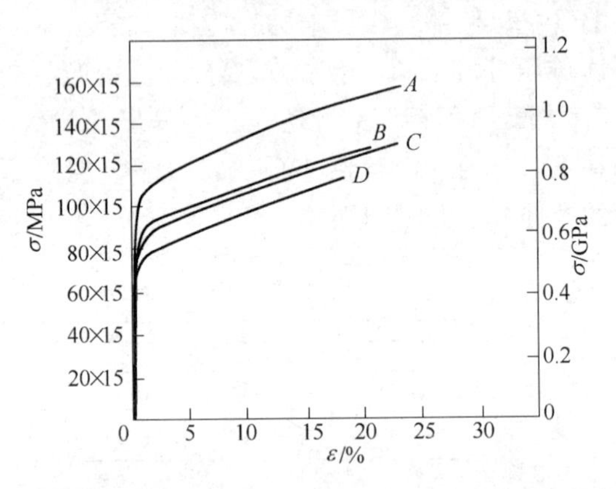

图 4-38　不同撞击速度下 AlSi304 不锈钢的拉伸应力-应变曲线

A—900m/s；B—20m/s；C—4m/s；D—4×10^{-4}m/s

杆横截面积（Nicholas 装置设计为 1/18）带来的透射波强度较弱和由于输入杆在连接螺纹试件的端部存在有一个盲孔，因而拉伸波的反射不能完全代表试件的变形等缺点，采用了空心的 Hopkinson 杆取代了 Nicholas 装置中的实心 Hopkinson 杆。据称，这一改进不但使透射波得到了明显的改善，而且由于空心杆与螺纹试件连接处不存在盲孔，因而不存在拉伸波在盲孔底面 B 的自由反射，从而提高了计算试件变形的测量精度[18]。

另外，还有摆锤式单杆型拉伸装置和帽形冲击式拉伸实验装置，如图 4-39 所示[44]。

图 4-39a 中，摆锤打击撞块，产生向右转播的拉应力脉冲；图 4-39b 中，试件做成帽形，试件放置在卡环中，入射杆中的压缩脉冲会导致帽形试件的侧壁受快速拉伸。

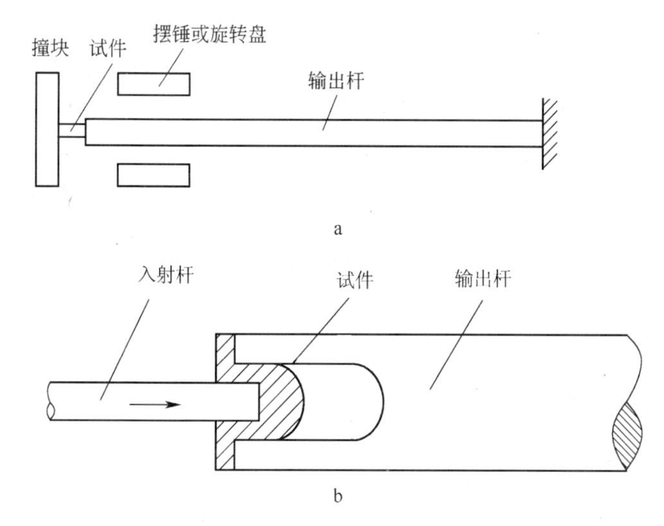

图 4-39 摆锤式单杆型冲击拉伸试验装置与帽形冲击式拉伸实验装置

a—摆锤式单杆型冲击拉伸试验装置；b—帽形冲击式拉伸实验装置

4.5.2 霍布金森扭杆

图 4-40 所示为 J. L. Lewis 和 J. D. Campbell 发展的扭转霍布金森杆（SHB）装置[18]。由于扭转 SHB 装置具有不存在横向惯性和端部摩擦效应等优点，因而得到了迅速发展。作为与加载杆一个整体的部分，在加载杆中央带有一截头锥形凸缘，并用环氧树脂与固定的夹盘相黏合。为产生陡峭波前的扭转波，加载杆的一端通过电动机和减速齿轮慢慢地旋转，施加的扭矩被贮存在加载杆的左边部分，直到环氧树脂接合处达到其断裂时的载荷，这时，贮存的扭矩迅速释放，加载的扭矩传到杆的右边，这个加载扭矩的大小是释放的扭矩的 1/2，并等于传输到右边的卸载扭矩。

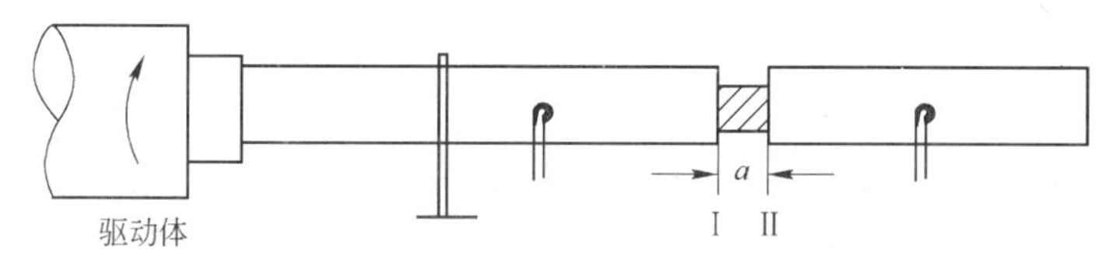

图 4-40 J. L. Lewis 和 J. D. Campbell 的扭转 SHB 装置

近年，A. Gilat 和 C. S. Cheng 也发展了一种扭转（SHB）装置[97]，如图 4-41 所示。利用这一装置，A. Gilat 和 C. S. Cheng 对 1100-O 铝的动力学性质进行了研究，图 4-42 为 A. Gilat 和 C. S. Cheng 得到的 1100-O 铝的剪应变-剪应力的关系。

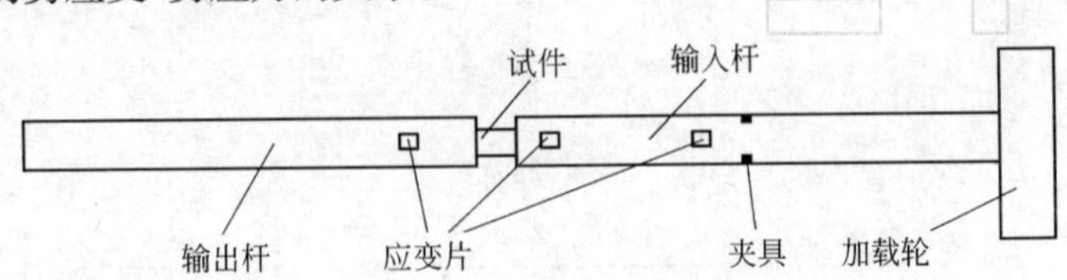

图 4-41 A. Gilat 和 C. S. Cheng 发展的扭转霍布金森杆

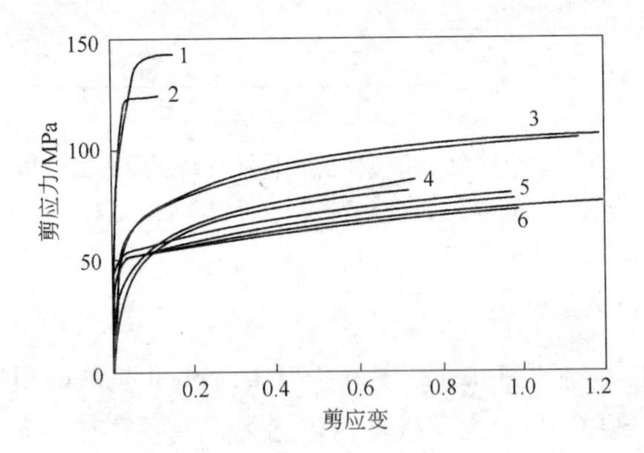

图 4-42 1100-O 铝在不同应变率下的剪应变-剪应力关系

1—2.05×10^5/s；2—1.79×10^5/s；3—6.4×10^4/s；

4—1000/s；5—1.0/s；6—5×10^{-4}/s

4.5.3 三轴应力霍布金森压杆

为研究材料在围压作用下，轴向受冲击载荷时的性质，人们提出了三轴应力霍布金森压杆试验装置。图 4-43 为日本北海道大学在 20 世纪 70 年代岩石动力试验 SHPB 的基础上于 20 世纪 80 年代发展的岩石三轴动力学试验装置。试件置于压力容器（图 4-44）内，通过液压传动装置施加围压静载荷。当输入杆被撞击后，对试件施加轴向冲击载荷。设置不同的围压值，可以得到岩石所受围压对其动力学性质的影响。

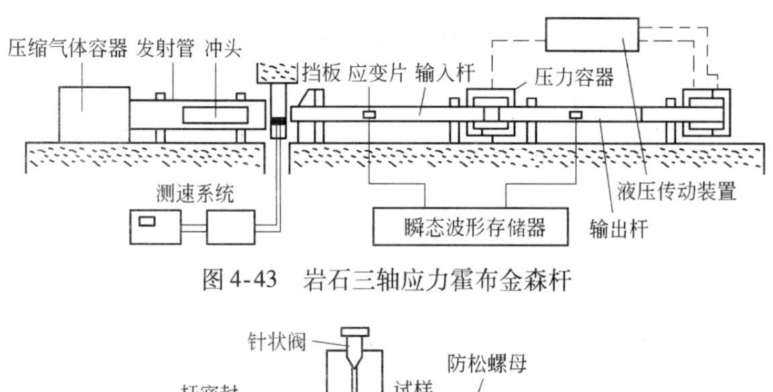

图 4-43 岩石三轴应力霍布金森杆

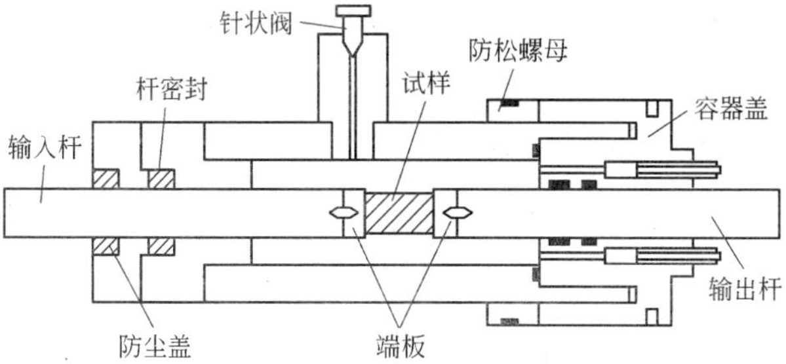

图 4-44 岩石三轴应力 SHPB 的压力容器

4.5.4 岩石动态拉伸特性的霍布金森间接法测量系统

近年来，随着岩石爆破、岩石钻孔、岩爆、地下工程防护等研究的深入，精确确定岩石动态抗拉强度等岩石动态性质变得日益重要和迫切，因此出现了依据岩石静态抗拉强度试验原理的岩石动态性质测定的霍布金森测试系统，用于研究岩石动态抗拉强度及动态断裂韧度的应变率相关性。

图 4-45 所示为 Q. Z. Wang 等[98]提出的用于测量岩石材料动态弹性模量和动态抗拉强度的实验系统。实验中，霍布金森压杆对岩石试件产生冲击，试件可以是巴西圆盘，也可以是带有平台的巴西圆盘（图 4-46），该系统可在试件中心产生应变率达到 $451s^{-1}$ 的拉伸载荷。

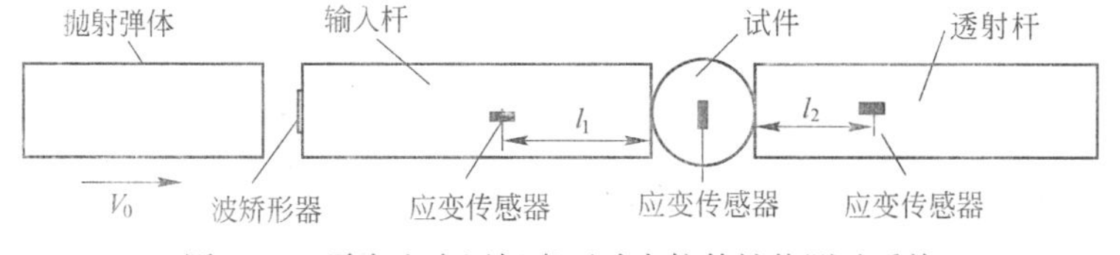

图 4-45 霍布金森压杆岩石动态拉伸性能测试系统

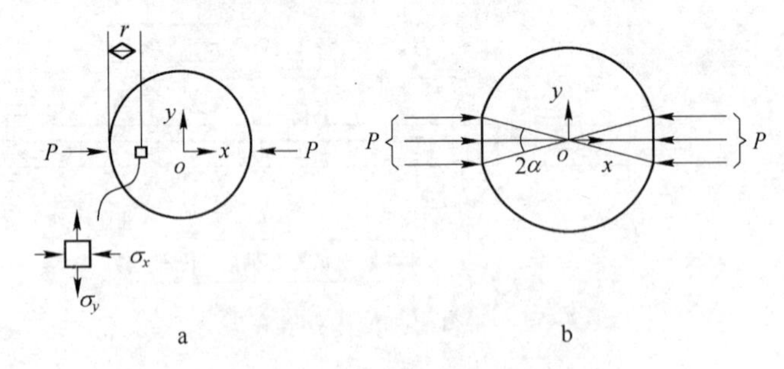

图 4-46 霍布金森实验中的试件

a—巴西圆盘试件；b—带平台的巴西圆盘试件

对图 4-46a 的试件，受压轴线上的主应力分量为

$$\sigma_x = \frac{2p}{\pi DB} \frac{D^2}{r\ (D-r)} \tag{4-36}$$

$$\sigma_y = -\frac{2p}{\pi DB} \tag{4-37}$$

式中，p 为试件受到的压力；D 为试件直径；B 为试件厚度；r 为受压轴线上应力计算点与试件边缘的距离。

对图 4-46b 的试件，则由于受压轴线上的主应力与巴西圆盘情况不同，其受压轴线上的主应力描述为[99]：

$$\sigma_x = 2.973 \frac{2p}{\pi DB} \tag{4-38}$$

$$\sigma_y = -0.964 \frac{2p}{\pi DB} \tag{4-39}$$

进一步，根据格里菲斯强度准则，推导得到拉应力 σ_t 计算式为：

$$\sigma_t = 0.95 \frac{2p}{\pi DB} \tag{4-40}$$

在大理岩上完成的实验表明，在试件中心达到 451/s 的高应变率加载条件下，大理岩的拉伸强度和弹性模量比静载下的相应值高出几倍。

S. H. Cho 等[100]也对岩石的动态拉伸劈裂强度进行了实验研究，他们采用的实验系统如图 4-47、图 4-48 所示，该系统采用水下爆炸驱动装置加载，使试件发生劈裂破坏，从而测定岩石的动态抗拉强度。

利用该系统完成了凝灰岩和砂岩在不同应变率下的抗拉强度测

试，所得结果如图 4-49 所示。

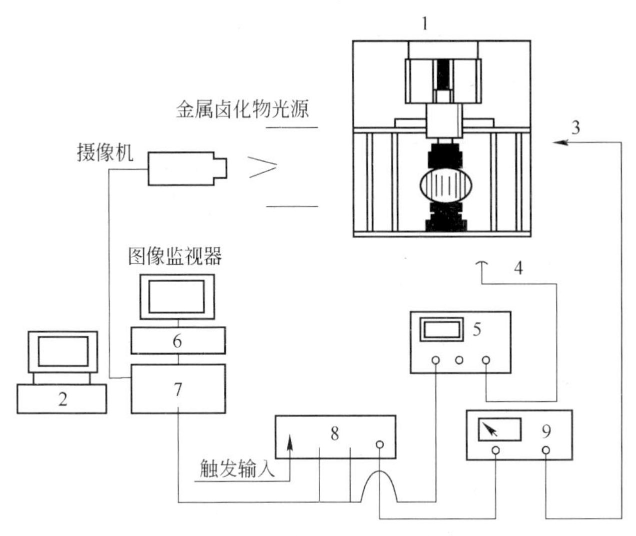

图 4-47 岩石动态劈裂实验系统示意图

1—动态加载系统；2—计算机；3—电雷管；4—载荷传感器；5—数字存储示波器；6—图像记录仪；7—高速图像系统；8—脉冲发生器；9—起爆电路

a

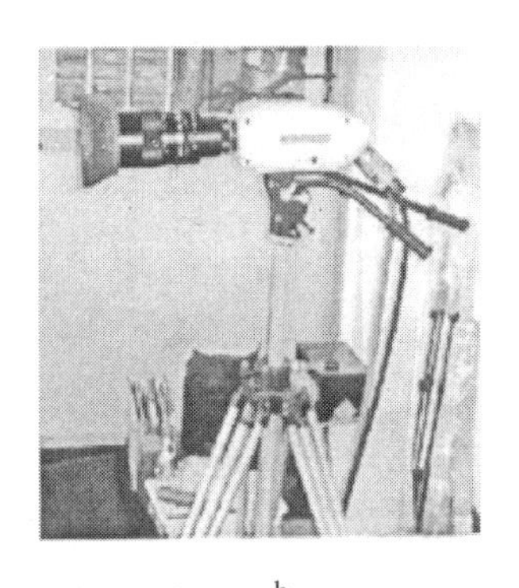

b

图 4-48 动态加载系统与高速摄影相机

a—动态加载系统；b—高速摄影相机

4.5.5 岩石动态断裂韧度霍布金森实验系统

Z. X. Zhang 等[94]利用霍布金森压杆对高加载率下岩石断裂韧度

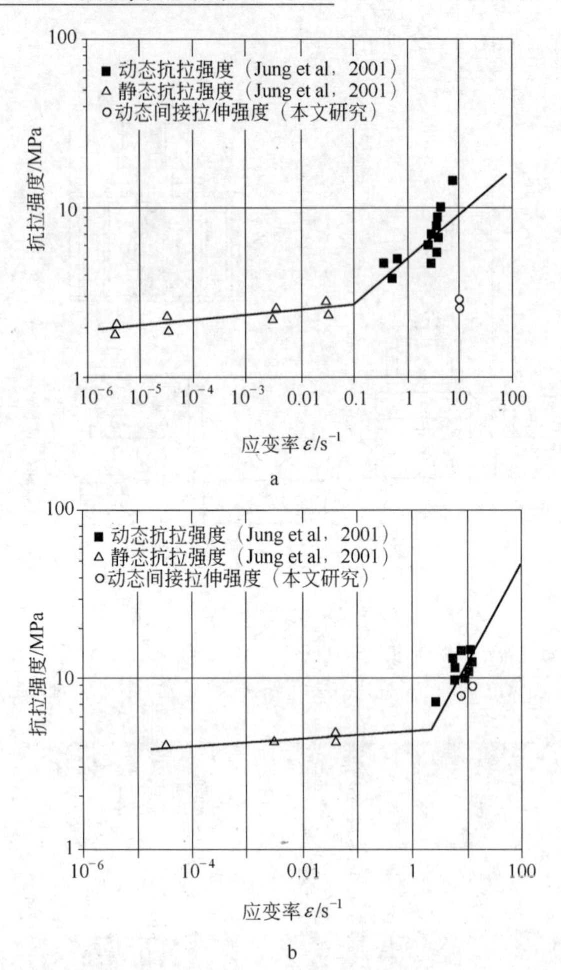

图 4-49 实验测得的凝灰岩及砂岩的抗拉强度与应变率关系

a—凝灰岩；b—砂岩

的应变率效应进行了研究，研究采用的实验装置如图 4-50 所示。实验试件采用北京房山辉长岩和大理岩加工而成，研究得到的结论有：岩石的静态断裂韧度近似为常数，动态断裂韧度（加载率 $\dot{k}>10^4\,\mathrm{MPa}\cdot\mathrm{m}^{1/2}\cdot\mathrm{s}^{-1}$）随加载率增加而增加（图 4-51），具有关系：

$$\log K_{\mathrm{Id}}=a\log\dot{k}+b \tag{4-41}$$

式中，K_{Id}为动态断裂韧度；$\dot{k}$ 为加载率；a，b 为待定常数。

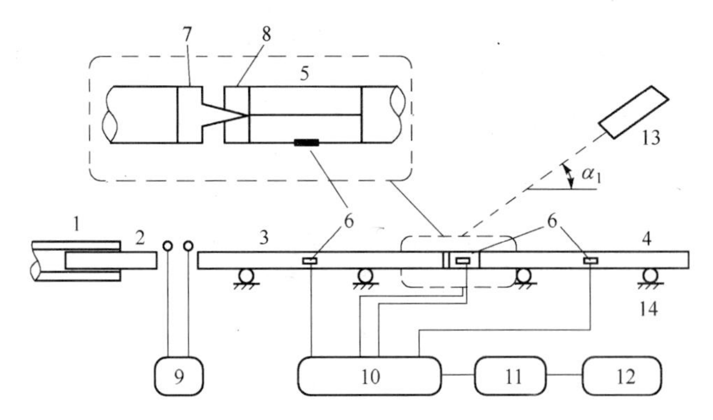

图 4-50 高加载率条件下岩石动态断裂特性的 SHPB 系统

1—气体炮；2—撞击杆；3—输入杆；4—输出杆；5—试件；6—应变传感器；7—楔体；8—钢片；9—测速装置；10—应变放大器；11—瞬态记录仪；12—计算机；13—高速照相机；14—支架

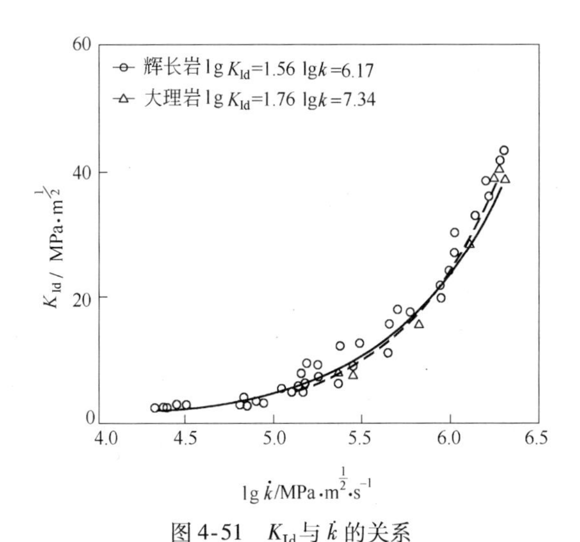

图 4-51 K_{Id}与 $\dot{k}$ 的关系

对断裂试件的宏观观察表明，受动载作用的试件部分（与断裂表面垂直）存在明显的裂纹分叉，且加载率越高，分叉越多。进一步，在很高的加载率（$\dot{k}>10^6 MPa \cdot m^{1/2} \cdot s^{-1}$）下，岩石试件破成几个碎块，而不是像静载作用下那样破成两半。

借助霍布金森压杆装置，F. Dai 和 K. Xia 采用切槽半圆形弯曲

(NSCB) 法 (图 4-52) 和 V 形预裂隙巴西盘 (CCNBD) 法 (图 4-53) 进行了实验研究[101]，探寻岩石动态断裂韧度的加载率相关性，实验得到了岩石的动态起裂韧度和裂纹传播韧度 (图 4-54) 等多种关系。

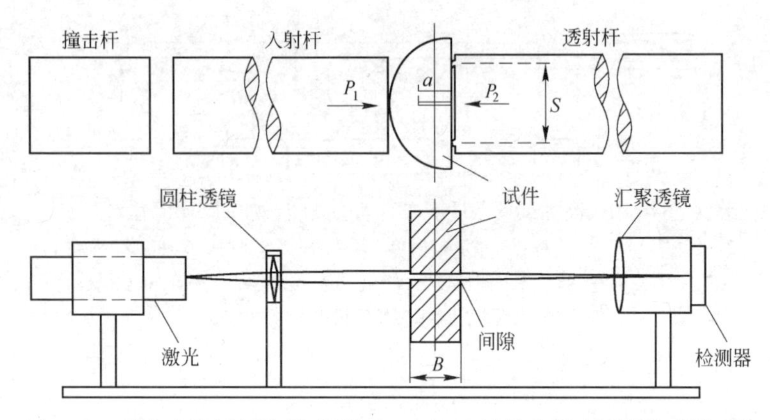

图 4-52 霍布金森压杆装置示意图——NSCB 试件和激光间隙传感器系统

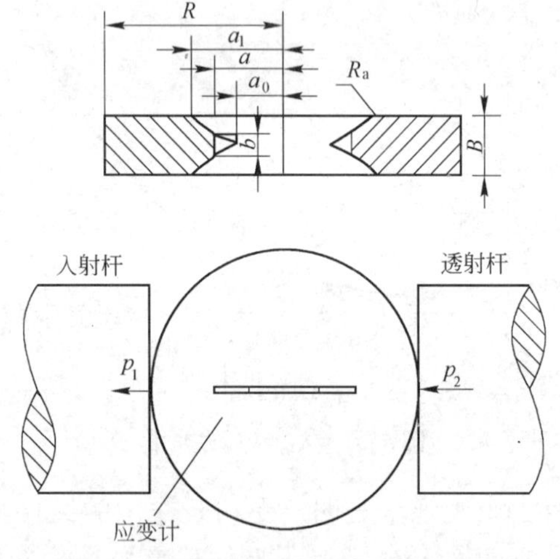

图 4-53 霍布金森装置中的 CCNBD 试件

此外，Dai、Xia 等人[102]所完成的研究还取得了图 4-55、图4-56所示的结果。

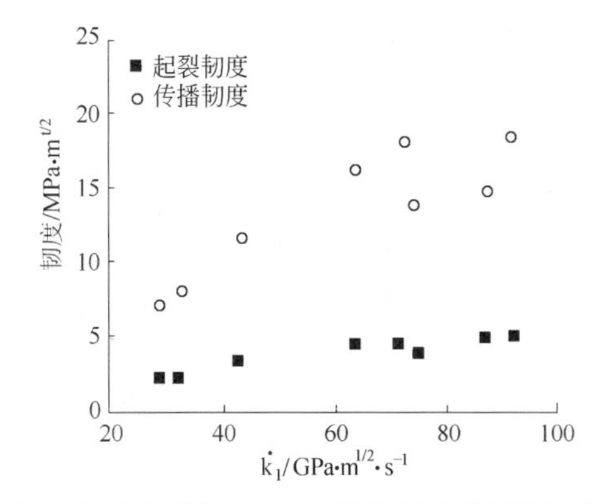

图 4-54 加载率对岩石起裂韧度和裂纹传播韧度的关系

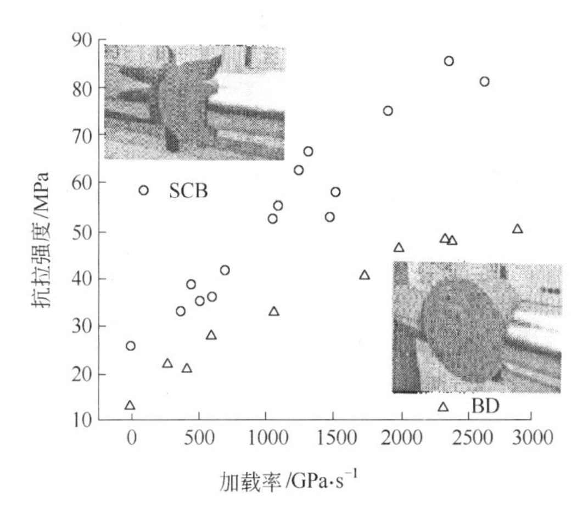

图 4-55 将巴西盘和半圆弯曲试件用于霍布金森压杆获得的岩石拉伸强度加载率相关性

4.5.6 一种用于软材料动力学性质测量的三轴霍布金森压杆系统

聚合物等在承受动态载荷环境中的应用越来越多，如用于航天和汽车配件等。为了保证安全，需要精确了解这些材料在多轴动态载荷下的力学响应。针对聚合物类材料低强度、低刚度的特点，W. Chen 和 F. Lu 提出了改进的 SHPB 系统，这一系统能够在比例施加侧向约束动载荷条件下，对承受轴向载荷的软试件进行实验[103]。其原理说

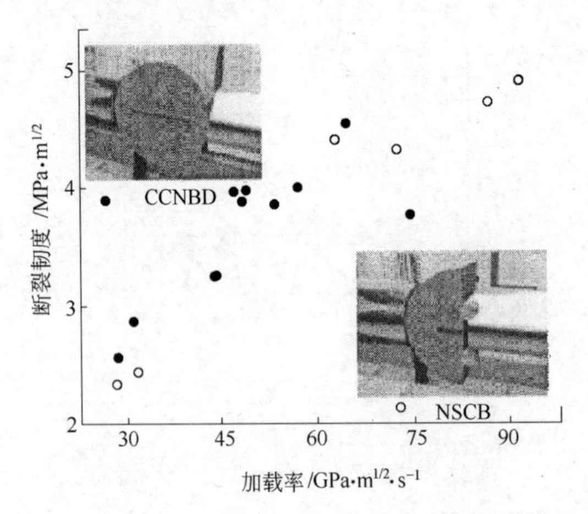

图 4-56 在霍布金森压杆中采用预切槽半圆切槽法和 V 形预裂纹巴西圆盘法得到的岩石断裂韧度应变率相关性

明如下。

这一实验系统由传统的铝合金 SHPB 压杆和固定在 SHPB 试件段的高压盒组成，如图 4-57 所示。当试件在轴向载荷下变形时，入射杆向压力盒内移动，由于试件的低阻抗，输出杆以较低的速度移出压力盒。这样，压力盒中的压杆体积增大，进而引起盒内压力增加，盒内压力与盒内流体体积的变化关系为：

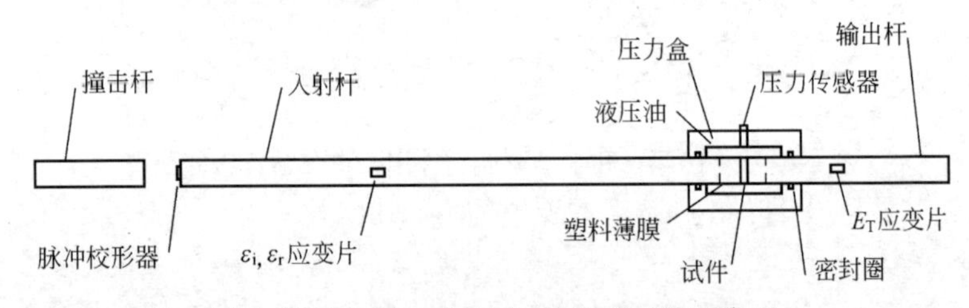

图 4-57 W. Chen 和 F. Lu 的实验系统示意图

$$p=-\frac{K}{V_0}\delta V \tag{4-42}$$

式中，p 为盒内压力，受压为正；V_0 为盒内流体的初始体积；δV 为盒内流体体积变化；K 为流体的体积模量。

流体的体积变化可表示为：

$$\delta V=AL(\varepsilon_{xx}-\varepsilon_{kk}) \tag{4-43}$$

式中，A 为压杆与试件的共同初始面积；L 为试件初始长度；ε_{xx} 为试件的轴应变；ε_{kk} 为变形中试件的体积应变，$\varepsilon_{kk}=\varepsilon_{xx}+\varepsilon_{yy}+\varepsilon_{zz}$。

在流体侧向约束条件下，侧应变相同，$\varepsilon_{yy}=\varepsilon_{zz}$。变形过程中的侧应变与轴应变成比例，即：

$$\varepsilon_{yy}=-\xi\varepsilon_{xx} \tag{4-44}$$

式中，ξ 为比例因子，可能随侧向约束而变。

假定试件材料性质可用广义 Hooke 定律描述，即有：

$$\sigma_{ij}=\frac{E\mu}{(1+\mu)(1-2\mu)}\delta_{ij}\varepsilon_{kk}+\frac{E}{(1+\mu)}\varepsilon_{ij} \tag{4-45}$$

式中，δ_{ij} 为 Kronecker 算子；i，j 随 x，y，z 而变。对流体约束的情况，有：

$$\sigma_{yy}=\sigma_{zz}=\sigma_{\mathrm{T}} \tag{4-46}$$

由于试件中的侧应力 σ_{T} 与液体中的约束压力 p 相同，因此将式 4-44 代入式 4-45，并与式 4-42、式 4-45 联立，得到比例因子：

$$\xi=\frac{\mu}{1+\frac{2KLA}{EV_0}(1+\mu)(1-2\mu)} \tag{4-47}$$

ξ 确定后，侧向约束力 σ_{T} 与轴应力 $\sigma_{xx}=\sigma$ 的比例可写为：

$$\frac{\sigma_{\mathrm{T}}}{\sigma}=\frac{\mu}{(1-\mu)+\frac{EV_0}{2KLA}} \tag{4-48}$$

由式 4-48 可以看出，如果试件很软，$K\gg E$，则：

$$\frac{\sigma_{\mathrm{T}}}{\sigma}=\frac{\mu}{1-\mu} \tag{4-49}$$

如果试件很硬，$E\gg K$，则：

$$\frac{\sigma_{\mathrm{T}}}{\sigma}=0 \tag{4-50}$$

利用这样的系统，W. Chen 和 F. Lu 得到了多轴比例加载下 RTV630 硅胶的试验典型示波图（图 4-58），RTV630 硅胶和 PMMA 在有围压、无围压两种情况下的动态应力应变曲线见图 4-59、图 4-60。

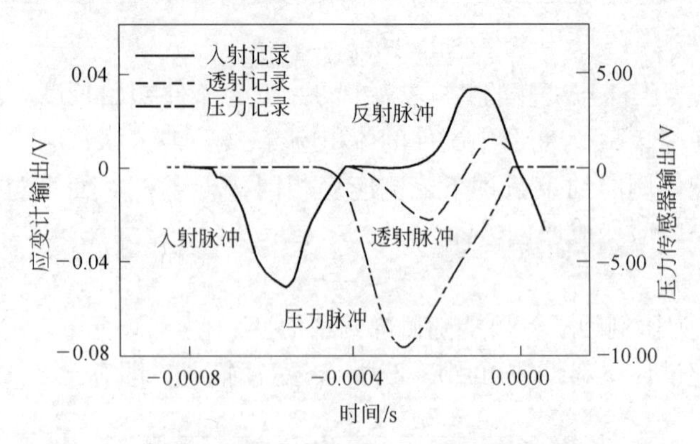

图 4-58　多轴比例加载下 RTV630 硅胶的试验典型示波图

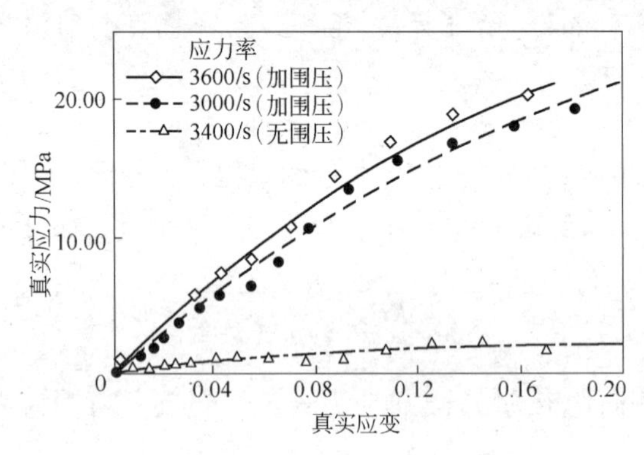

图 4-59　RTV630 硅胶的动态应力应变曲线

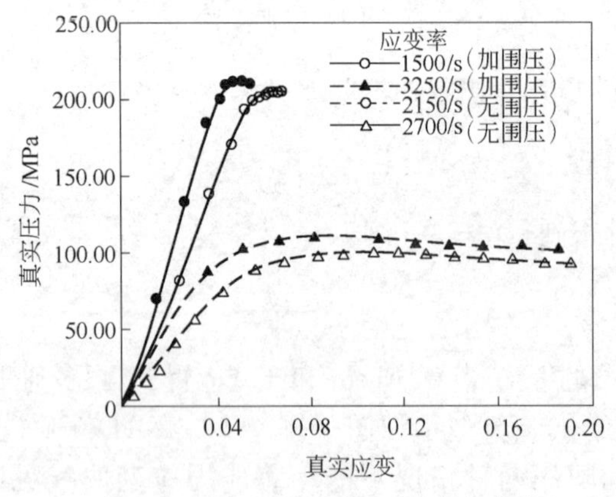

图 4-60　PMMA 的动态应力-应变曲线

现阶段，霍布金森杆技术得到较大发展，已经能够满足各种动力学试验的要求。图 4-61 所示为霍布金森剪切杆[18]；图 4-62 为用于动态三点弯曲梁试验的一种霍布金森杆系统[18]。这些霍布金森杆试验装置的加载速率为 $10^1 \sim 10^4 s^{-1}$ 之间，对更高加载率的材料动力学性质试验研究，需要借助轻气炮（一级或二级）或者炸药驱动飞板撞击试件等加载装置或手段来完成。

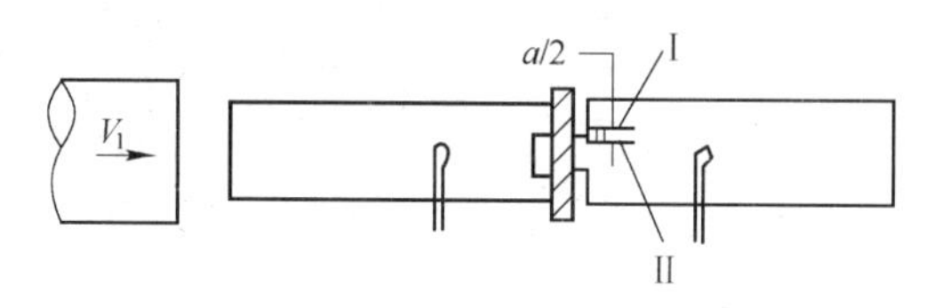

图 4-61 霍布金森剪切杆

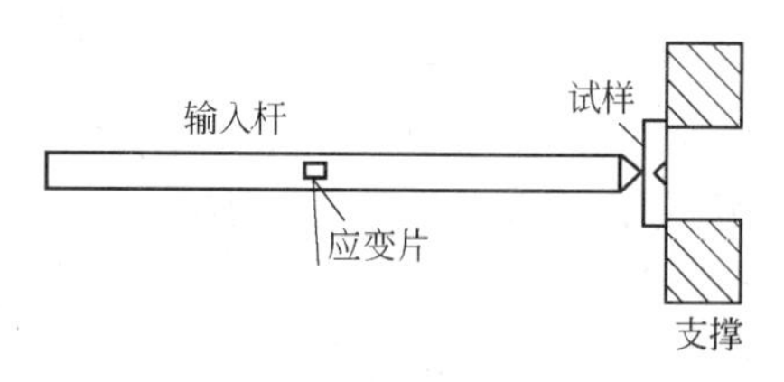

图 4-62 动态三点弯曲梁试验霍布金森杆装置

4.6 泰勒圆柱测试技术与膨胀环测试技术

4.6.1 泰勒圆柱测试技术

1948 年泰勒（Taylor）提出了确定材料动态屈服强度的实验技术，这一方法主要是用一圆柱体撞击刚性靶板，然后测定圆柱体的变形，进而根据材料为弹性—理想塑性及其内形成一维应力波的假设，确定其动态屈服强度。

图 4-63 所示，原始长度为 L 的圆柱体以初始速度 v_0 垂直撞击在刚性靶板上，撞击界面上的压力猛增到弹性极限，于是一个弹性扰动向柱尾传播，波阵面上的压力即是动态屈服极限 σ_{dy}。界面上压力继续增大达到弹性极限，材料进入塑性范围，于是弹性波之后有塑性波以较低的速度尾随，根据材料是理想塑性的假设，塑性区内的应力为

σ_{dy}，继续压缩时，塑性区将继续向柱体自由端增大。弹性波通过后，主体中的质点速度为：

$$v_1 = v_0 - \frac{\sigma_{dy}}{\rho_0 C_0} \tag{4-51}$$

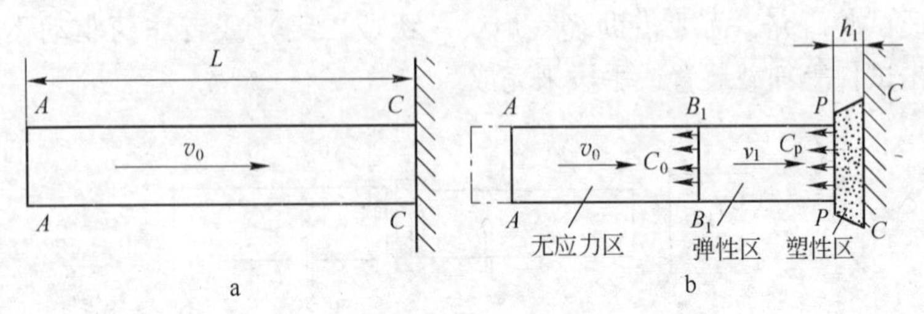

图 4-63　泰勒圆柱测试中的应力波传播

a—撞击前；b—撞击后

在弹性波前面的无应力区，柱体材料仍以速度 v_0 向靶板方向运动。弹性应力波到达柱体自由面，拉伸卸载柱面扰动往回传播后，反射拉伸波阵面通过的区域，应力为 0，质点速度减小为：

$$v_2 = v_1 - \frac{\sigma_{dy}}{\rho_0 C_0} = v_0 - \frac{2\sigma_{dy}}{\rho_0 C_0} \tag{4-52}$$

反射拉伸波到达弹塑性界面时，柱体将以速度 v_2 对弹塑性界面进行新的撞击。这种新的撞击将产生新的压缩应力波，进而反射新的拉伸应力波，同时弹塑性界面向左移动。如此重复，在每一次新的撞击后，撞击速度将进一步降低，第 n 次撞击后的柱体速度为：

$$v_{2n} = v_0 - \frac{2n\sigma_{dy}}{\rho_0 C_0} \quad (n=1,\ 2,\ \cdots) \tag{4-53}$$

当 n 达到一定值后，$v_{2n}=0$，撞击停止。这时柱体的一部分是弹性的，靠近靶板的一部分发生了永久变形，柱体的长度也由原来的 L 缩短为 L_2。根据 Taylor 公式[40]：

$$\frac{2\sigma_{dy}}{\rho_0 C_0} = \frac{L-L_2}{(L-L_2-h_1)\ln\left(\frac{L}{L_2}\right)} \tag{4-54}$$

式中，h_1 为柱体最终的塑性区长度。

因此，通过实验测量撞击前后杆的长度变化，即可计算得到材料的动态屈服强度。

4.6.2 膨胀环测试技术

利用膨胀环测试技术能够获得应变率敏感材料的动态特性。这一方法自提出以来，就受到了较多关注，已有许多人进行了多次改进，最初的膨胀环测试技术是基于膨胀环的瞬时位移记录的。为了获得环的应力，需要将环的位移对时间进行二次微分，但这是相当困难的。后人所做的改进都是围绕着这一问题的解决而进行的。

图4-64所示为膨胀环测试技术的测试装置。测试系统由薄环、驱动器、端部泡沫塑料、中心爆炸炸药和雷管组成。薄环为所要测量材料性能的试件。当中心装药被雷管引爆以后，驱动器在爆炸产物压力作用下向外膨胀变形，一个应力扰动由驱动器传进薄环，薄环中的应力波阵面到达外边界自由面时反射为拉伸卸载波，质点速度倍增。由于薄环与驱动器材料选择的阻抗不匹配，因此薄环中的拉伸波返回到驱动器与薄环的界面上时，薄环将脱离驱动器进入自由膨胀阶段。在此阶段薄环中的径向应力 $\sigma_r=0$，在周向应力 σ_θ 作用下作减速运动。

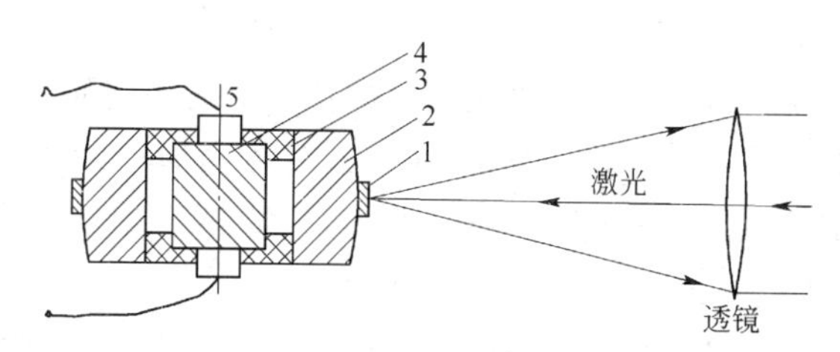

图4-64 膨胀环测试技术的测试装置横界面图

1—薄环；2—驱动器；3—端部泡沫塑料；4—中心爆炸装药；5—雷管

在此，我们需要作如下假设：

（1）薄环没有脱离驱动器之前，受到均匀的内压力作用处于平面应力状态，轴向应力 $\sigma_z=0$。薄环脱离驱动器后，径向应力 $\sigma_r=0$，在自由膨胀过程中只受到周向应力 σ_θ 的作用，因此作减速运动。

（2）忽略由驱动器传入薄环的应力波所引起的冲击升温效应，因为驱动器仅仅处于弹性变形状态或者较小的塑性变形，由驱动器传入的应力波在薄环中所产生的压应力一般与材料的弹性极限同数量级，而忽略冲击波引起的温升（一般仅为5～10℃）。

薄环脱离驱动器后作柱对称运动，其运动方程为：

$$\frac{\partial\sigma_r}{\partial r}+\frac{\sigma_r-\sigma_\theta}{r}=\rho_0\frac{\partial v_r}{\partial r}=\rho_0\ddot{r} \tag{4-55}$$

式中，ρ_0 为薄环的密度；v_r 为薄环的径向速度。

由于在自由膨胀阶段，薄环的 $\sigma_r=0$，于是运动方程改写为

$$\sigma_\theta=-\rho_0 r\ddot{r} \tag{4-56}$$

式中，$\ddot{r}$ 为薄环的径向加速度。假设薄环在自由膨胀过程中体积不变，则薄环的径向应变可以表示为：

$$\varepsilon_r=\frac{\mathrm{d}r}{r} \tag{4-57}$$

积分得

$$\varepsilon_r=\int_{r_0}^{r}\frac{\mathrm{d}r}{r}=\ln\frac{r}{r_0} \tag{4-58}$$

式中，r_0 为薄环的初始半径。将式4-58对时间求导，得：

$$\dot{\varepsilon}_r=\frac{\dot{r}}{r} \tag{4-59}$$

至此，运用速度干涉仪直接测量薄环的瞬时径向膨胀速度，然后通过数值积分可以计算径向位移 $r(t)$，再运用简单的数值微分得到径向加速度 $\ddot{r}(t)$，于是利用方程4-56、方程4-57等式，便可得到各瞬时 t 的应力-应变。

应当指出：对于给定的膨胀环，由于塑性应变率随时间增加单调地减小。因此在预定的每一个应变率条件下，每次试验只能得到一个数据点。为测定某一种具体材料或某一种热处理状态的材料的动态应力-应变-应变率性质，在初始的应变率范围内要求进行几次试验才能得到某个应变率条件下的应力-应变曲线。

4.7　动力学试验中的加载装置

动力学实验中，根据加载率的不同有不同形式的加载装置，加载率较低时，一般采用落锤加载，或采用快速拉压实验机加载。落锤是

一种最简单的加载装置，其加载率一般仅达到 $10^1 \sim 10^3/\mathrm{s}$ 量级。随着应变率的提高，有霍布金森压杆加载装置，这种加载装置的加载率达到 $10^2 \sim 10^4/\mathrm{s}$，如果要求的加载率进一步增高，则将采取爆炸加载等适应高速加载的装置。目前，已有各种能够实现高加载率和特高压的加载装置，它们是：气体炮装置、炸药爆炸加载装置、激光驱动的强冲击波装置、电磁驱动等熵压缩及高速飞片装置、电爆炸驱动装置、电磁轨道炮发射装置等[75]。这些装置能够实现的弹体飞行速度为 5～10km/s，最高可达 20km/s 以上[44,75]，这样的弹体撞击靶体产生的压力达 TPa 级（$1\mathrm{TPa}=10^3\mathrm{GPa}$）以上，加载率超过 $10^6/\mathrm{s}$。本节仅简要介绍其中的某些装置。

4.7.1 炸药爆炸加载装置

4.7.1.1 平面波发生器

平面波发生器是实现炸药爆炸产生高压装置的重要部件，其作用是将雷管引爆产生的散心爆轰波改变成平面爆轰波，实现一维平面冲击波加载。平面波发生器的工作原理如图 4-65 所示。设传爆药柱及高爆速炸药的爆速为 D_1，低爆速炸药的爆速为 D_2，由 O 点引爆产生的散心爆轰波以爆速 D_1 向外辐射，任一支爆轰扰动达到高爆速炸药与低爆速炸药界面上某一点 $A(x,y)$ 时发生折射，折射后的爆轰扰动以速度 D_2 在低爆速炸药中传播。平面波发生器的原理是：由 O 点发出的任一爆轰扰动于相同时刻达到 MN 平面，由此可计算得到高、低炸药分界面的几何方程。如使爆轰扰动沿 OBD 传播与沿 OAC 传播达到同一高度 x 的时间相等，可得到高、低爆速炸药的分界面几何方程：

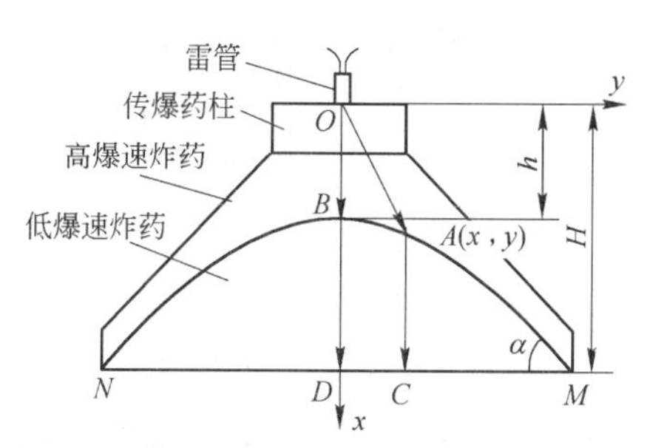

图 4-65 炸药平面发生器原理

$$\frac{\sqrt{x^2+y^2}}{D_1}=\frac{h}{D_1}+\frac{x-h}{D_2}$$

若 $D_1/D_2=n$，则：

$$\sqrt{x^2+y^2}=h+n(x-h) \tag{4-60}$$

而低爆速炸药的底面角 α 由下式确定：

$$\sin\alpha = x/\sqrt{x^2+y^2}$$

进一步，如果 x，y 均远大于 h，则有：

$$\sin\alpha = 1/n = D_2/D_1 \tag{4-61}$$

可见，这样设计的爆炸装置能实现对实验对象的平面高压加载。

4.7.1.2　鼠夹式平面发生器

图 4-66 是一种鼠夹式平面波发生器，装置中玻璃板厚度为 3mm，与主装药呈 α 角。玻璃板顶面放置了两层厚度各为 2mm 的炸药，炸药被雷管引爆后表面炸药推动玻璃板向主炸药运动，所有玻璃板同时撞到主炸药上表面，引爆主炸药，形成平面波。α 角的值由炸药爆速 v_d 和玻璃碎片速度 v_t 计算得到。

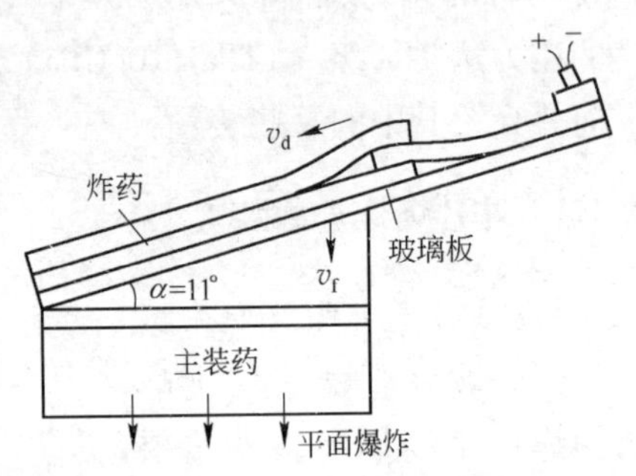

图 4-66　鼠夹式平面波发生器

4.7.1.3　爆炸冲击对撞系统

利用平面波发生器同时起爆主炸药的整个平面，足以推动平板以高达 3km/s 上的速度飞行。图 4-67 所示系统中，左右两侧为平面波发生器，底面各放置一块飞板，且两飞板相互平行，两飞板之间设置靶板，靶板中放有试样。实验时，两侧主炸药由平面波发生器同时起

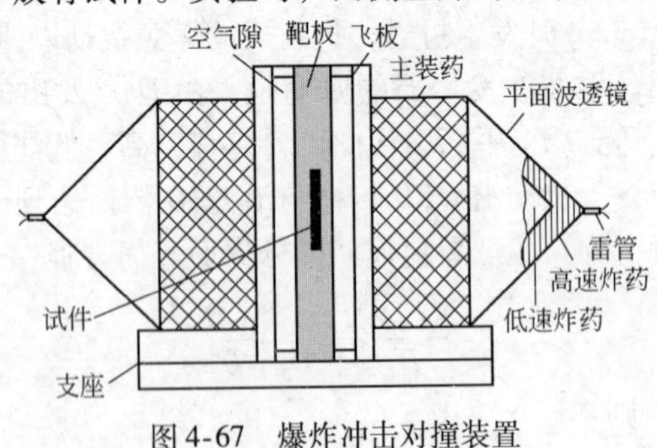

图 4-67　爆炸冲击对撞装置

爆，推动各自飞板相向运动，两飞板同时撞击靶板的两侧面，产生两相向运动的冲击扰动，并在靶板中心叠加，使靶板中心试样受到迅速增长的冲击高压力，实现试样的高加载率强压加载。

4.7.2 轻气炮加载装置

轻气炮加载装置作为动态加载工具已经成功使用了很多年，它能使弹体产生高达 50 ~ 8000 m/s 的速度。与其他装置相比，轻气炮的实验结果重复性好，撞击时有极好的平面度和平行度，且操作非常简单，检测方便。

在当前技术下，各种驱动装置及其能达到的速度分别是一级轻气炮：1100m/s；二级轻气炮：8000m/s；电磁炮或轨道炮：15km/s；等离子加速度器：25km/s[74]。

4.7.2.1 一级轻气炮

典型的一级气体炮由高压气室、释放机构和发射管组成（图4-68)，发射管的出口穿进靶室内部。靶室是进行碰撞实验的一个大容器，实验信息可以从靶室上若干窗口用光学或电子学等方法采集；靶室上方连接抽真空系统。轻气炮的高压气室内装有气体释放机构，弹丸装在气室与发射管之间。实验前，首先对气室抽真空，然后对靶室抽真空，达到规定真空度后停泵，再接通高压气源向气室注气到指定压力。发射时，通过释放机构快速打开高压气室阀门，气体压力直接作用到弹丸底部，弹丸被加速直到飞出炮口。

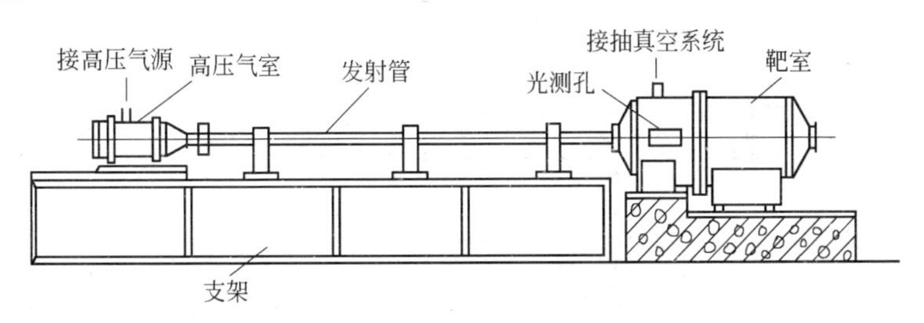

图 4-68 一级轻气炮组成简图

气体炮的发射管通常是滑膛的，即弹丸在光滑（无膛线）的管道内飞行，原则上不会发生旋转。特殊需要时，为了确保弹丸不旋转，还在内管壁上沿飞行轴线开出一条直线槽，弹丸上镶的键受直线槽约束，弹丸不致产生旋转运动，因此，气体炮又有滑膛式气体炮和开槽式气体炮之分。

4.7.2.2　二级轻气炮

在一级气体炮的弹丸加速过程中，弹丸后的容积不断增加，气体膨胀作用在弹底的驱动气体压力不断下降，所以弹丸难以达到更高的速度。为了获得更高的弹速，人们发展了二级轻气炮。

二级轻气炮由压缩级和发射级组成。第一级里的储能气体推动活塞压缩第二级里的轻质气体，第二级里的轻质气体再加速弹体。通常用火药燃烧气体作为第一级的驱动气体，即固体火药点火之后，二级轻气炮开始工作。当火药产生的压力超过某一压力值时，膜片Ⅰ破裂，大质量的活塞以较低的平稳速度压缩泵管内预先充入的轻质气体，使其压力和温度不断上升（图4-69）、当泵管内膜片Ⅱ左端压力达到某预定值时，该膜片破裂，高压气体驱动弹体开始运动。在弹体加速运动过程中，活塞仍然不断地向轻质气体传递能量。特别是由塑性材料（高压聚乙烯）制成的活塞进入高压段的锥形段时，其头部速度明显提高，使得作用到弹体底部的气体压力有一短暂的等底压阶段。弹丸在该短暂平台压力作用下以匀加速方式获得高速度（图4-70）。当弹速进一步提高时，后部活塞挤进程度有所下降，直到停止。此后弹丸在发射管内以一级气体炮的方式继续加速，直到飞出炮口。

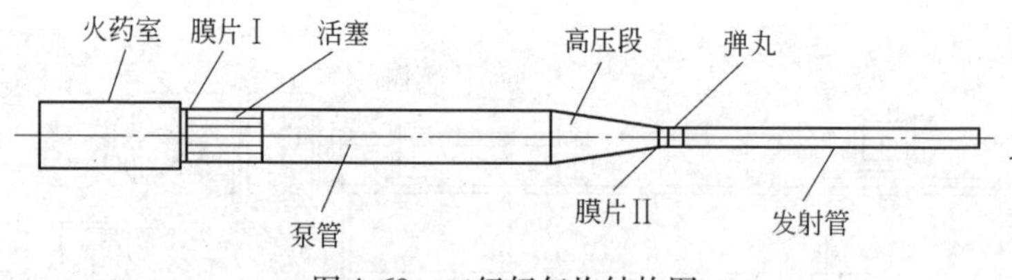

图4-69　二级轻气炮结构图

二级轻气炮中，为了使弹体飞行时不致被弹底压力破坏，必须使加到弹体上的压力不超过弹丸材料的强度极限。若使弹体获得高速度，既要求有较高的平稳弹底压力，又希望作用时间尽可能长。所以，二级轻气炮的活塞速度都较低，运动路程很长，以使泵管内的轻

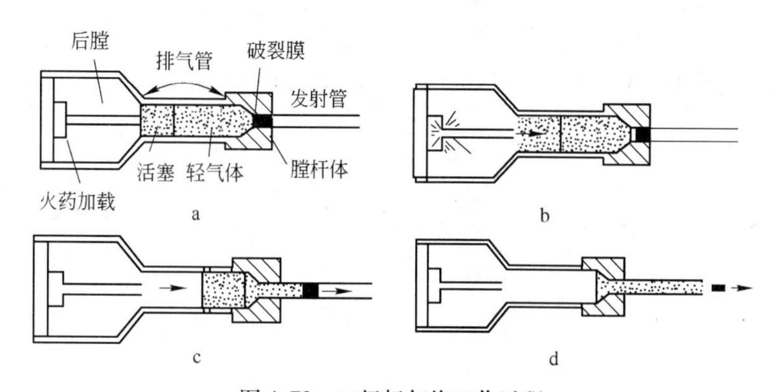

图 4-70 二级轻气炮工作过程

a—抽真空；b—固体火药点燃；c—弹体运动开始；d—塑料活塞进入锥形段

质气体不会产生过强的冲击波导致弹丸破坏。

就结构而言，图 4-69 所示的二级轻气炮是目前最为典型的形式。压力释放时间由两个膜片的破裂强度调整。强度高、尺寸大的高压段是连接泵管和发射管的重要部件。活塞进入高压段后开始变形，由锥形壁的摩擦和挤压以及前端气体压力所形成的阻滞力，使其不断减速直至停止运动。锥形高压段提供的缓冲作用使二级轻气炮的寿命得以延长，成为可以长期重复使用的实验设备。并且，锥形高压段还为进入发射管的气体提供了平滑流动的过渡区。

二级轻气炮各部件承受的压力远大于一级气体炮，各部件的材料和强度比一级气体炮的要求高得多。特别是火药室、泵管、高压段和发射管既要可以分开以便进行装填，又要在合拢锁紧后足以承受高负荷的发射，这使得二级轻气炮的设计工作比一级氢气炮要复杂得多。

4.7.3 电磁轨道炮

电磁炮可以使弹体达到比通过轻气炮所达到的更高速度，其基本原理是利用电磁场，产生一种机械力（洛仑兹力）推动弹体。图 4-71所示为电磁炮的操作原理，它由两个相互平行的导体（一般为铜）轨道支撑着弹体。通常要求弹体很轻，用带有金属尾翼（磁舌）的低密度材料制成。通过电容器放电的形式产生高强度的电流，在洛仑兹力的推动下，弹体会高速运动，其速度随着推动力的增大而增大，而推动的力与电流的平方成正比。改变电流值可以获得不同的速度，电磁炮可以将弹体飞行速度加速到10km/s或更高。

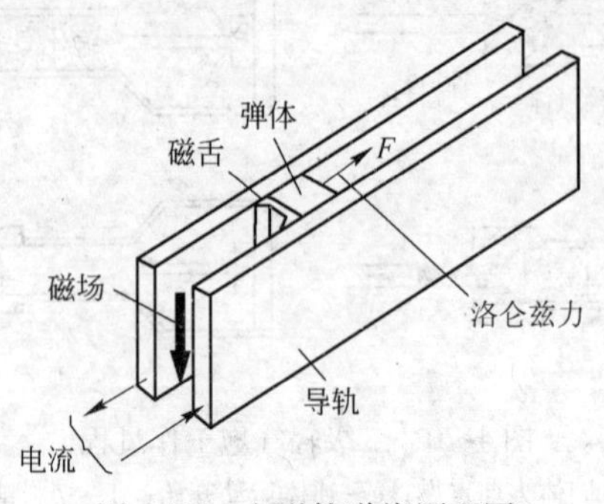

图4-71 电磁轨道炮原理图

5　岩石爆破理论及其数值计算模型

5.1　无限岩石中炸药的爆炸作用

现有的爆破理论认为，埋入无限岩石中的炸药化学爆炸后，将在岩石中形成以装药为中心的由近及远的不同程度的破坏区域，依次称为压碎区、裂隙区和弹性震动区，如图 5-1 所示[17,66,104]。在压碎区，岩石受到的爆炸载荷的加载率最高，且载荷值远远大于岩石的压缩强度，另外压缩区紧邻炸药，因而还受到爆炸气体的高温高压作用。压缩区的范围大小利用考虑应变率效应的三向应力条件下的材料压缩破坏准则求解[105,106]。在压缩区之外，岩石中的爆炸载荷小于岩石的压缩强度，但是岩石径向受压伴随有环向拉伸应力，由于岩石的拉伸强度远小于其压缩强度，因此环向拉伸应力大于岩石的拉伸强度，使岩石产生径向拉伸破坏。根据环向应力不小于岩石动态拉伸强度的条件，可以确定岩石中的裂隙区范围。在裂隙区外面，岩石中

a

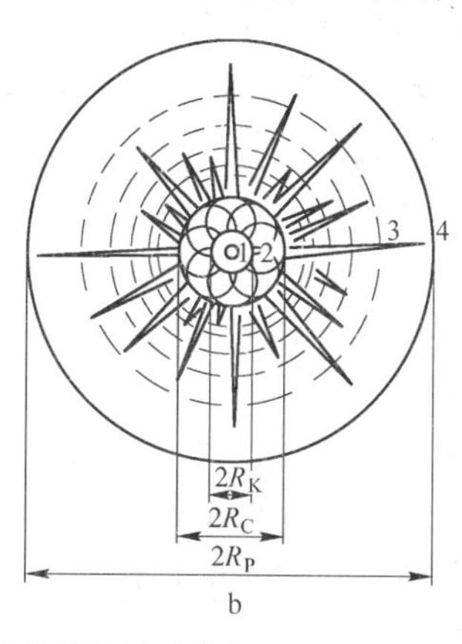

b

图 5-1　无限岩石中炸药的爆破作用

a—有机玻璃模拟爆破试验结果；

b：1—扩大的空腔；2—压碎区；3—裂隙区；4—震动区

R_K—空腔半径；R_C—压碎区半径；R_P—裂隙区半径

的爆炸载荷已经衰减到很小，这时岩石中不出现任何明显的破坏，一般认为这一区域的岩石只产生弹性震动，因而称这一范围为震动区。

以上是炸药化学爆炸在岩石中的破坏效应。核爆炸条件下的岩石破坏情况则不相同。地下核爆炸在岩石中产生强冲击波，由近及远依次使岩石汽化、液化、粉碎压实、破裂、弹性变形等，到达地表时，造成地表剥离[107,108]。

（1）汽化区。冲击波加载压力足够高，岩石卸载过程中发生汽化。汽化产物受界面不稳定性和湍流效应影响，在极短时间内（100μs）与爆炸产物混合，使压缩空腔壁向外膨胀。汽化区外边界可根据弹塑性-流体动力学模型的一维球对称模拟计算求解。

（2）液化区。冲击波压力不足以使岩石汽化时，还会使岩石液化。空腔内高温高压气体压缩腔壁液化岩石，使其向外膨胀。当空腔趋于稳定时，液化岩石沿腔壁不断落入空腔下半部。

（3）压实区。从液化区向外，岩石被粉碎、压实，失去本来的结构性状。

（4）破碎区。该区岩石被粉碎，但岩石结构未发生变化。破碎区也可称破碎松散区或剪切破裂区。

（5）破裂区。在冲击波作用下，由于介质非均匀性，岩石产生许多新的裂纹、裂隙，或使原有裂隙延伸，岩石呈现破裂状态，该区也称裂纹区或剩余应力区。

（6）弹性区。该区应力波强度小于岩石的弹性极限，岩石基本不再发生永久变形，仅有弹性变形，统称弹性区。

以上各区大小取决于爆炸当量和岩石物理力学性质，可用以下经验公式计算：

$$R_i = A_i W^{1/3} \tag{5-1}$$

式中，R_i 为各分区外半径，m；W 为核爆炸的 TNT 炸药当量，kt；A_i 为经验常数，参照表 5-1 选取。

在上述各破坏区，经过爆炸前后岩石样品的研究与现场勘查，可知岩石不同分区的特征量变化，见表 5-2。

对比发现，核爆炸引起的岩石破坏比炸药化学爆炸引起的岩石破坏程度要强烈得多，但远区的破坏分区规律具有相似性。

表 5-1 试验获得的岩石破坏分区经验常数

<table>
<tr><th rowspan="2">介　质</th><th colspan="6">A_i</th></tr>
<tr><th>汽化区</th><th>液化区</th><th>压实区</th><th>破碎区</th><th>破裂区</th><th>弹性区</th></tr>
<tr><td>石灰岩</td><td>—</td><td>—</td><td>13. 6</td><td>28. 3</td><td>64. 0</td><td>>64. 0</td></tr>
<tr><td>红色粗粒花岗岩</td><td rowspan="4">1. 11</td><td rowspan="4">2. 45</td><td>13. 7</td><td>34. 2</td><td>57. 0</td><td>>57. 0</td></tr>
<tr><td>红色粗粒花岗岩</td><td>12. 8</td><td>41. 0</td><td>68. 4</td><td>>68. 4</td></tr>
<tr><td>黑云母斜长花岗岩</td><td>11. 1</td><td>32. 6</td><td>—</td><td>—</td></tr>
<tr><td>黑云母斜长花岗岩</td><td>—</td><td>34. 2</td><td>—</td><td>—</td></tr>
</table>

表 5-2 核爆前后破坏分区岩石特征量对比

特征量	压实区	破碎区	破裂区	弹性区	地表剥离区
密度	明显下降	有所下降	基本一般	完全相同	完全相同
孔隙度	明显增高	有所增高	基本一般	完全相同	完全相同
抗压强度	多数增大，少数很低	多数下降	完全一致	完全一致	完全一致
声速	明显下降	有所下降	基本一致	完全相同	完全相同
显微分析	矿物以塑性变形为主，伴有弹性破碎	矿区以弹性破碎为主，裂隙、微裂隙发育	完全一致	完全一致	完全一致
现场观察	岩芯采取率一般较低，近腔壁有脉状玻璃体，岩体声速极低	岩芯采样率较高，岩体声速值很低	岩芯采样率高达 70%，岩体声速有所降低	岩芯采样率较高，岩体声速基本一致	岩芯采样率较低，岩体声速有所降低

炸药化学爆炸载荷作用下，岩石中形成的压碎区、裂隙区和震动区范围的确定，近些年来受到许多学者的重视，他们分别对之进行了研究，提出了各自的岩石中爆炸压碎区和裂隙区半径的计算方法[105,106,109]。下面介绍作者提出的岩石中柱状药包爆破产生爆炸压碎区和裂隙区半径的计算方法[106]，这一方法的特点是：利用三向加载条件下的 Mises 准则，并考虑了岩石三向受力及其强度的应变率效应。

5.1.1　岩石中柱状药包爆破产生的爆炸载荷

在耦合装药条件下，岩石中的柱装药包爆炸后，向岩石施加冲击载荷，按声学近似原理，有[17,110]：

$$p=\frac{2\rho C_{\mathrm{p}}}{\rho C+\rho_0 D}p_0 \tag{5-2}$$

$$p_0=\frac{1}{1+\gamma}\rho_0 D^2 \tag{5-3}$$

式中，p 为透射入岩石中的冲击波初始压力，MPa；p_0 为炸药的爆轰压，MPa；ρ，ρ_0 为分别为岩石和炸药的密度，kg/m^3；C_{p}，D 分别为岩石中的声速和炸药爆速，m/s；γ 为爆轰产物的膨胀绝热指数，一般取 $\gamma=3$。

若爆破采用不耦合装药，岩石中的透射冲击波压力为[17,104]：

$$p=\frac{1}{2}P_0 K^{-2\gamma}l_{\mathrm{e}}n \tag{5-4}$$

式中，K 为装药径向不耦合系数，$K=\frac{d_{\mathrm{b}}}{d_{\mathrm{c}}}$，$d_{\mathrm{b}}$，$d_{\mathrm{c}}$ 分别为炮孔半径和药包半径，mm；l_{e} 为装药轴向系数；n 为炸药爆炸产物膨胀碰撞炮孔壁时的压力增大系数，一般取 $n=10$。

岩石中的透射冲击波阵面不断向外传播而使其强度衰减，最后变成弹塑性应力波。岩石中任一点引起的径向应力和切向应力可表示为[17]：

$$\sigma_r=p\,\bar{r}^{-\alpha} \tag{5-5}$$

$$\sigma_\theta=-b\sigma_r \tag{5-6}$$

式中，σ_r，σ_θ 分别为岩石中的径向应力和切向应力，MPa；$\bar{r}$ 为比距离，$\bar{r}=\frac{r}{r_{\mathrm{b}}}$，$r$ 为计算点到装药中心的距离，m，r_{b} 为炮孔半径，m；α 为载荷传播衰减指数，$\alpha=2\pm\frac{\mu_{\mathrm{d}}}{1-\mu_{\mathrm{d}}}$，正、负号分别对应冲击波区和应力波区，$\mu_{\mathrm{d}}$ 为岩石的动泊松比；b 为侧向应力系数，$b=\frac{\mu_{\mathrm{d}}}{1-\mu_{\mathrm{d}}}$。

岩石的泊松比是与应变率相关的，随应变率的提高而减小。但截至目前，尚缺乏对这一问题的深入研究。根据有关成果[18,116]，在工程爆破的加载率范围内，可以认为：

$$\mu_d = 0.8\mu \tag{5-7}$$

式中，μ 为岩石的静态泊松比。

如果将问题看成平面应变问题，则在弹塑性应力波区进一步还可求得：

$$\sigma_z = \mu_d(\sigma_r + \sigma_\theta) = \mu_d(1 - b)\sigma_r \tag{5-8}$$

5.1.2 爆炸载荷作用下岩石的破坏准则

外载荷作用下材料的破坏准则，取决于材料的性质和实际的受力状况[112]。岩石属于脆性材料，抗拉强度明显低于抗压强度。工程爆破中，岩石呈拉压混合的三向应力状态，并且研究已表明[17,106,109]：岩石爆破中的压碎区是岩石受压缩所致，而裂隙区则是受拉破坏的结果。

岩石中任一点的应力强度可表示为：

$$\sigma_i = \frac{1}{\sqrt{2}}[(\sigma_r - \sigma_\theta)^2 + (\sigma_\theta - \sigma_z)^2 + (\sigma_z - \sigma_r)^2]^{\frac{1}{2}} \tag{5-9}$$

将式5-6、式5-7代入，并按平面应变问题处理，经整理得：

$$\sigma_i = \frac{1}{\sqrt{2}}\sigma_r[(1 + b)^2 - 2\mu_d(1 - b)^2(1 - \mu_d) + (1 + b^2)]^{\frac{1}{2}} \tag{5-10}$$

根据Mises准则，如果 σ_i 满足式5-11、式5-12，则岩石破坏：

$$\sigma_i \geqslant \sigma_0 \tag{5-11}$$

$$\sigma_0 = \begin{cases} \sigma_{cd}\ (\text{压碎圈}) \\ \sigma_{td}\ (\text{裂隙圈}) \end{cases} \tag{5-12}$$

式中，σ_0 为岩石的单轴受力条件下的破坏强度，MPa；σ_{cd}，σ_{td}分别为岩石的单轴动态抗压强度和单轴动态抗拉强度，MPa。

岩石的动态抗压强度随加载应变率的提高而增大，但不同岩石对应变率的敏感程度不同，根据已有研究[18]，对常见的爆破岩石，可近似用下式统一表达岩石动态抗压强度与静态抗压强度之间的关系：

$$\sigma_{cd} = \sigma_c \dot{\varepsilon}^{\frac{1}{3}} \tag{5-13}$$

式中，σ_c 为岩石的单轴静态抗压强度，MPa；$\dot{\varepsilon}$ 为加载应变率，s^{-1}。工程爆破中，岩石的加载率 $\dot{\varepsilon}$ 在 $10^0 \sim 10^4 s^{-1}$ 之间[68]。在压缩圈内，加载率较高，可取 $\dot{\varepsilon} = 10^2 \sim 10^4 s^{-1}$；在压碎圈外，加载率进一步降低，可取 $\dot{\varepsilon} = 10^0 \sim 10^3 s^{-1}$。

岩石的动态抗拉强度随加载应变率的变化很小[17]，在岩石工程爆破的加载应变率范围内，可以取

$$\sigma_{td} = \sigma_t \tag{5-14}$$

式中，σ_t 为岩石的单轴静态抗拉强度，MPa。

5.1.3 压碎圈与裂隙圈半径计算

柱状耦合装药条件下，炸药爆炸后，将在岩石中炮孔壁周围形成压碎圈（粉碎圈），利用式 5-2、式 5-3、式 5-10 ~ 式 5-12，可得到压碎圈半径：

$$R_1 = \left(\frac{\rho_0 D^2 AB}{4\sqrt{2}\,\sigma_{cd}} \right)^{\frac{1}{\alpha}} r_b \tag{5-15}$$

其中

$$A = \frac{2\rho C_p}{\rho C_p + \rho_0 D}$$

$$B = \left[(1+b)^2 + (1+b^2) - 2\mu_d (1-\mu_d)(1-b)^2 \right]^{\frac{1}{2}}$$

$$\alpha = 2 + \frac{\mu_d}{1-\mu_d}$$

如果采用不耦合装药，且不耦合系数较小时，则相应的压碎圈半径为：

$$R_1 = \left(\frac{\rho_0 D^2 n K^{-2\gamma} l_e B}{8\sqrt{2}\,\sigma_{cd}} \right)^{\frac{1}{\alpha}} r_b \tag{5-16}$$

在压碎圈之外即是裂隙圈。根据式 5-10 ~ 式 5-12，在两者的分界面上，有

$$\sigma_R = \sigma_r \Big|_{r=R_1} = \frac{\sqrt{2}\,\sigma_{cd}}{B} \tag{5-17}$$

式中，σ_R 为压碎圈与裂隙圈分界面上的径向应力，MPa。在压碎圈之外爆炸载荷以应力波的形式继续向外传播，衰减指数为：

$$\beta=2-\frac{\mu_{\mathrm{d}}}{1-\mu_{\mathrm{d}}} \tag{5-18}$$

这里，将应力波衰减指数改写为β，目的是与压碎圈中的冲击波衰减指数相区别。

于是，利用式5-10～式5-12及式5-18，可得到岩石中裂隙圈半径 R_2 为：

$$R_2=\left(\frac{\sigma_R B}{\sqrt{2}\sigma_{\mathrm{td}}}\right)^{\frac{1}{\beta}}R_1 \tag{5-19}$$

进一步，利用式5-15、式5-19，得到耦合装药条件下的裂隙圈半径表达式：

$$R_2=\left(\frac{\sigma_R B}{\sqrt{2}\sigma_{\mathrm{td}}}\right)^{\frac{1}{\beta}}\left(\frac{\rho_0 D^2 AB}{4\sqrt{2}\sigma_{\mathrm{cd}}}\right)^{\frac{1}{\alpha}}r_{\mathrm{b}} \tag{5-20}$$

利用式5-16、式5-19，得到不耦合装药条件下的裂隙圈半径表达式：

$$R_2=\left(\frac{\sigma_R B}{\sqrt{2}\sigma_{\mathrm{th}}}\right)^{\frac{1}{\beta}}\left(\frac{\rho_0 D^2 nK^{-2\gamma}l_{\mathrm{e}}B}{8\sqrt{2}\sigma_{\mathrm{cd}}}\right)^{\frac{1}{\alpha}}r_{\mathrm{b}} \tag{5-21}$$

以采用2号岩石炸药进行爆破为例，取炸药密度 $\rho_0=1000\mathrm{kg/m^3}$，爆速 $D=3600\mathrm{m/s}$，利用文献［17］中的岩石性能参数，由上面计算式求得在不同岩石中形成的压碎圈和裂隙圈半径，见表5-3。表中 r_{b} 为炮孔半径，$l_{\mathrm{e}}=1$ 表示轴向不留空气柱。

表5-3　2号岩石炸药在岩石中爆炸形成的压碎圈和裂隙圈半径

项　目	页　岩	砂　岩	石灰岩	花岗岩
$\rho/\mathrm{kg\cdot m^{-3}}$	2350	2405	2420	2600
$C/\mathrm{m\cdot s^{-1}}$	2900	3300	3430	5200
μ	0.31	0.25	0.26	0.22
$\sigma_{\mathrm{c}}/\mathrm{MPa}$	55	80	140	175
$\sigma_{\mathrm{t}}/\mathrm{MPa}$	16.5	24	25	32
R_1/r_{b}	2.67	2.24	1.77	1.67
(R_1/r_{b})	2.36	1.94	1.53	1.36

续表 5-3

项　目	页　岩	砂　岩	石灰岩	花岗岩
R_2/r_b	16.7	13.6	14.8	12.9
(R_2/r_b)	14.8	11.8	12.8	10.5
备　注	$\dot{\varepsilon}=10s^{-1}$，$K=43/32=1.3$，$l_e=1$，$R_1/r_b$ 和 R_2/r_b 表示耦合装药条件下的相应量，(R_1/r_b) 和 (R_2/r_b) 表示不耦合装药条件下的相应量			

哈努卡耶夫的研究认为[66]，埋入岩石中的炸药爆炸后，形成的压碎圈（粉碎圈）半径为装药半径的 2 ~ 3 倍，裂隙圈半径为装药半径的 10 ~ 15 倍。由此，这里认为表 5-3 中的计算值与之基本相符，计算方法是可靠的。

对损伤岩石条件下的压缩圈与裂隙圈计算较复杂，岩石损伤一方面增大冲击波、应力波衰减指数，另一方面也降低岩石强度，改变泊松比等[67]，有待进一步研究。

岩石工程爆破开挖中，往往要在开挖边界上采用光面爆破或预裂爆破技术，以降低爆破对围岩的破坏，减少围岩自身稳定性的降低。为此，要求周边孔爆破不能在岩石中产生压碎圈，这即是要求：

$$R_1 = r_b \tag{5-22}$$

由此，可计算得到实施光面爆破或预裂爆破时的周边眼装药不耦合系数，如表 5-4 所示。

表 5-4　2 号岩石炸药周边控制爆破的不耦合系数

项　目	页　岩	砂　岩	石灰岩	花 岗 岩
装药不耦合系数	1.8	1.67	1.53	1.46

表 5-4 为利用 2 号岩石炸药实施周边控制爆破时的装药不耦合系数计算值，计算结果与工程实际基本一致。

5.2　岩石爆破的破碎块体大小控制

当前各类工程中的岩石开挖仍以爆破方法为主。以合理的炸药爆炸能量对开挖范围内的岩石进行适度的破碎，并尽量减少爆破作业对周围保留岩石强度和稳定性的不利影响，一直是爆破理论与技术研究的专家学者追寻的重要目标之一[113]。

已有不同学者对岩石爆破破碎的块体尺寸问题进行了研究，并提出了岩石爆破破碎块度的分布描述方法和预测模型，对工程实践起到良好的指导作用。但这些研究未能从岩石爆破破坏的物理本质出发，所得结论基本属于经验或半经验的。并且由于这些研究没有将爆破在形成开挖范围内岩石破碎的同时，也会对开挖边界以外的保留岩体造成损伤统一考虑，因而存在局限性，仍需要进一步完善[114~116]。印度学者 A. K. CHAKRABORTY 等以隧道爆破实例为基础，分析了爆破效果的描述及影响爆破效果的主要因素，提出了隧道爆破指数的概念，建立了用隧道爆破指数预测爆破效果的模型，但其对爆破的岩石破碎块度重视不够，没有建立起隧道爆破指数与岩石破碎块度的关系[117]。

岩石爆破破碎块体尺寸受岩石性质、炸药性质和爆破设计参数等多方面因素的影响，比较复杂[118]。这里介绍作者与钱七虎院士的研究成果[113]，从岩石爆破破坏的物理本质出发，分析爆破装药参数对岩石破碎块体大小的影响，以及爆破条件的改变对爆破引起开挖范围以外保留岩石损伤区大小的影响等关系，进而指出工程爆破中根据工程目的的不同，控制合理的岩石破碎块体尺寸的重要性。

5.2.1 岩石爆破破碎的物理本质

研究表明，岩石是成分多变、构造非均匀的介质，岩石中存在着复杂的构造层次系统，这种层次包含从原子级别到地质级别，甚至行星大小的尺度级别，而且这一系统中不同级别的块体尺寸 Δ_i（$i=1$，2，3，…,）之间存在自相似关系[119~121]：

$$\Delta_i=2^{-i/2}\Delta_0 \tag{5-23}$$

式中，Δ_i为第 i 级别的块体尺寸；i 为自然数；$\Delta_0=2.5\times10^6$m，为地核的直径。

同级块体之间由张开度为 δ_i 的裂纹分开，这种裂纹的张开度 δ_i 与块体尺寸之间存在稳定的统计关系：

$$\mu_\Delta(\delta)=\delta_i/\Delta_i=\Theta\times10^{-2} \tag{5-24}$$

式中，Θ 为系数，在 1/2 ~2 之间取值；$\mu_\Delta(\delta)$ 称为岩石力学不变量。

这些块体层次的分隔裂纹是岩石材料的薄弱联结，岩石材料受外载后破坏的物理本质就是这些不同层次裂纹起裂与扩展。这些不同层次的裂纹，因其长度和张开度不同（见式5-23、式5-24），具有不同的强度。根据 Griffith 理论，使较长的裂纹起裂、扩展只需要较小的载荷；反之，使较短的裂纹起裂、扩展则需要较大的载荷。实践中，在静态载荷作用下，材料的断裂破坏往往是由其中潜在的较长裂纹起裂、扩展引起的，表现出材料的强度较低，而破碎块度较大，破坏后的岩石块体数量少；而在岩石爆破过程中，炸药的爆炸加载具有较高的加载速率，这时不仅较大的块体层次分隔裂纹起裂、扩展，而且较小的块体层次分隔裂纹也起裂、扩展，因此岩石破碎成较小的破碎块度，块体数量也多，相应地表现出较高的强度。这便是对上述岩石构成破坏物理本质的有效例证，目前已得到普遍认同。

据此，通过不同加载速率加载，控制岩石爆破的载荷大小，可以有效达到获得适度破碎块度的目的。爆破作业中，岩石破碎块度过小，不仅消耗过多的炸药能量，而且还将对保留岩体和环境造成不利影响。因此，工程实践中，根据爆破的不同目的，合理控制岩石的破碎块度是必要的和有益的。

5.2.2 炸药爆速对破碎块度的影响

美国 Sandia 国家实验室的 Grady 对岩石动态破碎过程进行了研究，得出脆性岩石动态破碎平均块度与加载率之间的如下关系[122]：

$$d = \left[\sqrt{20} K_{\mathrm{Ic}} / (\rho c \dot{\varepsilon}) \right]^{2/3} \tag{5-25}$$

式中，d 为岩石破碎块度尺寸；K_{Ic} 为岩石的断裂韧度；ρ 为岩石密度；c 为岩石的弹性波速度；$\dot{\varepsilon}$ 为加载应变率。

根据 5.2.1 节所述岩石爆破破坏的物理本质，有：

$$d \in \{ \Delta_i \mid i = 1, 2, \cdots \}$$

根据文献［18］，不同加载率下的岩石强度可以近似表示为：

$$\hat{\sigma} = k \dot{\varepsilon}^{1/3} \tag{5-26}$$

式中，$\hat{\sigma}$ 为岩石的强度；k 为系数，与岩石性质有关。

将式 5-26 代入式 5-25，有岩石破碎块度尺寸 d（$=\Delta_i$）与岩石强度 $\hat{\sigma}$ 的关系：

$$d=[\sqrt{20}K_{\rm Ic}/(\rho c)]^{2/3}(k/\hat{\sigma})^2 \tag{5-27}$$

岩石爆破条件下，炮孔中的装药爆炸后在岩石中引起的爆炸载荷可以表示为：

$$\sigma=p_0\ (r/r_{\rm b})^{-\alpha} \tag{5-28}$$

$$p_0=\rho_{\rm e}D^2\ (V_{\rm c}/V_{\rm b})^{\gamma}/8 \tag{5-29}$$

以上两式中，σ 为炸药爆炸在岩石中引起的压应力；p_0 为作用于炮孔壁的爆炸载荷；r 为计算点到装药中心的距离；α 为岩石中爆炸应力波衰减指数；$r_{\rm b}$ 为炮孔半径；$\rho_{\rm e}$ 为炸药密度；D 为炸药爆速；$V_{\rm b}$ 为炮孔体积；$V_{\rm c}$ 为装药体积；γ 为爆炸产物压力膨胀衰减指数，当炮孔内压力大于或等于 100MPa 时，$\gamma=3$，当炮孔内压力小于 100MPa 时，$\gamma=1.4$。

取 $\sigma=\hat{\sigma}$，并将式 5-28、式 5-29 代入式 5-27，有：

$$d=Ak^2\ (BD^2)^{-2} \tag{5-30}$$

式中

$$A=[\sqrt{20}K_{\rm Ic}/(\rho c)]^{2/3}$$

$$B=\rho_{\rm e}(V_{\rm c}/V_{\rm b})^{\gamma}\ (r/r_{\rm b})^{-\alpha}/8$$

于是，可得到炸药爆速与岩石破碎块度尺寸的关系：

$$d\propto D^{-4} \tag{5-31}$$

根据式 5-31，要使岩石破碎块度尺寸减小两个层次，即 $d_1=\Delta_{i+2}=\Delta_i\cdot 2^{-2/2}=d/2$，则：

$$(1/2)D^{-4}=D_1{}^{-4}$$

$$D_1=\sqrt[4]{2}D=1.19D \tag{5-32}$$

由式 5-32 知，当炸药爆速提高 1.19 倍时，岩石的破碎块度尺寸减小一半。可见，岩石的破碎块度尺寸对炸药爆速是敏感的。因此，爆破实践中，为了获得工程要求的岩石爆破破碎块度尺寸，正确选择炸药品种，以控制炸药的爆速十分重要。

5.2.3 单位体积炸药消耗量与破碎块度的关系

工程爆破实践中，可得到的炸药品种往往很有限，难以满足不同条件和目的的爆破要求，但通过改变炮孔内的装药结构却可以比较容易地改变爆破作用于岩石的爆炸载荷，从而很好地满足不同工程目的对爆破结果的要求。不耦合装药是爆破工程使用较多的装药结构，在炮孔直径不变的条件下，采取不同的装药不耦合值，可以实现不同的爆破装药量，进而便可使岩石受到不等的爆炸载荷值:

利用式 5-27 ~ 式 5-29，有:

$$d = Ak^2(B_1 V_c^{\gamma})^{-2} \tag{5-33}$$

式中

$$B_1 = \rho_e D^2 \ (1/V_b)^{\gamma} \ (r/r_b)^{-\alpha}/8$$

于是，可得炮孔装药量与岩石破碎块度尺寸的关系:

$$d \propto V_c^{-2\gamma} = \ (q/\rho_e)^{-2\gamma} = \rho_e^{2\gamma} q^{-2\gamma} \tag{5-34}$$

进一步，有:

$$d \propto q^{-2\gamma} \tag{5-35}$$

以上两式中，q 为炮孔装药量。

在炮孔数量不变的条件下，所有炮孔中的装药量增加的倍数，相当于爆破时的单位体积耗药量增加的倍数。因此，式 5-34 也可理解为爆破岩石破碎块度尺寸与爆破单位体积耗药量的关系。

由式 5-34 知，如果爆破岩石破碎块度尺寸减小两个层次，即 $d_1 = d/2$，则有:

$$q_1 = q^{-2\gamma} \times 1/2 = \ (2^{1/2\gamma} q)^{-2\gamma} \tag{5-36}$$

如果取 $\gamma = 3$，则 $q_1 = 1.12q$；如果取 $\gamma = 1.4$，$q_1 = 1.28q$。即要使岩石爆破破碎块度尺寸减小 1/2，则炸药单位耗药量应增加 12% ~28%。在周边爆破条件下，为了降低爆破对围岩的损伤，对岩石的破碎应严格要求，不宜追求过小的破碎块体。这时，应当通过严格控制炮孔装药量，来控制炸药单位耗药量，使岩石受到合理大小程度的破碎，从而达到在爆破岩石的同时，也使围岩得到最大限度的保护。

5.2.4 爆破装药与爆破损伤区大小的关系

岩石爆破中，周边爆破都是采用多钻眼、少装药的方式进行的，目的在于尽可能减少爆破引起的围岩损伤，尽可能保持围岩的原有强度和稳定性。周边眼的装药量是决定围岩受爆破损伤程度的重要因素，不同的炮孔装药量，炮孔壁受到的爆炸载荷不同，进而起裂、扩展的裂纹层次不同，破碎块度尺寸不同。

由式5-27、式5-28知，如果岩石的破碎块体降低两个层次，大小由 $d=\Delta_i$ 变为 $\Delta_{i+2}=\Delta_i\times 2^{-2/2}=d/2$，则炮孔内的爆炸压力变化可依据

$$d\propto p_0^{-2} \tag{5-37}$$

推得：

$$d/2\propto p_0^{-2}/2=(\sqrt{2}p_0)^{-2} \tag{5-38}$$

即炮孔内的爆炸压力将增大$\sqrt{2}$倍。

如果认为岩石中的爆炸应力波衰减规律不变，且引起岩石损伤的临界应力值为 σ_0，则炮孔内压力为 p_0 时，岩石受到爆破损伤区半径 r 可表示为：

$$r=(p_0/\sigma_0)^{1/\alpha}r_b \tag{5-39}$$

当炮孔内爆炸压力增大$\sqrt{2}$倍后，岩石受到爆破损伤区半径 r_1 可表示为：

$$r_1=(\sqrt{2}p_0/\sigma_0)^{1/\alpha}r_b=2^{1/2\alpha}r \tag{5-40}$$

对于常见岩石，其泊松比 $\mu=0.2\sim0.5$，于是应力波衰减指数：

$$\alpha=2-\frac{\mu}{1-\mu}=1\sim1.75$$

岩石受到爆破损伤区半径增大为：

$$r_1=2^{1/2\alpha}r=(1.2\sim1.4)r$$

即当周边爆破的岩石爆破破碎块体尺度降低两个层次，$d_1=d/2$ 时，炮孔内的爆炸压力需增大$\sqrt{2}$倍，而爆破引起的围岩损伤区半径将增大1.2~1.4倍。在围岩损伤范围增大的同时，炮孔近区围岩受到的损伤程度必然增大，甚至出现宏观破坏，引起爆破超挖。因此，周边爆破设计与施工中严格控制炮孔装药量十分重要。

5.2.5 要点归纳

要点归纳如下：

(1) 岩石是具有不同结构层次的系统。外载荷作用下，岩石破坏的物理本质是不同结构层次块体的解体，爆炸载荷作用时，由于加

载率很高，载荷作用值高，岩石破碎后的块体尺寸小。

（2）爆破采用高爆速炸药时，岩石破碎块体尺寸小；反之，岩石破碎块体尺寸大。工程中应当根据具体要求，合理选择炸药品种，以达到控制岩石破碎块体的合理大小。

（3）当岩石爆破的单位体积耗药量增大 12% ~28% 时，岩石的破碎块体尺寸将减小 1/2。在周边爆破时，对岩石的破碎应严格要求，通过严格控制炮孔装药量，即单位耗药量，使岩石受到合理程度的破碎，可以达到在爆破岩石的同时，最大限度降低爆破引起的围岩损伤。

（4）周边爆破时，如果岩石爆破破碎块体尺寸降低两个层次，破碎块体尺寸减小 1/2，则炮孔内的爆炸压力需增大$\sqrt{2}$倍，而爆破引起的围岩损伤区半径将增大 1.2 ~1.4 倍，因此周边爆破中严格控制炮孔装药量具有重要的意义。

5.3　临近自由面条件下炸药的爆炸作用

在 5.1 节我们提到，埋入无限岩石中的炸药爆炸后，将在周围产生压碎区、裂隙区和震动区。当埋入岩石中的炸药包临近自由面时，由于爆炸应力波在自由面的反射作用，炸药爆炸除在其周围岩石中产生压碎区、裂隙区和震动区之外，视其到岩石自由表面距离的不同，还将在自由表面引起岩石的破裂、鼓包和抛掷。进一步在岩石中形成一漏斗状的炸坑，称为爆破漏斗，如图 5-2 所示。

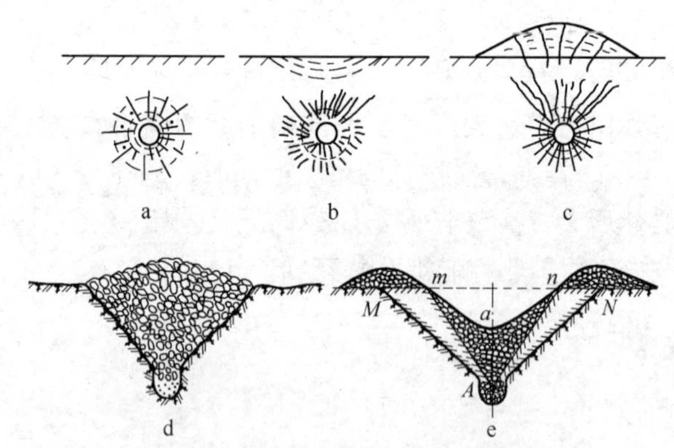

图 5-2　爆破漏斗的形成条件示意图

a—表面无破坏；b—表面破裂；c—表面鼓包；d—松动漏斗；e—抛掷漏斗

炸药在岩石中爆炸时，形成爆破漏斗的条件用炸药的相对埋深表示。炸药的相对埋深 Δ 定义为：

$$\Delta = W/W_c \tag{5-41}$$

式中，W 为炸药的埋置深度，称为最小抵抗线，如图 5-3 所示；W_c 为临界最小抵抗线。当 $W \geqslant W_c$ 时，炸药爆炸引起的岩石破坏仅限于岩石内部，而在岩石表面不产生任何破坏。

关于爆破漏斗的形成，已经有了以 W. C. Livingston 理论为主体的许多爆破漏斗理论。爆破漏斗理论是岩石爆破的重要理论之一，在爆破工程实际中有着广泛的应用。下面我们将对爆破漏斗及 W. C. Livingston 理论作简要论述。

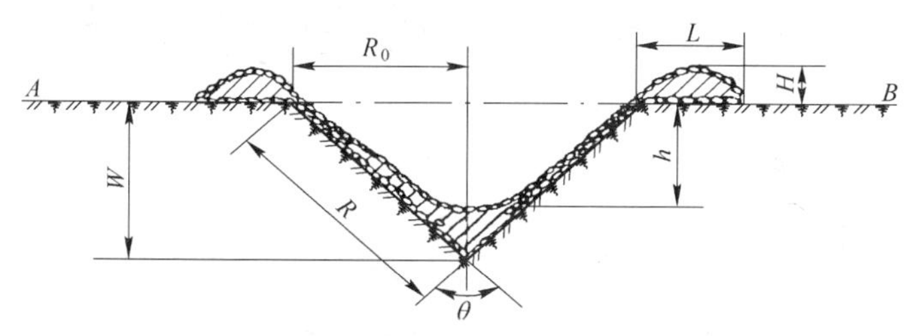

图 5-3 爆破漏斗的几何要素

W—最小抵抗线；θ—爆破漏斗张开角；R_0—爆破漏斗半径；L—爆堆宽度；R—爆破漏斗作用半径；H—爆堆高度；h—可见爆破漏斗高度

5.3.1 爆破漏斗的几何参数

图 5-3 所示为爆破漏斗的几何要素[122,123]。其中的最小抵抗线 W、爆破漏斗半径 R_0 和爆破漏斗作用半径 R 称为爆破漏斗三要素。此外，还有一个常用的几何要素就是爆破作用指数 n，定义为：

$$n = R_0/W \tag{5-42}$$

根据爆破作用指数 n 的不同，所形成的爆破漏斗分有以下 4 种基本形式，如图 5-4 所示。

（1）松动爆破漏斗（图 5-4a）。爆破作用指数 $n \approx 0.75$。此时，爆破漏斗内的岩石被破坏、松动，但不被抛出漏斗坑外。当 n 小于 0.75 很多时，将不能形成从药包到自由面间的连续破坏，不能形成漏斗。

（2）减弱抛掷（加强松动）爆破漏斗（图5-4b）。当爆破作用指数取值范围为$0.75<n<1$时，形成的爆破漏斗为减弱抛掷爆破漏斗，也称为加强松动爆破漏斗。这是进行隧硐掘进爆破参数设计时，常考虑的爆破漏斗形式。

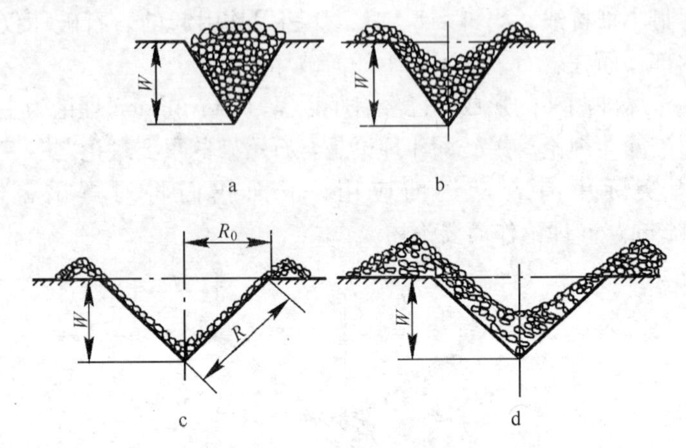

图5-4 爆破漏斗的基本形式

a—松动爆破漏斗；b—减弱抛掷爆破漏斗；

c—标准抛掷爆破漏斗；d—加强抛掷爆破漏斗

（3）标准抛掷爆破漏斗（图5-4c）。爆破作用指数$n=1$，即最小抵抗线W与爆破漏斗半径R_0相等，漏斗张开角$\theta=\pi/2$（张开角的定义如图5-3所示），形成标准爆破漏斗，这时爆破漏斗体积最大，能够实现最佳的爆破效率，相应的装药最小抵抗线称为最优抵抗线，如图5-5所示。工程中，确定不同种类岩石爆破的单位炸药消耗量时，或者确定或比较不同炸药的爆炸性能时，往往用标准爆破漏斗的体积

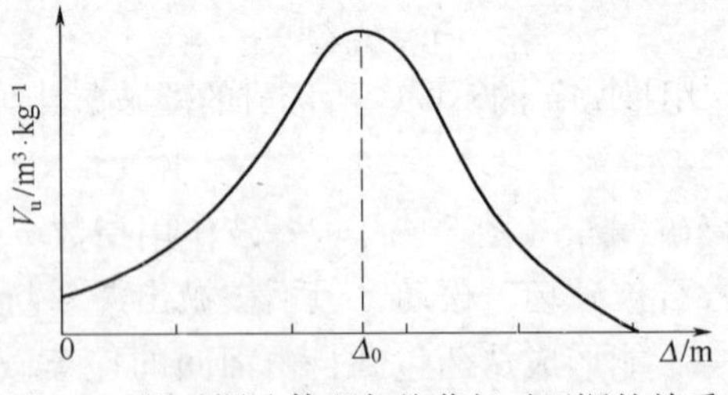

图5-5 爆破漏斗体积与炸药相对埋深的关系

作为衡量标准。

（4）加强抛掷爆破漏斗（图5-4d）。爆破作用指数$n>1$，漏斗张开角$\theta>\pi/2$。此时，爆破漏斗半径R_0大于最小抵抗线W。当$n>3$时，炸药的能量主要消耗在破碎岩石的抛掷上，爆破漏斗的体积明显减小。因此，工程中加强抛掷爆破漏斗的作用指数控制为：$1<n<3$。一般情况下，实施抛掷爆破时，爆破作用指数的取值范围为：$n=1.2\sim2.5$。

5.3.2　形成标准抛掷爆破漏斗的条件

标准爆破漏斗的装药最小抵抗线W等于漏斗半径R_0，漏斗张开角$\theta=\pi/2$。在柱状装药条件下，若忽略反射横波的作用，则形成标准爆破漏斗的力学条件可表述为：漏斗边缘处入射波产生的切向拉应力与反射拉伸波产生的径向拉应力之和等于岩石的拉伸强度[17]，即：

$$\sigma_{\theta i}+\sigma_{rR}=\sigma_{td} \tag{5-43}$$

取产生标准爆破漏斗时的最佳抵抗线为W_0，则入射波到达漏斗边缘需经过的距离为$\sqrt{2}W_0$。因而漏斗边缘处入射波产生的切向拉应力与反射拉伸波产生的径向拉应力可表述为：

$$\sigma_{\theta i}=bp\ [\sqrt{2}W_0/r_\mathrm{b}]^{-\alpha} \tag{5-44}$$

$$\sigma_{rR}=Rp\ [\sqrt{2}W_0/r_\mathrm{b}]^{-\alpha} \tag{5-45}$$

式中，p为炸药爆炸作用于炮眼壁上的最大压力；b为侧向应力系数，$b=\frac{\mu}{1-\mu}$，μ为岩石的泊松比；α为爆炸应力波衰减指数，可近似取$\alpha=2-b$；r_b为炮眼半径；R为应力波反射系数，$R=\frac{\tan\beta\tan^2 2\beta-\tan\delta}{\tan\beta\tan^2 2\beta+\tan\delta}$，$\delta$为应力纵波入射角，$\beta$为应力横波反射角，$\beta=\sin^{-1}\left[\left(\frac{1-2\mu}{2(1-\mu)}\right)^{\frac{1}{2}}\sin\delta\right]$。纵波反射系数$R$为负值，计算时仅以绝对值代入。

将式5-25与式5-26代入式5-24，则得到形成标准爆破漏斗的最优最小抵抗线：

$$W_0 = \left[\frac{(R+b)\ P}{\sigma_{td}} \right]^{\frac{1}{\alpha}} \frac{\sqrt{2}\, r_{\rm b}}{2} \tag{5-46}$$

进一步，单位长度炮眼形成的标准爆破漏斗的体积 $V_0 = W_0^{\ 2}$，用 q_l 表示单位长度的炮眼装药量，则有形成标准爆破漏斗的单位体积炸药消耗量：

$$q = \frac{q_l}{V_0} = \frac{q_l}{W_0^{\ 2}} \tag{5-47}$$

取形成自由表面松动的装药临界抵抗线为[17]：

$$W_{\rm c} = \sqrt{2}\, W_0 = \left[\frac{(R+b)\ p}{\sigma_{td}} \right]^{\frac{1}{\alpha}} r_{\rm b} \tag{5-48}$$

5.3.3　C. W. Livingston 的爆破漏斗理论

爆破漏斗的理论最早是由美国学者 C. W. Livingston 提出的，这是以能量平衡为准则的岩石爆破破碎的爆破漏斗理论。C. W. Livingston 认为[51,67]，炸药在岩石中爆破时，传给岩石的能量多少与速度取决于岩石性质、炸药性能、药包重量、药包埋置深度等因素。埋于岩石中的炸药爆炸时，释放能量的绝大部分将被岩石所吸收，岩石吸收的能量达到极限平衡状态后，多余能量使岩石表面开始产生破坏、鼓包、位移、抛掷等。反之，岩石表面将不产生破坏。在岩石表面形成破坏临界漏斗状态的炸药量与炸药埋深之间有如下关系：

$$W_{\rm c} = E_{\rm b} Q^{1/3} \tag{5-49}$$

式中，Q 为炸药量；$E_{\rm b}$ 为岩石的变性能系数，其物理意义是：在一定装药条件下，表面岩石开始破裂时，岩石可能吸收的最大能量；其大小是衡量岩石爆破难易程度的一个指标。

C. W. Livingston 还利用岩石爆破破坏效果与能量平衡关系将炸药埋深划分为 4 个带，即：弹性变形带、冲击破坏带、破碎带和空爆带。

（1）弹性变形带。当岩石爆破条件一定时，或者装药量很小，或者炸药埋置很深，爆破作用仅限于岩石内部。爆破后岩石表面不出现破坏，炸药的全部能量被岩石所吸收，表面岩石只产生弹性变形，爆破后岩石恢复原状。实现这一状态的炸药埋深最小值，即为临界埋深。

（2）冲击破坏带。当岩石性质和炸药品种不变时，减少炸药埋深至小于临界埋深时，表面岩石将呈现出破坏、鼓包、抛掷等，进而形成爆破漏斗。爆破漏斗体积将随炸药的埋深减少而增大。当爆破漏斗体积达到最大时，炸药能量得以充分利用，此时的炸药埋深称为最佳埋深。

（3）破碎带。若炸药埋深进一步减小，达到小于炸药的最佳埋深时，表面岩石将更加破碎，爆破漏斗体积随炸药埋深的减小而减小，炸药爆炸释放的能量消耗于岩石破碎、抛掷等的比例进一步增大。

（4）空爆带。当炸药埋深很小时，表面岩石得以过渡破碎，并远距离抛掷，这时消耗于空气冲击波的能量大于传给岩石的能量，因此将形成强烈的空气冲击波。

C. W. Livingston 的爆破漏斗理论是以球状集中药包（药包的长径比小于6）为基础提出的。其后，雷德帕提出，将球状集中药包看成点药包，单孔柱状长条形药包看成线药包，成排孔柱状长条形药包看成面药包，并根据几何相似和量纲原理，找出三者之间的相关关系，如图 5-6 所示。

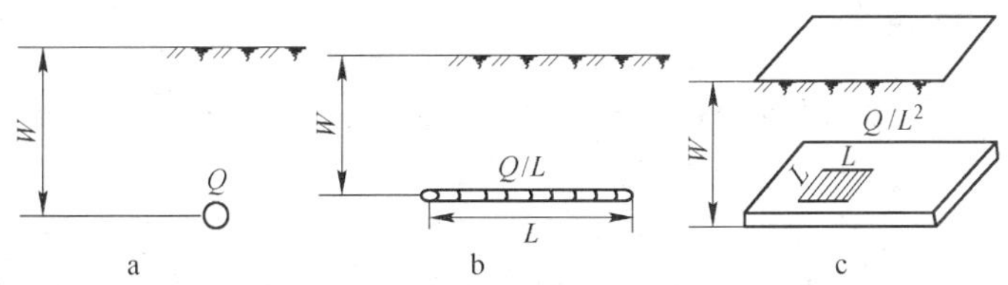

图 5-6　不同装药类型的几何图

a—点药包；b—线药包；c—面药包

在点药包条件下，有

$$K_{\text{point}}=W_{\text{point}}/Q^{1/3} \quad 或 \quad W_{\text{point}}=K_{\text{point}}Q^{1/3} \tag{5-50}$$

式中，K_{point} 为点药包的比深度；W_{point} 为点药包埋深；Q 为集中药包装药量。用量纲表示有：

$$\begin{cases} W_{\text{point}}=(W_{\text{point}}^3/Q)^{1/3}Q^{1/3} \\ K_{\text{point}}=(W_{\text{point}}^3/Q)^{1/3} \end{cases} \tag{5-51}$$

对线药包和面药包，相应的关系式分别为：

$$\begin{cases} W_{\text{line}} = (W_{\text{line}}^3/Q)^{1/2}(Q/L)^{1/2} \\ K_{\text{line}} = (W_{\text{line}}^3/Q)^{1/2} \end{cases} \tag{5-52}$$

和

$$\begin{aligned} W_{\text{plane}} &= (W_{\text{plane}}^3/Q)(Q/L^2) \\ K_{\text{plane}} &= (W_{\text{plane}}^3/Q) \end{aligned} \tag{5-53}$$

以上两式中，W_{line}和W_{plane}分别为线药包和面药包的埋置深度；Q/L为线药包的单位长度重量；Q/L^2为面药包的单位面积重量。K_{line}和K_{plane}分别为线药包和面药包的比埋深。

面药包的比埋深的倒数为Q/W_{plane}^3，相当于单位体积耗药量，由于点药包、线药包、面药包的比深度都与Q/W^3有关，因而各自处于最佳深度时有下列条件：

$$K_{\text{point}}^3 = K_{\text{line}}^2 = K_{\text{plane}} \tag{5-54}$$

近几十年来，C. W. Livingston 在爆破工程实际中得到了广泛应用，同时也处在不断的改进和完善中。

5.4 考虑地应力效应的巷道崩落爆破参数

5.4.1 问题的提出

世界各国采矿进入地下的深度一直在不断增加，目前开采深度在1000m以上的矿井已有80多个，而南非的瓦尔瑞富矿达到了4800m的世界采矿最大深度。进入地下深度的不断增加引起巷（隧）道围岩地应力的不断增加，进而给巷道的掘进和支护带来了一系列新问题。目前的情况是，对围岩高地应力引起的巷道支护困难已受到了较多的重视[124~126]，但对由此引起的巷道爆破掘进新问题却没有引起足够的重视，现有的巷道掘进爆破参数设计中都没能考虑到地应力的影响，这造成巷道爆破的效率不高，因而影响着巷道施工的高速度和高效率。

研究表明：岩石的爆破是一个静态地应力和炸药爆炸产生的超动态应力共同作用的结果，地应力影响到爆破裂纹的起裂方向和扩展长度[127~129]。地应力影响爆破的岩石破碎和爆破效率，当地应力较高时，这种影响是十分明显的，因此在爆破设计中考虑地应力对爆破参数的影响，是实现巷道爆破高效率的重要条件。

巷道掘进爆破由掏槽爆破、崩落爆破和周边轮廓爆破等三部分组成，每部分的爆破条件不同，对其要求也不同，因而爆破参数设计也不同。掏槽爆破在只有一个自由面的条件下进行，受地应力的影响最严重，爆破过程也最复杂；崩落爆破具有2个自由面，由于现实中雷管起爆存在较大的反应时间漂移，难以做到同段炮孔可靠同时起爆，故可将崩落爆破看成是多个柱装药产生爆破漏斗的合成，这将是本节论述的内容；周边轮廓爆破以实现光面、最大限度保护围岩为目的，炮孔装药与间距设计以形成炮孔间贯通裂纹为原则，戴俊[130,131]曾对周边轮廓爆破参数设计中的地应力影响进行了研究。

巷道崩落爆破采用柱装药，本节将介绍利用柱装药条件的爆破漏斗理论[67]，分析高地应力条件下巷道崩落爆破的爆破漏斗形成，进而提出相应的巷道崩落爆破参数计算方法。

5.4.2　高地应力条件下崩落爆破漏斗的形成

巷道崩落爆破采用柱装药结构，崩落爆破的破岩过程可看成多个柱装药爆破漏斗的形成与合成的过程，如图5-7所示。在柱装药条件下，不计地应力作用时，形成标准爆破漏斗的条件是：在漏斗边缘处岩石中入射应力波产生的切向拉应力与反射应力波产生的径向拉应力之和等于岩石的抗拉强度，即[17]：

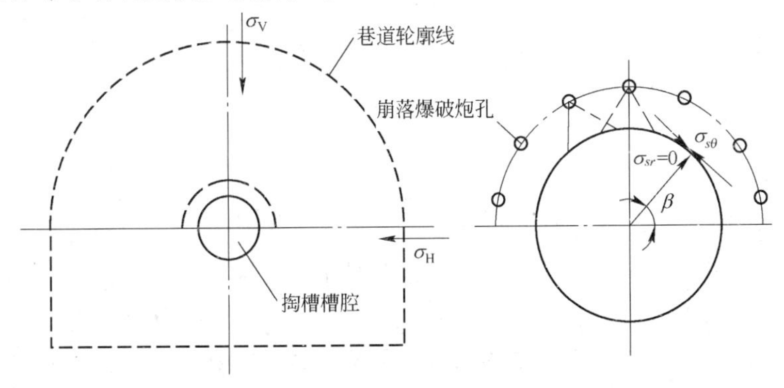

图5-7　高地应力条件下的巷道崩落爆破

$$\sigma_{\theta i}+\sigma_{rR}=\sigma_{\mathrm{t}} \tag{5-55}$$

式中，$\sigma_{\theta i}$为入射应力波产生的切向拉应力；σ_{rR}为反射应力波产生的径向拉应力；σ_{t} 为岩石的抗拉强度。

$$\sigma_{\theta i}=p_0 b\left(\sqrt{2}w_0/r_{\mathrm{b}}\right)^{-\alpha} \tag{5-56}$$

$$\sigma_{rR}=p_0 R\left(\sqrt{2}w_0/r_{\mathrm{b}}\right)^{-\alpha} \tag{5-57}$$

$$p_0=\rho_{\mathrm{e}}D^2\left(V_{\mathrm{c}}/V_{\mathrm{b}}\right)^{\gamma}n/8 \tag{5-58}$$

$$R=(\tan\theta\tan^2 2\theta-\tan\varphi)/(\tan\theta\tan^2 2\theta+\tan\varphi) \tag{5-59}$$

$$\theta=\sin^{-1}\left\{\left[\frac{1-2\mu}{2(1-\mu)}\right]^{1/2}\sin\varphi\right\} \tag{5-60}$$

式 5-56 ~ 式 5-60 中，p_0 为作用于炮孔壁的爆炸载荷；b 为侧向压力系数，$b=\mu/(1-\mu)$，μ 为岩石的泊松比；w_0 为不考虑地应力时的装药最小抵抗线；r_{b} 为炮孔直径；α 为爆炸应力波衰减指数，若忽略冲击波的作用，则 $\alpha=2-b$；R 为应力波反射系数；ρ_{e} 为炸药密度；D 为炸药的爆速；V_{c} 为装药体积；V_{b} 为炮孔体积；γ 为爆生气体产物绝热膨胀指数；n 为爆生气体产物碰撞炮孔壁引起的压力增大系数，$n=8\sim10$；φ 为应力纵波入射角和纵波反射角；θ 为应力横波反射角（图中未注出），如图 5-8 所示。图 5-8 中，将 $oxyz$ 坐标系绕 z 轴旋转 45°即得坐标系 $ox_1y_1z_1$。

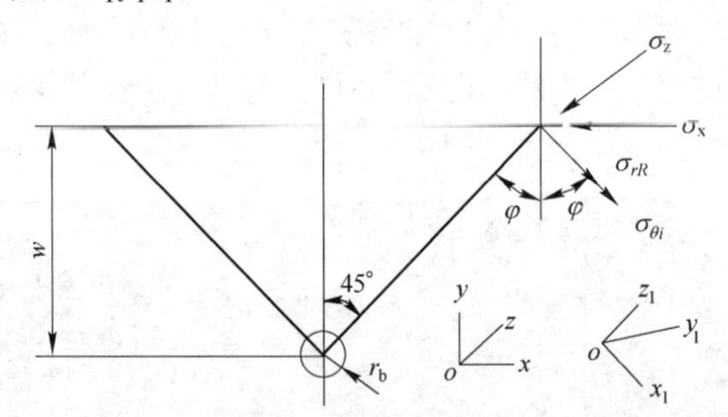

图 5-8　地应力影响下的标准爆破漏斗形成

但是，在高地应力的巷道爆破条件下，地应力的存在使爆破漏斗边缘处岩石的应力状态由单向受拉变为三向拉压应力状态，考虑到岩石的脆性破坏特性及巷道崩落爆破的具体条件，利用最大拉应变强度理论，形成爆破漏斗的条件应修改为：

$$[\sigma_{x1}+\mu(\sigma_{y1}+\sigma_{z1})]/E=\varepsilon_t=\sigma_t/E \tag{5-61}$$

$$\begin{cases}\sigma_{x1}=\sigma_{\theta i}+\sigma_{rR}-\sigma_x\cos45° \\ \sigma_{y1}=\sigma_x\sin45° \\ \sigma_{z1}=\sigma_z\end{cases} \tag{5-62}$$

以上两式中，σ_x，σ_z 为 $oxyz$ 坐标系中 x，z 方向的地应力；σ_{x1}，σ_{y1} 和 σ_{z1}分别为 $ox_1y_1z_1$ 坐标系中 x_1，y_1 和 z_1 方向的应力分量；μ 为岩石的泊松比；E 为岩石的弹性模量；ε_t 为岩石的拉伸破坏极限应变。

将式 5-62 代入式 5-61，得到：

$$(\sigma_{\theta i}+\sigma_{rR}-\sigma_x\cos45°)+\mu(\sigma_x\sin45°+\sigma_z)=\sigma_t \tag{5-63}$$

由于巷道崩落爆破存在两个自由面，爆破炮孔深度不大（相对于巷道断面尺寸），可以认为沿炮孔轴线方向的地应力分量 $\sigma_z=0$，因此可将式 5-63 改写为：

$$\sigma_{\theta i}+\sigma_{rR}=\sigma_t[1+\lambda(1-\mu)/\sqrt{2}]=\delta\sigma_t \tag{5-64}$$

式中，δ 称为地应力影响系数，反映地应力对爆破漏斗形成的影响程度；λ 称为岩石的地应力抗拉强度比，反映地应力的大小，表示为：

$$\sigma_x=\lambda\sigma_t \tag{5-65}$$

式 5-64 即是考虑地应力影响的巷道崩落爆破条件下，形成标准爆破漏斗的力学判据。由于在崩落爆破漏斗边缘处 σ_x 最大，且爆炸应力波阵面传播距离爆心最远，衰减也最多，形成爆破漏斗最为不利，因此式 5-64 实际上也是形成标准爆破漏斗的充分必要条件。

5.4.3 高地应力条件下的崩落爆破参数

崩落爆破在掏槽槽腔形成后进行，这时在槽腔边岩石中作用有因槽腔形成引起的地应力重新分布后的二次应力。根据圆形硐室周边弹性二次应力的分布特点[3]，巷道崩落爆破时，在标准爆破漏斗边缘处形成的二次应力为：

$$\begin{cases}\sigma_x=\sigma_V[(1+2\cos2\beta)+\chi(1-2\cos2\beta)] \\ \sigma_y=0 \\ \sigma_z=0\end{cases} \tag{5-66}$$

式中，σ_V 为地应力的垂直分量，β 为计算点径向连线与水平地应力

σ_H 方向的夹角，如图 5-8 所示；$\chi=\sigma_H/\sigma_V$。

如果 $\sigma_V=\sigma_H$，$\chi=1$，则：

$$\sigma_x=2\sigma_V$$

$$\lambda_p=\sigma_x/\sigma_t=2\sigma_V/\sigma_t$$

对 $\chi\neq1$，有：

$$\lambda_p=\sigma_x/\sigma_t=[(1+2\cos2\beta)+\chi(1-2\cos2\beta)]\sigma_V/\sigma_t \tag{5-67}$$

$$\delta_p=1+\frac{\lambda_p(1-\mu)}{\sqrt{2}}=1+[(1+2\cos2\beta)+\chi(1-2\cos2\beta)]\frac{1-\mu}{\sqrt{2}}\frac{\sigma_V}{\sigma_t} \tag{5-68}$$

式中，δ_p 为崩落爆破的地应力影响系数；λ_p 为崩落爆破条件下的地应力抗拉强度比。

式 5-68 中，如果 $\chi=1$，则：

$$\delta_p=1+\sqrt{2}(1-\mu)\sigma_V/\sigma_t \tag{5-69}$$

如果 $\chi\neq1$，则 δ_p 是 β 的函数。由于

$$\frac{\partial\delta_p}{\partial\beta}=2\sqrt{2}(1-\mu)(\chi-1)\sin2\beta\sigma_V/\sigma_t$$

令 $\partial\delta_p/\partial\beta=0$，得 $\beta=0$，$\pi/2$ 为极值点，相应的极值为：

$$\delta_p|_{\beta=0}=1+(1-\mu)(3-\chi)/\sqrt{2}\sigma_V/\sigma_t \tag{5-70}$$

$$\delta_p|_{\beta=\pi/2}=1+(1-\mu)(3\chi-1)/\sqrt{2}\sigma_V/\sigma_t \tag{5-71}$$

由于当 $0<\beta<\pi/2$ 时，总有 $\partial\delta_p/\partial\beta>0$（$\chi>1$）或 $\partial\delta_p/\partial\beta<0$（$\chi<1$），故式 5-70、5-71 即是极大值或极小值。

结合式 5-64，可以看出，地应力的作用相当于提高了岩石的抗拉强度，因此必然影响到巷道的爆破参数。

（1）炮孔的最小抵抗线。将式 5-56、式 5-57 代入式 5-64，可得高地应力作用下形成标准爆破漏斗的炮孔最小抵抗线为：

$$w=[(R+b)p_0/(\delta_p\sigma_t)]^{1/\alpha}\cdot r_b/\sqrt{2}$$

$$w=w_0\delta_p^{-1/\alpha}=k_w w_0 \tag{5-72}$$

$$k_w=\delta_p^{-1/\alpha} \tag{5-73}$$

以上两式中，w 为高地应力条件下巷道崩落爆破的最小抵抗线；w_0 为没有地应力作用时的炮孔最小抵抗线；k_w 为最小抵抗线修正系数，

与地应力、岩石的泊松比和夹角β有关。

图5-9所示是根据式5-73，且$\chi=1$时，得到的k_w与σ_V/σ_t的关系图。可见，$\chi=1$时，地应力的作用将使巷道崩落爆破的炮孔最小抵抗线较没有地应力作用时小，而且地应力越大，形成标准爆破漏斗的炮孔最小抵抗线越小，但不同泊松比的岩石差别不大。

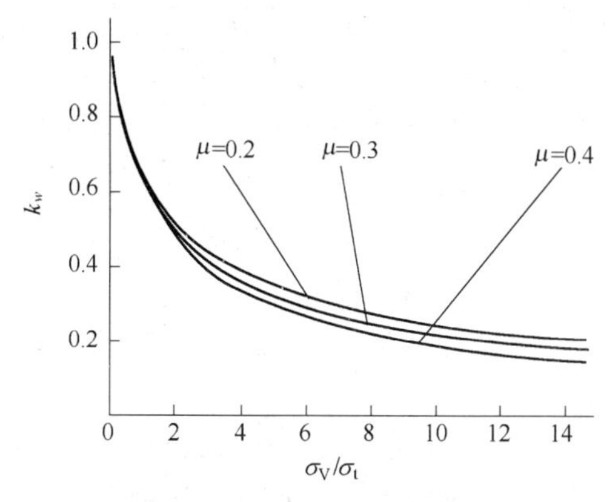

图5-9　k_w与σ_V/σ_t的关系

工程中应用时，针对具体的巷道条件，χ可事先已确定。这样，只需计算得到$\beta=0$和$\beta=\pi/2$时的δ_p值和k_w的值，而$0<\beta<\pi/2$的任一处的δ_p和k_w的值可用近似插值方法求得。

（2）炮孔间距。为了爆破后岩石破碎块度均匀，炮孔间距与炮孔最小抵抗线之间必须满足：

$$m=w/a \tag{5-74}$$

式中，m为炮孔密集系数，仍按不考虑地应力情况取值$m=0.8\sim1.2$；a为炮孔间距。

于是，根据式5-72、式5-73，得炮孔间距为：

$$a=w/m=w_0k_w/m=k_wa_0 \tag{5-75}$$

式中，a_0为不考虑地应力作用时的崩落爆破炮孔间距，$a_0=w_0/m$。

可见，考虑地应力的影响后，巷道崩落爆破的炮孔间距将随地应力的增大而减小。

（3）单位耗药量。对于柱装药爆破形成的标准爆破漏斗，其体积为：

$$V = w^2 L$$

式中，V 为标准爆破漏斗体积；L 为炮孔长度。

而炮孔装药量为

$$Q = \pi(r_b / k_{de})^2 L\rho_e$$

式中，Q 为炮孔装药量；k_{de} 为炮孔装药不耦合系数。

于是，崩落爆破的单位耗药量 q 为：

$$q = Q/V = \pi(r_b / k_{de})^2 \rho_e / w^2 \tag{5-76}$$

将式 5-72 代入式 5-76，有：

$$q = \pi(r_b / k_{de})^2 \rho_e / (w_0 \delta_p^{-1/\delta})^2$$

$$q = q_0 \delta_p^{2/\alpha} = k_e q_0 \tag{5-77}$$

$$k_e = \delta_p^{2/\alpha} \tag{5-78}$$

以上两式中，k_e 为单位耗药量修正系数，与地应力和岩石的泊松比有关。

根据式 5-77 中 k_e 的定义，且令 $\chi = 1$，则可得到单位耗药量修正系数随地应力 σ_V / σ_t 变化的关系，如图 5-10 所示。

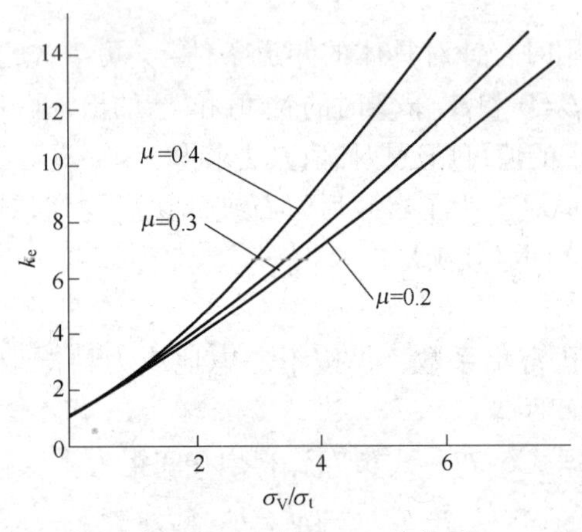

图 5-10　k_e 与 σ_V / σ_t 的关系

工程应用时，$\chi \neq 1$ 时的 k_e 的确定可按确定 k_w 的同样方法进行。

（4）工作面炮孔数目的估算。知道单位耗药量后，可计算出循环爆破的炸药消耗量：

$$\Sigma Q = SL\eta q$$

式中，ΣQ 为循环爆破的炸药消耗量；S 为巷道或隧道的掘进断面面积；L 为炮孔深度；η 为爆破的炮孔利用率。

如果将计算得到的循环爆破装药量 ΣQ 平均分配到巷道或隧道掘进工作面的所有炮孔中，则可以近似估算出高地应力条件下巷道掘进所需要炮孔数量。由

$$\Sigma Q = SL\eta q = NLl_e m_e$$

得到：

$$N = \frac{S\eta q}{l_e m_e} = N_0 \delta_p^{2/\alpha} = k_e N_0 \tag{5-79}$$

式中，N 和 N_0 分别为有、无地应力时的巷道或隧道爆破掘进的循环炮孔数；l_e 为炮孔装药长度系数；m_e 为单位长度炸药柱的质量，$m_e = \pi r_c^2 \rho_e$。

由式 5-79 得知，高地应力条件下，巷道爆破所需要的炮孔数大于不考虑地应力时的炮孔数，而且地应力越高，所需的炮孔数越多。

如图 5-10 所示，巷道崩落爆破的单位耗药量和循环炮孔数量随地应力的增大，以较大的速率增加。但如果改用较高爆速的炸药，提高炸药爆炸作用于炮孔壁岩石中的爆炸载荷值，则可以减缓单位耗药量和循环炮孔数量随地应力增大而变化的速率。前已述及，对形成爆破漏斗而言，地应力的作用相当于提高了岩石的抗拉强度，这样，在高地应力条件下，采用较高爆速的炸药也符合按照现有爆破破岩原理，对高强度岩石，宜采用较高爆速炸药的原则[52]。

选用较高爆速的炸药后，先按式 5-58 计算出炸药的爆炸载荷值，而后将这一计算的爆炸载荷值代入相应的计算式，便可计算出相应的崩落爆破参数。

5.4.4 工程应用要点

工程应用要点具体如下：

（1）高地应力条件下，地应力的作用相当于增大了岩石的抗拉强度，因而使得形成标准爆破漏斗的难度增加。

（2）巷道的崩落爆破在掏槽槽腔形成后进行，崩落爆破过程可看成多个标准爆破漏斗形成与合成的过程。此时，在标准爆破漏斗边

缘处岩石中作用有重新分布后的二次应力。

(3) 在这种二次应力作用下，巷道崩落爆破的最小抵抗线、单位体积耗药量、炮孔间距、循环炮孔数目等需要以不考虑地应力作用时的参数为基础，按照式 5-72、式 5-75、式 5-77 和式 5-79 进行修正，而且崩落爆破的最小抵抗线与炮孔间距具有同一修正系数，单位体积耗药量与循环炮孔数目具有同一修正系数。

(4) 在$\chi=1$ 的条件下，地应力越高，崩落爆破的最小抵抗线和炮孔间距越小，而单位体积耗药量和循环炮孔数目越多；改用较高爆速的炸药可以减缓这种崩落爆破参数增加或减小的速率。

(5) 若$\chi\neq1$，则修正系数 k_w 和 k_e 除与地应力状态、岩石的泊松比有关外，还将受炮孔所在位置的径向连线与水平地应力方向的夹角β 的影响。工程应用时，可先确定$\beta=0$ 和$\beta=\pi/2$ 处的炮孔最小抵抗线值，而后用近似插值方法确定其他中间位置的炮孔最小抵抗线值。

(6) 在高地应力条件下，选用较高爆速的炸药符合现有爆破破岩原理。

5.5 岩石爆破的弹性理论模型

研究岩石爆破理论的目的，在于实现对爆破效果的有效控制，获得理想的爆破效果。为此，对岩石爆破的力学过程进行数学描述是十分必要的。但对岩石爆破的力学过程进行数学描述面临以下两方面的问题：

一是引起岩石破坏的载荷作用形式。一般认为爆炸载荷有两种作用形式，即应力波的动作用和爆生气体的准静态作用，目前普遍接受的观点是，岩石的爆破破坏是由应力波的动作用和爆生气体的准静态作用共同造成的，而且认为爆破过程中哪一种是主要的，取决于岩石的波阻抗，高阻抗岩石中应力波起主要作用，低阻抗岩石中爆生气体起主要作用；均质岩石中应力波起主要作用，而完整性不好、裂隙发育的岩石中爆生气体起主要作用。但是，截至目前，还没有基于充分考虑两种爆破作用的爆破理论模型的爆破参数计算方法。

二是爆炸载荷作用下，岩石的破坏准则形式。随着人们对岩石爆破过程的深入，依次有 3 种岩石的破坏准则，即弹性破坏准则、断裂破坏准则和损伤破坏准则。弹性破坏准则认为岩石是均值的，岩石的破坏是由其中的应力超过应力极限所致，在此之前岩石是弹性的和脆性的。断裂破坏准则认为，岩石中含有裂纹，当岩石中裂纹尖端的应力强度因子大于岩石材料的断裂韧性时，裂纹扩展，进而引起岩石发生破坏。损伤破坏准则认为，岩石中含有大量的微孔隙、微小裂纹等缺陷，称为初始损伤。岩石的破坏是应力作用下损伤增长和不断积累的结果。损伤破坏准则能够比较真实地反映岩石的爆破破坏过程，在当前的岩石爆破理论研究中得到了广泛应用，但其表述形式较前两种破坏准则复杂。

截至目前，已经发展的岩石爆破理论有数十种之多。从本节起，我们将就三种破坏准则中有代表性的理论模型进行简要介绍。本节介绍弹性模型。

5.5.1 G. Harries 模型

G. Harries 模型[122]以爆生气体准静压力作用为基础，是 20 世纪 80 年代初较有影响的爆破模型。其基本要点为：

（1）假设岩石为均质弹性体，炸药的爆炸问题是准静态的二维平面问题；

（2）爆炸后，爆炸气体引起炮孔壁迅速膨胀，围绕着炮孔产生切向拉应力，进一步在炮孔周围形成径向裂纹。裂纹间距决定爆破块度。炮孔周围岩石中的应变可按弹性力学的厚壁筒方法计算。压力平衡后，炮孔壁处的切向应变为：

$$\varepsilon_\theta = \frac{p(1-\mu)}{2(1-2\mu)\rho C_p^2 + 3KP(1-\mu)} \tag{5-80}$$

式中，p 为炸药爆炸产生的气体压力；C_p 为纵波波速；ρ 为岩石密度；μ 为岩石的泊松比；K 为绝热指数。

爆炸压力按负指数衰减规律向四周扩散，距离炮孔 r（炮孔半径为 r_b）处的切向应变值为：

$$\varepsilon_\theta(r) = \frac{r_b \varepsilon_\theta}{r} e^{-\alpha \frac{r}{r_b}} \tag{5-81}$$

当衰减指数 $\alpha=0$ 时，上式为：

$$\varepsilon_\theta(r)=\varepsilon_\theta\left(\frac{r_b}{r}\right) \tag{5-82}$$

（3）在压缩应力波作用下，岩石作径向移动，由此衍生出切向应变，当切向应变超过岩石的动态拉伸极限应变 ε_t 时，岩石中出现径向裂纹，距炮孔 r 处的裂纹条数 N 为：

$$N=\varepsilon_\theta(r)/\varepsilon_t \tag{5-83}$$

二维裂纹图上的两条相邻裂纹的间距即为爆破岩石的线性尺寸。

（4）爆炸气体作用除在岩石中产生应力波外，还有两种准静态的作用——气楔作用和鼓包作用。高压气体贯入朝向自由面一测的岩石裂纹中，使径向裂纹长度增长 l 倍，并在岩石表面产生鼓包。

G. Harries 模型的计算程序框图如图 5-11 所示。

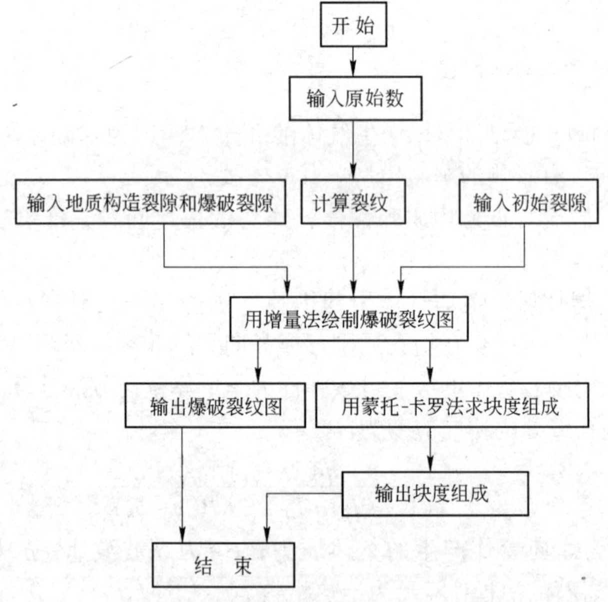

图 5-11　G. Harries 爆破模型计算程序

5.5.2　R. R. Favreau 模型

R. R. Favreau 模型[132]以应力波理论为基础，其计算模型代码为

BLASPA。在岩石各向同性弹性体的假设下，1969 年 R. R. Favreau 得出了球状药包周围应力波解析解。爆轰使爆炸压力突然加载到药室壁上，而随后因药室膨胀引起的压力下降可用一个简单的多元回归状态方程来描述。假设膨胀不大，质点速度 v 作为距离 r 和延迟时间 t 的函数给出，即：

$$v(r,t)=\mathrm{e}^{-\frac{\alpha^2 t}{\rho C_{\mathrm{p}} b}}\left[\left(\frac{Pb^2 C_{\mathrm{p}}}{\alpha\beta r^2}-\frac{\alpha\beta b}{\rho C_{\mathrm{p}} r}\right)\sin\frac{\alpha\beta t}{\rho C_{\mathrm{p}} b}+\frac{Pb}{\rho C_{\mathrm{p}} r}\cos\frac{\alpha\beta t}{\rho C_{\mathrm{p}} b}\right] \tag{5-84}$$

$$\begin{cases}\alpha^2=\dfrac{2(1-2\mu)\rho C_{\mathrm{p}}^2+3(1-\mu)\gamma\mathrm{e}^{-\gamma}P}{2(1-\mu)}\\[2ex]\beta^2=\dfrac{2\rho C_{\mathrm{p}}^2+3(1-\mu)\gamma\mathrm{e}^{-\gamma}P}{2(1-\mu)}\end{cases} \tag{5-85}$$

式中，γ 为多方指数；其余符号意义同前。

对于柱状药包可将其等效为许多个球状药包的叠加结果。BLASPA 程序计算过程需要输入炸药及其分布、岩石物理性质、炮孔尺寸、抵抗线、孔距、堵塞长度和超深及爆破网络等参数。利用上述公式进行计算，能输出“猛烈冲击作用”和“鼓包运动”的预报数据，对于台阶底面和孔口附近等关键位置都可做出预报，同时对飞石的最大范围、爆轰速度影响和微差间隔时间等也均可预报或模拟。

5.5.3 台阶爆破的三维模型

我国的鞍山矿山研究院提出的台阶深孔爆破矿岩破碎三维模型，简称 BMMC 模型。该模型以应力波理论为基础，以岩石单位表面能指标作为岩石破碎的基本判据，通过计算机模拟实现爆破块度预报。

为了求得柱状药包在台阶爆破时形成的空间动态应力场和应力波能量密度的三维分布，可根据叠加原理，将半径为 r_{b} 的柱状炮孔的装药段分成若干个长度等于炮孔直径 $2r_{\mathrm{b}}$ 的小单元药包，并将每个小单元药包看做是一个具有等效直径 d 的球状药包。图 5-12 表示台阶深孔柱状药包分解成多个球状药包（1，2，3，4，…，n）爆破作用产生的应力场。

柱状药包在岩石中形成的爆破应力场可看作是这些等效球状药包爆炸形成应力场的叠加，除了由于炸药具有一定的传爆速度、各药包的起爆时间有一定的先后次序外，还必须考虑应力波在几个自由面反射后的各种反射波与直接到达该点的入射波的叠加。

台阶岩体中任意一点附近很小的范围内，岩石可看作是各向同性的线弹性体，因而其应力-应变关系可按弹性力学来处理。实际台阶岩体在宏观上往往是不连续性的和非均质性的。为了简化过程，假设岩体是各向同性的。这样，就可以不是从波动方程出发，而是采用分离变量法，计算任一点的应力状态，即将应力波位移函数分解成一个以时间 τ 为自变量的函数，和一个以距离 r 为自变量函数之积的分离变量函数。

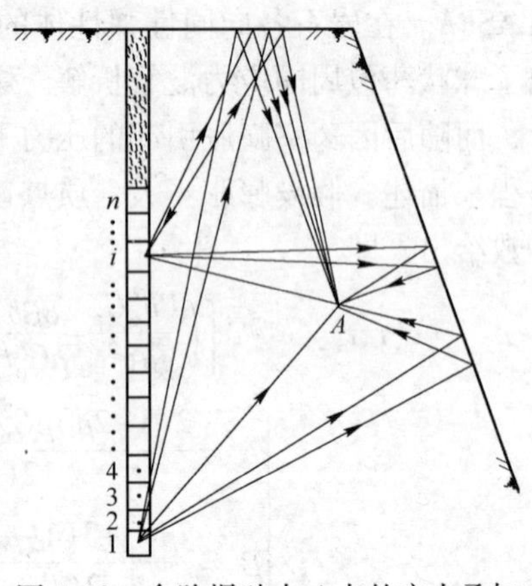

图 5-12　台阶爆破中 A 点的应力叠加

根据球坐标的应力波理论和波的反射定律，可求得从某一球状药包发出抵达台阶岩石中某一点 A 的各种应力波的各应力分量（图 5-12），包括从爆源直接入射到 A 点的入射纵波的各应力分量、从各自由面反射的反射纵波在该点的各应力分量、从各自由面反射的反射横波在该点的各应力分量等。

根据上述球状药包的应力波理论和柱状药包可分解成若干个球状药包的叠加原理，可求解露天台阶多炮孔爆破。多自由面反射情况下，到达露天爆破台阶岩体中某点的各个应力波的应力分量为：σ_r，σ_θ，σ_ϕ，$\tau_{r\theta}$，$\tau_{\theta\phi}$，$\tau_{\phi r}$。

根据 Griffith 的线性断裂理论，脆性材料在多次应力作用（时间、方向可能不同）下的断裂破坏应是所有这些应力作用的综合效应。因此，即使到达岩体中某点的应力波的方向和时间相位不同，但是它们对该点处的岩石破碎都是有益的。由于岩体中每一点处的各应力分量都是动态矢量，所以它们的叠加非常复杂。

根据功能原理，可以导出某一时刻 τ 内抵达空间某点处的某应力波的单位体积的能量 U_0（包括动能和应变能）为：

$$U_0=\frac{1}{2E}[(\sigma_r{}^2+\sigma_\theta{}^2+\sigma_\phi{}^2)-2\mu(\sigma_r\sigma_\theta+\sigma_\theta\sigma_\phi+\sigma_{\phi r}\sigma_r)+2(1+\mu)(\tau_{r\theta}{}^2+\tau_{\theta\phi}{}^2+\tau_{\phi r}{}^2)] \tag{5-86}$$

取其中一个波长的平均值，则可求出到达台阶内某一点处各应力波的总平均能量密度 U。于是，只要在台阶中均匀布置足够多的点，并计算出抵达每点的入射应力波和各反射应力波的平均能量密度之和，就可以近似地求得露天台阶岩体中应力波能量的三维分布。

图 5-13 是露天台阶岩体的垂直剖面上平均能量密度分布图，由所算的能量密度等级即可决定爆破块度分布。

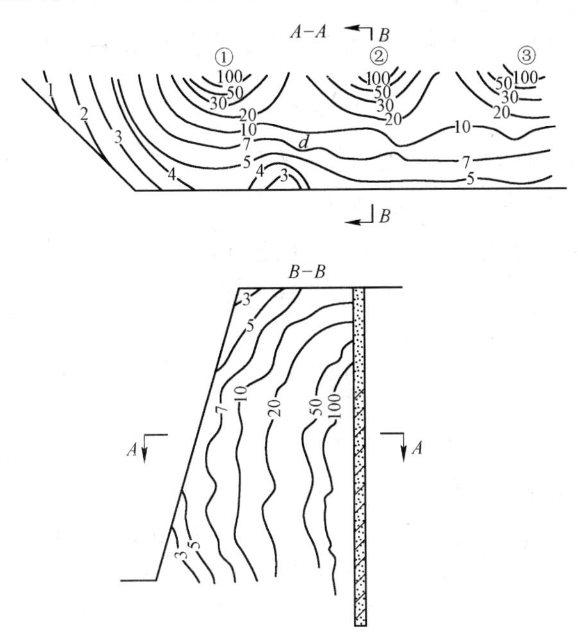

图 5-13　台阶深孔爆破应力波能量分布

（图中能量线上的数字单位为×10⁴J/m³；炮孔中的数字为起爆顺序）

5.6　岩石爆破的断裂理论模型

断裂力学理论认为：岩石可视为含有微裂纹的脆性材料，岩石的爆破破碎过程可用裂纹扩展的理论来解释。由此，发展了岩石爆破的断裂理论模型[122,132,133]，其中有代表性的是 BCM 模型和 ZAG-FRAG 模型。

5.6.1 BCM 模型

BCM 模型[133]，即层状裂纹模型，是由美国的 L. G. Marglin 等人提出的。该模型应用 Griffith 的裂纹传播判据，确定裂纹扩展的可能性，并计算出裂纹扩展的临界长度。其基本内容如下。

5.6.1.1 基本假设

基本假设如下：

（1）岩石中含有大量的圆盘形裂纹，且裂纹的法线方向平行于 Y 轴（载荷作用方向）；

（2）单位体积内的裂纹数量（裂纹密度）服从指数分布：

$$N=N_0\exp\left(-\frac{a}{\bar{c}}\right) \tag{5-87}$$

式中，N 为半径大于 a 的裂纹数量；N_0 为裂纹总数；$\bar{c}$ 为分布常数。

5.6.1.2 裂纹的扩展判据

根据 Griffith 理论，含有裂纹的岩石在外部应力的作用下，如果释放的应变能大于建立新表面所需要的能量，则岩石中的原有裂纹将扩展。于是，裂纹的扩展判据为：

$$\frac{\partial(W-T)}{\partial a}>0 \tag{5-88}$$

式中，W 为应变能；T 为新表面能。

Margolin 等对细长缺口受二维拉应力试验应用 Griffith 理论进行分析，并将结果推广到空间均匀分布的扁平状裂纹及任意外应力场的三维状态中，建立了 BCM 模型的裂纹扩展判据。

当 σ_{yy} 为拉应力（大于零）时，法向平行于 Y 轴的裂纹扩展条件为：

$$\sigma_{yy}^2+\sigma_{ry}^2\frac{2}{2-\mu}\geqslant\frac{\pi TE}{2(1-\mu^2)l_{\mathrm{c}}} \tag{5-89}$$

式中，μ 为泊松比；l_{c} 为裂纹长度；E 为弹性模量。

由此得到裂纹扩展的临界长度（最小长度）l_{cmin} 为：

$$l_{\mathrm{cmin}}=\frac{\pi TE}{2(1-\mu^2)\left(\sigma_{yy}^2+\sigma_{ry}^2\frac{2}{2-\mu}\right)} \tag{5-90}$$

在外应力场作用下，所有长度大于临界值的裂纹都是不稳定的，有可能扩展，而长度小于临界长度的裂纹是稳定的。剪应力的存在使临界裂纹长度减小。

当 σ_{yy} 为压应力(小于零)时，裂纹闭合，但当满足下列条件时，裂纹仍有可能扩展。条件是：

$$\sigma_{ry}^2>\frac{\pi TE(2-\mu)}{(1-\mu^2)l_c} \tag{5-91}$$

于是，扩展的裂纹长度为：

$$l_{cmin}=\frac{\pi TE(2-\mu)}{(1-\mu^2)\sigma_{ry}^2} \tag{5-92}$$

如果在能量平衡中计入裂纹表面摩擦力 τ 的影响，则式 5-92 可改写为：

$$l_{cmin}=\frac{\pi TE(2-\mu)}{(1-\mu^2)(2\sigma_{ry}-\tau)^2} \tag{5-93}$$

用断裂韧性 K_{Ic} 代替表面能系数，修正后的 BCM 模型的临界裂纹长度为：

当 $\sigma_{yy}>0$ 时

$$l_{cmin}=\frac{\pi K_{Ic}^2}{8\left(\sigma_{yy}^2+\frac{2}{2-\mu}\sigma_{ry}^2\right)} \tag{5-94}$$

当 $\sigma_{yy}<0$ 时

$$l_{cmin}=\frac{\pi K_{Ic}^2(2-\mu)}{4\ (2\sigma_{ry}-\tau)^2} \tag{5-95}$$

上述判据适应于每个裂纹，但实际计算中，不必对每个裂纹都要判断。BCM 模型认为：(1) 不考虑裂纹间的相互作用；(2) 所有大于临界长度的裂纹以统一速度扩展。这样，实际计算中只要记录最小的临界裂纹长度 l_{cmin} 和最小的裂纹扩展时间即可。

5.6.1.3 有效弹性模量

岩石中裂纹的扩展将引起弹性模量的降低，若岩石的应力应变关系表示为：

$$\sigma_{ij}=M_{ijkl}\varepsilon_{kl}$$

则柔度张量 M_{ijkl} 的分量改变为：

$$M_{yyyy} = M_{yyyy}^{0}\left[1 + \frac{16}{3}(1 - \mu^{2})\kappa\right] \tag{5-96}$$

$$M_{xyxy} = M_{xyxy}^{o}(1 + \frac{8}{3}\kappa) \tag{5-97}$$

以上两式中，带上标“0”的柔度张量分量为裂纹扩展前的量，否则为裂纹扩展后的量。κ 为裂纹密度分布的三次弯矩，表示为：

$$\kappa = \int_{0}^{\infty}\left|\frac{\mathrm{d}N}{\mathrm{d}c}\right| l_{c}{}^{3}\mathrm{d}c \tag{5-98}$$

裂纹扩展时，κ 和有效弹性模量是随时间变化的量。且有：

$$\frac{\mathrm{d}\varepsilon_{ij}}{\mathrm{d}t} = \frac{\mathrm{d}}{\mathrm{d}t}(M_{ijkl}\sigma_{kl}) \tag{5-99}$$

或

$$\frac{\mathrm{d}\sigma_{kl}}{\mathrm{d}t} = M_{ijkl}{}^{-1}\left(\frac{\mathrm{d}\varepsilon_{ij}}{\mathrm{d}t} - \frac{\mathrm{d}M_{ijmn}}{\mathrm{d}t}\sigma_{mn}\right) \tag{5-100}$$

无因次量 κ 起内部变量的作用，是岩石破坏量的真实宏观量度。由于裂纹密度的倒数是每条裂纹的体积，类似于裂纹间距的立方，因此 κ 是裂纹长度与裂纹间距之比的立方。κ 接近于 1 时，裂纹长度近似等于裂纹间距，可视为岩石已经破坏。

5.6.2 NAG-FRAG 模型

NAG-FRAG 模型[132,134]是由美国应用科学有限公司、圣地亚(Sandia）国家实验室和马里兰大学共同开发的，是专门研究裂纹的密集度、扩展情况以及破坏程度的模型。它综合考虑了岩石中应力波引起裂纹的激活而形成新的裂纹和爆炸气体渗入引起裂纹扩展的双重作用。

NAG-FRAG 模型的理论基础是图 5-14 所示的一圆柱体在环向拉应力和内部气体压力作用所引起的径向破坏。进一步，模型认为脉冲载荷使岩石产生破坏的范围或破坏的程度取决于载荷作用下所激活的原有裂纹数量和裂纹的扩展程度。裂纹密度 N_{g} 和原有裂纹长度（半径 a）用指数关系表示：

$$N_g = N_0 \exp(a/R_0) \tag{5-101}$$

式中，N_0 为裂纹总数；R_0为裂纹的分布常数。

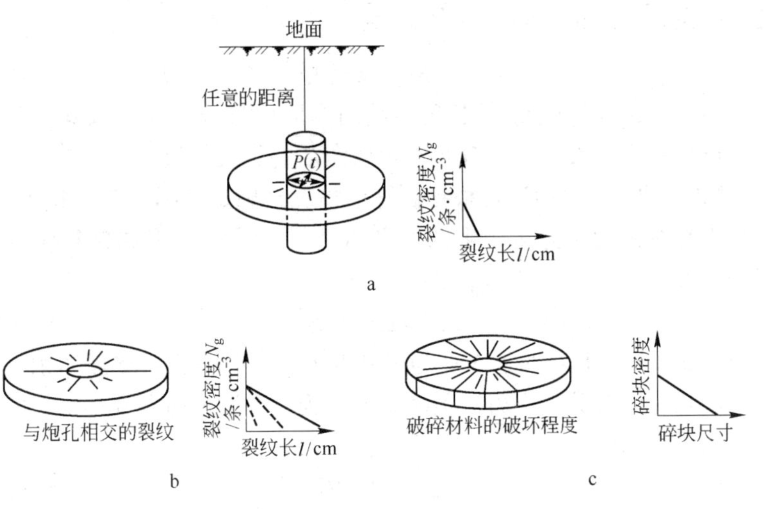

图 5-14 NAG-FRAG 爆破模型示意图

a—裂纹的成核与扩展；b—爆生气体渗入的破坏；c—与破碎程度有关的破坏分布

裂纹成核速度取决于垂直于裂纹面的拉力大小，同时成核的数目取决于成核速度函数：

$$\dot{N} = \dot{N}_0 \exp\left(\frac{\sigma - \sigma_{n0}}{\sigma_1}\right) \tag{5-102}$$

式中，$\dot{N}$ 为成核速度；$\dot{N}_0$ 为临界成核速度；σ_{n0}为临界成核应力；σ_1为成核速度对应力大小的敏感度；σ 为垂直于裂纹面的拉应力。

NAG-FRAG 模型认为，裂纹的扩展是由垂直于裂纹面的拉应力 σ 和渗入裂纹中的气体作用于裂纹面的压力 P_0综合作用造成的，即：

$$\frac{da}{dt} = T_1(\sigma + p_0 - \sigma_{g0})a \tag{5-103}$$

式中，T_1 为裂纹扩展系数；σ_{g0}为裂纹扩展的临界应力；a 为裂纹半径。

裂纹扩展的临界应力由 Griffith 的裂纹扩展理论求解，假设法向应力会使半径大于 a^* 的裂纹活化，而半径小于 a^* 的裂纹不会活化。则有：

$$a^{*}=K_{\mathrm{Ic}}/4\sigma^{2} \tag{5-104}$$

式中，K_{Ic}为材料的断裂韧性。

于是，裂纹扩展的临界力σ_{g0}为：

$$\sigma_{g0}=K_{\mathrm{Ic}}\sqrt{\pi/(4a^{*})} \tag{5-105}$$

显然，σ_{g0}取决于裂纹长度。利用式5-102、式5-103及式5-105，可根据岩石中的裂纹长度分布确定所激活的裂纹数量。

NAG-FRAG模型还可根据破坏的情况来确定实际的应力松弛值。垂直于裂纹面的应力所产生的变形$\Delta\varepsilon^{\mathrm{T}}$分为弹性变形和裂纹张开两部分，即：

$$\Delta\varepsilon^{\mathrm{T}}=\Delta\varepsilon^{\mathrm{S}}+\Delta\varepsilon^{\mathrm{C}} \tag{5-106}$$

式中，$\Delta\varepsilon^{\mathrm{T}}$为变形增量；$\Delta\varepsilon^{\mathrm{S}}$为弹性变形；$\Delta\varepsilon^{\mathrm{C}}$为相对空隙体积，与应力松弛时间有关，应力松弛时间定义为应力波阵面在两裂纹间的传播时间[75]，即：

$$t_{n}=N_{0}^{1/3}/C_{\mathrm{p}} \tag{5-107}$$

式中，t_n为应力松弛时间；C_{p}为纵波速度；N_0为单位体积的裂纹数。

知道$\Delta\varepsilon^{\mathrm{C}}$与$t_n$的关系后，给出岩石的参数（密度、弹性模量、断裂韧性）及破坏参数（σ_1，N_0，σ_{n0}），便可对炮孔爆破产生的压力波形所造成的破坏进行计算。

5.7　岩石爆破的损伤理论模型

20世纪80年代，美国Sandia国家实验室最早对岩石爆破的损伤理论模型开展了研究，他们以油页岩为对象，对爆破效果进行数值模拟研究。此后一段时间，由于Kipp、Grady、Taylor、Chen、Kuszmaul及Yang等人出色的工作，岩石爆破的损伤理论模型得到了普遍接受，促进了岩石爆破理论研究的较大发展。在国内，中国矿业大学北京研究生部的刘殿书等于20世纪90年代起，在Kipp等人的研究成果基础上，相继进行了岩石爆破损伤、破坏过程的二维、三维数值模拟研究，在使模型进一步趋于完善方面做了一些有益的工作[132~135]。当时，他们的研究代表我国这一领域的最新水平，时至今日仍然具有参考价值。

目前，岩石爆破的损伤理论模型有十余种之多。它们的区别主要在对损伤变量（或损伤因子）定义的不同；共同点是这些模型都采用岩石中的裂纹密度来定义损伤因子，因而损伤模型都是由裂纹密度、损伤演化规律和用有效模量表达的岩石本构方程三部分组成。本节我们只介绍被引用较多的 K-G 损伤模型、KUS 损伤模型和 Yang 等人的损伤模型。

5.7.1 K-G 损伤模型

K-G 损伤模型是由美国学者 Kipp 和 Grady 提出的。该模型认为岩石中含有大量的原生裂纹，这些裂纹的长度及其方位的空间分布是随机的。外载荷作用下，其中的一些裂纹将被激活并扩展。一定的外载荷作用下，被激活的裂纹数服从指数分布：

$$n(\varepsilon_v) = k\varepsilon_v^m \tag{5-108}$$

式中，$n(\varepsilon_v)$ 为激活的裂纹数；ε_v 为体积应变；k，m 为材料常数。

式 5-108 的导数乘系数（1−D）为裂纹激活率，即：

$$\dot{N} = n'(\varepsilon_v)\dot{\varepsilon}_v(1 - D) = km{\varepsilon_v}^{m-1}\dot{\varepsilon}_v(1 - D) \tag{5-109}$$

式中，D 表示已发生的开裂引起的岩石强度降低，以计入被掩盖的已经开裂的裂纹；$\dot{\varepsilon}_v$ 为体积应变率。

设裂纹扩展速度 v_g 为常数，则单条裂纹的影响体积 $V(t)$ 为：

$$V(t) = \frac{4}{3}\pi\,(v_g t)^3 \tag{5-110}$$

而 t 时刻的损伤 $D(t)$ 为激活的裂纹数与影响体积的卷积：

$$D(t) = \int_0^t \dot{N}(\tau)V(t - \tau)\mathrm{d}\tau \tag{5-111}$$

将式 5-109 和式 5-111 代入，得：

$$D(t) = \frac{4}{3}\pi v_g^3 km\int_0^t \varepsilon^{m-1}\dot{\varepsilon}(1 - D)\,(t - \tau)^3\mathrm{d}\tau \tag{5-112}$$

同理，单条裂纹的影响面积 $s(t)$ 为：

$$s(t) = 2\pi(v_g t)^2 \tag{5-113}$$

总的破坏面积 $A(t)$ 为：

$$A(t) = \int_0^t \dot{N}(\tau)a(t - \tau)\mathrm{d}\tau = 2\pi {v_g}^2 km\int_0^t \varepsilon^{m-1}\dot{\varepsilon}(1 - D)(t - \tau)^2\mathrm{d}\tau \tag{5-114}$$

设 $s(t)$ 和 $V(t)$ 的中值为 $\bar{s}(t)$ 和 $\bar{V}(t)$，则有：

$$D(t) = \int_0^t \dot{N}(\tau) V(t - \tau) \mathrm{d}\tau = \bar{V}(t) N(t) \tag{5-115}$$

$$A(t) = \int_0^t \dot{N}(\tau) V(t - \tau) \mathrm{d}\tau = \bar{s}(t) N(t) \tag{5-116}$$

进一步，设裂纹的平均半径为 $\bar{a}(t)$，则近似有：

$$\begin{cases} \bar{s}(t) = 2\pi \bar{a}^2 \\ \bar{V}(t) = \dfrac{4}{3}\pi \bar{a}^3 \end{cases} \tag{5-117}$$

于是，可推得裂纹的平均间距，也可认为是平均的破碎尺寸 L_m 为：

$$L_m \approx 1/N^{\frac{1}{3}} = \frac{D^{\frac{2}{3}}}{A}\left(\frac{9\pi}{2}\right)^{\frac{1}{3}} \tag{5-118}$$

岩石损伤后，其本构关系可表示为：

$$\sigma_{ij} = K(1 - D)\varepsilon\delta_{ij} + 2G(1 - D)\left(\varepsilon_{ij} - \frac{1}{3}\varepsilon\delta_{ij}\right) \tag{5-119}$$

式中，K 为体积弹性模量；G 为拉梅常数。

方程式 5-112、式 5-114、式 5-117 ~ 式 5-119 即构成 K-G 损伤模型的封闭方程组，其中的材料常数 k、m、C_g 由应变率相关的拉伸试验确定。图 5-15 所示为利用 K-G 损伤模型计算的一维常应变率条件下的拉伸应力与损伤因子的变化规律。

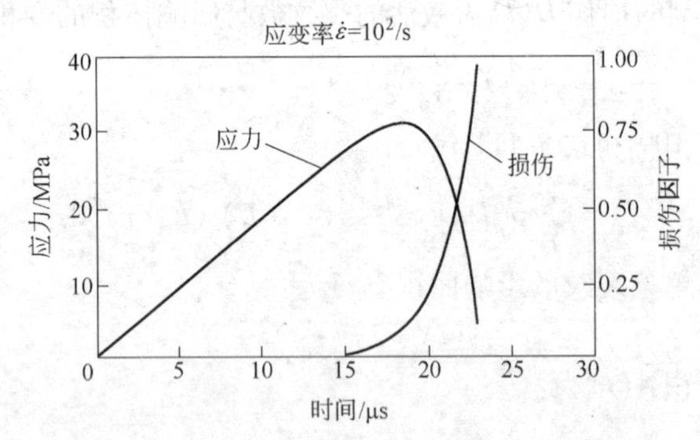

图 5-15　K-G 损伤模型一维常应变率下的拉伸应力与损伤因子的变化

5.7.2 KUS 损伤模型

KUS 损伤模型是在 K-G 损伤模型的基础上发展起来的，它对材料的描述与 K-G 损伤模型有所不同。KUS 损伤模型认为，当岩石处于体积拉伸或静水压力为拉应力时，岩石中的原有裂纹将被激活。裂纹一经激活就影响周围岩石，使周围岩石释放应力。并定义裂纹密度 C_d 为裂纹影响区的岩石体积与岩石总体积之比：

$$C_d = N\bar{a}^3 \tag{5-120}$$

式中，$\bar{a}$ 为裂纹平均半径；N 为被激活的裂纹数量，N 的定义与 K-G 损伤模型相同，有：

$$N = k\varepsilon_v^m$$

和

$$\dot{N} = km\varepsilon_v^{m-1}\dot{\varepsilon}_v(1 - D)$$

KUS 损伤模型假设激活裂纹的平均半径正比于碎块的平均半径，即：

$$a = \alpha \times \frac{1}{2}\left[\frac{\sqrt{20}K_{Ic}}{\rho C\dot{\varepsilon}_{v\max}}\right]^{\frac{2}{3}} \tag{5-121}$$

式中，α 为比例系数；$\dot{\varepsilon}_{v\max}$ 为最大体积应变；ρ 为岩石密度；C 为岩石中的波速；K_{Ic} 为岩石的断裂韧性。

将式 5-109、式 5-121 代入式 5-120，得：

$$C_d = \frac{5}{2}km\left[\frac{K_{Ic}}{\rho C\dot{\varepsilon}_{v\max}}\right]^2 \varepsilon_v^{m-1}\dot{\varepsilon}_v(1 - D) \tag{5-122}$$

根据 O' connel 的研究[132]，含裂纹材料的裂纹密度、有效泊松比、损伤因子有以下关系：

$$\begin{cases} D = 1 - \dfrac{\bar{K}}{K} \\ D = \dfrac{16}{9} \times \dfrac{1 - \bar{\mu}^2}{1 - 2\mu}C_d \\ C_d = \dfrac{45}{16} \times \dfrac{2 - \bar{\mu}}{(1 + \bar{\mu})[10\mu - \bar{\mu}(1 + 3\mu)]} \end{cases} \tag{5-123}$$

式中，上加横线的量表示损伤岩石相应的有效量。

于是，式 5-122、式 5-123 及式 5-121 构成了 KUS 损伤模型的封闭方程组。材料常数 k 由高应变拉伸断裂试验确定：

$$k = \frac{9}{40m\dot{\varepsilon}_v^{\ m-2}}\left(\frac{\rho C}{K_{\mathrm{Ic}}}\right)^2\left[\frac{pt_{\max}}{3K\dot{\varepsilon}_v e^{-1/m}}\right]^{-m} \tag{5-124}$$

式中，$pt_{\max}$ 为最大拉伸应力。建议取参数 $m=6$。

为方便起见，还可进一步推出：

$$D = \frac{5(1-\bar{\mu})(2-\bar{\mu})}{(1-2\bar{\mu})[10\mu-\bar{\mu}(1+3\mu)]} \tag{5-125}$$

图 5-16 为利用 KUS 损伤模型计算得到的一维常应变率（$\dot{\varepsilon}$ = 33.3/s）的拉伸应力及损伤因子随时间的变化，图 5-17 所示为 KUS 损伤模型预计的油页岩的爆破破坏范围。其计算的基本条件是，装药直径：0.16m，装药高度：2.5m，炸药顶端据地表 2.5m，底部起爆。岩石及炸药参数，见表 5-5 和表 5-6。

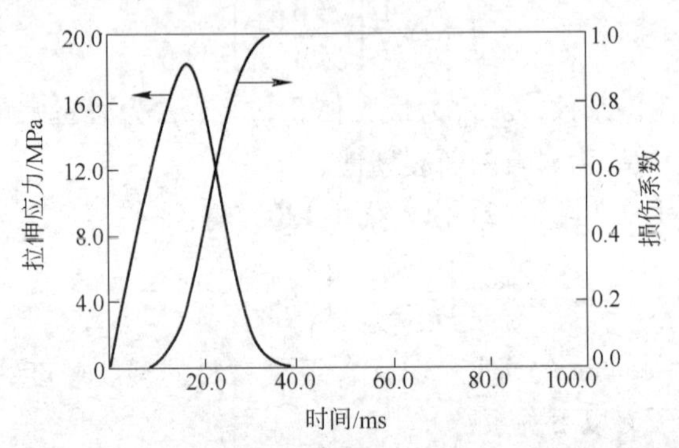

图 5-16　一维常应变率（$\dot{\varepsilon}$=33.3/s）的拉伸应力及损伤因子随时间的变化

表 5-5　计算采用的岩石参数

密度/kg · m^{-3}	弹性模量/GPa	泊松比	屈服应力	损伤材料常数	断裂韧性/N · m$^{-3/2}$
2261	17.83	0.171	106	4.55×10^{22}	767000

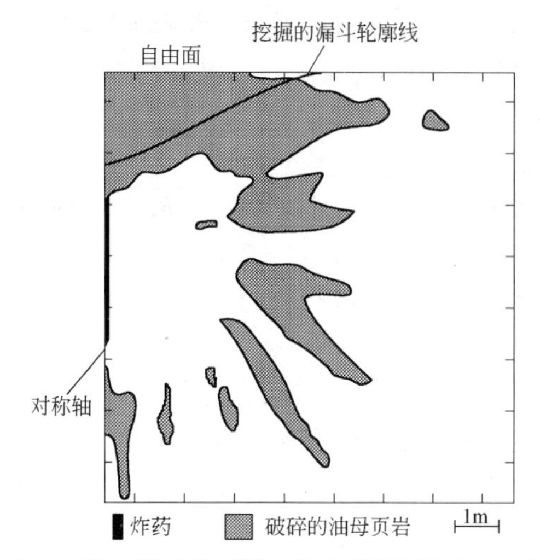

图 5-17 KUS 损伤模型预计的油页岩的爆破破坏范围

表 5-6 计算采用的炸药参数

密度 /kg · m^{-3}	爆速 /m · s^{-1}	JWL 状态方程参数					
		A/GPa	B/GPa	R_1	R_2	ω	E/GPa
1160	5650	47.6	0.524	3.5	49	1.005	4.26

注：JWL 状态方程为：$p=A\left(1-\frac{\omega}{R_1V}\right)e^{-R_1V}+B\left(1-\frac{\omega}{R_2V}\right)e^{-R_2V}+\frac{\omega E}{V}$，式中，$V$ 为体积，p 为压力，E 为内能，A，B，R_1，R_2，ω 为常数。

5.7.3 Yang 等人的模型

Yang 等人的模型[135]认为，岩石中裂纹的起裂与扩展是由延展应变（extensional strain）决定的，当岩石中某点的延展应变大于某临界值时，原有裂纹起裂、扩展。延展应变定义为岩石中某点的主拉应变（tensile strain）（对数应变）之和，即：

$$\theta = \sum_{i=1}^{3}\langle \ln\lambda_i \rangle \qquad i=1,2,3 \tag{5-126}$$

式中，θ 为延展应变；λ_i 为主延伸；当 x 为压缩时，$\langle x\rangle=0$，当 x 为拉伸时，$\langle x\rangle=x$。这里，x 代表 $\ln\lambda_i$。

当延展应变大于临界值时，岩石中的裂纹起裂、扩展，由此引起的岩石裂纹密度增加率为：

$$\frac{\mathrm{d}f_{\mathrm{s}}}{\mathrm{d}t} = \alpha(\theta - \theta_{\mathrm{c}})^{\beta} \tag{5-127}$$

式中，f_{s} 为裂纹密度；α，β 为材料常数；θ，θ_{c} 为延展应变和临界延展应变，$\theta_{\mathrm{c}}=0.2\sim0.22$。

裂纹的扩展，导致岩石损伤，Yang 等人的模型定义损伤因子 D 为：

$$D=1-\exp\ (-f_{\mathrm{s}}^{2}) \tag{5-128}$$

岩石损伤前后的弹性常数之间有如下关系：

$$\begin{cases} E_{\mathrm{D}} = (1 - D)E \\ E_{\mathrm{D}} = (1 - D)G \\ \mu_{\mathrm{D}} = \mu \end{cases} \tag{5-129}$$

式中，E，G，μ 分别为未损伤岩石的弹性模量、剪切弹性模量和泊松比，带下标 D 的量为损伤岩石的相应量。

结合损伤岩石的本构关系，即得 Yang 等人的模型的封闭方程组。

进一步，Yang 等人的模型还指出，如果岩石中的延展应变小于临界值，则岩石中的应力应变关系可用弹塑性理论来描述，且服从随动硬化的 Von Mises 准则。由于这时裂纹闭合，因而仍采用未损伤岩石的弹性常数。这种情况下，岩石的应变增量由弹性增量和塑性增量两部分构成，即：

$$\Delta\varepsilon_{ij} = \Delta\varepsilon_{ij}^{el} + \Delta\varepsilon_{ij}^{pl} \tag{5-130}$$

假定偏应力率只与弹性偏应力率有关，即：

$$\Delta\sigma_{ij} = 2G\Delta\varepsilon_{ij}^{el} \quad i\neq j \tag{5-131}$$

且

$$\begin{cases} \sigma_{V}=3K\varepsilon_{V} \\ \sigma_{V}=\sigma_{11}+\sigma_{22}+\sigma_{33} \\ \varepsilon_{V}=\varepsilon_{11}+\varepsilon_{22}+\varepsilon_{33} \end{cases} \tag{5-132}$$

偏应力空间中，屈服中心用张量 $\boldsymbol{\alpha}$ 表示，$\boldsymbol{\alpha}$ 的初始值为零。由屈服面中心量取的应力差 ξ 表示为：

$$\xi_{ij}=\sigma_{ij}-\alpha_{ij} \tag{5-133}$$

α 的演化率为：

$$\dot{\alpha}_{ij}=\frac{2}{3}H\sqrt{\frac{2}{3}}\frac{\xi_{ij}}{\sigma_0} \tag{5-134}$$

式中，H 为硬化系数；σ_0 为屈服应力。Mises 准则的当量应力 $\widetilde{\sigma}$ 为：

$$\widetilde{\sigma}=\sqrt{\frac{2}{3}\xi_{ij}\cdot\xi_{ij}} \tag{5-135}$$

假定屈服应力 σ_0 为常数，则 Mises 屈服函数可写为：

$$\phi=\widetilde{\sigma}-\sigma_0 \tag{5-136}$$

5.8 岩石爆破的分形损伤模型

本节介绍杨军在博士论文工作中所完成的工作[122]。岩石爆破的分形损伤模型的核心，是在5.7节损伤模型的基础上，借助分形几何理论，建立岩石爆破破坏过程中，裂纹分布分形的变化与损伤演化的关系。将这样的关系与岩石的本构方程联立，即可形成数值分析的封闭方程组。

5.8.1 损伤因子的分形表示

岩石是一种天然材料，含有大量的微小裂纹，岩石损伤是这些微小裂纹起裂、扩展造成的。损伤岩石可看作含有一定随机分布裂纹的均匀材料，裂纹的分布密度仍定义为裂纹影响区的体积与岩石总体积之比，表示为：

$$f_s=\beta N\overline{a}^3 \tag{5-137}$$

式中，f_s 为裂纹的分布密度；N 为裂纹数目；$\overline{a}$ 为裂纹的平均半径；β 为形状影响因子，$0<\beta<1$。

大量的研究表明，岩石中裂纹的分布是一个分形[136]，裂纹的长度 a 与具有该长度的裂纹数量 N 之间有如下关系：

$$N=a^{-D_f} \tag{5-138}$$

式中，D_f 为裂纹的分形维数，可用计盒维方法求出[136]，裂纹分形维数的物理意义可理解为岩石中裂纹充满空间程度的参量。

取 $a=\overline{a}$，将式 5-138 代入式 5-137，得：

$$f_{\mathrm{s}}=\beta a^{3-D_{\mathrm{f}}} \tag{5-139}$$

将式 5-139 代入裂纹密度与岩石损伤因子的关系式 5-123 的第二式：

$$D=\frac{16}{9}\frac{1-\overline{\mu}^{2}}{1-2\mu}f_{\mathrm{s}}$$

得到：

$$D=\frac{16}{9}\times\frac{1-\overline{\mu}^{2}}{1-2\mu}\beta a^{3-D_{\mathrm{f}}} \tag{5-140}$$

这就是岩石损伤因子的裂纹分形维数表示，由此，可通过分析岩石爆破过程中裂纹分布的分形维数变化来揭示损伤的演化。

5.8.2　岩石爆破中裂纹分形的演化规律

根据对岩石三点弯曲、三轴压缩和单轴压缩破坏后的断口分析研究，得知岩石破坏过程的裂纹分形维数与损伤、断裂耗散能之间有如下关系：

$$D_{\mathrm{f}}=D_{\mathrm{f0}}-AY \tag{5-141}$$

式中，D_{f0}为岩石中初始裂纹的分形维数；A 为由试验确定的常数；Y 为岩石的损伤能量耗散率。

$$Y=-\frac{1}{2}(\lambda\varepsilon_{ii}^{e}\varepsilon_{jj}^{e}+2G\varepsilon_{ij}^{e}\cdot\varepsilon_{ij}^{e}) \tag{5-142}$$

式中，λ 为拉梅常数；G 为剪切模量。

将式 5-142 代入式 5-141，可得到：

$$D_{\mathrm{f}}=D_{\mathrm{f0}}+\frac{1}{2}A(\lambda\varepsilon_{ii}^{e}\varepsilon_{jj}^{e}+2G\varepsilon_{ij}^{e}\cdot\varepsilon_{ij}^{e}) \tag{5-143}$$

利用岩石的本构关系，可进一步得到岩石中裂纹分形维数与岩石受力状态的关系。

5.8.3　岩石的动态本构关系

爆炸载荷作用下，岩石的本构关系十分复杂，仍是目前亟待解决的岩石爆破理论研究中的主要问题之一。这里采用近似的弹性方法，表达为：

$$\begin{cases}\sigma_{ij}=S_{ij}-P\delta_{ij}\\ \varepsilon_v=\varepsilon_{ii}\\ P=\overline{K}\varepsilon_v\\ S_{ij}=2\overline{G}\left(\varepsilon_{ij}-\dfrac{1}{3}\varepsilon_v\delta_{ij}\right)\end{cases} \tag{5-144}$$

式中，$\overline{K}$ 为损伤岩石的体积弹性模量，$\overline{K}=(1-D)K$；$\overline{G}$ 为损伤岩石的剪切弹性模量，$\overline{G}=(1-D)G$。G，K 为岩石损伤前的相应量。$\delta_{ij}=\begin{cases}1 & i=j\\ 0 & i\neq j\end{cases}$。

至此，联合式5-122、式5-141、式5-143和式5-144，即可利用数值方法对岩石的爆破损伤演化与破坏过程进行求解。

6 岩石周边控制爆破新技术

本章介绍近些年来作者在岩石周边控制爆破相关项目研究中取得的研究成果，包括周边控制爆破炮孔间贯通裂纹形成、爆破参数计算方法、周边爆破引起的围岩损伤、高地应力条件下的周边控制爆破参数计算等主要方面。

6.1 影响井巷周边爆破效果的因素与控制

井巷掘进中，实施周边爆破（光面爆破）的基本目的是减少超挖，并尽可能降低爆破对围岩的损伤。由于岩石性质和岩石爆破过程的复杂性，爆破超挖总是不可避免。但如果周边爆破参数设计合理，且施工得当，减小超挖，降低井巷或隧道围岩的爆破损伤，实现良好的爆破效果却是可行的[137]。在井巷掘进中，减少超挖，可减少出矸量，降低支护材料消耗量，实现开挖巷道施工的快速和高效。因此，工程中，井巷爆破超挖值是衡量光爆质量（效果）的主要指标[138]之一。

自采用光面爆破以来，在提高爆破效果问题上，人们进行了大量的研究，取得了许多有意义的成果。但是，在一些特殊的岩石条件下，巷道开挖周边爆破的有效控制目前仍未得到很好解决。本节以现场实际观测为基础，深入分析，总结出影响矿山井巷周边爆破效果的因素及控制效果的方法。这些方法对各类岩石隧道的开挖同样适用，并具有工程意义。

6.1.1 影响井巷周边爆破效果的因素及分析

井巷施工中，周边爆破效果的好坏，井巷爆破超挖量的大小，受多方面因素的影响。经过分析，我们将影响井巷周边爆破效果的因素归类为图 6-1 所示情况。周边爆破效果的好坏主要体现在井巷掘进的超挖及爆破对井巷围岩的损伤程度和范围上。

（1）岩石性质对周边爆破效果的影响。岩石性质对周边爆破效

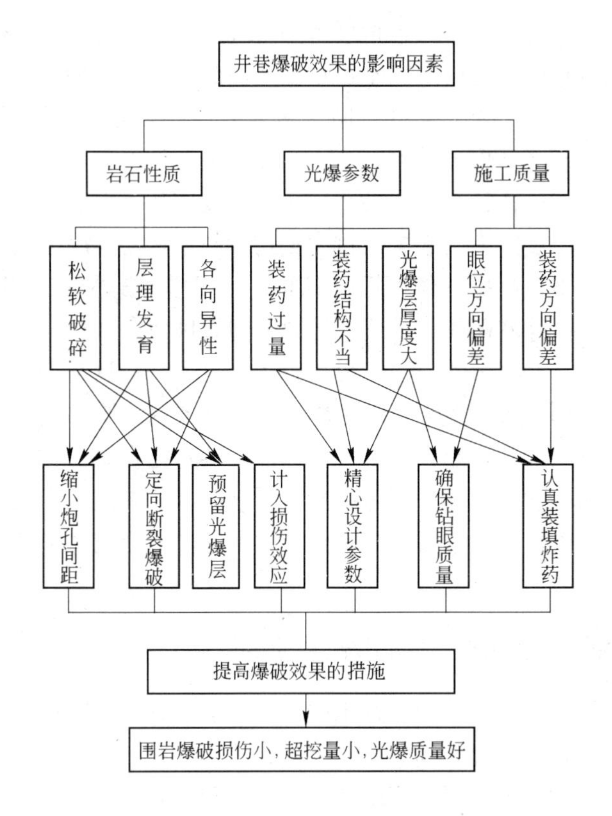

图6-1 井巷周边爆破效果的影响因素及控制措施

果的影响可进一步分为三种情况。第一，岩石较为破碎，自稳能力差，爆破对围岩进一步损伤后，失去稳定冒落，产生超挖，降低爆破效果；第二，在层状岩层或层理发育的岩层中，层理面是弱面，光面爆破的炮孔裂纹沿弱面优先形成、扩展，当岩层层理方向与井巷周边炮孔连线方向不一致时，将引起井巷超挖，降低爆破效果，如图6-2所示；第三，对各向异性岩石，如果岩石的低强度方向不在炮孔连线方向，不利于炮孔间贯通裂纹的形成，则产生井巷超挖，降低爆破效果。

（2）周边爆破参数对周边爆破效果的影响。根据对矿山井巷掘进爆破的观测与分析，周边爆破参数对井巷周边爆破效果的影响主要有三个方面。首先，装药过量引起围岩过度损伤造成超挖，矿山现场的许多井巷超挖都是由周边眼过量装药引起的，居于掘进工程进尺管理方面的原因，工人们大都倾向于多装药，“宁超勿欠”。其次，装药结构不合理降低爆破效果，当不能保证足够的不耦合系数而采用孔底集中装药时，往往会造成装药部位的过度破坏，引起井巷超挖。第三，光爆层厚度过大引起围岩过度损伤和超挖。光爆层厚度过大会延长炮孔爆后维持高压气体作用的时间，从而增加爆破对围岩的损伤，使围岩破坏，井巷超挖。最终，导致周边爆破效果降低。

(3) 施工偏差对井巷周边爆破效果的影响。这包括两个方面：一方面，当周边眼位置处于井巷轮廓线之外或周边眼钻进方向向外偏斜时，必然引起井巷超挖。由此引起的井巷超挖在煤矿井巷施工中较为常见。另一方面，在采用定向断裂爆破时，如果施工不能保证设计的断裂方向沿炮孔间连线方向，也容易引起井巷超挖，降低周边爆破效果。

6.1.2　减少井巷超挖、提高爆破效果的措施

综合影响井巷周边爆破效果的各种因素及其影响规律，控制井巷围岩损伤与超挖，提高周边爆破效果，需要从以下几方面入手。

(1) 适当缩小炮孔（炮眼）间距。对层理发育岩层，爆破后井巷超挖量与炮孔间距成正比（图 6-2），因此适当缩小炮孔间距是减小井巷超挖、提高质量的有效方法。缩小炮孔间距后，应当相应减少炮孔装药量。根据应力波作用理论[17]，假定周边孔为不耦合分段装

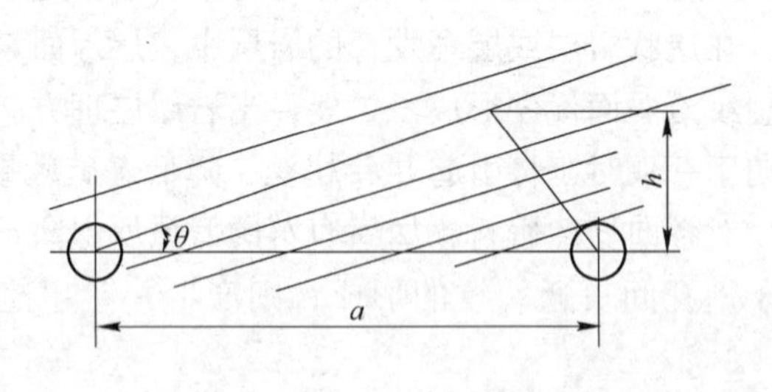

图 6-2　岩石层理面对井巷超挖的影响

a—炮眼间距，h—井巷超挖

药，可推得周边光面爆破中炮孔装药量与炮孔间距的关系：

$$l_e = \frac{8\sigma_t b\eta^6}{\rho_0 D^2 n}\left(\frac{a}{d_b}\right)^{\alpha} \tag{6-1}$$

$$q = 0.25\pi\rho_0 l l_e \left(\frac{d_b}{k_c}\right)^2 \tag{6-2}$$

式中，l_e为炮孔装药系数；q 为炮孔装药量；σ_t 为岩石的抗拉强度；b 为侧向应力系数；k_c为装药不耦合系数；ρ_0 为装药密度；D 为炸药爆速；n 为炸药爆炸产物碰撞炮孔壁时的压力增大系数，$n=8\sim10$；a 为炮孔间距；d_b为炮孔直径；α 为应力波衰减指数；l 为炮孔长度。

在软弱破碎岩层中，缩小炮孔间距，进而相应减小炮孔装药量，将降低爆破对围岩的损伤，有利于围岩稳定，有利于减小井巷超挖，以提高爆破质量。

（2）采用定向断裂爆破技术。岩石定向断裂爆破技术，利用炮孔切槽、侧向聚能或切缝管药包等手段，实现爆破裂纹沿炮孔连线方向优先产生、扩展，并抑制其他方向的炮孔裂纹产生、扩展，从而达到减少井巷围岩损伤与超挖、提高爆破效果的目的。这一技术的实质是在炮孔间连线方向上，人为造成较大的破坏系数 N，使岩石在此方向优先断裂，形成孔间贯通裂纹。破坏系数 N 定义为：

$$N = \frac{F}{R} \tag{6-3}$$

式中，F 为促进裂纹产生、扩展的力；R 为岩石的抗破坏力。

理论研究与工程实践证明[139~141]：采用岩石定向断裂爆破技术，可以达到有效保护围岩，增大周边眼痕率，减少超挖，增大炮眼间距，减少周边眼数量，降低爆破材料消耗的目的。

（3）考虑岩石既有损伤对光爆参数的影响。井巷光面爆破中，一般都是周边眼在崩落眼爆破后起爆，崩落眼爆破除破坏其与掏槽眼之间的岩石外，还对周边眼光爆层岩石及围岩造成损伤，因此周边眼爆破实际上是在损伤岩石中进行的。有时，崩落眼爆破产生的裂纹甚至会延伸至井巷围岩中，造成围岩损伤。在软岩等低强度中，这种损伤较为明显，设计周边爆破参数时必须考虑这种损伤的影响，确定合理的爆破参数。分析认为：当前软岩巷道中的周边光面爆破多出现超挖，主要原因是爆破参数设计中没有考虑这种损伤的影响，结果造成炮孔装药偏多，使围岩受到过度损伤，失去稳定而超挖。

研究认为：岩石损伤后，强度降低，应力波衰减指数增大，侧向应力系数减少，因此对爆破损伤较为明显的软岩，周边光面爆破应采用较小的炮孔装药量和炮孔间距以及较小的光爆层厚度[112]，并要求崩落眼爆破参数也应谨慎设计。

（4）精心设计周边光面爆破参数。周边光面爆破参数的设计必须依据具体的岩石条件来进行，其基本要点概括为：

1）优先采用岩石定向断裂爆破技术；

2）对特殊岩层，适当缩小炮孔间距后，并相应降低炮孔装药量和调整光爆层厚度；

3）在软岩等低强度岩石中，确定光面爆破参数时，应当考虑崩落眼爆破对光爆层岩石的损伤效应；

4）软岩等低强度岩石的光面爆破应采用孔内不耦合连续装药，以使岩石受载均匀，避免局部受载过度而破坏；

5）必要时，预留光爆层，并视其具体情况调整光面爆破参数。

（5）确保爆破施工质量。通常，应先定出井巷轮廓线，而后再布置周边眼，做到炮眼的定位准确，同时还应利用导向装置保证炮眼沿设计方向钻进，从根本上保证爆破设计参数的有效性和准确性。在装药过程中，还需做到：不随意增加药量；保证良好的装药不耦合和孔内装药均匀；采用岩石定向断裂爆破技术时，必须做到炮孔切槽，或装药聚能，或切缝方向与炮孔连线方向一致。

事实上，影响光面爆破效果和井巷超挖的因素是多方面的，只有在全面了解岩石特性、正确进行光爆参数设计及严格按设计要求施工等各个环节上不出明显偏差，才能获得良好的光爆效果，从根本上减小井巷围岩的爆破损伤与超挖，提高周边爆破效果。

井巷超挖是衡量周边爆破效果的主要指标。井巷出现超挖将降低围岩的稳定性，而且将会增加出矸量和支护材料消耗。影响井巷超挖的因素是多方面的，在此将它们归结为 3 个方面 8 个因素。借此强调，减小井巷超挖，提高光爆效果，要求做到：全面了解岩石性质、正确设计光爆参数以及确保施工质量。这些措施是降低巷道围岩爆破损伤与减少巷道超挖，取得良好光爆效果的根本而且有效的方法。

6.2 周边爆破参数设计的断裂力学方法

周边爆破成败的关键在于炮孔间贯通裂纹的形成。研究表明[142]：若所有的周边炮孔在同一时刻起爆，则对炮孔间贯通裂纹的形成最为有利。但是，目前所生产雷管的爆发时间有较大的时间漂移范围，工程施工中难以做到所有周边炮孔同时起爆。因而，也就难以实现爆炸应力波在炮孔间的相遇、叠加，产生形成炮孔间贯通裂纹的有利条件。

据此，这里提出周边炮孔间隔分段起爆方法。即将周边孔间隔分组，在两个时刻起爆，这样的根本目的是充分发挥光面爆破中的空孔应力集中效应，提高周边爆破效果。下面，利用弹性力学、断裂力学的基本理论对之进行分析，进而给出相应的爆破参数计算方法。

6.2.1 周边炮孔间贯通裂纹的形成机理

如图 6-3 所示为周边爆破周边炮孔分组情况，*A* 孔为先起爆孔，其两侧的 *B* 孔为后起爆孔，*B* 孔对 *A* 孔具有空孔效应。

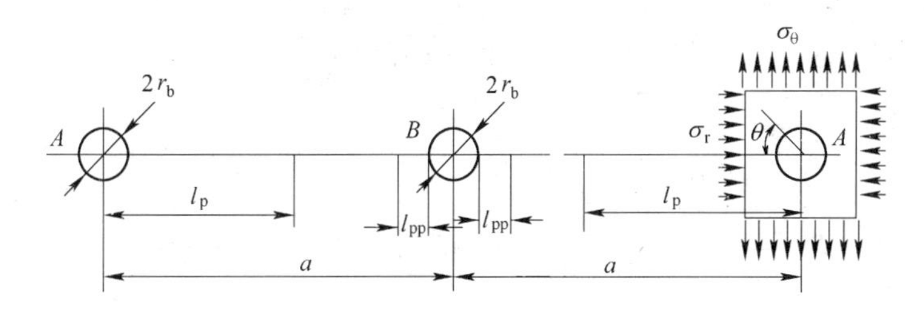

图 6-3 周边炮孔间隔分段起爆及空孔应力集中

A 孔起爆后，在其周围岩石中激起应力扰动向外传播，随着传播距离的增加，应力波按下列规律衰减：

$$
\begin{cases}
\sigma_r = p_0\ (r/r_b)^{-\alpha} \\
\sigma_\theta = b\sigma_r \\
p_0 = \rho_0 D^2\ (d_c/d_b)^6 \cdot l_e \cdot n/8
\end{cases}
\tag{6-4}
$$

式中，σ_r，σ_θ 分别为岩石中的径向应力和切向应力；p_0 为作用于炮孔壁的入射压力峰值；l_e为炮孔装药系数；b 为侧向应力系数，$b=\dfrac{\mu}{1-\mu}$；ρ_0 为装药密度；D 为炸药爆速；n 为炸药爆炸产物碰撞炮孔壁时的压力增大系数，$n=8\sim10$；r 为应力传播的距离；d_b，d_c分别为炮孔直径和装药直径，$d_b=2r_b$；α 为应力波衰减指数，$\alpha=2-b$。

当应力波到达 B 孔处时，B 孔的存在将使应力明显大于无 B 孔时的应力值，这便是空孔的应力集中效应。根据弹性力学理论[143]，B 孔附近的峰值应力状态表示为：

$$\begin{cases}\sigma_{rr}=\dfrac{1}{2}[(1-k^2)(\sigma_\theta-\sigma_r)+(1-4k^2+3k^4)(\sigma_r+\sigma_\theta)\cos2\theta]\\ \sigma_{\theta\theta}=\dfrac{1}{2}[(1-k^2)(\sigma_\theta-\sigma_r)+(1+3k^4)(\sigma_r+\sigma_\theta)\cos2\theta]\\ \tau_{r\theta}=\dfrac{1}{2}[(1+2k^2-3k^4)(\sigma_r+\sigma_\theta)\cos2\theta]\\ k=r_b/r_B\end{cases}\tag{6-5}$$

式中，σ_{rr}，$\sigma_{\theta\theta}$ 分别为空孔应力集中后的岩石中径向应力和切向应力；$\tau_{r\theta}$ 为空孔应力集中后岩石中的剪切应力；r_B 为岩石中任一点到 B 孔中心的距离；θ 为任意方向与孔间连线的夹角。

式 6-5 中，当 $k=1$ 时，$\sigma_{rr}=0$，$\tau_{r\theta}=0$，而

$$\sigma_{\theta\theta}=(\sigma_\theta-\sigma_r)+2(\sigma_\theta+\sigma_r)\cos2\theta\tag{6-6}$$

对式 6-6 求 $\dfrac{d\sigma_{\theta\theta}}{d\theta}$，并令 $\dfrac{d\sigma_{\theta\theta}}{d\theta}=0$，可知当 $\theta=0$，$\pm\pi$ 时

$$\sigma_{\theta\theta}=3\sigma_\theta+\sigma_r$$

为极大值（拉应力为正，压应力为负）；当 $\theta=\pm\pi/2$ 时

$$\sigma_{\theta\theta}=-\sigma_\theta-3\sigma_r$$

为极小。可见，在相邻炮孔连线方向出现最大拉应力。如果该最大拉应力值大于岩石的抗拉强度，则孔壁将沿孔间连线方向产生裂纹。进一步分析知，在相邻炮孔连线方向上最大拉应力随距空孔 B 距离的增加而减少，即有：

$$\sigma_{\theta\theta} = \left(1 + \frac{1}{2}k^2 + \frac{3}{2}k^4\right)\sigma_\theta + \left(\frac{3}{2}k^4 - \frac{1}{2}k^2\right)\sigma_r \tag{6-7}$$

利用式6-7，可求得 B 孔在一定孔间距条件下沿孔间连线方向上的裂纹长度。

在周边炮孔间隔分段先后起爆条件下，爆孔间贯通裂纹的形成由两个阶段组成。第一阶段是先起爆孔 A 的爆炸作用，一方面在其周围形成一定长度的裂纹：

$$l_p = \left(\frac{bP_0}{\sigma_t}\right)^{1/\alpha} r_b \tag{6-8}$$

式中，l_p为先起爆炮孔装药爆炸在其周围造成的裂纹长度；σ_t 为岩石的动态抗拉强度。

另一方面，如果 $\sigma_{\theta\theta} > \sigma_t$，则先起爆炮孔 A 装药爆炸还将在后起爆炮孔 B 周围岩石的炮孔间连线方向上形成一定长度的导向裂纹。该导向裂纹的长度与岩石强度、先起爆炮孔的装药量及其性质、炮孔间距有关。可利用由式6-4、式6-7导出的关系式求出：

$$\begin{cases} a = \left\{p\left[\left(1 + \frac{1}{2}k_1^2 + \frac{3}{2}k_1^4\right)_\theta b + \frac{3}{2}k_1^4 - \frac{1}{2}k_1^2\right] / \sigma_t\right\}^{1/\alpha} r_b \\ k_1 = \dfrac{r_b}{r_b + l_{pp}} \end{cases} \tag{6-9}$$

式中，l_{pp}为先起爆炮孔装药爆炸在后起爆炮孔周围造成的裂纹长度。该裂纹的存在，对后起爆炮孔中装药爆炸引起的裂纹扩展，在一定程度上规定了方向。

炮孔间贯通裂纹形成的第二阶段，是导向裂纹 l_{pp}在后起爆炮孔的爆炸载荷作用下，进一步扩展，与 l_p贯通，形成炮孔间贯通裂纹。如图6-4所示，在后起爆炮孔的爆炸载荷作用下，导向裂纹尖端的应力强度因子为[25,144]：

$$\begin{cases} K_I = p_0 F(k) \\ p_0 = \left(\dfrac{\rho_0 D^2}{8p_k}\right)^{m/i} \left(\dfrac{d_c}{d_b}\right)^{2m} l_e^m p_k \\ F(k) = 2\,(r_B/\pi)^{1/2} k^{1/2} (1 - k^2) \end{cases} \tag{6-10}$$

式中，p_0为炮孔 B 内的准静态压力；p_k为爆炸产物膨胀过程中的临界压力，$p_k = 100\text{MPa}$；i，m 分别为高低压状态下，爆炸产物的膨胀指数，$i = 3$，$m = 1.3$。

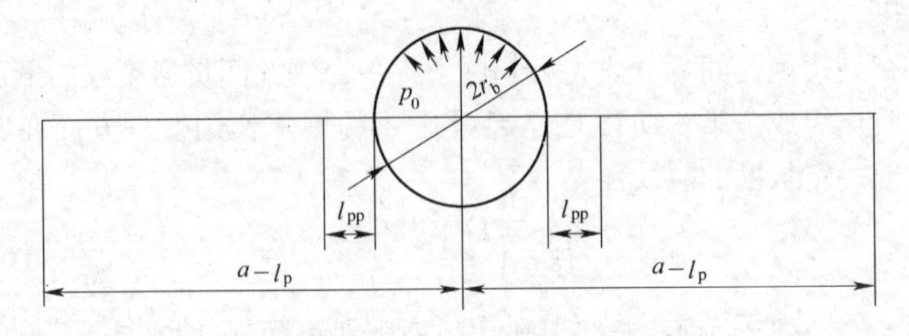

图 6-4　裂纹扩展过程的力学模型

由此得出实现炮孔间贯通裂纹的条件为：

$$\begin{cases} P_0 F(k_1) \geqslant K_{\text{Ic}} \\ k_1 = \dfrac{r_b}{a - l_p} \end{cases} \tag{6-11}$$

式中，K_{Ic} 为岩石的断裂韧性。

6.2.2　爆破参数的计算

6.2.2.1　炮孔间距的计算

由式 6-9 知，对于特定的岩石条件，炮孔间距 a 随 p_0和 l_{pp}而变。为减少所需的周边炮孔数，通常情况可取：

$$p_0 = K_a \sigma_c \tag{6-12}$$

式中，K_a为动载荷作用下，岩石三向受压的抗压强度增大系数，计算时取 $K_a = 10$[138]；σ_c 为岩石的静载抗压强度。

另外，为了发挥后起爆孔壁初始裂纹 l_{pp} 的定向性，l_{pp} 不能小于一定值。根据 Bien. wshi 用显微镜照相方法所作的分析，在自然岩体中，天然裂纹的平均长度为：0.0025 ~ 0.25cm[145]。由断裂力学理论知，在相同的载荷作用下，长的裂纹，其尖端的应力强度因子大，一般最先起裂。因此这里规定：$l_{pp} \geqslant 0.5 \sim 1.0\text{cm}$，大于岩体中天然裂纹长度平均最大值的 20 ~ 40 倍，较其他方向的径向裂纹占绝对优势。

在 l_{pp}确定后，代入 l_{pp}式 6-9，即可解得所求的炮孔间距。

6.2.2.2 炮孔装药量的计算

光爆孔采用间隔分段起爆时，先起爆孔与后起爆炮孔的作用是不同的。对先起爆孔，其作用是在其本身和相邻后起爆孔周边形成沿孔间连线方向的一定长度裂纹；而后起爆孔的作用是使先起爆孔造成的裂纹进一步扩展、贯通，形成孔间贯穿裂纹。因此，它们的孔内装药量计算是不同的。

A 先起爆孔的装药量计算

先起爆孔装药量计算的原则是保证孔中装药爆炸后，对孔壁施加的压力峰值不大于岩石的动载抗压强度 $K_a\sigma_c$，采用连续柱状装药时，装药不耦合系数为[143]：

$$k_c = d_b/d_c = [n\rho_0 D^2/(8K_a\sigma_c)]^{1/6} \tag{6-13}$$

式中，k_c 为装药不耦合系数。

若采用空气间不耦合装药，则有装药系数：

$$l_e = 8K_a\sigma_c/(n\rho_0 D^2)(d_b/d_c) \tag{6-14}$$

进一步，由单位长度炮孔装药量

$$q_1 = \pi {d_c}^2\rho_0/4 \qquad (\text{连续装药}) \tag{6-15}$$

和

$$q_1 = \pi {d_c}^2\rho_0 l_e/4 \qquad (\text{空气间隔装药}) \tag{6-16}$$

B 后起爆孔的装药量计算

后起爆装药的作用在于使其周围的导向裂纹进一步扩展，最终形成炮孔间的贯通裂纹。后起爆炮孔导向裂纹扩展的最终长度是 $a - l_p - r_b$，由式 6-10、式 6-11 得到：

$$l_e \geqslant \left[\frac{K_{Ic}}{p_k F(k_2)}\right]^{1/m} \left(\frac{8p_k}{\rho_0 D^2}\right)^{1/i} (d_b/d_c)^2 \tag{6-17}$$

式中，$F(k_1) = 2(r_b/\pi)^{1/2}{k_1}^{1/2}(1 - {k_1}^2)$，$k_2 = \dfrac{r_b}{a - l_p}$。求得 l_e后，利用式 6-16 即可得到后起爆炮孔的单位长度装药量 q_1。

6.2.2.3 周边孔最小抵抗线的计算

周边爆破采取的方式可能是周边孔最后起爆，这即是通常的普通光面爆破；也可能是周边孔最先起爆，这即是通常的预裂爆破。计算周边孔最小抵抗线，必须对普通光面爆破和预裂爆破加以区分。对普通光面爆破，周边孔最小抵抗线（也称光爆层厚度）的计算式为[146]：

$$w = \sqrt{q_1/[q_s f(n)]} \tag{6-18}$$

式中，w 为周边孔最小抵抗线；q_1为后起爆孔的单位长度装药量；q_s为台阶爆破的单位体积耗药量，参见表 6-1 选取；f（n）为爆破作用指数函数，f（n）$=0.4+0.6n$，n 为爆破作用指数，对平巷、斜巷的上部孔，取 $n=0.75$，对平巷、斜巷的下部孔立井周边爆破，取$n=1$。

表 6-1　台阶爆破的单位体积耗药量[17]（2 号岩石炸药）

岩石坚固性系数f	2～3	4	5～6	8	10	15	20
单位体积耗药量 q_s /kg · m^{-3}	0.39	0.45	0.50	0.56	0.62～0.68	0.73	0.79

根据文献［146］，预裂爆破的周边孔最小抵抗线的计算式为：

$$w = \left\{\frac{\rho_0 D^2 b}{2\sigma_t[1+\rho_0 D/(\rho_m C_p)]}\right\}^{1/\alpha} r_0 \tag{6-19}$$

式中，$\rho_0 D$ 为炸药的冲击阻抗；$\rho_m C_p$ 为岩石的声阻抗；ρ_m 为岩石密度；C_p为岩石中的弹性波速度。

6.2.3　工程应用

某掘进巷道，岩石的坚固性系数 $f=8$，取 $\sigma_c=80\text{MPa}$，$\sigma_t=6.7\text{MPa}$，密度 $\rho_m=2.42\times10^3\ \text{kg/m}^3$，泊松比 $\mu=0.26$，纵波波速 $C_p=3430\text{m/s}$，断裂韧性 $K_{Ic}=4.4\text{MN/m}^{3/2}$；所用炸药密度 $\rho_0=1000\text{kg/m}^3$，爆速 $D=3600\text{m/s}$，直径 $d_c=3.2\times10^{-2}\text{m}$；炮孔直径采用 $d_b=2r_b=4.2\times10^{-2}\text{m}$。试确定普通光爆参数。

首先，取 $l_{pp}=0.5$，由式6-12、式6-4 和式6-9，求得孔间距$a=49.5\times10^{-2}\text{m}$，故取 $a=0.5\text{m}$。

第二，由式6-14、式6-16，求得不耦合空气间隔装药条件下的先起爆孔单位长度装药量为$q_1=0.2\text{kg/m}$；由式6-17、式6-16 求得同样条件下的后起爆孔单位长度装药量为 $q_1=0.128\text{kg/m}$。

第三，由式6-18，取 q_1=0.128kg/m，计算得上部孔和下部孔的光爆层厚度分别是0.52m 和0.48m 。

实践表明：计算结果与实际基本相符。按上述方法确定的光爆参数，能取得较好的周边爆破效果。

6.2.4 技术要点

技术要点具体如下：

（1）采用周边炮孔间隔分段起爆时，孔间贯穿裂纹的形成机理是：先起爆孔在其周边和相邻后起爆孔周边形成孔间连线方向的导向裂纹，之后该裂纹在后起爆孔的爆炸载荷作用下进一步扩展，形成孔间贯穿裂纹。

（2）间隔分段起爆法，是雷管起爆时间精度较低条件下，提高周边爆破效果的有效的、实用的方法。计算与工程实践表明：使用该方法有助于减小爆破对围岩的破坏，提高光爆质量。其原因是：对先起爆孔，周边孔最小抵抗线比通常的计算值小，根据最小抵抗线原理，爆破对围岩（最小抵抗线的相反方向）的破坏减弱。更主要的是后起爆孔因已有导向裂纹，装药量减小，爆破对围岩的破坏也减弱。

（3）间隔分段起爆能减少后起爆孔的单位长度装药量，原因是后起爆孔的作用为起裂已有裂纹，这只需较小的爆炸载荷即可完成。已有的裂纹扩展后，对其他径向裂纹的扩展有抑制作用。

（4）后起爆孔的装药量计算仅考虑了已有裂纹的起裂，为了使后起爆孔的裂纹能扩展、贯穿，应保证炮孔堵塞的良好质量，以降低炮孔内爆炸载荷随时间的衰减速度，维持孔内较长时间的高压力。

（5）后起爆孔的已有裂纹长度，可根据对光爆质量的要求而定，要求高时取大值，反之取小值。

6.3 光面爆破相邻炮孔存在起爆时差的炮孔间距计算

6.3.1 概述

前已述及，目前生产的雷管存在一定的起爆时间漂移，因此工程实际中，实现光面爆破的相邻炮孔同时起爆十分困难，即使采用同段雷管，大多数情况相邻炮孔之间也存在起爆时差。另外，由于爆炸载荷作用下炮孔的膨胀变形、炮孔壁周围裂纹的产生、堵孔炮泥的运动等，炮孔内爆炸载荷是随时间而衰减的[147,148]。为保证良好的光面爆破效果，应该充分考虑相邻炮孔起爆时差和炮孔内爆炸载荷随时间衰减速度的影响，设计出更接近于工程实际的光面爆破参数。本节将对此进行讨论。

光面爆破是一种特殊的爆破技术，用于消除或减少爆破超挖和降低爆破对周围环境的不利影响，如降低爆破对周围岩石的损伤等。为获得良好的光面爆破效果，国内外学者均对其炮孔间贯通裂纹形成机理和参数设计方法等问题进行了深入研究，进而提出并实践了更有效的光面爆破技术——岩石定向断裂周边控制爆破技术[144,149~152]。前些年，笔者还就光面爆破损伤围岩及岩石定向断裂周边控制爆破的参数设计进行了研究[153~155]。但是，这些研究均存在不足，主要是没有考虑光面爆破的相邻炮孔起爆时差和炮孔内爆炸载荷随时间的衰减对光面爆破炮孔间贯通裂纹形成的影响，研究光面爆破对围岩损伤是以单个炮孔的爆炸作用为基础的，没有考虑相邻炮孔爆炸载荷的共同作用。因此，仍需要在考虑相邻炮孔起爆时差和炮孔内爆炸载荷随时间衰减的条件下，从不同于6.2节的角度对光面爆破的各种问题进行深入研究。

由于问题的复杂性和研究内容的丰富性，本文将仅就考虑相邻炮孔存在起爆时差和炮孔内爆炸载荷随时间衰减条件下的炮孔间贯通裂纹形成条件和炮孔间距计算进行探讨，提出这种条件下的炮孔间距计算方法，并就相邻炮孔起爆时差大小和炮孔内爆炸载荷随时间衰减速度的影响进行讨论。

6.3.2 光面爆破在岩石中引起的爆炸应力场

光面爆破大都采用不耦合装药，以保证在炮孔周围不形成压碎区。在这种条件下，可以认为岩石中传播的是弹性应力波，而没有冲击波。如图6-5所示，单个炮孔爆炸载荷引起岩石中任一点的应力是炮孔距离 r 和时间 t 的函数，可表达为：

$$\sigma_r = -p_0\left(\frac{r}{r_b}\right)^{-\alpha} f\left(t - \frac{r - r_b}{C_p}\right) \tag{6-20}$$

$$\sigma_\theta = -b\sigma_r \tag{6-21}$$

$$p_0 = \frac{1}{8}\rho_0 D^2 n\left(\frac{r_b}{r_c}\right)^{-6} \tag{6-22}$$

式6-20～式6-22中 σ_r，σ_θ分别为岩石中任一点的径向应力和法向应力；p_0为爆炸载荷峰值；r为岩石中应力计算点到炮孔中心的距离；r_b为炮孔半径；r_c为装药半径；$f\left(t - \frac{r - r_b}{C_p}\right)$为炮孔内爆炸载荷的时间衰减函数；$t$为时间；$C_p$为岩石中的弹性波速度；$\alpha$为应力波的距离衰减指数，$\alpha = 2 - \frac{\mu}{1 - \mu}$；$\mu$为岩石的泊松比；$b$为侧向应力系数，$b = \frac{\mu}{1 - \mu}$；$\rho_0$为炸药密度；$D$为炸药爆速；$n$为炮孔内爆炸产物碰撞炮孔壁时的压力增大系数，$n = 8 \sim 11$。

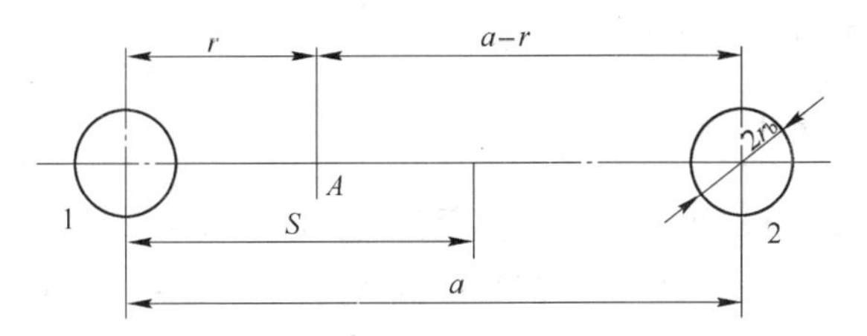

图6-5 光面爆破中的相邻炮孔

炮孔内爆炸载荷的时间衰减是一个十分复杂的过程，受许多因素的影响，至今还无法对其进行准确描述。Li Ning[156]对此进行了研究，提出了炮孔内爆炸载荷的数值模拟，但由于其中涉及许多的需要确定的常数，使得模拟结果带有一定的随意性，不便在工程设计中应用。在此，我们参照卢文波[148]及Li Ning[156]的研究结果，作简化处理，认为炮孔内爆炸载荷随时间是线性衰减的，并取衰减函数为：

$$f(t) = \begin{cases} 1 - t/t_0 & 0 \leqslant t \leqslant t_0 \\ 0 & t\text{ 取其他值} \end{cases} \tag{6-23}$$

式中，t_0为炮孔内爆炸载荷的作用持续时间，t_0越大，则炮孔内爆炸载荷的衰减速度越低，t_0取小值时，炮孔内的爆炸载荷将很快衰减。

尽管这样的炮孔内爆炸载荷的时间衰减函数假定与实际有一定差距，但所采用的分析方法对问题的最终解决是有意义的，所得结果在定性意义上是正确的，仍具有参考价值。

由于光面爆破炮孔间贯通裂纹的形成是相邻炮孔共同作用的结果，因此需要知道相邻炮孔爆破共同在炮孔连线上引起的应力。这一应力是相邻炮孔各自引起应力的叠加。如图 6-5 所示，假定炮孔 1 先起爆，则在相邻炮孔连线上，有：

$$\begin{aligned}\sigma_r &= \sigma_{r1} + \sigma_{r2} \\ &= P_0\left[\left(\frac{r}{r_0}\right)^{-\alpha} f\left(t - \frac{r - r_0}{C_p}\right) + \left(\frac{a - r}{r_b}\right)^{-\alpha} f\left(t - \Delta t - \frac{a - r - r_b}{C_p}\right)\right]\end{aligned} \tag{6-24}$$

式中，σ_{r1}，σ_{r2} 分别为炮孔 1、炮孔 2 引起在相邻炮孔连线上引起的径向应力；Δt 为相邻炮孔的起爆时差；a 为炮孔间距。

知道径向应力后，相邻炮孔连线上的切向应力由式 6-21 计算，于是得到相邻炮孔连线上的应力分布。

6.3.3　相邻炮孔间形成贯通裂纹的条件

现有的光面爆破理论认为，炮孔间贯通裂纹的形成是由拉应力引起的。通常认为，裂纹首先在炮孔壁产生，而后延伸，当岩石中拉伸应力小于岩石的抗拉强度时，裂纹止裂，即炮孔间连线上的某点沿炮孔连线方向拉伸裂纹的产生以切向拉应力超过岩石的抗拉强度为条件。因此，为保证相邻炮孔之间贯通裂纹的顺利形成，要求炮孔间连线上每一点的切向拉应力均应等于岩石的抗拉强度。于是，形成炮孔间贯通裂纹的条件可表示为：

$$\min\{\tilde{\sigma}_\theta(r)\} = \sigma_t \tag{6-25}$$

其中

$$\tilde{\sigma}_\theta(r) = \max\{\bar{\sigma}_{\theta1},\ \bar{\sigma}_{\theta2},\ \bar{\sigma}_\theta\} \tag{6-26}$$

式 6-25、式 6-26 中，$\tilde{\sigma}_\theta(r)$ 为炮孔间连线上任意一点经历的切向应力最大值，是 r 的函数；σ_t 为岩石的抗拉强度；$\bar{\sigma}_{\theta1}$，$\bar{\sigma}_{\theta2}$，$\bar{\sigma}_\theta$ 分别为炮

孔 1、炮孔 2 和相邻两炮孔共同作用引起的切向拉应力峰值。这里指出：就相邻炮孔连线上的某一点而言，由于 Δt 的存在，$\bar{\sigma}_{\theta1}$，$\bar{\sigma}_{\theta2}$，$\bar{\sigma}_{\theta}$ 的作用可能是非同时的，因此也就不存在叠加关系，而是孤立地对炮孔间贯通裂纹的产生起作用。

以图 6-5 所示为例说明如下。A 是相邻炮孔连线上距离孔 1 为 $r(0 \leqslant r \leqslant a/2)$ 的点，A 点距孔 2 的距离为 $a - r$，若孔 1 先起爆，孔 2 在 Δt 后起爆，于是，$\bar{\sigma}_{\theta1}$ 达到 A 点的时间为：$t_1 = r/C_p$，$\bar{\sigma}_{\theta2}$ 达到 A 点的时间为：$t_2 = \Delta t + (a - r)/C_p$，如果 $\sigma_{\theta1}$ 的作用时间足够长，则 $\bar{\sigma}_{\theta}$ 达到 A 点的时间为：$t_3 = t_2$，否则，在 A 点没有应力叠加，$\bar{\sigma}_{\theta}$ 在 A 点作用为零。当 $t_1 \neq t_2$ 时，$\bar{\sigma}_{\theta1}$，$\bar{\sigma}_{\theta2}$，$\bar{\sigma}_{\theta}$ 在 A 点的作用是非同时的。

于是，有：

$$\bar{\sigma}_{\theta1} = bP_0\left(\frac{r}{r_b}\right)^{-\alpha} \tag{6-27}$$

$$\bar{\sigma}_{\theta2} = bP_0\left(\frac{a - r}{r_b}\right)^{-\alpha} \tag{6-28}$$

$$\bar{\sigma}_{\theta} = bP_0\left\{\left(\frac{a - r}{r_b}\right)^{-\alpha} + \left(\frac{r}{r_b}\right)^{-\alpha} f\left[\frac{2(S - r)}{C_p}\right]\right\} (r_b \leqslant r \leqslant S) \tag{6-29}$$

$$\bar{\sigma}_{\theta} = bP_0\left\{\left(\frac{r}{r_b}\right)^{-\alpha} + \left(\frac{a - r}{r_b}\right)^{-\alpha} f\left[\frac{2(r - S)}{C_p}\right]\right\} (S \leqslant r \leqslant a - r_b) \tag{6-30}$$

式 6-29、式 6-30 中，S 为相邻炮孔两应力波峰相遇点距炮孔 1 中心的距离：

$$S = 0.5(a + C_p\Delta t) \tag{6-31}$$

在既定岩石和炮孔间距条件下，S 依赖于 Δt。若 Δt 较大，使得 $S>a-r_b$，则相邻炮孔的应力波峰值将不可能在炮孔间连线上相遇、叠加。这种情况下的炮孔间距计算已有研究[143]。

6.3.4 炮孔间距的计算

将式 6-27 ~ 式 6-30 代入式 6-26，可以看出在 $r_b \leqslant r \leqslant a - r_b$ 范围

内，$\tilde{\sigma}_\theta(r)$ 有最小值，于是可通过

$$\frac{\partial \tilde{\sigma}_\theta}{\partial r} = 0 \tag{6-32}$$

求出炮孔间距 a 一定的条件下，使 $\tilde{\sigma}_\theta(r)$ 取得最小值的 r(为 a 的函数)，再将 r 代入式 6-25，即可求出炮孔间距 a。

这样的求解过程十分复杂，但利用数值方法可以很方便地作图求解炮孔间距 a。以 $\Delta t = 0.25a_0/C_p$ 和 $0.6a_0/C_p$（a_0为可能的最大炮孔间距）两种情况为例，在同一坐标系改变炮孔间距 a 作 $\bar{\sigma}_{\theta 1}$，$\bar{\sigma}_{\theta 2}$，$\bar{\sigma}_\theta$ 图，找到能满足炮孔间连线上任何一点式 6-25 均成立的 a 的最大值，这一 a 即是炮孔间距。

以砂岩为例，取泊松比 $\mu = 0.25$，则应力波的距离衰减指数 $\alpha = 1.67$，侧向应力系数 $b = 0.33$，取弹性波速度 $C_p = 3200\text{m/s}$，单向静态抗压强度 $\sigma_c = 80\text{MPa}$，动态抗拉强度等于静态抗拉强度 $\sigma_t = 6.7\text{MPa}$，取裂纹扩展速度为弹性纵波速度的 0.4 倍，即 $C_c = 0.4C_p$，爆炸载荷作用持续时间取为爆炸裂纹传播可能的最大炮孔间距的 1/2 长度所需时间，即为：

$$t_0 = 0.5a_0/C_c = 0.5a_0/0.4C_p = 0.5a_0/(0.4 \times 3200) = a_0/2560\text{s}$$

炮孔间距用相对值表示，设 a_0 为不考虑炮孔中爆炸载荷时间衰减和相邻炮孔起爆时差条件下的计算炮孔间距，由下式求出：

$$a_0 = 2r_b\left(\frac{2bP_0}{\sigma_t}\right)^{\frac{1}{\alpha}} \tag{6-33}$$

根据周边控制爆破不能在炮孔周围出现压碎区的要求，a_0 的极限值为：

$$a_0 = 2r_b\left(\frac{2bK_a\sigma_c}{\sigma_t}\right)^{\frac{1}{\alpha}} \tag{6-34}$$

式中，K_a 为岩石受三轴动态应力时引起的强度增大系数，可取 $K_a = 10$；σ_c 为岩石的单轴静态抗压强度。

将有关参数代入式 6-34，计算得光面爆破的极限炮孔间距 $a_0 = 27.33r_b$，这里取 $a_0 = 26r_b$。

根据对式 6-29、式 6-30 的分析，炮孔 1 先起爆条件下，爆炸载

荷形成炮孔间贯通裂纹的不利点 r 在 $r_b \leqslant r \leqslant S$（$S \geqslant a/2$）之间。若炮孔 2 在 $\Delta t = 0.25a_0/C_p$ 之后起爆，为了求出炮孔间距，这里先计算下列值：

$$t_0 = a_0/2560 = 26r_b/2560 = 0.01r_b$$

$$S = 0.5(a + C_p\Delta t) = 0.5(a + 3200 \times 0.25 \times 26r_b/3200)$$
$$= 0.5a+3.25r_b$$

$$f\left[\frac{2(S - r)}{C_p}\right] = 1 - \frac{2(S - r)}{C_p}/t_0 = 1 - \frac{2(0.5a + 3.25r_b - r)}{3200 \times 0.01 \times r_b}$$
$$= 1 - \frac{a + 6.5r_b - 2r}{32r_b}$$

将式 6-30 可近似改写为：

$$\bar{\sigma}_\theta = bP_0\left\{\left(\frac{a - r}{r_b}\right)^{-\alpha} + \left(\frac{r}{r_b}\right)^{-\alpha}\left(1 - \frac{a + 6.5 - 2r}{32r_b}\right)\right\} \quad (6\text{-}35)$$

由此，可求解炮孔间距，结果为 $a = 24.2r_b$，如图 6-6a 所示。图 6-6b所示为 $\Delta t = 0.6a_0/C_p$ 时的解答，结果为 $a = 21.2r_b$。

6.3.5 分析与讨论

下面分析讨论 t_0 和 Δt 对炮孔间距的影响。在式 6-39、式 6-30 中取 $\Delta t = 0$，则 $s = a/2$，炮孔间连线上的应力分布关于 $r = a/2$ 对称，应力分布可表示为：

$$\bar{\sigma}_\theta = bP_0\left[\left(\frac{a - r}{r_b}\right)^{-\alpha} + \left(\frac{r}{r_b}\right)^{-\alpha} f\left(\frac{a - 2r}{C_p}\right)\right] \quad (r_b \leqslant r \leqslant a/2) \quad (6\text{-}36)$$

$$\bar{\sigma}_\theta = bP_0\left[\left(\frac{r}{r_b}\right)^{-\alpha} + \left(\frac{a - r}{r_b}\right)^{-\alpha} f\left(\frac{2r - a}{C_p}\right)\right] \quad (2/a \leqslant r \leqslant a - r_b) \quad (6\text{-}37)$$

如果 $t_0 = \infty$，则 $f(t) = 1$，即忽略炮孔内爆炸载荷随时间的衰减，则式 6-29、式 6-30 可统一表示为：

$$\bar{\sigma}_\theta = bP_0\left[\left(\frac{r}{r_b}\right)^{-\alpha} + \left(\frac{a - r}{r_b}\right)^{-\alpha}\right] \quad (6\text{-}38)$$

可以看出，这种情况下相邻炮孔起爆时差 Δt 对炮孔间距没有影

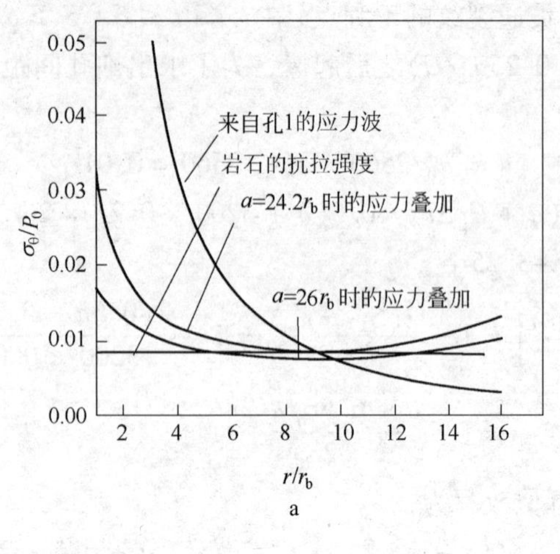

a

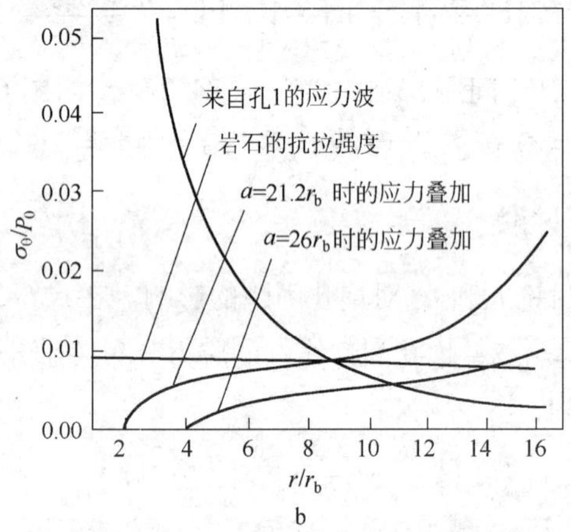

b

图 6-6　炮孔间距的作图法求解

a—时差 $\Delta t = 0.25a_0/C_p$；b—时差 $\Delta t = 0.6a_0/C_p$

响，炮孔间距可达到极限值 a_0。因此，可以认为：光面爆破中提高炮孔的堵塞质量（降低炮孔内爆炸载荷的衰减速度）比减小相邻炮孔的起爆时差对提高光面爆破效果更加重要。这一结论具有十分重要的实际意义，因为提高炮孔的堵塞质量是施工的工艺问题，较减小相邻炮孔的起爆时差更容易实现。

当$f(t)$不恒为1，$\Delta t \neq 0$时，炮孔间距受炮孔内爆炸载荷作用时间和相邻炮孔起爆时差的共同影响，如表6-2所示。

由表6-2可知，在炮孔内爆炸载荷作用时间一定时，炮孔间距随相邻炮孔起爆时差的增大而减小；当相邻炮孔起爆时差一定时，炮孔间距随炮孔内爆炸载荷作用时间的增大而增大，最终趋近极限值。

表6-2 炮孔内爆炸载荷作用持续时间t_0和相邻炮孔的起爆时差Δt对炮孔间距a的影响

Δt/s \ t_0/s	$0.004r_b$	$0.006r_b$	$0.008r_b$	$0.01r_b$	$0.012r_b$	$0.015r_b$	$0.02r_b$
$0.1a_0/C_p$	$22r_b$	$23.5r_b$	$24.8r_b$	$25.5r_b$	$26.0r_b$	—	—
$0.25a_0/C_p$	$20.2r_b$	$22.0r_b$	$23.2r_b$	$24.2r_b$	$24.8r_b$	$25.8r_b$	$26.0r_b$
$0.4a_0/C_p$	$18.8r_b$	$20.5r_b$	$22.0r_b$	$23.0r_b$	$24.2r_b$	$24.8r_b$	$25.2r_b$
$0.6a_0/C_p$	$17.1r_b$	$18.6r_b$	$20.3r_b$	$21.2r_b$	$22.5r_b$	$23.5r_b$	$24.2r_b$

6.3.6 本节要点

本节要点具体如下：

（1）光面爆破炮孔间距的计算，必须考虑炮孔内爆炸载荷随时间的衰减和相邻炮孔非同时起爆的影响。考虑这些影响后，光面爆破的炮孔间距计算式变得较为复杂，但利用数值方法，可以很容易地使问题得解。

（2）炮孔内爆炸载荷随时间的衰减和相邻炮孔间起爆时差的影响，将使光面爆破中能实现炮孔间贯通裂纹的间距减小，而且衰减速度越大（t_0越小），起爆时差Δt越大，能实现贯通裂纹的炮孔间距越小。因此光面爆破中减小相邻炮孔的起爆时差，提高炮孔的堵塞质量，对提高光面爆破的经济效益是有益的。这与过去对光面爆破效果影响因素方面研究得出的结论一致。

（3）在忽略炮孔内爆炸载荷随时间的衰减时，相邻炮孔起爆时差将不对炮孔间距产生影响。因此，光面爆破中提高炮孔的堵塞质量比减小相邻炮孔的起爆时差对提高光面爆破效果更有意义。

(4) 炮孔内爆炸载荷随时间的衰减关系描述十分复杂，涉及到爆生气体与岩石的本构（或状态）方程，本节在假定为线性衰减的前提下进行的研究与实际有一定差距，但在定性意义上，所得结论是可靠的，所提出的方法用于其他的炮孔内爆炸载荷衰减形式分析仍然有效，所得结论有参考价值。

6.4 软弱岩石中的周边爆破理论

改进光面爆破技术，提高光面爆破效果，降低爆破对围岩体的损伤与破坏，将有利于巷道（隧道）围岩的自身稳定和支护。这对软岩中的巷道（隧道）尤其重要[153]。目前，国内外软岩的概念有十几种之多[157]，但我们注意到，软、弱、松、散是其基本特征。在工程性质上，软岩表现为强度低，空隙、裂隙、节理发育，受力破坏前，出现明显的塑性变形等。相对来说，软岩的强度和弹性模量较低而泊松比较大。本节从有利于巷道维护的角度出发，介绍软岩的光面爆破（简称光爆）技术研究成果。

在巷道爆破施工中，一般是周边眼最后起爆。当周边眼爆破时，光爆层岩石已受到崩落眼爆破作用的损伤，因此，巷道周边光爆实际上是在损伤岩石中进行的[112]。岩石损伤后，其力学性质参数要发生改变，而且岩石损伤前的强度越低，在相同爆炸载荷作用下的损伤程度越大，力学性质参数改变越多。D. S. Kim，M. K. McCarter[158]和贺红亮、Thomas J. Ahren 等[159]分别就爆炸载荷对岩石的损伤进行了研究，取得了岩石中损伤分布的初步关系。此外，杨军等[122]也就岩石的爆破损伤破坏过程进行了数值模拟研究。

经过现场的观察与分析，我们认为软岩巷道光面爆破的眼痕率低、出现超挖，效果不理想的原因是：崩落眼爆破使光爆层岩石损伤，力学性质参数发生改变，而在进行光爆参数设计与施工时，未考虑这种损伤效应，未对光爆参数作相应调整，结果使周边眼壁近区围岩受到过度破坏，失去稳定而超挖。

研究崩落眼爆破对光爆层岩石的损伤，设计出相应的合理光爆参数，并配合采用岩石定向断裂爆破技术，是提高软岩巷道光爆效果的有效途径，也将有助于促进光面爆破技术的发展和进一步推广应用。

6.4.1 崩落眼爆破对光爆层岩石的损伤

巷道施工中，崩落眼在周边光爆眼之前起爆。崩落眼爆破，一方面破坏其与掏槽眼之间的岩石；另一方面也使光爆层岩石损伤。崩落眼装药爆炸后，在岩石中激起应力波。以单个炮眼为例，假定问题为平面应变问题，则岩石中任一点的应力可表示为：

$$\sigma_r = -p_0\bar{r}^{-\alpha} \tag{6-39}$$

$$\sigma_\theta = bp_0\bar{r}^{-\alpha} \tag{6-40}$$

$$\sigma_z = \mu(\sigma_r + \sigma_\theta) = -\mu p_0\bar{r}^{-\alpha}(1-b) \tag{6-41}$$

式6-39～式6-41中，σ_r，σ_θ，σ_z 分别为岩石中计算点的径向应力、环向应力和轴向应力；p_0 为炮眼壁所受的压力峰值；b 为侧向应力系数；$\bar{r}$ 为比距离，$\bar{r}=\dfrac{r}{r_b}$；r 为岩石中计算点的距离，r_b为炮眼半径；α 为应力波衰减指数；μ 为泊松比。

不考虑岩石破坏前的塑性变形，并认为岩石中的变形服从广义胡克定律，则有：

$$\varepsilon_i = \frac{\sigma_i}{E} - \frac{\mu}{E}(\sigma_j + \sigma_k) \tag{6-42}$$

且可将 ε_i 分为：

$$\varepsilon_i = \varepsilon_{Ti} + \varepsilon_{Ci} \tag{6-43}$$

式6-42、式6-43中，E 为岩石的弹性模量；ε_{Ti}，ε_{Ci} 分别为正、负主应力引起的应变；σ_i，ε_i 分别为主应力和主应变。这里规定主应力、主应变以拉伸为正。

将式6-39～式6-41代入式6-42，可得岩石中的应变：

$$\varepsilon_r = -\frac{1+\mu}{E}P_0\bar{r}^{-\alpha}(1+\mu b-\mu) \tag{6-44}$$

$$\varepsilon_\theta = \frac{1+\mu}{E}P_0\bar{r}^{-\alpha}[(1-\mu)b+\mu] \tag{6-45}$$

$$\varepsilon_z = 0 \tag{6-46}$$

在多向应力作用下，根据 Mazars（马扎斯）的损伤模型[29,112]，有：

$$D_{\mathrm{m}} = \sum_i \frac{H_i \varepsilon_{\mathrm{T}i}(\varepsilon_{\mathrm{T}i} + \varepsilon_{\mathrm{C}i})}{\tilde{\varepsilon}^2} D_{\mathrm{T}} + \sum_i \frac{H_i \varepsilon_{\mathrm{C}i}(\varepsilon_{\mathrm{T}i} + \varepsilon_{\mathrm{C}i})}{\tilde{\varepsilon}^2} D_{\mathrm{C}} \tag{6-47}$$

$$\tilde{\varepsilon}^2 = \sum_i H_i \,(\varepsilon_{\mathrm{T}i} + \varepsilon_{\mathrm{C}i})^2 \tag{6-48}$$

$$H_i = \begin{cases} 1 & \varepsilon_i \geqslant 0 \\ 0 & \varepsilon_i < 0 \end{cases} \tag{6-49}$$

式中，D_{T}，D_{C}分别为单轴拉伸与单轴压缩时造成的损伤；D_{m}为单个崩落眼爆破引起的损伤。

将式6-44 ~ 式6-46代入式6-47，并利用Loland（洛兰德）的损伤模型[29,160]得到：

$$D_{\mathrm{m}} = \frac{1}{1+\beta}\left(\frac{\varepsilon_\theta}{\varepsilon_{\mathrm{f}}}\right)^{\beta} \tag{6-50}$$

$$\beta = \frac{\lambda}{1-\lambda} \tag{6-51}$$

$$\lambda = \frac{\sigma_{\mathrm{f}}}{E\varepsilon_{\mathrm{f}}} \tag{6-52}$$

式中，σ_{f} 为岩石的极限应力；ε_{f} 为与极限应力对应的应变。

光爆层岩石中任一点的损伤因子为各崩落眼爆破引起的损伤因子之和，即：

$$D_{\mathrm{f}} = \sum D_{\mathrm{m}} \tag{6-53}$$

由式6-52知，对 σ_{f}，E 较小的岩石，ε_{f} 往往较大，λ 取得较小值，因此有 $\frac{\partial \lambda}{\partial \sigma_{\mathrm{f}}}>0$。进一步，对软岩，由式6-50、式6-51推知：$\frac{\mathrm{d}\beta}{\mathrm{d}\lambda}>0$，$\frac{\partial D_{\mathrm{m}}}{\partial \beta}<0$。因此：

$$\frac{\partial D_{\mathrm{f}}}{\partial \sigma_{\mathrm{f}}} = \sum \frac{\partial D_{\mathrm{m}}}{\partial \sigma_{\mathrm{f}}} = \sum \frac{\partial D_{\mathrm{m}}}{\partial \beta}\cdot\frac{\partial \beta}{\partial \lambda}\cdot\frac{\partial \lambda}{\partial \sigma_{\mathrm{f}}} < 0 \tag{6-54}$$

即 D_{f}随 σ_{f} 的减小而增大。由此可得出结论：在其他条件相同的情况下，随着岩石的强度降低（由硬岩变为软岩），光爆层岩石受到崩落眼爆破作用损伤的程度将越大。

光爆层岩石损伤后，其强度、应力波衰减指数及侧向应力系数等都将发生改变，根据损伤理论与有关研究[112,161]，有：

$$\sigma_{CD} = (1 - D_f)\sigma_c \tag{6-55}$$

$$\sigma_{TD} = (1 - D_f)\sigma_t \tag{6-56}$$

$$\alpha_D = \frac{\alpha}{1 - D_f} \tag{6-57}$$

$$b_D = \frac{\mu(1 - \frac{16}{9}C_d)}{1 - \mu(1 - \frac{16}{9}C_d)} \tag{6-58}$$

$$C_d = \eta N a_0^3 \tag{6-59}$$

式6-54 ~ 式6-59 中带有下标f的物理量表示损伤岩石的相应参量；σ_c与σ_t分别为岩石的单轴抗压强度和单轴抗拉强度；C_d为岩石中损伤引起的裂纹密度；η为裂纹形状影响系数，$0< \eta <1$；N为岩石中的裂纹数量；a_0为岩石中的微裂纹平均半径。

6.4.2 损伤岩石的光爆参数及分析

光爆层岩石损伤后，其力学性质参数发生改变。因此，损伤岩石的光爆参数计算式与传统不考虑损伤的计算式不同。根据现有的光爆理论[17,105,160]，可得以下损伤岩石的光爆参数计算式

$$K_c = \frac{r_b}{r_c} = \left[\frac{n\rho_0 D^2}{80(1 - D_f)\sigma_c}\right]^{\frac{1}{6}} \tag{6-60}$$

$$q = \pi r_c^2 l \rho_0 \tag{6-61}$$

$$a = 2r_b\left[\frac{20b_D(1 - D)\sigma_c}{(1 - D)\sigma_t}\right]^{\frac{1-D_f}{\alpha}} = 2r_b\left[\frac{20b_D\sigma_c}{\sigma_t}\right]^{\frac{1-D_f}{\alpha}} \tag{6-62}$$

$$W = ma \tag{6-63}$$

式6-60 ~ 式6-63 中，K_c为光爆眼装药不耦合系数；ρ_0为装药密度；D为炸药的爆速；n为炸药爆轰产物碰撞炮眼壁时的压力增大系数，$n=8 \sim 10$；q为孔装药量；r_c为装药半径；l为炮眼装药长度；a为光爆炮眼间距；W为光爆层厚度；m为光爆层炮眼的邻近系数，$m=0.8 \sim 1.2$；D_f为损伤因子。

由式6-60、式6-61可以看出，岩石损伤后，抗压强度降低，光爆孔装药不耦合系数增大，单孔装药量减少。对于软岩，崩落眼爆破对光爆层岩石的损伤较明显，必须考虑这种损伤对光爆参数的影响。目前，软岩中实施光面爆破，效果不理想，多出现超挖，主要原因是：光爆参数设计中，没有考虑光爆层岩石损伤的影响。结果造成光爆孔装药量偏大，使围岩过度损伤破坏。

将式6-62对损伤因子D_f求偏导，有：

$$\frac{\partial a}{\partial D_f}=\frac{a}{\alpha}\left[\frac{1-D_f}{b_D}\cdot\frac{\partial b_D}{\partial D_f}-\ln\frac{2b_Dp_0}{(1-D_f)\sigma_t}\right] \tag{6-64}$$

由式6-59可知，岩石损伤越多，其中的微裂纹数量N越大，C_d也越大，$\frac{\partial C_d}{\partial D_f}>0$；对式6-58求偏导，可知$\frac{\partial b_D}{\partial D_f}<0$，因此式6-64中的$\frac{\partial a}{\partial D_f}<0$，即岩石损伤后，其光爆孔间距应较未损伤岩石的小，而且岩石的损伤程度越大，光爆孔间距的减小值也越大。由此可知，在软岩中实施光面爆破，考虑到崩落眼爆破对光爆层岩石的损伤后，应采用较小的光爆孔间距。

归纳起来，光爆层岩石损伤后，需采用较小孔间距的原因是：侧向应力系数减小（$\frac{\partial b_D}{\partial D_f}<0$），应力波衰减指数增大以及光爆孔装药量减少。

关于光爆层岩石损伤引起应力波衰减指数的增大，由式6-57有：

$$\frac{\partial \alpha_D}{\partial D_f}=\frac{\alpha}{(1-D_f)^2}\geqslant 0 \tag{6-65}$$

可以得到说明。

6.4.3 定向断裂爆破技术

传统的光面爆破通过不耦合装药或空气间隔装药，降低炮孔中装药爆炸对炮孔比的作用，达到保护围岩的目的。传统光爆孔中的装药爆炸后，炮孔壁各方向受到的作用力相同，因此，除在光爆孔间形成贯通裂纹外，也在炮孔壁的其他方向产生径向裂纹。这些径向裂纹，不利于围岩稳定。在软岩中，它们是造成光爆眼痕率低以及超挖的主要原因。

为了更有效地保护围岩，提高光爆效果，使光爆孔中炸药爆炸作用具有定向性，促使岩石在光爆孔间优先断裂是有效方法。岩石定向断裂爆破技术[139,140,162]实现岩石定向断裂的实质，是在光爆孔间连线方向上造成比其他方向大得多的破坏系数 N。在 N 最大的地方，岩石优先断裂，随即抑制其他地方裂纹的产生与扩展，从而实现岩石的定向断裂。破坏系数 N 由下式定义：

$$N = \frac{F}{R}$$

式中，N 为破坏系数；F 为破坏力；R 为抗破坏力。

由此可知，实现岩石沿光爆孔间连线方向定向断裂爆破的基本方法有：增强沿光爆孔间连线方向的爆炸作用力（如侧向聚能药包、切缝管药包）；削弱光爆孔间连线方向岩石的抗破坏力（如炮孔切槽）；以及这两种方法的同时使用。这些方法，各有其优越性和适用条件。切缝药包岩石定向断裂方法[138,162]具有装药结构简单，易于加工制作，使用方便，而且定向效果好等优点。近年来，国内十几个矿区不同岩石条件的巷道施工相继推广应用了这一技术，取得了良好的光爆效果和爆破效率。在软岩巷道中，采用切缝药包岩石定向断裂技术后，与采用传统的光爆技术相比，巷道周边眼痕率有较大提高，超挖得到很好的控制。但是，在某些情况下，光爆效果仍需要进一步提高。

软岩的强度较低，稳定性较差，施工中必须尽可能减少爆破对围岩的损伤与破坏。我们认为：采用切缝药包岩石定向断裂技术，并考虑崩落眼爆破对光爆层岩石的损伤，对光爆参数做相应的调整是提高软岩光爆效果，加强对围岩保护的有效方法。

然而，由于岩石性质及岩石爆破过程的复杂性，目前还没有简单有效的方法来确定光爆层岩石的损伤因子。因此尚需要进一步的理论与试验研究，以使这项工作趋于完善。本节方法的重要意义在于找到了软岩光爆效果不理想的主要原因，并给未来软岩光面爆破理论与技术的研究指出了新的方向。

6.4.4 技术总结

技术总结具体如下：

(1) 目前，软岩巷道中的光面爆破，往往效果不理想，表现在：眼痕率低，多出现超挖。原因是：崩落眼爆破使光爆层岩石损伤，使其力学性质参数发生改变，而在光爆参数设计与施工中，未考虑这种损伤效应，未对光爆参数作相应调整，结果使周边眼壁近区围岩受到过度破坏，失去稳定而超挖。

(2) 巷道爆破中，崩落眼在周边眼起爆前起爆，崩落眼装药爆炸后，对光爆层岩石造成损伤，损伤的程度与岩石性质有关。对软岩，这种损伤较明显。在进行软岩的光爆参数设计时，必须考虑这种损伤对光爆参数的影响。

(3) 考虑光爆层岩石损伤后，光爆参数按式6-60～式6-63确定。由此可以看出：与不考虑损伤的光爆参数计算结果相比，随着损伤因子 D_f 的增大，光爆孔装药不耦合系数进一步增大，而单孔装药量和光爆孔间距进一步减小。

(4) 软岩的强度较低，稳定性较差，因而对光爆技术有较高要求。采用岩石定向断裂爆破技术，并考虑崩落眼爆破对光爆层岩石的损伤，相应设计光爆参数，是提高软岩光爆效果的有效方法。

(5) 由于岩石性质及岩石爆破过程的复杂性，目前还没有简单有效的方法来确定光爆层岩石的损伤因子，因而尚需要进一步的理论与试验研究工作，以使本节损伤岩石的光爆参数计算方法趋于完善。本节的工作虽是初步的，但其有重要意义，意义在于找到了软岩光爆效果不理想的原因，并为进一步研究软岩的光面爆破理论与技术明确了方向。

6.5 岩石定向断裂控制爆破的参数设计

在隧硐开挖等爆破工程中，人们发现周边爆破不仅在炮孔间形成贯通裂纹，而且也在炮孔周围其他方向形成随机径向裂纹。这些随机径向裂纹的产生对围岩造成损伤，在裂隙发育岩石或低强度岩石中还会引起巷道超挖。为了更有效地保护围岩，减少或避免巷道超挖，有关学者对周边爆破进行了大量研究，发展了光面爆破、预裂爆破、岩石定向断裂爆破等周边爆破理论与技术[105,138,155,163,166]。

岩石定向断裂爆破是采用特殊方法，在周边炮孔之间的连线方向上首先形成初始裂纹，为炮孔爆破裂纹的形成定向。而后，初始定向裂纹在炮孔内爆炸载荷作用下扩展，形成孔间贯通裂纹，从而达到提高周边光面爆破效果的目的。根据炮孔壁上初始裂纹形成机制和方式的不同，岩石定向断裂爆破大体上分为三类，即切槽孔岩石定向断裂爆破、聚能药包岩石定向断裂爆破和切缝药包岩石定向断裂爆破[105,140,149,152]，如图6-7所示。比较得知，切缝药包岩石定向断裂爆破具有装药结构简单，操作容易，施工快速等诸多优点。近年来，这一技术在矿山地下硐室开挖中得到了生产应用[105,151,164]，并产生了明显的经济效益，受到了现场工程技术人员的普遍欢迎。因此，这里将就切缝药包岩石定向断裂周边爆破的参数设计进行论述。

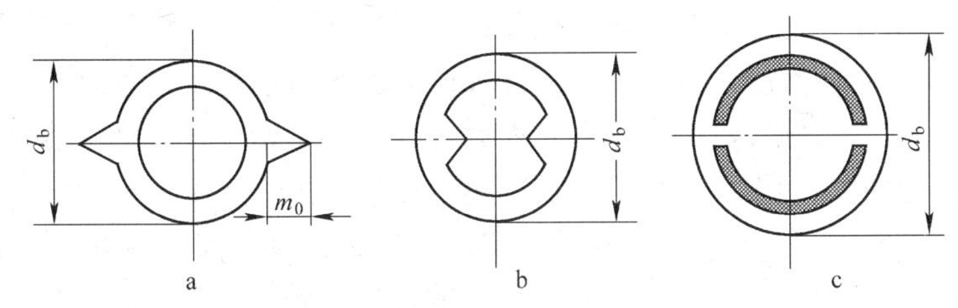

图6-7　岩石定向断裂控制爆破中定向裂纹的形成

a—机械方法形成定向裂纹；b—爆炸聚能流形成定向裂纹；c—局部受压形成定向裂纹

切缝药包岩石定向断裂周边爆破中，炮孔间贯通裂纹的形成机制与光面爆破、预裂爆破明显不同，因此应有不同的爆破参数设计方法。但截至目前，人们对这一问题尚缺乏系统研究，工程实践中都是沿用光面爆破、预裂爆破的参数设计方法。这影响着岩石周边爆破效果的提高，不利于岩石定向断裂爆破优越性的充分发挥。因此，本节将论述切缝药包岩石定向断裂爆破炮孔间贯通裂纹的形成机理，进而提出爆破参数设计方法，最后分析切缝药包岩石定向断裂爆破先进性和优越性。

6.5.1　切缝药包岩石定向断裂爆破炮孔间贯通裂纹的形成机理

切缝药包岩石定向断裂爆破采用特殊的装药结构，如图6-8所示。外面是由特殊材料制成的切缝管，管内装填炸药。切缝管为直径不同的系列产品，进行爆破参数设计时依炮孔装量选择。切缝管内装药爆炸后，首先形成炸药爆轰产物流沿切缝向外直接冲击炮孔壁岩石，岩石受压处在爆轰产物的高压作用下形成压缩核，压缩核与临近岩石间发生局部塑性滑移，进而形成周边炮孔间的初始导向裂纹。在炮孔的其他方位，由于装药切缝管的惯性和对爆炸载荷的衰减作用，孔壁岩石受到的压力明显降低，而且作用时间滞后。周边炮孔之间连线方向上孔壁岩石初始导向裂纹形成后，炸药爆轰产物流充满整个炮孔空间，对整个炮孔壁岩石施加准静态载荷。而后，炮孔壁初始裂纹在这一准静态载荷作用下，起裂、扩展、形成周边炮孔间的贯通裂纹。

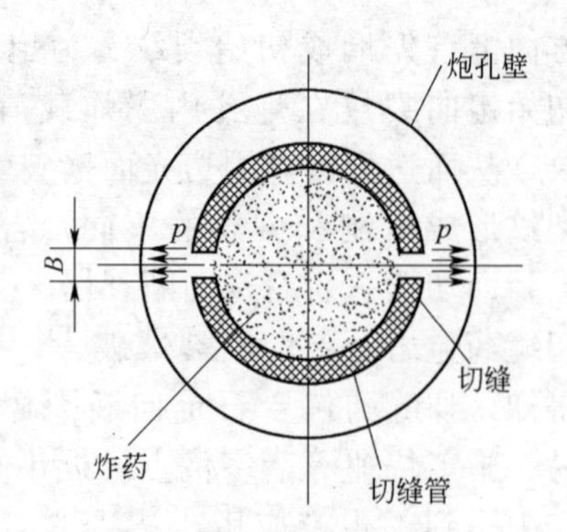

图 6-8 切缝药包定向断裂爆破的装药结构

爆轰产物流的冲击高压作用下，岩石压缩核的形成如图 6-9 所示。根据莫尔库仑强度准则[16]，岩石压缩核两侧剪切滑移面之间的夹角 δ 为：

$$\delta = \frac{\pi}{2} - \varphi \tag{6-66}$$

式中，φ 为岩石的内摩擦角。

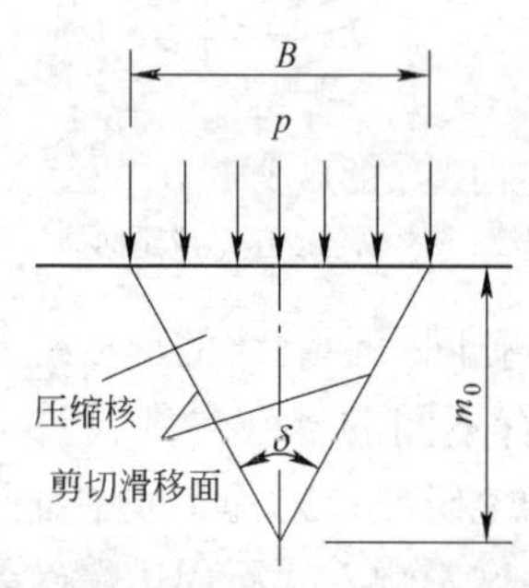

图 6-9 炸药爆轰产物流作用下定向裂纹的形成

于是，可得到炸药爆轰产物流作用下形成的切缝药包岩石定向断裂爆破炮孔壁导向裂纹长度：

$$m_0 = \frac{B}{2}\tan^{-1}\frac{\delta}{2} \tag{6-67}$$

式中，m_0 为炮孔壁导向裂纹长度；B 为切缝管的切缝宽度。

炮孔上的导向裂纹形成后（图 6-10），在炮孔内炸药爆轰产物的准静态压力作用下，根据断裂动力学理论[165]，如果下式满足，则导向裂纹起裂、扩展：

$$K_{\mathrm{I}} = p_1\sqrt{\pi m_0}f(m_0/r_{\mathrm{b}}) \geqslant K_{\mathrm{Ic}} \quad (6\text{-}68)$$

式中，K_{I} 为I型裂纹尖端的应力强度因子；p_1 为炮孔中的准静态压力；r_{b} 为炮孔半径；f（m_0/r_b）为形状因子，由表6-3给出；K_{Ic} 为岩石的断裂韧度。

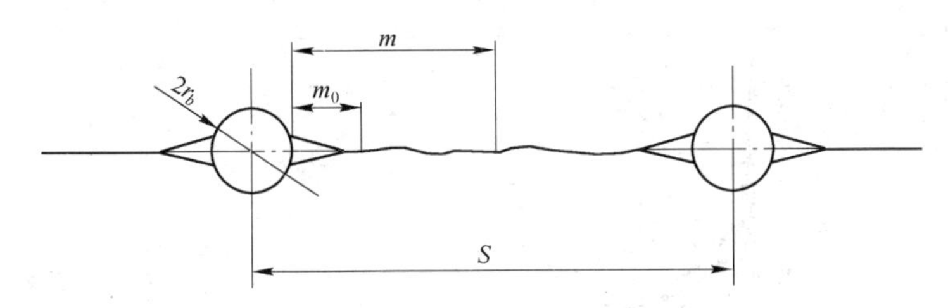

图6-10 切缝药包岩石定向断裂爆破的炮孔间贯通裂纹

表6-3 $f(m_0/r_{\mathrm{b}})$ 随 m_0/r_{b} 的变化值

m_0/r_{b}	0.1	0.2	0.4	0.6	0.8	1.0	1.5	2.0	3.0	5.0	10.0	∞
$f(m_0/r_{\mathrm{b}})$	1.98	1.83	1.61	0.52	1.43	1.38	1.26	1.20	1.13	1.06	1.03	1.0

目前，由于不同研究者取得的岩石断裂韧度存在较大的差值，可应用性较差；而岩石的抗拉强度较易查得，且不同来源的数值相差不大。因此，本文根据长江水电科学院的试验研究，进行量纲换算后，得到断裂韧度与单轴抗压强度之间的式6-69所示关系，依此可确定岩石的断裂韧度：

$$K_{\mathrm{Ic}} = 0.141\sigma_{\mathrm{t}}^{1.15} \quad (6\text{-}69)$$

式中，σ_{t} 为岩石的单轴抗压强度，MPa；K_{Ic} 的单位为 $\mathrm{MN/m^{3/2}}$。

由于式6-68中f（m_0/r_{b}）没有解析式，不易看出p_1随m_0变化的情况。为此，这里对常见的岩石，大理岩、石灰岩、砂岩和页岩，根据文献［17］选取它们的单轴抗压强度 σ_{t} 分别为：13.5MPa，15.0MPa，10.0MPa和6.0MPa，利用式6-68、式6-69得到不同岩石中炮孔准静态压力随炮孔壁起裂裂纹最小长度变化而变化的关系，如图6-11所示。由此看出：炮孔壁周围的裂纹越长，起裂它们所需的炮孔准静态压力值越低。

切缝药包爆破装药条件下，通常岩石爆破采用的铵梯类炸药爆轰产生的产物流压力足以在炮孔壁岩石中形成压缩核，进一步形成炮孔间连线方向的初始导向裂纹，而这正是岩石定向断裂爆破成功的关键。炮孔壁上导向裂纹形成后，炮孔间贯通裂纹的形成则由炸药爆轰性质和装药参数决定。

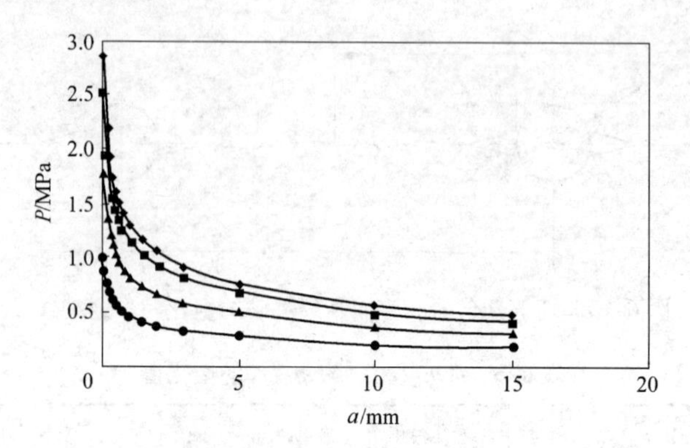

图6-11 炮孔准静压力与孔壁起裂裂纹长度的关系

■—大理岩；◆— 石灰岩 ；▲—砂岩；●—页岩

6.5.2 切缝药包岩石定向断裂爆破参数的计算

6.5.2.1 单孔装药量的计算

由式6-68，为使炮孔壁上的导向裂纹起裂，炮孔内的准静态压力 p_1 应满足

$$p_1 \geqslant \frac{K_{\mathrm{Ic}}}{\sqrt{\pi m_0} f(m_0/r_b)} \tag{6-70}$$

根据不耦合装药条件下炮孔内准静态压力的计算式[17]，并在式6-70中取等号，有：

$$p_1 = \frac{1}{8}\rho_0 D^2 \left(\frac{V_b}{V_c}\right)^{-3} = \frac{1}{8}\rho_0 D^2 \left(\frac{d_b}{d_c}\right)^{-6} l_e^{\ 3} \tag{6-71}$$

进而，有：

$$l_e = \left[\frac{8K_{\mathrm{Ic}}}{\rho_0 D^2 \sqrt{\pi m_0} f(m_0/r_b)}\right]^{\frac{1}{3}} \left(\frac{d_b}{d_c}\right)^2 \tag{6-72}$$

$$q = \frac{\pi}{4} d_c^2 \rho_0 l_e l \tag{6-73}$$

式6-71～式6-73中，ρ_0 为炮孔装药密度；D 为炸药的爆速；V_b 为炮孔体积，$V_b = \pi {d_b}^2 l/4$，l 为炮孔长度；d_b 为炮孔直径，$d_b = 2r$；V_c 为炮孔装药体积，$V_c = \pi {d_c}^2 l l_e$；d_c 为装药直径；l_e 为炮孔装药系数；q 为炮孔装药量。

6.5.2.2 炮孔间距的计算

炮孔壁上的导向裂纹起裂后，其尖端的应力强度因子将随裂纹长度的增长及炮孔内准静态压力的降低而改变。根据文献［150］，这种裂纹尖端应力强度的变化可表示为如下形式：

$$K_{\mathrm{I}} = \frac{2pr_b}{\sqrt{\pi(m + r_b)}} \left[1 - \left(\frac{r_b}{m + r_b}\right)^2\right] \tag{6-74}$$

式中，m 为任一时刻裂纹的长度。

进一步，做偏导数运算，有：

$$\frac{\partial K_{\mathrm{I}}}{\partial m} = \frac{pr_b}{(m + r_b)\sqrt{\pi(m + r_b)}} \left[5 \times \left(\frac{r_b}{m + r_b}\right)^2 - 1\right] \tag{6-75}$$

由此知，在炮孔壁导向裂纹扩展的起始阶段，$\frac{\partial K_{\mathrm{I}}}{\partial m} > 0$，裂纹尖端的应力强度因子随裂纹长度的增长而增加，当 $m = (\sqrt{5} - 1) r$ 时，$\frac{\partial K_{\mathrm{I}}}{\partial m} = 0$，裂纹尖端的应力强度因子达到极大值，其后，裂纹尖端的应力强度因子随裂纹长度的增大而减少，当裂纹尖端的应力强度因子减少到不能满足式 $K_{\mathrm{I}} \geqslant K_{\mathrm{Ic}}$ 时，裂纹止裂。

于是，令式6-74中的 $K_{\mathrm{I}} = K_{\mathrm{Ic}}$，经推导，得到下面的方程：

$$A (m + r_b)^{\frac{5}{2}} - m^2 - 2mr_b = 0 \tag{6-76}$$

其中

$$A = \frac{K_{\mathrm{Ic}}\sqrt{\pi}}{2p_1 r_b}$$

由此，利用数值方法解得 m 后，即可得到所求的炮孔间距：

$$a = 2(m + r_b) \tag{6-77}$$

式中，a 为周边炮孔间距。

6.5.2.3 光爆层厚度的计算

光爆层厚度是影响周边爆破成功与否的因素，过大将使光爆层岩石得不到有效破坏，导致爆破失败，过小将因光爆层岩石过早破坏，而过早释放炮孔内爆炸载荷，不能保证炮孔间贯通裂纹的形成，同样使爆破失败。光爆层厚度的简单计算方法是由炮孔密集系数决定的。已知炮孔间距，由下式计算光爆层厚度：

$$W = ka \tag{6-78}$$

式中，W 为光爆层厚度；k 为炮孔密集系数。

这里，炮孔密集系数 k 的取值与光面爆破有所不同。切缝药包岩石定向断裂爆破的炮孔装药量比光面爆破小，炮孔间距比光面爆破大，根据所完成的工程实践，一般取 $k=0.7\sim0.8$。

6.5.3 与光面（预裂）爆破的对比分析和讨论

与光面（预裂）爆破明显不同，切缝药包岩石定向断裂爆破的炮孔间贯通裂纹的形成，由形成导向裂纹和导向裂纹扩展两阶段构成。由药包切缝带来的炮孔爆炸载荷作用的方向性，首先在炮孔连线方向形成导向裂纹，大大减少了炮孔裂纹起始方向的随机性，从而有助于减少周边爆破形成轮廓表面的凸凹度，改善周边爆破成形质量，有效减少爆破引起的围岩稳定性降低。

切缝药包岩石定向断裂爆破中，初始导向裂纹的形成取决于炸药的爆炸性质。在导向裂纹形成后，与光面（预裂）爆破相比，仅需较小的炮孔内准静载荷便能使初始裂纹起裂、扩展，形成炮孔间贯通裂纹，因而采用切缝药包岩石定向断裂爆破技术，有助于减少炮孔装药量。由于周边爆破对围岩造成的损伤与炮孔装药量成正比，因此，采用切缝药包岩石定向断裂爆破技术还能够有效降低周边爆破对围岩的损伤[113]。

切缝药包岩石定向断裂爆破中，初始导向裂纹起裂后，其扩展的长度主要取决于炮孔内载荷的衰减，确定合理的炮孔堵塞长度，保证良好的炮孔堵塞质量有助于实现较大的周边间距。由于切缝药包岩石定向断裂爆破的定向断裂作用，在炮孔壁产生的裂纹数较光面（预裂）爆破明显减少，这能够降低炮孔内载荷的衰减速度，有助于实现较长的炮孔间裂纹扩展，实现较大的炮孔间距，有效减少周边爆破的炮眼数量，提高经济效益。

采用切缝药包岩石定向断裂爆破技术，若岩石强度高、完整性好，则可适度增加炮孔装药量，以增大炮孔内的载荷值，增大导向裂纹的扩展长度，达到增大炮孔间距，减少炮孔数量的目的。当岩石裂隙发育、松软，强度较低，稳定性较差时，当对爆破围岩损伤有严格限制时，则应严格控制炮孔装药量，达到充分发挥采用切缝药包岩石定向断裂爆破技术的先进性，有效保护围岩的目的。

实现良好的周边爆破效果，除合理的爆破参数外，切缝管材质、厚度、切缝宽度等的合理选择也十分重要，对此将另作讨论。

6.5.4 基本结论

切缝药包岩石定向断裂爆破炮孔间贯通裂纹的形成机理与光面（预裂）爆破不同，其炮孔间贯通裂纹由导向裂纹的形成和导向裂纹起裂、扩展两个阶段构成。这样的贯通裂纹形成机理决定了其特别的爆破参数设计方法，炮孔装药量由式6-72、式6-73计算，炮孔间距由式6-76、式6-77计算，光爆层厚度由式6-78计算。

切缝药包岩石定向断裂爆破炮孔间贯通裂纹的形成机理决定，在岩石周边爆破中采用这一技术，如果爆破参数合理，将能够达到增大炮孔间距，减少周边炮孔数，降低爆破材料消耗，有效提高爆破轮廓质量，降低爆破对围岩的损伤，提高周边爆破的效率的目的。

6.6 切缝药包定向断裂爆破切缝管的切缝宽度确定

6.6.1 问题背景

自20世纪60年代光面爆破在我国各类岩石开挖工程中应用以来，其在控制开挖周边爆破成型、减少爆破超挖等方面，发挥了良好的作用。然而，由于光面爆破原理及参数计算存在不足，光面爆破除在炮孔之间形成有用的贯穿裂纹外，也在炮孔其他方向形成随机分布的裂纹，这些随机分布的裂纹造成围岩损伤，降低岩石强度，不利于爆破后围岩的长期稳定，而且在某些强度较低或裂隙发育的岩石条件下，爆破效果尚不能令人满意。

为提高强度低或裂隙发育岩石条件下的光面爆破效果，降低周边爆破造成的围岩损伤，我国于20世纪90年代起，研究并推广应用了岩石定向断裂爆破技术。岩石定向断裂控制爆破技术，按其炮孔间贯穿裂纹形成过程的不同，可分三类[155,163]。其中切缝药包岩石定向断裂爆破具有结构简单、易于操作且爆破效果好等优点，在中国矿业大学北京校区完成的推广应用[141,151,164]中，已显示出了良好的应用前景。

切缝药包岩石定向断裂爆破中，切缝管的切缝宽度是影响其他爆破参数设计和爆破效果的重要因素。然而，目前工程应用中切缝管的切缝宽度大都是依据一定的实验和经验选取的。这不利于这一爆破技术优越性的最大限度发挥，不利于获得最优的爆破效果。由于问题的重要性，以及截至目前尚未见到切缝管的切缝宽度计算研究成果，因此本节将介绍作者研究提出的切缝药包岩石定向断裂爆破切缝管的切缝宽度计算方法[166]。

6.6.2　切缝药包定向断裂爆破的炮孔间贯通裂纹形成机理

切缝药包定向断裂爆破采用特殊的炮孔装药结构，如图6-8所示（图中，p为炸药的爆轰压，B为切缝管切缝宽度）。切缝药包由带有两条切缝的外管和管内装填的炸药组成，切缝管的作用是在既定的炮孔贯通裂纹方向产生较大、较早的爆炸载荷效应，切缝管上的切缝宽度是影响爆破参数设计和爆破效果的重要因素。在合理的炮孔装药参数条件下，炮孔内炸药爆炸后，爆炸产物首先沿切缝向外直接作用于炮孔壁岩石，这时只有切缝方向上的炮孔壁受到爆炸载荷作用。而后，由于切缝管的惯性，经一时间滞后，爆炸产物膨胀充满炮孔空间，对整个炮孔壁施加准静态爆炸压力。切缝管的存在，一方面使得切缝方向的炮孔壁岩石所受爆炸载荷增强；另一方面，在炮孔壁其他方向上，岩石将仅受到较小且作用时间滞后的爆炸准静态爆炸压力。

前已述及，切缝药包定向断裂爆破中，炮孔间贯穿裂纹的形成过程可分为两个阶段。第一阶段，炮孔壁切缝方向岩石在爆炸产物的直接冲击作用下被压碎，形成尖端破碎区（相当于初始导向裂纹），它将对炮孔间贯通裂纹的形成起定向作用；第二阶段，由于切缝管材料的惯性和衰减作用，经历一时间滞后，炮孔内炸药爆炸产物膨胀充满炮孔空间，对整个炮孔壁施加准静态压力，使初始导向裂纹扩展，形成炮孔间的贯通裂纹。

为证明切缝药包定向断裂爆破的炮孔间贯通裂纹形成机理的有效性，这里对切缝药包定向断裂爆破的破岩过程进行数值模拟。以砂岩为例，采用图 6-12 所示力学模型，得到炮孔爆炸第一阶段载荷作用引起的炮孔周围应力分布与变化如图 6-13 ~ 图 6-16 所示。模拟中，采用的有关参数为：弹性模量 $E = 4.41 \times 10^4$ MPa，泊松比 $\mu = 0.26$，炮孔半径 $r_b = 21$mm。图 6-12 中，p 为爆炸产物沿切缝方向冲击炮孔壁形成的单位厚度上的线集中力（MN/m），可表示为：

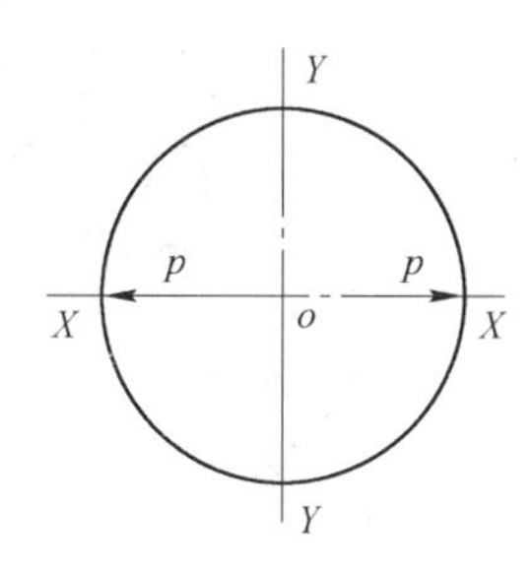

图 6-12 定向断裂爆破数值模拟力学模型

$$p = p_c \times B \tag{6-79}$$

$$p_c = \frac{1}{4}\rho_0 D^2 \tag{6-80}$$

以上两式中，p_c为炸药爆轰压力；B 为切缝管的切缝宽度；ρ_0 为炸药密度；D 为炸药爆速。

可以看出，在切缝方向 X–X 的炮孔壁后岩石中，出现明显的应力集中，有较大的 Von Mises 当量应力$\left(\sqrt{\frac{1}{2}[(\sigma_r - \sigma_z)^2 + (\sigma_z - \sigma_\theta)^2 + (\sigma_\theta - \sigma_r)^2]}\right)$，如图 6-13、图 6-14 所示；同时，在炮孔壁岩石中出现拉应力，这一拉应力在垂直于切缝方向的位置 $Y-Y$ 处达到最大，如图 6-15、图6-16 所示。

实施岩石定向断裂爆破的目的在于最大限度保护围岩免受爆破损伤，因此，合理的炮孔装药结构应当是，其产生的爆炸载荷在炮孔壁

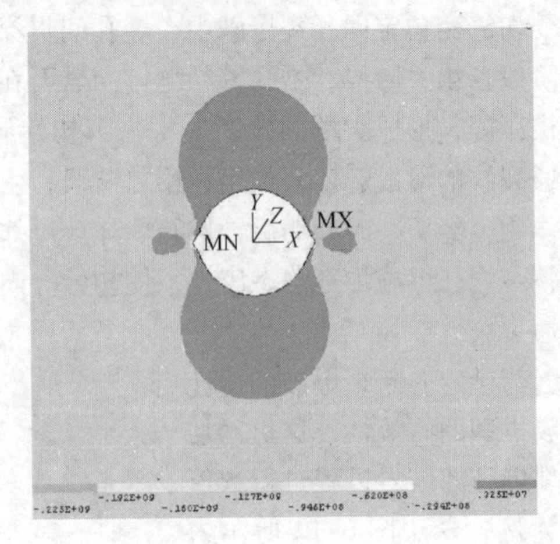

图 6-13 炮孔壁岩石中的 Von Mises 当量应力分布

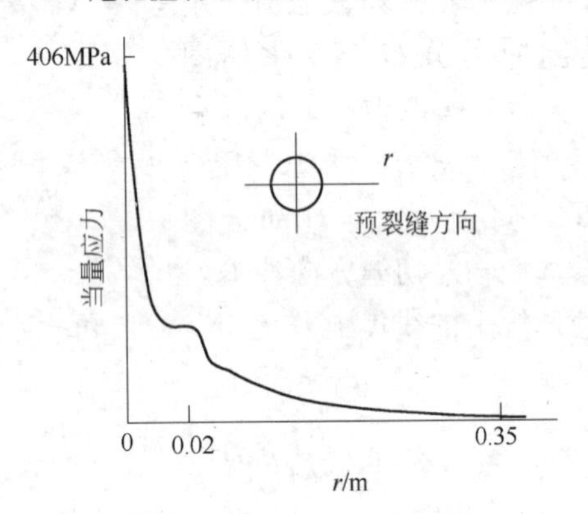

图 6-14 炮孔周围岩石中的 Von Mises 当量应力衰减

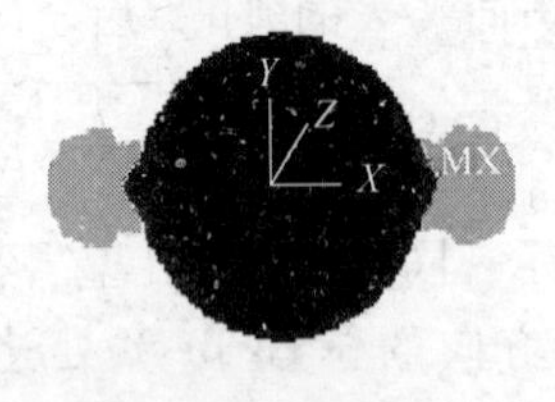

图 6-15 炮孔壁岩石中的切向应力分布

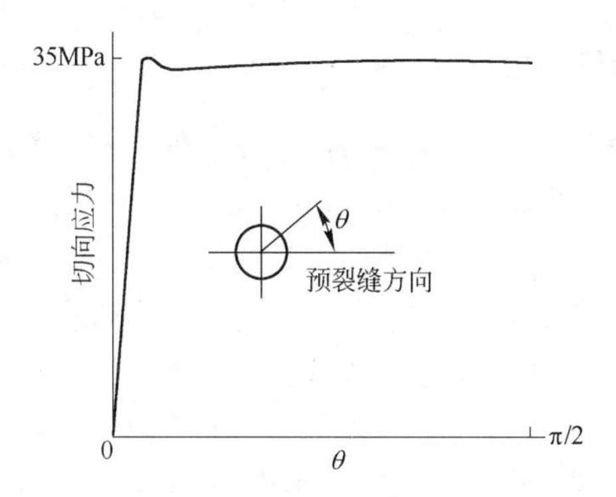

图 6-16 炮孔周围岩石中的切向应力变化曲线

切缝 $X-X$ 方向引起足以形成导向裂纹的 Von Mises 当量应力值，同时，在炮孔壁的 $Y-Y$ 方向上，产生的拉应力不大于岩石的抗拉强度，以至于不产生拉伸裂纹。根据细观损伤力学理论，岩石中微细裂纹的产生与增长是爆炸载荷引起岩石损伤的重要原因，因此通过合理的装药，实现不在炮孔壁非炮孔间连线方向的岩石中产生拉伸裂纹，将是保护围岩，充分降低周边爆破引起围岩损伤的有效方法。

普通光面爆破无法做到这一点，因为光面爆破中炮孔壁岩石受到的爆炸载荷在各个方向上大小相同。如果炮孔壁岩石中产生的拉应力小于岩石的抗拉强度，也将不可能在炮孔间形成贯通裂纹。但采用切缝药爆岩石定向断裂爆破，由于其爆炸作用机理的特殊性，如果装药合理，将能够实现非孔间连线方向的炮孔壁岩石中的拉应力小于岩石抗拉强度，同时又能做到在炮孔间连线方向形成导向裂纹，并使之扩展，实现炮孔间裂纹贯通，这其中导向裂纹的形成是爆破成功的关键。

由数值模拟结果知，炮孔壁所受爆炸产物的冲击线集中力决定炮孔壁周围岩石中的应力分布，而切缝管切缝宽度决定着炮孔壁岩石所受线集中载荷大小，因此，选取合理的切缝管切缝宽度，将是实现只在炮孔壁切缝方向形成导向裂纹，而不在炮孔壁其他方向出现拉伸裂纹的关键。

6.6.3　切缝管的切缝宽度计算

岩石定向断裂爆破的主要目的是在实现爆破开挖周边成型规整的同时，能最大限度降低爆破引起的围岩损伤。为此，切缝药包爆破中，切缝药包的切缝宽度取值应满足两个条件，即：在炮孔切缝方向 X–X（图6-12）施加的线集中力足以使岩石破坏，形成初始导向裂纹；同时，该线集中力在炮孔壁垂直切缝的方向 Y–Y 上引起的切向拉应力小于岩石的抗拉强度，以至于不会在炮孔非切缝方向上造成径向拉伸裂纹。炮孔壁上 Y–Y 方向的切向应力 σ_θ 受炮孔内准静态载荷的影响，是 p 的函数，弹性破坏假设下认为 σ_θ 与 p 之间的关系为线性函数。据此，依照后一条件，应当有：

$$\sigma_\theta = kp = kBp_c \leqslant \sigma_t \tag{6-81}$$

式中，σ_θ 为垂直切缝方向 Y–Y 上的炮孔壁岩石中的切向应力；σ_t 为岩石的抗拉强度；k 为比例因子，与岩石性质、炸药性质和炮孔半径有关，后面将详细讨论。

于是，取等号，得切缝管的切缝宽度上限值：

$$B_m = \sigma_t / kp_c \tag{6-82}$$

由于切缝管切缝宽度 B_m 越大，形成的初始导向裂纹越长，对定向断裂爆破越有利，因此认为：由式6-82求得的切缝管切缝宽度 B_m 即是合理切缝宽度。

经过有限元模拟知，比例因了 k 主要受炮孔半径的影响，而岩石性质和炮孔受力对其影响不大。图6-17、图6-18所示为以砂岩和页岩为例的模拟结果。模拟中采用的岩石参数见表6-4。

表6-4　岩石物理力学性质参数

岩石名称	密度 /kg · m^{-3}	弹性模量 /MPa	泊松比	抗拉强度 /MPa	抗压强度 /MPa
砂岩	2450	4410	0.26	8.0	90
页岩	2300	2940	0.33	5.5	60

根据对砂岩，炮孔半径 r_b =21mm 时的模拟结果，比例因子 k 近似为常数 k=0.359（图6-17）。且对砂岩、页岩条件的比例因子 k 与炮孔半径

r_b（量纲为 mm）的关系，则可按指数函数拟合（图 6-18），有：

$$k = 6.25 r_b^{-0.938} \tag{6-83}$$

由于图 6-18 中对砂岩、页岩两种岩石比例因子 k 与炮孔半径 r_b 关系的模拟结果十分接近，这里用式 6-83 统一表示。

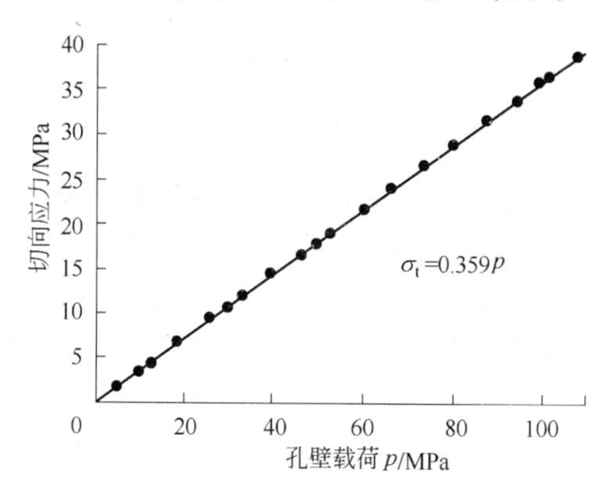

图 6-17 炮孔壁岩石中最大切向应力与所受力集中载荷的关系（砂岩）

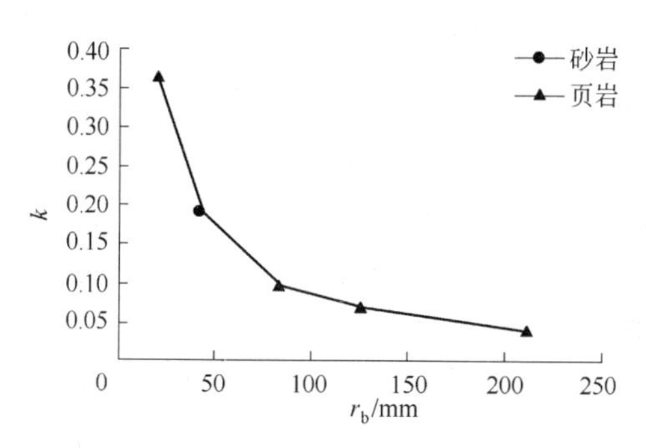

图 6-18 炮孔半径对比例因子 k 的影响

进一步，以炮孔装入 2 号岩石炸药为例，计算得到切缝药包爆破中，切缝管上的合理切缝宽度见表 6-5。计算中岩石参数由表 6-4 选取，炸药参数为：密度 $\rho_0 = 1000\text{kg/m}^3$，爆速 $D = 3600\text{m/s}$。

由表 6-5 知，切缝药包定向断裂爆破中切缝管的切缝宽度随炮孔半径的增大而增大，随岩石强度的提高而增大。对常规的矿山巷道掘进爆破，采用 2 号岩石炸药，炮孔半径为 21mm，切缝管切缝宽度取 5mm 是可行的，计算结果与工程实际基本相符。

表 6-5 切缝药爆定向断裂爆破中切缝管的切缝宽度

岩石名称 \ 切缝宽度/mm	炮孔半径/mm			
	21	42	84	126
砂岩	6.86	13.1	24.9	36.6
页岩	4.72	8.99	17.1	25.2

6.6.4 切缝药包爆破中的预裂纹长度

切缝药包岩石定向断裂爆破中，炮孔间贯通裂纹形成的第一阶段，炮孔仅在切缝方向受集中载荷。在这一集中载荷作用下，炮孔壁岩石中出现应力集中，在切缝方向上产生很大的 Von Mises 当量应力，并且这一当量应力随远离炮孔而很快衰减，如图 6-14 所示。根据 Von Mises 强度准则，认为如果下列条件满足，则炮孔壁岩石局部压坏，这一压坏区即在炮孔壁切缝方向形成初始导向裂纹：

$$\sigma_{equ} = \sqrt{\frac{1}{2}[(\sigma_r - \sigma_z)^2 + (\sigma_z - \sigma_\theta)^2 + (\sigma_\theta - \sigma_r)^2]} \geqslant \sigma_c \tag{6-84}$$

式中，σ_{equ} 为 Von Mises 当量应力；σ_r，σ_θ 和 σ_z 分别为径向应力、切向应力和轴向应力；σ_c 为岩石的抗压强度。

σ_{equ} 随远离炮孔壁而衰减，表示为 $\sigma_{equ}(r)$，于是，可求得切缝药包第一阶段作用引起切缝方向炮孔壁岩石破裂长度，它对切缝药包爆破第二阶段作用形成炮孔间贯通裂纹起导向作用，是切缝药包定向断裂爆破中的初始导向裂纹。初始导向裂纹长度表示为 r_0，与岩石性质、炮孔半径和切缝管的切缝宽度有关，由下式数值求解：

$$\sigma_{equ}(r_0) = \sigma_c \tag{6-85}$$

针对 2 号岩石炸药在砂岩中的爆破条件，炮孔半径为 21mm，切缝管的切缝宽度取值为 6mm，计算得到初始裂纹长度为 3.6mm，基本符合工程实际。

6.6.5 本节要点归纳

本节要点归纳如下：

（1）切缝药包岩石定向断裂爆破的炮孔间贯通裂纹形成由导向

裂纹形成和导向裂纹扩展两个阶段组成。贯通裂纹形成的第一阶段，炮孔壁仅在切缝方向受爆炸产物冲击的线集中载荷，第二阶段整个炮孔壁受准静态爆炸载荷。

（2）为最大限度保护围岩免受爆破损伤，切缝管上的切缝宽度合理取值的选取宜以贯通裂纹形成第一阶段的爆炸载荷在炮孔壁岩石中引起的切向应力小于岩石的抗拉强度，以致不在炮孔壁非切缝方向形成拉伸裂纹为准。

（3）切缝药包切缝宽度合理值，主要受炮孔半径、炸药性质和岩石性质的影响。对砂岩、页岩，炮孔装入2号岩石炸药，炮孔半径为21mm时，数值模拟得到的切缝管的切缝宽度与工程实际接近，为工程中取切缝管切缝宽度为5mm找到了理论依据。

（4）初始导向裂纹长度在岩石性质、炸药性质、炮孔半径以及切缝管的切缝宽度确定后，利用数值方法求解。

6.7 深埋岩石隧硐的周边控制爆破方法

6.7.1 引言

近年来，各类用途的岩石地下隧硐埋深呈不断增大的趋势，由此给岩石隧硐的开挖和支护方法提出了新的研究内容。就深埋岩石隧硐的爆破开挖而言，值得引起注意的问题之一是爆破方法与爆破参数的确定应该考虑原岩应力的影响[130]。基于问题的广泛性与复杂性，本节将主要集中在原岩应力的存在对周边控制爆破炮孔间贯通裂纹形成与参数的影响方面，提出高地应力条件下隧道开挖周边控制爆破的合理方法。

在未来一定时期内，爆破仍将是岩石隧硐的主要开挖方法，因此实现对既定开挖范围内岩石的合理破碎，并有效控制爆破开挖后的隧硐轮廓，充分降低爆破对围岩的损伤，以利于开挖后围岩的稳定，它一直受到国内外学者的普遍关注。W. L. Fourney，D. B. Barker，D. C. Holloway[167]为了克服普通周边控制爆破的缺点——在炮孔间贯通裂纹形成的同时，在炮孔的非孔间连线方向也产生许多细小裂纹，造成围岩损伤——提出在炮孔壁切槽，并控制炮孔装药，以使岩石尽可能在既定方向断裂的方法，同时也比较了炮孔内耦合介质不同时要求的装药量。Adrew F. Mckown[168]分析了岩石的性质，如节理，层理等对周边控制爆破参数及结果的影响，提出在裂隙发育、软弱岩层中，采用定向断裂周边控制爆破方法，可克服光面爆破的不足，获得较好的爆破效果和爆破效率。Dr. S. Bhandari，S. S. Rathare[169]在采石场进行了试验，通过在爆破前后钻取岩芯，测量弹性波速度的方法，证明采用岩石定向断裂爆破技术，确能降低爆破对围岩的损伤。R. Yang，W. F. Bawden 和 P. D. Katsabanis[35]提出了描述爆破造成岩石损伤的本构模型。王志亮，郑明新[170]应用基于 TCK 的损伤本构方程对岩石爆破进行了模拟。Liqing Liu 和 P. D. Katsabanis[171]发展了用于爆破分析的连续损伤模型。

在国内，王树仁、魏有志[172]提出了根据断裂力学原理，对岩石周边控制爆破中的炮孔裂纹发展方向进行控制，以获得良好爆破岩石断裂面的方法。朱瑞赓、李新平、陆文兴[44]建立了周边控制爆破中，控制爆破参数与岩石强度、断裂韧度和炸药性质之间的关系，提出了尽可能加大炮孔间距的合理尺度。张奇、杨永琦[161]利用分形几何理论，论述了岩石断裂控制爆破改进周边成型质量，提高爆炸能量利用率的力学机理，进而证明：与普通的周边控制爆破对比，岩石断裂控制爆破效果更好，能量利用更为合理。杨永琦、戴俊、单仁亮[155]论述了切缝药包岩石定向断裂控制爆破的破岩机理，提出了相应的爆破参数计算方法，使得切缝药包岩石定向断裂控制爆破参数的确定更具合理性和可靠性。戴俊、杨永琦[147]针对周边爆破中实现所有周边炮孔同时起爆的困难，提出了周边相邻炮孔存在起爆时差条件下的周边控制爆破参数计算方法，并通过工程实践证明了其可靠性。宗琦[173]应用断裂力学理论，考虑爆生气体的作用，分析了爆破裂纹的扩展过程及切槽爆破的裂纹控制效应。

这些研究有力地推动了周边控制爆破技术的发展和广泛应用，但是这些研究都没有考虑原岩应力的影响，存在一定的局限性。当隧硐埋深不大、原岩应力很小时，这样的处理是可行的，所得结论对工程实践有很好的指导性。当隧硐所处岩石的原岩应力较大时，原岩应力对周边控制爆破方法与参数确定的影响就不能不考虑了。下面，将利用弹性理论分析原岩应力对光面爆破与预裂爆破两种不同周边控制爆破方法的炮孔间贯通裂纹形成的影响，分析原岩应力对光面爆破参数的影响。

6.7.2 原岩应力对光面爆破炮孔间贯通裂纹的影响

光面爆破条件下，周边炮孔在隧硐掘进工作面其他炮孔爆炸后起爆。周边孔爆破时，炮孔间贯通裂纹的形成是岩石中原岩应力作用引起的静态二次应力和炮孔内炸药爆炸产生的超动态应力共同作用的结果。静态二次应力作用时间长，在炮孔内炸药爆炸前就已作用于岩石，炮孔内炸药爆炸产生的超动态应力则是对岩石的进一步作用。图6-19所示为光面爆破条件下，周边炮孔周围的岩石静态应力。首先掘进工作面其他炮孔爆破后仅留下光爆层时，由于开挖隧道引起的隧道周围岩石中的应力重新分布，在炮孔位置处将产生以隧道（将其上部看作半圆形）中心为极坐标原心的径向应力 σ_{r1} 和切向应力 $\sigma_{\theta1}$ 。根据圆形硐室周围应力重新分布的弹性力学理论[1]，σ_{r1} 和 $\sigma_{\theta1}$ 的计算表达式为：

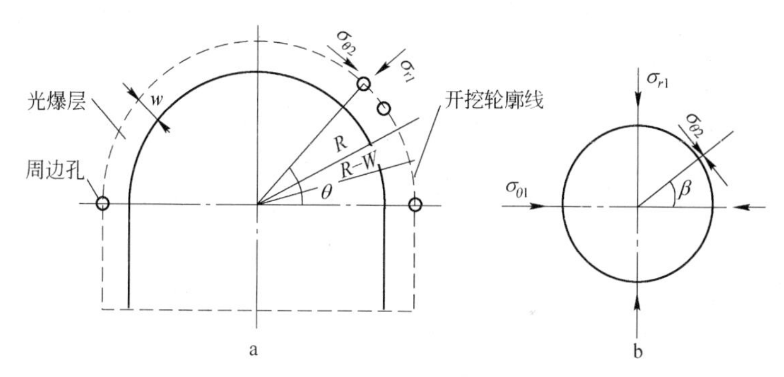

图6-19 光面爆破的周边孔所受静态原岩应力

a—光面爆破的光爆层岩石；b—周边孔所受静态应力

$$
\begin{cases}
\sigma_{r1} = \dfrac{1}{2}(\sigma_{V} + \sigma_{H})\left[1 - \dfrac{(R-w)^2}{R^2}\right] - \dfrac{1}{2}(\sigma_{V} - \sigma_{H}) \\
\qquad \left[1 + 3\dfrac{(R-w)^4}{R^4} - 4\dfrac{(R-w)^2}{R^2}\right]\cos2\theta \\
\sigma_{\theta1} = \dfrac{1}{2}(\sigma_{V} + \sigma_{H})\left[1 + \dfrac{(R-w)^2}{R^2}\right] + \\
\qquad \dfrac{1}{2}(\sigma_{V} - \sigma_{H})\left[1 + 3\dfrac{(R-w)^4}{R^4}\right]\cos2\theta \\
\tau_{r\theta1} = -\dfrac{1}{2}(\sigma_{V} - \sigma_{H})\left[1 - 3\dfrac{(R-w)^4}{R^4} + 2\dfrac{(R-w)^2}{R^2}\right]\sin2\theta
\end{cases}
\tag{6-86}
$$

式中，σ_{r1}、$\sigma_{\theta1}$ 和 $\tau_{r\theta1}$ 分别为由岩石中的原岩应力引起的径向应力、切向应力和剪应力；σ_V 和 σ_H 分别为岩石中原岩应力的垂直分量和水平分量；R 为隧硐半径；w 为周边炮孔抵抗线或光爆层厚度；θ 为所研究炮孔位置与水平线的夹角。

如果 $\sigma_V=\sigma_H=\sigma_0$，上式变为：

$$\begin{cases}\sigma_{r1}=\sigma_0[1-(R-w)^2/R^2]\\ \sigma_{\theta1}=\sigma_0[1+(R-w)^2/R^2]\\ \tau_{r\theta1}=0\end{cases} \tag{6-87}$$

进一步，周边孔的存在将再次引起岩石中的应力再次重新分布，在 $\sigma_V=\sigma_H=\sigma_0$ 的条件下，再次的应力重分布在炮孔壁产生的径向应力和剪应力为零，而切向应力 $\sigma_{\theta2}$ 为：

$$\sigma_{\theta2}=(\sigma_{r1}+\sigma_{\theta1})+2(\sigma_{r1}-\sigma_{\theta1})\cos2\beta \tag{6-88}$$

式中，$\sigma_{\theta2}$ 炮孔壁上的切向应力；β 为炮孔壁任一点径向与周边炮孔连线的夹角（图 6-19）。

由于隧硐开挖半径远大于光爆层厚度，因此周边爆孔处 $\sigma_{r1}<\sigma_{\theta1}$，于是在炮孔间连线方向上将出现极小的切向压应力，甚至出现切向拉应力，而将有利于炮孔内炸药爆炸后在裂纹炮孔间连线方向上优先起裂、贯通，实现良好的光面爆破效果。

以岩石密度 $\gamma=2400\mathrm{kg/m^3}$，隧硐埋深 $H=800\mathrm{m}$，隧硐上部设计开挖半径 $R=4\mathrm{m}$，爆破周边孔最小抵抗线 $w=0.450\mathrm{m}$ 为例。假定岩石处于静水压力状态，计算得 $\sigma_V=\sigma_H=\sigma_0=\gamma H=19.2\mathrm{MPa}$；炮孔处 $\sigma_{r1}=4.077\mathrm{MPa}$，$\sigma_{\theta1}=34.323\mathrm{MPa}$；进一步在炮孔壁 $\sigma_{\theta2}=38.4-60.492\cos2\beta$。$\sigma_{\theta2}$ 随 β 变化的关系如图 6-20 所示。可见在炮孔间连线方向（$\beta=0$，180°）炮孔壁出现拉应力，而且这一拉应力大小与原岩应力成正比，当原岩应力较大时，这一拉应力可能超过岩石的抗拉强度，从而造成炮孔连线方向的预裂纹，十分有利于获得良好的周边控制爆破效果。

在远离炮孔的两炮孔间，岩石中的静态主应力为隧硐开挖后引起的重分布应力，其主应力方向始终是炮孔连线方向及其垂直方向，与爆炸动应力场方向一致，如图 6-21 所示（$\sigma_{\theta b}$、σ_{rb} 分别为爆破产生

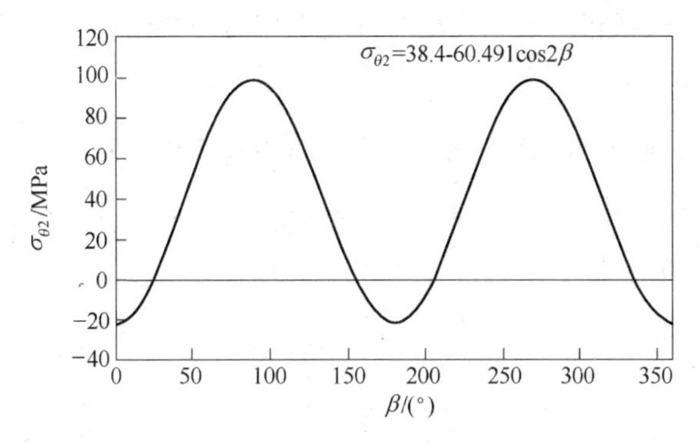

图 6-20 $\sigma_{\theta 2}$ 随 β 变化的关系

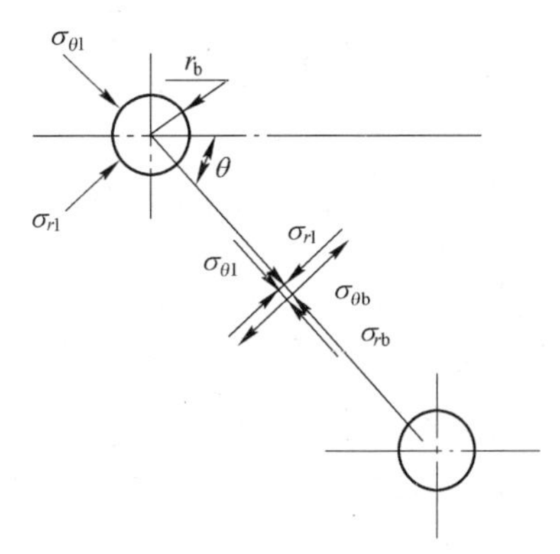

图 6-21 光面爆破的炮孔间应力分布

的切向应力和径向应力)。因此，采用光面爆破技术，原岩应力的存在对周边控制爆破仅在炮孔间连线方向形成贯通裂纹将是有利的，有利于获得良好的光面爆破效果。原岩应力对改善光面爆破效果的作用，在软岩隧硐爆破开挖爆破中显得特别重要。

工程实践中，在低强度岩石或软岩条件下，将周边炮孔拖后一个掘进循环爆破将明显改善周边控制效果。其原因除了可以根据光爆层的实际厚度变化调整周边炮孔装药外，更重要的原因还在于可以利用隧硐周围原岩应力重新分布产生的有利于周边控制爆破的应力分布，从而发挥了原岩应力改善光面爆破效果的作用。

进而，这里指出：在高原岩应力条件下，隧硐开挖周边控制爆破采用光面爆破或将周边炮孔拖后掘进工作面一个循环爆破将是获得良好的周边控制爆破效果的有效方法。

6.7.3 原岩应力对预裂爆破炮孔间贯通裂纹的影响

与光面爆破的情况不同，预裂爆破时周边炮孔最先起爆，这时炮孔周围由于岩石原岩应力的作用而产生的二次应力为：

$$\begin{cases} \sigma_{r1} = \dfrac{1}{2}(\sigma_V + \sigma_H)\left(1 - \dfrac{r_b^2}{r^2}\right) - \dfrac{1}{2}(\sigma_V - \sigma_H)\left(1 + 3\dfrac{r_b^4}{r^4} - 4\dfrac{r_b^2}{r^2}\right)\cos 2\beta \\ \sigma_{\theta 1} = \dfrac{1}{2}(\sigma_V + \sigma_H)\left(1 + \dfrac{r_b^2}{r^2}\right) + \dfrac{1}{2}(\sigma_V - \sigma_H)\left(1 + 3\dfrac{r_b^4}{r^4}\right)\cos 2\beta \\ \tau_{r\theta 1} = -\dfrac{1}{2}(\sigma_V - \sigma_H)\left(1 - 3\dfrac{r_b^4}{r^4} + 2\dfrac{r_b^2}{r^2}\right)\sin 2\beta \end{cases} \tag{6-89}$$

式中，r_b为炮孔半径；r为任一点至炮孔中心的距离。

如图6-22所示，当$r=r_b$时，炮孔壁周围的径向应力、剪应力为零，切向应力为：

$$\sigma_{\theta 1} = (\sigma_V + \sigma_H) + 2(\sigma_V - \sigma_H)\cos 2\theta \tag{6-90}$$

式中，θ为炮孔间连线方向与水平方向之间的夹角，对不同的炮孔位置θ在$-90° \sim 90°$之间取值。

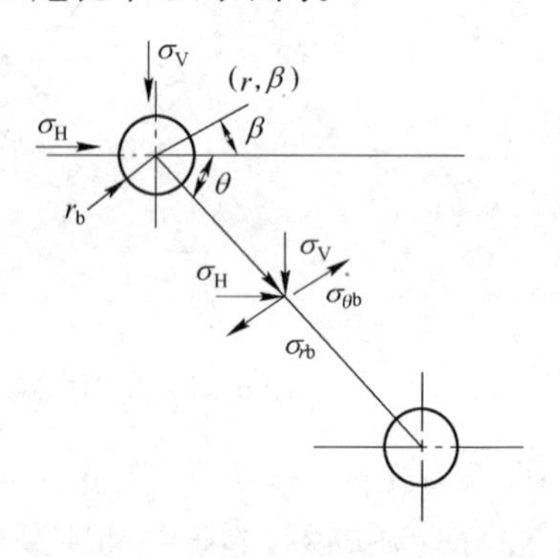

图6-22 预裂爆破的炮孔间应力分布

对式6-90进行导数运算可知，$\sigma_{\theta 1}$的极值将出现在水平和垂直方向，除隧硐顶部外，$\sigma_{\theta 1}$的极值方向均与炮孔间连线方向不一致，不利于炮孔内爆炸载荷仅在炮孔间连线方向形成贯通裂纹，甚至根据原岩应力大小的不同，当满足

$$|3\sigma_V - \sigma_H| > \sigma_t \quad (\sigma_V < \sigma_H) \tag{6-91}$$

或

$$|3\sigma_H - \sigma_V| > \sigma_t \quad (\sigma_V > \sigma_H) \tag{6-92}$$

还可能在炮孔周边的水平或垂直方向引起拉伸裂纹。这样的裂纹既不利于炮孔间贯通裂纹的形成，还将在炮孔爆炸载荷作用下扩展，造成围岩损伤。

炮孔的存在引起原岩应力重新分布的影响范围一般只有几倍炮孔半径，而实际工程中的预裂爆破炮孔间距一般为炮孔半径的 20～30 倍，因此在相邻两炮孔之间，来自相邻两炮孔裂纹的贯通点属于远离炮孔位置，将受到原岩应力 σ_V 和 σ_H 的影响（图6-22）。由于原岩应力与炮孔爆炸载荷的径向、切向不一致，静态的原岩应力与炮孔爆炸动应力叠加的结果将可能导致裂纹偏离炮孔连线方向扩展，不能相遇贯通，进而不利于获得良好的爆破效果。因此，在高应力条件下，从获得良好的周边轮廓质量而言，隧硐开挖周边爆破宜采用光面爆破，而不宜采用预裂爆破。

工程实践中，地下各种隧硐的爆破开挖采用预裂爆破的实例并不多见。通过本文的分析，也得出地下隧硐爆破开挖，特别是高原岩应力情况下，采用预裂爆破不利于获得良好的周边控制和降低爆破对围岩损伤的效果。分析与工程实际一致。

6.7.4 考虑原岩应力影响下的光面爆破参数

光面爆破的主要参数有三个，它们是：周边炮孔装药量、相邻炮孔间距和光爆层厚度（周边孔抵抗线）。按照现有的光面爆破参数设计方法，周边炮孔装药量设计原则是炮孔内炸药爆炸产生的动态压力不大于三向受力条件下的岩石抗压强度，如果炮孔壁还存在径向静态压应力，则是要求：

$$p_0 + \sigma_{r2} \leqslant k\sigma_c \tag{6-93}$$

式中，p_0 为炮孔内的爆炸载荷；k 为岩石三向受力条件下的动态强度增大系数，$k=8\sim11$；σ_c 为岩石的单向抗压强度。

由于原岩应力在炮孔周边引起的径向压力 $\sigma_{r2}=0$，因此可以认为原岩应力的考虑不改变光面爆破的周边炮孔装药量计算结果。

光面爆破中，相邻炮孔在炮孔壁产生径向裂纹，而后向炮孔间延伸并贯通。在相邻炮孔同时起爆，并考虑原岩应力影响的条件下，形成相邻炮孔间贯通裂纹的条件是相邻炮孔间连线上每一点的炮孔切向拉应力大于岩石的抗拉强度[147]。由于相邻炮孔爆炸应力场在其连线中点处的切向拉应力绝对值最小，只要相邻炮孔连线中点处的应力大于岩石的抗拉强度，便能保证炮孔间贯通裂纹的形成[147]。这一条件可表述为：

$$2\sigma_\theta - \sigma_{r1} \geqslant \sigma_t \tag{6-94}$$

式中，σ_t 为岩石的单向抗拉强度。

根据现有的光面爆破原理，由式6-94有：

$$2\sigma_\theta \geqslant \sigma_t + \sigma_{r1}$$

$$2bp_0\left(\frac{r_b}{a/2}\right)^\alpha \geqslant \sigma_t + \sigma_{r1}$$

$$a \leqslant [2bp_0/(\sigma_t + \sigma_{r1})]^{1/\alpha} \times 2r_b \tag{6-95}$$

以上各式中，b 为侧应力系数，$b = 1/(1 - \mu)$，μ 为岩石的泊松比；α 为爆炸应力波衰减指数，$\alpha = 2 - b$。

可见，原岩应力的作用相当于增大了岩石的抗拉强度，因而炮孔间距需要减小。这种炮孔间距的减少除与原岩应力大小有关外，还与隧硐的开挖半径和岩石的力学性质有关。根据前面的分析，计入原岩应力影响后的炮孔间距和光爆层厚度可由下式联立求解：

$$\begin{cases} \sigma_{r1} = \sigma_0[1 - (R - w)^2/R^2] \\ a = [2bp/(\sigma_t + \sigma_{r1})]^{1/\alpha} \times 2r_b \\ w = ma \end{cases} \tag{6-96}$$

假定原岩应力不影响光面爆破的周边炮孔密集系数取值，即仍可取炮孔密集系数 $m = 0.8 \sim 1.0$，将使式6-96的求解大为简化。

仍以6.7.2节的隧硐条件为例，取岩石的抗拉强度为 $\sigma_t = 6.5\text{MPa}$，泊松比为 $\mu = 0.3$，则由式6-95的计算表明，在同样的爆炸载荷条件下，炮孔间距需比不考虑原岩应力时减小15%～18%。

6.7.5 进一步的讨论

工程实践中，确定爆破方法与爆破参数需要考虑多方面的因素。以隧硐的爆破开挖为例，爆破方法的确定既要考虑有利于获得良好的周边控制效果，也应考虑实现较高的炮孔利用率和合理的岩石破碎块度分布。基于岩石爆破均是利用岩石抗拉强度远低于其抗压强度的特点，尽可能使岩石受拉破坏的原理，采用预裂爆破以使原岩应力部分释放，将有利于实现良好的掏槽爆破效果，从而实现较高的爆破炮孔利用率。基于这样的考虑，高原岩应力条件下的周边爆破或许应当采用预裂爆破。

但是，根据前面的分析，采用预裂爆破将难以保证良好的周边控制爆破效果。为此，笔者认为：在选择采用预裂爆破时，为获得良好的周边控制爆破效果，必须采用岩石定向断裂控制爆破技术[141,155]。有关考虑原岩应力影响下的岩石定向断裂控制爆破参数设计问题，笔者拟另做论述。

总之，高原岩应力条件下的爆破理论与技术研究是一个复杂、而且十分有意义的课题，随着人类进入地下深度的逐渐增加，原岩应力对爆破开挖过程与效果的影响将越来越突出，因此迫切需要人们去研究解决。

6.7.6 方法小结

小结如下：

（1）地下隧硐开挖的周边控制爆破方法及其参数的确定，特别是隧硐埋深较大或处于高原岩应力条件时，应当考虑原岩应力的影响，优选合适的爆破方法。

（2）利用弹性理论进行的分析认为，原岩应力对光面爆破的炮孔间贯通裂纹起裂、扩展和贯通起有利作用；而对预裂爆破时贯通裂纹形成的每个阶段均产生不利的影响。

（3）基于获得良好周边控制爆破效果考虑，在考虑原岩应力影响条件下，隧硐开挖的周边控制爆破宜采用光面爆破。

（4）考虑原岩应力影响时，需要对隧硐开挖的光面爆破参数进行相应的调整。这种爆破参数的改变与原岩应力、隧硐开挖半径、岩石的力学性质等有关。

（5）当从既有利于获得良好的周边控制效果和实现较高的炮孔利用率和合理的岩石破碎块度分布，也利于获得良好周边控制爆破效果的全面考虑，隧硐开挖的周边控制爆破选择采用预裂爆破时，必须采用岩石定向断裂控制爆破技术。对高原岩应力影响下的岩石定向断裂控制爆破参数设计，笔者拟另做论述。

（6）高应力条件下的爆破理论与技术研究是一个值得关注的研究课题，期待全面、深入研究。

6.8　周边控制爆破引起围岩的损伤

在岩石开挖工程中，人们越来越重视对开挖外围岩体的保护，尽可能减少爆破超挖和爆破对岩石的损伤，将是周边控制爆破理论与技术发展的方向。近几十年来，我国相继研究并成功应用了光面爆破、预裂爆破、定向断裂爆破等周边控制爆破的理论与技术[139,143,152,153,166,172]。这些技术的应用明显提高了爆破开挖的周边成型质量，提高了爆破施工的效益，对我国岩土工程施工产生了积极的影响。但是，对周边控制爆破不可避免地造成围岩造成损伤的现象却认识不足，研究不够。为有利于围岩的长期稳定以及实现支护结构的最优化，研究周边控制爆破对围岩损伤的规律仍是十分必要的[174]。

周边控制爆破指在岩石开挖周边所采用的特殊爆破方法，包括光面爆破、预裂爆破、定向断裂爆破等。进行光面爆破和预裂爆破参数设计的基本原则是：不在炮孔周围形成压碎性破坏，同时也使炮孔压力尽可能大，以实现较大的周边炮孔间距[51]。因此，光面爆破和预裂爆破在形成炮孔间贯通裂纹的同时，也必然在围岩中形成若干的细小裂纹，对围岩造成损伤，破坏围岩的稳定性，增大围岩支护的难度。

岩石定向断裂爆破技术的采用虽使这种情况得到改善，但截至目前人们对围岩受到的爆破损伤仅有定性认识，缺少足够的定量认识，尚未见到对此问题进行深入研究的成果。为此，这里试图以不耦合炮孔爆破作用理论为基础，对光面爆破和预裂爆破在围岩中引起损伤分布进行研究，对岩石定向断裂爆破在降低围岩爆破损伤方面的作用进行分析，最后提出岩石周边控制爆破技术应用的发展方向。

6.8.1　光面（预裂）爆破在围岩中造成的损伤场

6.8.1.1　光面（预裂）爆破炮孔周围岩石中的应变场

光面爆破与预裂爆破有明显的不同，前者存在第二个自由面，形成应力波的反射，改善光爆层岩石的破碎，而后者却没有这样的自由面。由于我们只探讨周边爆破对围岩造成的损伤；因此认为两者在围岩中形成的应力、应变场相同。

一方面，为了能够在爆破周边形成光滑的壁面，有效地减少爆破超、欠挖，要求炸药爆炸作用于炮孔壁上的压力不能超过岩石的三向动态抗压强度；另一方面，为了尽量增大周边炮孔间距，减少爆破炮孔数量，又应当使炮孔内的爆炸压力尽可能大。因此，在当前的周边爆破参数设计中，都是使炮孔内的炸药爆炸压力等于岩石的三向抗压强度，即有：

$$p_0 = K_a \sigma_c \tag{6-97}$$

式中，p_0为周边爆破炮孔内的炸药爆炸压力；σ_c 为静载下岩石的单轴压缩强度；K_a为考虑岩石受三轴动载荷后的强度提高系数。

爆破炮孔内爆炸压力 p 的作用下，周围岩石中形成非均匀的应力场。对柱状装药，假定问题为平面应变问题，得到炮孔周围岩石中的应力分布为：

$$\begin{cases} \sigma_r = -p_0 \bar{r}^{-\alpha} \\ \sigma_\theta = -b\sigma_r \\ \sigma_z = \mu(1-b)\sigma_r \end{cases} \tag{6-98}$$

式中，σ_r，σ_θ，σ_z 分别为岩石中任一点的径向应力、切向应力和轴向应力，这里规定拉应力为正，压应力为负；$\bar{r}$ 为比距离，$\bar{r} = r/r_b$，r 为应力计算点到装药中心的距离，r_b为炮孔半径；其余符号意义同前。

利用弹性力学中的广义胡克定律，得到岩石中的应变场：

$$\begin{cases} \varepsilon_r = \varepsilon_3 = \dfrac{\sigma_r}{E}(1+\mu)[1-\mu(1-b)] \\ \varepsilon_\theta = \varepsilon_1 = -\dfrac{2\sigma_r}{E}\mu(1+\mu) \\ \varepsilon_z = \varepsilon_2 = 0 \end{cases} \tag{6-99}$$

式中，ε_r，ε_θ，ε_z 分别为岩石中任一点的径向应变、切向应变和轴向应变；ε_1，ε_2，ε_3 为主应变；E 为岩石的弹性模量。

6.8.1.2 光面（预裂）爆破炮孔周围岩石中的损伤场

根据 Mazars 多轴应力作用下的损伤模型[29]，光面（预裂）爆破的炮孔装药爆炸后造成岩石损伤的损伤因子 D_f 为：

$$D_f = \alpha_T D_T + (1 - \alpha_T) D_C \tag{6-100}$$

式中，D_T 为单轴拉应力造成的损伤；D_C 为单轴压应力造成的损伤；α_T 为损伤耦合系数。

将 $i(i = r,\ \theta)$ 方向上的应变 ε_i 分解由正主应力引起的应变 ε_{iT} 和由负主应力引起的应变 ε_{iC}，即：

$$\varepsilon_i = \varepsilon_{iT} + \varepsilon_{iC} \tag{6-101}$$

且记有效应变：

$$\tilde{\varepsilon} = \sqrt{\sum_i \langle \varepsilon_{iT} + \varepsilon_{iC} \rangle^2} \tag{6-102}$$

式中，若 $x = \varepsilon_{iT} + \varepsilon_{iC} \geqslant 0$，则 $\langle x \rangle = x$；若 $x < 0$，则 $x = 0$。

于是，有：

$$\alpha_T = \sum_i \frac{\varepsilon_{iT}(\varepsilon_{iT} + \varepsilon_{iC})}{\tilde{\varepsilon}^2} \tag{6-103}$$

$$D_T = 1 - \frac{\varepsilon_f(1 - A_T)}{\varepsilon_f + \langle \varepsilon_\theta - \varepsilon_f \rangle} - \frac{A_T}{\exp[B_T \langle \varepsilon_\theta - \varepsilon_f \rangle]} \tag{6-104}$$

$$D_C = 1 - \frac{\varepsilon_f(1 - A_C)}{\varepsilon_f + \langle -\mu\sqrt{2}\,\varepsilon_r - \varepsilon_f \rangle} - \frac{A_C}{\exp[B_C \langle -\mu\sqrt{2}\,\varepsilon_r - \varepsilon_f \rangle]} \tag{6-105}$$

式 6-104、式 6-105 中，ε_f 为岩石的损伤应变阈值；A_T，B_T 为受拉时的材料系数；A_C，B_C 为受压时的材料系数。

可以看出：围岩受到的损伤与岩石中的应变呈正比，进而与炮孔中的爆炸载荷呈正比。根据光面（预裂）爆破的爆炸载荷作用特点；可以认为炮孔周围岩石中的爆破损伤因子，代表着周边爆破对围岩造成的最大程度损伤。围岩损伤后，其力学性质劣化，给围岩稳定和支护设计优化带来不利影响。为了降低围岩受到的损伤，如果降低炮孔内的爆炸载荷，将使炮孔间距减少，增加周边炮孔数量，进而增大爆破成本。为了克服这一缺点，做到既降低爆破对围岩的损伤，又能实现较大的周边炮孔间距，应当在周边爆破中推广应用岩石定向断裂爆破技术[141,152,153,172]。

6.8.2 岩石定向断裂爆破技术在降低围岩损伤方面的作用

岩石定向断裂爆破技术的提出、研究和推广应用，是以提高开挖爆破的周边成形质量和增大周边炮孔间距，减少周边炮孔数量为目的的。随着对周边爆破损伤围岩的重视，经过研究分析，我们认识到：这一技术还具有降低周边爆破对围岩造成损伤程度的作用。

岩石定向断裂爆破中炮孔间贯通裂纹的形成由两个阶段构成。首先是借助一定的手段形成初始导向裂纹（图6-23），如：切槽孔定向断裂爆破中的机械能量破岩法，聚能药包定向断裂爆破和切缝药包定向断裂爆破中集中的炸药能量破岩法。而后，炮孔内装药爆炸载荷只要能够使初始导向裂纹起裂、扩展便可达到目的。这时，炮孔内的爆炸载荷在初始定向裂纹尖端产生的应力强度因子为：

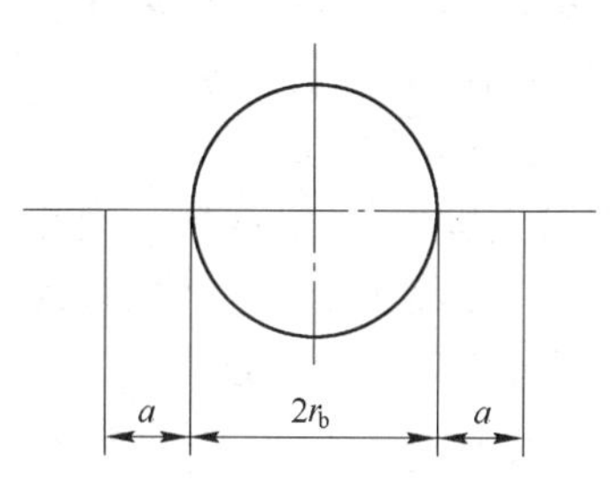

图6-23 岩石定向断裂爆破中炮孔壁上的初始定向裂纹

$$K_{\mathrm{I}} = p_x\sqrt{\pi a}f(a/r_{\mathrm{b}}) \tag{6-106}$$

式中，p_x为定向断裂爆破时的炮孔内压力值；$f(a/r_{\mathrm{b}})$ 为形状因子，可参照表6-5选取；其余符号意义同前。

如果

$$K_{\mathrm{I}} > K_{\mathrm{Ic}} \tag{6-107}$$

则炮孔壁上的初始定向裂纹起裂、扩展。

于是，具有岩石定向裂纹时的炮孔内促使定向裂纹起裂、扩展的压力计算式为：

$$p_x = \frac{K_{\mathrm{Ic}}}{\sqrt{\pi a}f(a/r_{\mathrm{b}})} \tag{6-108}$$

引入关系式

$$K_{\mathrm{I}} = 0.141\sigma_{\mathrm{t}}^{1.15} \tag{6-109}$$

$$\sigma_{\mathrm{t}} = 0.1\sigma_{\mathrm{c}} \tag{6-110}$$

并考虑三轴受力时的岩石强度增大（一般地，增大系数取10），式

6-108可改写为：

$$p_x = \frac{0.141\sigma_c^{0.15}}{\sqrt{\pi a f(a/r_0)}}\sigma_c \tag{6-111}$$

上式中　$\frac{0.141\sigma_c^{0.15}}{\sqrt{\pi a f(a/r_0)}}(=k)$，在形式上相当于式6-93中的$k$，其大小与$a$有关。以砂岩的情况为例，取$\sigma_t=8\text{MPa}$，$r=21\text{mm}$。经计算可得$a$与$K_I$之间的关系，如图6-24所示。

由图6-24知：由于炮孔壁上的初始裂纹长度均大于2mm，因此形成炮孔间贯通裂纹所需炮孔内压力小于普通周边爆破中的炮孔内压力值，且随炮孔壁上初始裂纹长度的增加而降低。炮孔内炸药爆炸载荷压力的降低使岩石中许多细小裂纹不会起裂、扩展，因此岩石定向断裂爆破能够降低周边爆破对围岩的损伤。

另外，岩石定向断裂爆破在炮孔壁形成初始定向裂纹后，在炮孔内的炸药爆炸作用下，这种初始定向将优先扩展，并由此向岩石内传递卸载应力，释放岩石中的应变能，使炮孔爆炸载荷在岩石中引起的应力波衰减加快，使岩石中的应变幅值和应变持续时间减小，进而对围岩中各种微小裂纹的起裂、扩展起抑制作用，减少周边爆破对围岩的损伤。

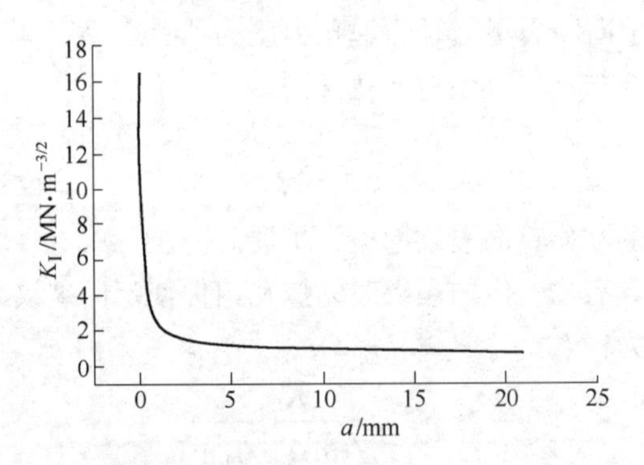

图6-24　针对砂岩的a与K_I之间的关系

6.8.3　周边爆破的技术设计

确定周边爆破的方案与参数应满足两方面的基本要求，首先应尽可能实现较大的炮孔间距，以减少所需的周边炮孔数量，降低爆破费用；同时，还应做到使爆破对围岩造成损伤的程度尽可能低，以利于爆后围岩自身的稳定，改善围岩支护结构的工作条件，降低支护费用。爆破工程中，应综合考虑这两方面的因素，选择周边爆破的技术方案。

岩石定向断裂爆破技术能够较好地满足增大炮孔间距和降低爆破对围岩损伤的要求。近年来，这一技术已在各种岩石条件的周边控制爆破中得到了应用，在改善爆破开挖周边成型质量，增大周边炮孔间距等方面已显示出了明显的优越性。在岩石定向断裂爆破技术降低爆破对围岩损伤方面，目前已得到了理论上的证明。

特别是，要强调切缝药包岩石定向断裂爆破技术，它具有装药结构简单，易于操作，施工快速等众多优点[141]，近年得到了较为广泛的应用，并受到现场施工工程技术人员普遍欢迎。这一技术应成为周边爆破技术设计的首选方案。

总之，光面（预裂）爆破在形成炮孔间贯通裂纹的同时，也对围岩造成损伤，降低围岩的自身稳定性，并对爆后围岩支护带来不利影响；在周边爆破中采用岩石定向断裂爆破技术，可达到增大炮孔间距，减少炮孔数量和降低爆破对围岩损伤的目的；选择周边爆破的技术方案应优先考虑选用切缝药包岩石定向断裂爆破技术。

6.9 岩石周边爆破理论的分形分析

岩石开挖工程中，实施周边控制爆破的目的是减少超挖，降低爆破对围岩的损伤，以利于围岩支（维）护和围岩的长期稳定。由于岩石性质和爆破过程的复杂性，目前还不能做到爆破后围岩壁面的真正光滑，完全消除爆破对围岩的损伤。为实现爆破后围岩体的长期稳定，一方面需要改进爆破方法，降低爆破对围岩损伤的程度；另一方面也需要对爆破造成围岩损伤的程度做出正确估算，进而采取优化的支护参数和施工方法。

在改进周边控制爆破方法，提高爆破效果，尽可能降低爆破对围岩的损伤方面，目前已有了许多研究成果[152,154,172]；但在正确估算爆破造成围岩损伤的程度，以利于实现围岩支护的最优化方面，至今见到的成果尚不多。正确估算爆破造成围岩损伤的程度，是岩石爆破理论研究中，亟待解决的问题之一，具有重要的理论与工程实际意义。

事实上，周边控制爆破后，形成的开挖轮廓壁面是不光滑的。谢和平的研究认为：岩石断裂后，壁面表现出来的不规则性反映在断裂时损伤断裂的能量耗散。根据岩石断口的分形，可以追溯到岩石断裂时的力学行为[28,160]。因此，通过对爆破后周边的围岩壁面进行分形分析，探求周边控制爆破中岩石的损伤断裂特征，进而对周边爆破损伤围岩的程度做出正确估算，是一种有效方法。

6.9.1　爆破形成围岩壁面分形及其分形维

岩石周边控制爆破形成的围岩壁面是凹凸不平的。这种围岩壁面的凸凹度取决于岩石性质和爆破参数，但不足的是：目前尚未建立它们之间的对应关系。经过对大量工程实例的观察与分析，可将爆破形成的围岩壁面看成具有自相似的分形结构，如图 6-25 所示。根据分形几何理论[31]，可求得各自的分形维。对图 6-25a，有：

$$d_{\mathrm{f}} = \frac{\lg N}{\lg\left(\frac{1}{r}\right)} = \frac{\lg 2}{\lg(2\cos\theta)} \tag{6-112}$$

式中，d_{f}为分形的相似维数；N 为分形生成源中的多边形数；$\frac{1}{r}$ 为相似比；θ 为岩石壁面与相邻炮眼连线之间的夹角。对图 6-25b，有：

$$d_{\mathrm{f}} = \frac{\lg N}{\lg\left(\frac{1}{r}\right)} = \frac{\lg 4}{\lg(4\cos\theta)} \tag{6-113}$$

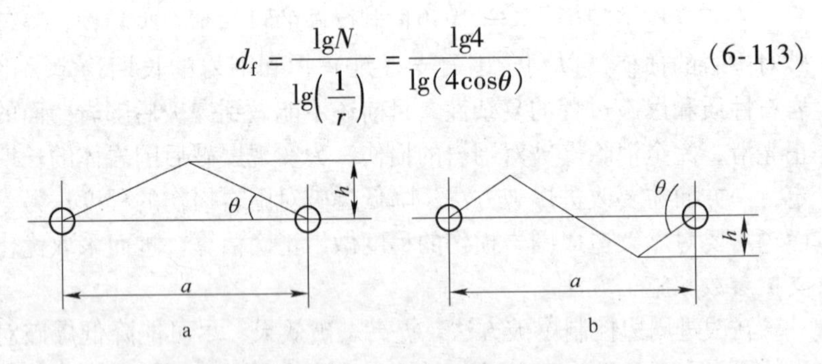

图 6-25　周边控制爆破形成围岩壁面分形

a—仅出现超挖；b—超、欠挖均出现

由此知，爆破后围岩的超、欠挖越大，θ 值越大，其分形维也越大。不同 θ 值对应的爆破超（欠）挖及围岩壁面分形维，见表 6-6。

表 6-6 θ 值与爆破超（欠）挖 h/a 及围岩壁面分形维 d_f

θ/(°)	h/a		d_f	
	图 6-25a	图 6-25b	图 6-25a	图 6-25b
0	0	0	1	1
5	0.0437	0.0219	1.005	1.003
10	0.088	0.044	1.022	1.011
15	0.134	0.067	1.053	1.026
20	0.182	0.091	1.098	1.047
30	0.289	0.144	1.262	1.116
40	0.419	0.2098	1.625	1.238

注：图 6-25a 中，$h=\frac{a}{2}\tan\theta$；图 6-25b 中，$h=\frac{a}{4}\tan\theta$。

6.9.2 周边眼之间爆破裂纹的形成特征

由围岩壁面的分形维 d_f，可以追溯岩石周边控制爆破炮眼之间裂纹形成的特征。根据文献 [28]，[158]，有：

$$G_c = 2\gamma_s \left(\frac{1}{r}\right)^{d_f - 1} \tag{6-114}$$

式中，G_c 为岩石裂纹的扩展阻力，$MN/m^{3/2}$；γ_s 为岩石的表面能，$MN/m^{3/2}$。

又根据断裂力学理论[20]，并结合岩石爆破的特点，有：

$$G_c = G_I = \frac{1-\mu^2}{E} {K_I}^2 \tag{6-115}$$

式中，E 为岩石的弹性模量，MPa；μ 为岩石的泊松比；K_I 为岩石中的应力强度因子，$MN/m^{3/2}$。将式 6-114 代入式 6-114，得到：

$$K_I = \left[\frac{2\gamma_s E}{1-\mu^2} \cdot \left(\frac{1}{r}\right)^{d_f - 1}\right]^{\frac{1}{2}} \tag{6-116}$$

假如爆破后围岩壁面光滑，$d_f = 1$，则仅有长度为 r_0 的初始裂纹被激活、起裂，沿炮眼间连线方向直线扩展，围岩不受损伤。这时

$$K_{\mathrm{If}} = K_{\mathrm{Ic}} = \sigma_{\theta 0}\sqrt{\pi(R + r_0)} \tag{6-117}$$

$$\sigma_{\theta 0} = \frac{K_{\mathrm{Ic}}}{\sqrt{\pi(R + r_0)}} \tag{6-118}$$

式中，K_{Ic} 为岩石的断裂韧度，$\mathrm{MN/m^{3/2}}$；$\sigma_{\theta 0}$ 为形成绝对光滑围岩壁面时炮眼壁岩石经历的最大应力切向拉应力，MPa；R 为炮眼半径，m；r_0为被激活、起裂的初始裂纹长度，m。工程中，周边爆破形成的围岩壁面 $d_{\mathrm{f}} >1$，炮眼壁岩石所经历的最大切向拉应力实际为：

$$\sigma_{\theta} = \frac{K_{\mathrm{I}}}{\sqrt{\pi(R + r_0)}} > \sigma_{\theta 0} \tag{6-119}$$

式中，K_{I} 由式 6-116 计算，与起裂裂纹长度和断裂后的岩石壁面分形维有关，且由于 $1/r \geqslant 1$，因此 $K_{\mathrm{If}} \geqslant K_{\mathrm{Ic}}$。这时，除长度为 r_0 的初始裂纹被激活、起裂外，还有许多长度小于 r_0 的细小裂纹被激活、起裂，被激活、起裂裂纹的最小长度 $r_{\min}$ 为：

$$r_{\min} = \left(\frac{K_{\mathrm{Ic}}}{K_{\mathrm{I}}}\right)^2 (R + r_0) - R \tag{6-120}$$

炮眼周围岩石因细小裂纹被激活、起裂，受到损伤。爆破形成围岩损伤的程度与炮眼壁岩石所经历的最大应力有关，假定为平面应变问题，可进一步写出炮眼壁岩石所经历的最大应力为：

$$\begin{cases} \sigma_{\theta} = [\pi(R + r_0)]^{-\frac{1}{2}} \left[\dfrac{2\gamma_{\mathrm{s}} E}{1 - \mu^2}\left(\dfrac{1}{r}\right)^{d_{\mathrm{f}}-1}\right]^{\frac{1}{2}} \\ \sigma_r = -\dfrac{1 - \mu}{\mu}\sigma_{\theta} \\ \sigma_z = \mu(\sigma_{\theta} + \sigma_r) = (2\mu - 1)\sigma_{\theta} \end{cases} \tag{6-121}$$

进一步，可写出炮眼壁岩石所经历的最大应变为：

$$\begin{cases} \varepsilon_{\theta} = \dfrac{2\sigma_{\theta}}{E}(1 - \mu^2) \\ \varepsilon_r = \dfrac{\sigma_{\theta}}{E}\left(\dfrac{\mu - 1}{\mu} - 2\mu\right) \\ \varepsilon_z = 0 \end{cases} \tag{6-122}$$

式中，ε_{θ} 为切向拉应变；ε_r 为径向压应变；ε_z 为轴向应变。

6.9.3　周边控制爆破在围岩中引起的损伤

知道岩石中的应变后，利用式 6-100 ~ 式 6-105，即可得到周边爆破在围岩中引起的损伤。

至此，由爆破开挖后，围岩轮廓壁面的凸凹度观测，求出分形维 d_f，利用式 6-100 ~ 式 6-105 便可估算出周边控制爆破对围岩的损伤。

经分析知，围岩壁面的凸凹度越小，其分形维 d_f 越小，进而围岩受到的损伤也越小。

6.9.4　周边定向断裂控制爆破技术在保护围岩方面的分形分析

大量的研究与实践表明[139 ~ 141,151,152,164]，在岩石开挖周边爆破中，采用岩石定向断裂控制爆破技术，有助于提高爆破效果，降低爆破对围岩的损伤。岩石定向断裂控制爆破技术，或者通过人工方法削弱炮眼之间连线方向炮孔壁岩石的抗破坏能力，或者改变炸药爆炸作用于炮眼壁上的压力分布，使炮眼间连线方向的炮眼壁受到明显大于其他方位的压力值，或者两种方法兼而用之，达到炮眼壁裂纹沿炮眼壁连线方向优先起裂、扩展，同时对炮眼壁其他方向的裂纹起裂、扩展起抑制作用[153]。但是，岩石断裂控制爆破中裂纹起裂、扩展的定向性在采用炮孔切槽爆破时，主要在炮眼附近较明显，随着裂纹的扩展，这种定向性将逐渐减弱，以致消失。在采用切缝药包爆破时，岩石中裂纹扩展定向性主要在爆炸作用初期较明显，随时间增长这种定向性逐渐减弱并消失。据此分析，并结合对工程实例的观察，岩石定向断裂控制爆破中，炮孔之间岩石断裂后的表面，近似为如图 6-26 所示分形。

对图 6-26 的两种情况，可以得到其分形维分别是：

$$d_f = \frac{\lg[2(l + m)]}{\lg[2(l + m\cos\theta)]} \quad (m \geqslant 1) \tag{6-123}$$

$$d_f = \frac{\lg[2(l + 2m)]}{\lg[2(l + 2m\cos\theta)]} \quad (m \geqslant 1) \tag{6-124}$$

由式 6-123、式 6-124，经计算得到表 6-7、表 6-8 的分维值。

由表 6-7 知，m 的改变对分形维影响很小。比较表 6-7、表 6-8

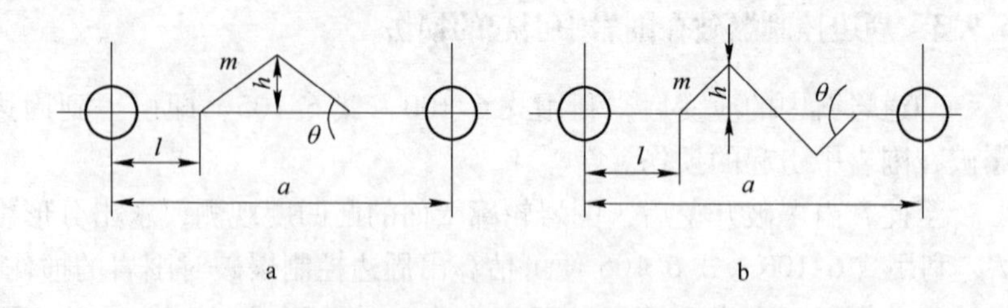

图 6-26　岩石定向断裂爆破后炮眼间岩石壁面分形

a—仅有超挖；b—出现超欠挖

知，在同一 θ 值时，定向断裂爆破后围岩壁面分形维比普通周边控制爆破后围岩壁面分形维小得多。分形维小，表示周边爆破引起的周边超、欠挖和对围岩的损伤小，因而，采用岩石定向断裂爆破技术确有降低爆破对围岩损伤的作用。这一分析与工程实践相符。

表 6-7　岩石定向断裂控制爆破形成围岩壁面的 θ 与 d_f 的关系（图 6-26a）

θ/(°)	$m=1$	$m=1.5$	$m=2$	$m=3$
	d_f			
5	1.0017	1.0014	1.0015	1.0014
10	1.0056	1.0057	1.0054	1.0057
15	1.0125	1.0130	1.0130	1.0120
20	1.0225	1.0230	1.0240	1.0230
30	1.0526	1.0560	1.0550	1.0540

表 6-8　岩石定向断裂控制爆破形成围岩壁面的 θ 与 d_f 的关系（图 6-26b）

θ/(°)	$m=1$	$m=1.5$	$m=2$	$m=3$
	d_f			
5	1.0015	1.0014	1.0013	1.0012
10	1.0054	1.0057	1.0053	1.0054
15	1.0013	1.0120	1.0120	1.0116
20	1.0024	1.0230	1.0220	1.0210
30	1.0550	1.0540	1.0520	1.0480

6.9.5 本节小结

周边控制爆破形成的围岩壁面可近似为分形，其分形维可用于估算爆破对围岩造成损伤的程度。这种确定爆破损伤围岩方法，对周边控制爆破理论与技术的研究有重要的理论及实际意义。

采用岩石定向断裂周边控制爆破技术，使炮眼间裂纹在炮眼间连线方向优先起裂、扩展，形成围岩壁面的分形维明显小于普通周边控制爆破形成的围岩壁面分形维。由此再次证明：采用岩石定向断裂周边控制爆破技术，确有降低超、欠挖，降低爆破对围岩损伤的作用。这符合于岩石爆破的工程实践。

周边爆破形成的围岩壁面，反映周边爆破的爆炸作用和岩石起裂、扩展过程特征。因此，利用分形几何研究围岩壁面分形维推知爆破作用对围岩的损伤，理论上是可行的，所得结论与岩石周边爆破的工程实践相符。但仍需要对之作深入研究，以从围岩壁面分形维更深入地了解岩石的周边爆破过程。

6.10 基于最有效保护围岩的定向断裂爆破参数

6.10.1 引子

目前，在岩石爆破开挖的周边普遍采用光面爆破技术。然而，由于光面爆破采用不耦合装药来降低炸药对岩石的爆炸载荷，炮孔壁不同方向岩石受到的载荷相同，炮孔壁不同方向岩石的抗破坏能力也相同，因此光面爆破在形成炮孔间贯通裂纹的同时，也不可避免地要在围岩中造成许多细小的随机分布裂纹。这些细小的裂纹引起围岩损伤，不利于爆破围岩的长期稳定[175]。

事实上，光面爆破以减少爆破超挖为目的，装药参数设计以炮孔壁岩石不产生压碎，并实现最大的炮孔间距，减少所需炮孔数为原则，这即是使炮孔壁受到的爆破载荷满足以下条件[17]：

$$p_0 = K_a \sigma_c \tag{6-125}$$

式中，p_0为炮孔壁所受爆破载荷；K_a为动载及三向应力条件下的岩石强度增大系数，一般可取 $K_a=10$；σ_c 为岩石的（单向）抗压强度。

这样的装药条件下，将岩石视为弹性介质，则在炮孔壁岩石中，有：

$$\sigma_\theta = b\sigma_r = bK_a\sigma_c \tag{6-126}$$

式中，σ_r，σ_θ 分别为径向应力和切向应力；b 为侧应力系数，$b = \mu/(1-\mu)$，μ 为岩石的泊松比，对常见岩石，$\mu = 0.2 \sim 0.4$。

代入有关常数，有：

$$\sigma_\theta = (2.5 \sim 6.7)\sigma_c \gg \sigma_t \tag{6-127}$$

式中，σ_t 为岩石的抗拉强度。

可见，光面爆破中，除在炮孔壁炮孔间连线方向形成裂纹外，还将在炮孔壁其他方向产生许多细小的随机分布裂纹。根据细观损伤力学的观点，这些细小裂纹即引起岩石损伤。在裂隙发育或低强度岩石条件下，光面爆破效果较差，往往出现爆破后岩石破坏、掉渣，原因就在这里。

如果增大装药不耦合系数或减少炮孔装药系数，降低炮孔壁岩石所受载荷值，使炮孔壁岩石中的切向应力小于岩石的抗拉强度，将不利于炮孔间贯通裂纹的形成，将使炮孔间距大大减小。事实上，为了形成炮孔间贯通裂纹，根据应力波叠加原理[17,52]，要求炮孔间连线中点的切向拉应力满足：

$$\sigma_\theta = 2bp_0\left(\frac{a}{d_b}\right)^{-\alpha} \geqslant \sigma_t \tag{6-128}$$

式中，a 为炮孔间距；d_b为炮孔直径；α 为应力波衰减指数，可取 $\alpha = 2 - \dfrac{\mu}{1-\mu}$。

由于炮孔壁岩石不产生拉伸裂纹的条件为：$\sigma_\theta = bP \leqslant \sigma_t$，因此得：

$$a \leqslant 2^{\frac{1}{\alpha}} d_b = 1.48 \sim 1.68 d_b \tag{6-129}$$

显然，这样的炮孔间距是工程施工无法接受的，因此，光面爆破无法避免围岩受到的爆破损伤。

围岩受到损伤，表明其稳定性的力学性能参数 C、ϕ 将降低。如图 6-27 所示，为爆破开挖后围岩某处的莫尔应力圆，岩石中的最大主应力为 σ_1，最小主应力为 σ_3，实线代表未受到损伤的岩石莫尔库仑强度曲线，虚线为受损伤，引起 C、ϕ 降低到 C_1、ϕ_1后的岩石莫尔-库仑强度曲线。可见，围岩受到爆破损伤后，原本稳定的岩石可能失去稳定性、发生破坏。在高地应力条件下爆破损伤围岩，引起岩石的 C、ϕ 降低，还将增大岩爆等灾害发生的可能性。因而设法降低爆破对围岩的损伤，以避免岩石灾害的发生和实现爆破后围岩的长期稳定具有十分重要的意义。

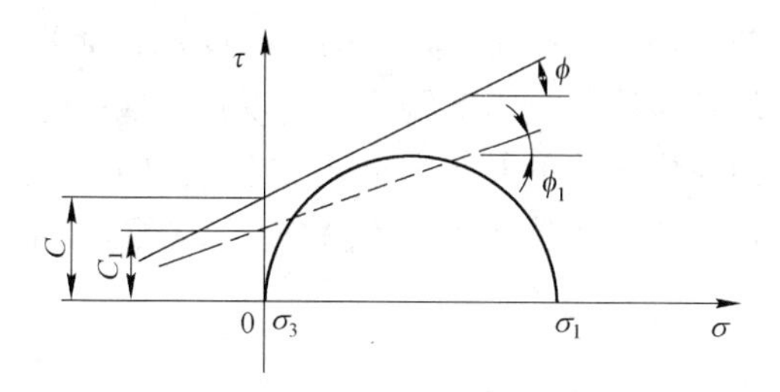

图 6-27　岩石的 C、ϕ 与其稳定性的关系

为了实现对围岩的最有效保护，尽可能降低爆破对围岩的损伤或破坏，经过研究人们提出并实践了岩石定向断裂爆破技术[140,141,172]。作者认为：采用定向断裂爆破，在合理的爆破参数条件下，能够控制只在炮孔连线方向上产生裂纹，从而降低爆破对围岩造成的损伤，有效保护岩石的原有稳定性。为此，下面将对旨在实现最大限度保护围岩的定向断裂爆破参数计算方法进行研究取得的成果进行论述。

6.10.2　定向断裂爆破的破岩过程

前已述及，与普通光面爆破不同，定向断裂爆破实现孔间贯通裂纹形成的破岩过程可分两个阶段。第一阶段，是在炮孔间连线方向上，或者通过特殊的机械方法事先形成预裂纹（如炮孔切槽），或者通过特殊的装药结构使炮孔壁受到较大的爆炸载荷，先形成预裂纹（如切缝药包爆破或聚能药包爆破）；第二阶段，是使炮孔间连线方向的预裂纹在较小的炮孔内爆炸载荷下优先起裂、扩展，实现炮孔间裂纹贯通[41,155]。

炮孔壁形成预裂纹后，改变了炮孔壁岩石的破坏方式，当预裂纹长度达到一定值时，通过对定向断裂爆破参数的合理控制，可以实现在炮孔周围岩石中，只有预裂纹的扩展，而不产生其他裂纹，从而达到对围岩的最有效保护。

6.10.3 定向断裂爆破的参数设计

6.10.3.1 炮孔壁预裂纹长度确定

利用定向断裂爆破可以实现最大限度降低爆破对围岩的损伤或破坏，炮孔壁上的预裂纹起重要作用。为实现只在炮孔之间连线方向形成贯通裂纹，而在炮孔壁的其余方向不出现拉伸裂纹，对图 6-28 所示在炮孔之间连线方向上具有预裂纹的炮孔，根据文献［173］，要求有：

$$\begin{cases} K_{\mathrm{I}} = \dfrac{2pr_{\mathrm{b}}}{\sqrt{\pi(r_0 + r_{\mathrm{b}})}}\left[1 - \left(\dfrac{r_{\mathrm{b}}}{r_0 + r_{\mathrm{b}}}\right)^2\right] \geqslant K_{\mathrm{Ic}} \\ \sigma_\theta = bp \leqslant \sigma_{\mathrm{t}} \end{cases} \tag{6-130}$$

式中，K_{I} 为Ⅰ型裂纹尖端的应力强度因子；r_0 为炮孔壁的预裂纹长度；r_{b} 为炮孔半径；K_{Ic} 为岩石的断裂韧度。

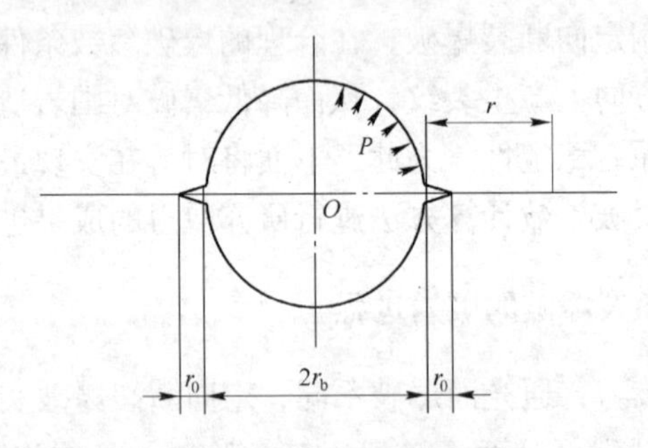

图 6-28 具有预裂纹的炮孔

进一步，在式 6-130 的第一式中取等号，将第二式改写为 $p = \delta\sigma_{\mathrm{t}}/b$ $(0<\delta<1)$，可得：

$$\frac{1}{\sqrt{\pi(r_0 + r_{\mathrm{b}})}}\left[1 - \left(\frac{r_{\mathrm{b}}}{r_0 + r_{\mathrm{b}}}\right)^2\right] = \frac{bK_{\mathrm{Ic}}}{2\delta r_{\mathrm{b}}\sigma_{\mathrm{t}}} \tag{6-131}$$

式中，等号右端项仅与岩石性质和炮孔半径有关。由此可求得特定岩石和炮孔半径条件下的所需预裂纹长度 r_0。

6.10.3.2 炮孔装药量计算

假定炮孔采用不耦合装药，炮孔内爆炸产物的膨胀遵循以下规律[50]：

$$p_0 = \left(\frac{p_C}{p_K}\right)^{\frac{k}{m}} \left(\frac{V_C}{V_b}\right)^{k} p_K \tag{6-132}$$

$$p_C = \frac{1}{8}\rho_0 D^2 \tag{6-133}$$

以上两式中，p_C为装药体积内炸药爆炸产物平均压力；p_K为爆炸产物膨胀过程中的临界压力，取 $p_K = 100\text{MPa}$；V_C为装药体积；V_b为炮孔体积；m 为高压阶段（$p \geqslant p_K$）的爆炸产物膨胀指数，$m=3$；k 为低压阶段（$p \leqslant p_K$）的爆炸产物膨胀指数，$k=1.4$；ρ_0 为炸药密度；D 为炸药爆速。

利用式6-130的第二式，可得炮孔装药体积为：

$$V_C = \left(\frac{\delta\sigma_t}{bp_K}\right)^{\frac{1}{k}} \left(\frac{p_K}{p_C}\right)^{\frac{1}{m}} V_b \tag{6-134}$$

进一步，得到每米炮孔装药长度（装药系数）和每米炮孔装药量为：

$$\eta = \left(\frac{d_b}{d_c}\right)^2 \left(\frac{\delta\sigma_t}{bP_K}\right)^{\frac{1}{k}} \left(\frac{p_K}{p_C}\right)^{\frac{1}{m}} \tag{6-135}$$

$$q = \frac{\pi}{4} d_c^{\ 2} \rho_0 \eta \tag{6-136}$$

式6-135、式6-136中，η 为装药系数；q 为每米炮孔装药量；d_c和 d_b 分别为装药直径和炮孔直径。

6.10.3.3 炮孔间距计算

炮孔壁上的导向裂纹起裂后，其尖端的应力强度因子将随裂纹长度的增长及炮孔内准静态压力的降低而改变，有[155,173]：

$$K_I = \frac{2pr_b}{\sqrt{\pi(r + r_b)}}\left[1 - \left(\frac{r_b}{r + r_b}\right)^2\right] \tag{6-137}$$

式中，r 为任一时刻裂纹的长度。

由于

$$\frac{\partial K_{\mathrm{I}}}{\partial r}=\frac{pr_{\mathrm{b}}}{(r+r_{\mathrm{b}})\sqrt{\pi(r+r_{\mathrm{b}})}}\left[5\times\left(\frac{r_{\mathrm{b}}}{r+r_{\mathrm{b}}}\right)^{2}-1\right]$$

在炮孔壁导向裂纹扩展的起始阶段，$\frac{\partial K_{\mathrm{I}}}{\partial r}>0$，裂纹尖端的应力强度因子随裂纹长度的增长而增加，当 $r=(\sqrt{5}-1)r_{\mathrm{b}}$ 时，$\frac{\partial K_{\mathrm{I}}}{\partial r}=0$，裂纹尖端的应力强度因子达到极大值，其后，$\frac{\partial K_{\mathrm{I}}}{\partial r}<0$，裂纹尖端的应力强度因子随裂纹长度的增长而减少，如图 6-29 所示。当裂纹尖端的应力强度因子减少到不能满足式 $K_{\mathrm{I}}\leqslant K_{\mathrm{Ic}}$ 时，裂纹止裂。

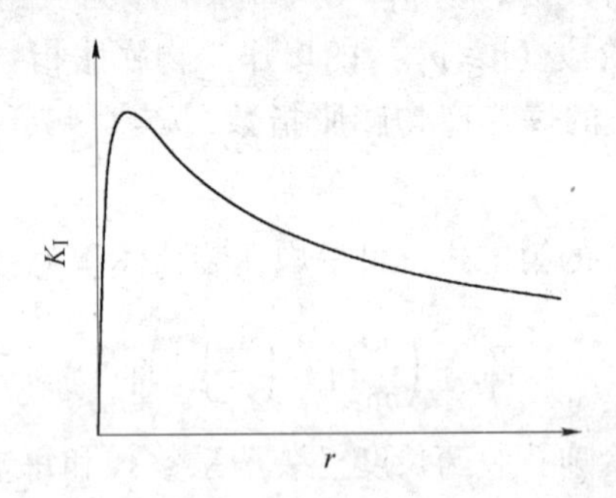

图 6-29 裂纹尖端应力强度因子随裂纹扩展的变化

于是，令式 6-131 中的 $K_{\mathrm{I}}=K_{\mathrm{Ic}}$ 及 $p=\delta\sigma_{\mathrm{t}}/b$ 经推导，得到下面的方程：

$$A\ (r+r_{\mathrm{b}})^{\frac{5}{2}}-r^{2}-2rr_{\mathrm{b}}=0 \qquad (6\text{-}138)$$

其中

$$A=\frac{bK_{\mathrm{Ic}}\sqrt{\pi}}{2\delta\sigma_{\mathrm{t}}r_{\mathrm{b}}}$$

由此，利用数值方法解得 r 后，即可得到所求的炮孔间距：

$$a=2(r+r_{\mathrm{b}}) \qquad (6\text{-}139)$$

6.10.3.4 周边炮孔抵抗线计算

周边炮孔抵抗线是影响周边爆破成功与否的因素，过大将使周边抵抗层岩石得不到有效破坏，导致爆破失败，过小将因周边抵抗层岩石过早破坏，而过早释放炮孔内爆炸载荷，不能保证炮孔间贯通裂纹的形成，同样使爆破失败。周边炮孔抵抗线的大小由炮孔密集系数决定，已知炮孔间距，由下式计算周边炮孔抵抗线：

$$w = ka \tag{6-140}$$

式中，w 为周边炮孔抵抗线；k 为炮孔密集系数。

这里，炮孔密集系数 k 的取值与光面爆破有所不同。结合所进行的工程实践，一般取 $k=0.7\sim0.8$。

6.10.4 算例与分析

以石灰岩巷（隧）道周边爆破中装填2号岩石炸药进行定向断裂爆破为例。取岩石的抗拉强度 $\sigma_t=4.5\text{MPa}$，泊松比 $\mu=0.3$，断裂韧度 $K_{Ic}=0.4\text{MN/m}^{2/3}$，炮孔半径 $r_b=2.1\times10^{-2}\text{m}$，炸药密度 $\rho_0=1000\text{kg/m}^3$，爆速 $D=3600\text{m/s}$，装药半径 $r_c=1.6\times10^{-2}\text{m}$。有关参数确定如下。

由式6-131，取 $\delta=0.9$，得预裂纹长度 $r_0=3.8\times10^{-3}\text{m}$；由式6-135、式6-136同样取 $\delta=0.9$，得装药系数 $\eta=0.126$，单位炮孔长度装药量 $q=0.1\text{kg/m}$；在由式6-138、式6-139得到炮孔间距 $a=0.62\text{m}$；最后取 $k=0.8$，由式6-140得，周边炮孔抵抗线 $w=0.50\text{m}$。

在同样条件下，实施光面爆破时，相应的爆破参数计算值为：装药系数 $\eta=0.3$，单位炮孔长度装药量 $q=0.25\text{kg/m}$，炮孔间距 $a=0.71\text{m}$，周边炮孔抵抗线 $w=0.57\text{m}$。计算中取岩石的抗压强度 $\sigma_c=45\text{MPa}$。

对比可知，定向断裂爆破中由于预裂纹的事先形成，炮孔装药量大为减少，可以控制只在炮孔连线方向上产生裂纹。虽光面爆破的炮孔间距较定向断裂爆破的大，但这时不可避免要在炮孔周围岩石中产生众多的细小裂纹，不利于爆破后围岩的稳定。如果考虑到众多裂纹形成导致的炮孔内爆炸载荷较快衰减，则光面爆破的炮孔间距实际取值往往小于定向断裂爆破。对比还可知道，就炸药能量有效利用率而言，定向断裂爆破比光面爆破高许多，因而定向断裂爆破时，围岩受到的爆破损伤显然要小得多，因此采用定向断裂爆破有利于实现爆破后围岩的长期稳定。

由式 6-131、式 6-137 知，炮孔内爆炸载荷的大小受预裂纹长度影响，同时又影响到炮孔间距的计算值。在本算例条件下，它们之间有图 6-30 ~ 图 6-32 所示的关系。

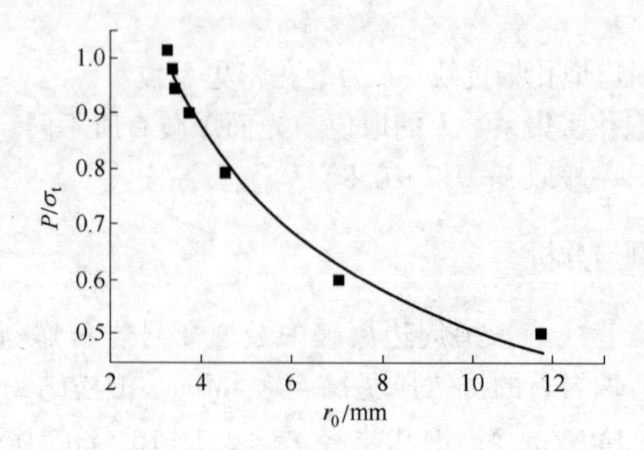

图 6-30　炮孔内爆炸载荷与预裂纹长度的关系

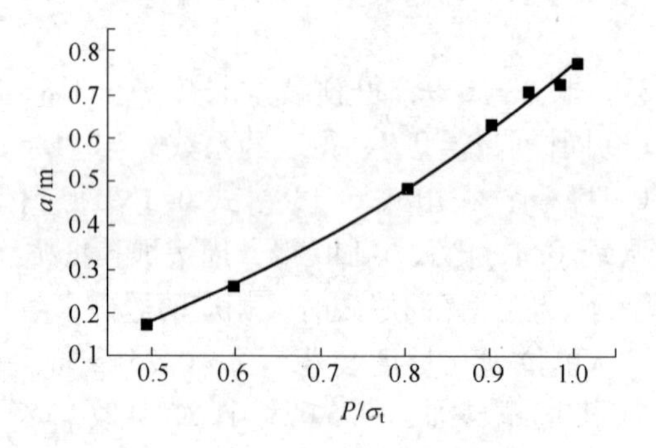

图 6-31　炮孔内爆炸载荷与炮孔间距的关系

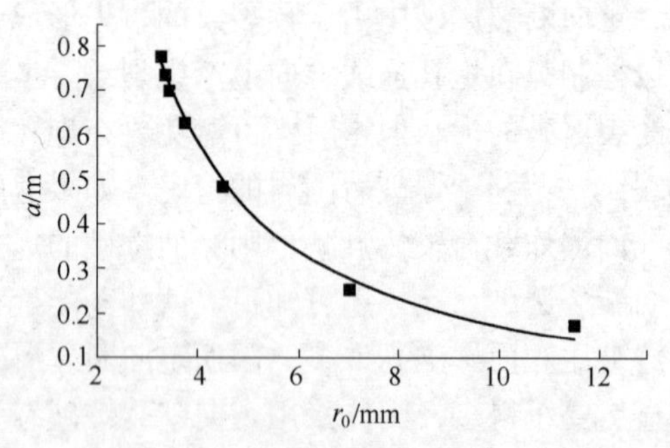

图 6-32　预裂纹长度与炮孔间距的关系

由此可以看到，降低炮孔内的爆炸载荷值，则需要较长的预裂纹，同时炮孔间距变小。由于预裂纹长度越大，爆破作用的定向效果越好，因此可以得出结论，对松软岩石或对爆破效果有较高要求的周边爆破，宜采用较少的炮孔内装药，提供较长的预裂纹，并相应较小炮孔间距；反之，则可采用适当增加炮孔内装药，提供较短的预裂纹，并相应增大炮孔间距。这些结论与工程爆破实践相符。

6.10.5 本节要点归纳

本节要点归纳如下：

(1) 光面爆破不可避免药对围岩造成损伤，采用定向断裂爆破，合理选取爆破参数，可以最大限度降低爆破对围岩的损伤，有利于爆破后围岩的长期稳定。

(2) 与光面爆破不同，定向断裂爆破的炮孔间贯通裂纹形成分两个阶段，即预裂纹形成及预裂纹的扩展贯通。

(3) 预裂纹是影响定向断裂爆破效果的关键，合理选取预裂纹长度，可以实现仅在炮孔连线方向上产生贯通裂纹，获得良好的爆破效果，预裂纹长度选定后，其余参数便可相应确定。

(4) 采用定向断裂爆破时，对松软岩石或对爆破效果有较高要求的周边爆破，宜采用较少的炮孔内装药，提供较长的预裂纹，并相应较小炮孔间距；反之，可采用适当增加炮孔内装药，提供较短的预裂纹，并相应增大炮孔间距。

(5) 本节的爆破参数计算结果与分析结论与爆破工程实践相符。

参 考 文 献

[1] 徐芝纶. 弹性力学 [M]. 第三版. 北京：高等教育出版社, 1990.

[2] 李世平，吴振业，贺永年，等. 岩石力学简明教程 [M]. 北京：煤炭工业出版社, 1996.

[3] 沈明荣，陈建峰. 岩体力学 [M]. 上海：同济大学出版社，2006.

[4] 蔡美峰，何满潮，刘东燕. 岩石力学与工程 [M]. 北京：科学出版社，2002.

[5] 肖树芳，杨淑碧. 岩体力学 [M]. 北京：地震出版社，1986.

[6] Zhou Yonghong. Crack Pattern Evolution and a Fractal Damage Constitutive Model for Rock [J]. Int. J. Rock Mech. Min. Sci., 1998, 35 (3): 349 ~366.

[7] YANG R, BAWDEN W F, KATSABANIS P D. A New Constitutive Model for Blast Damage [J]. Int. J. Rock Mech. Min. Sci., 1996, 33 (3): 245 ~254.

[8] 单仁亮, 陈石林, 李保强. 花岗岩单轴冲击全程本构特性的试验研究 [J]. 爆炸与冲击, 2000, 20 (1): 32 ~37.

[9] 吴政, 张承娟. 单向载荷作用下岩石损伤模型及其力学特性研究 [J]. 岩石力学与工程学报, 1996, 15 (1): 55 ~61.

[10] 董毓利. 混凝土非线性力学基础 [M]. 北京: 中国建筑工业出版社, 1997.

[11] 李翼祺, 马素贞. 爆炸力学 [M]. 北京: 科学出版社, 1992.

[12] 蒋彭年. 土的本构关系 [M]. 北京: 科学出版社, 1982.

[13] J. C. 耶格, N. G. W. 库克. 岩石力学基础 [M]. 中国科学院工程力学所, 译. 北京: 科学出版社, 1981.

[14] 孙训方, 方孝淑, 关来泰. 材料力学（下册）[M]. 北京：人民教育出版社, 1979.

[15] Charles Jaeger. Rock Mechanics and Engineering [M]. Cambridge University Press, 1972.

[16] 李先炜. 岩块力学性质 [M]. 北京：煤炭工业出版社，1983.

[17] 王文龙. 钻眼爆破 [M]. 北京：煤炭工业出版社，1984.

[18] 李夕兵，古德生. 岩石冲击动力学 [M]. 长沙：中南工业大学出版社, 1994.

[19] B. K. 阿特金森. 岩石断裂力学 [M]. 尹祥础，修济刚，译. 北京：地震出版社, 1992.

[20] 陆毅中. 工程断裂力学 [M]. 西安：西安交通大学出版社，1989.

[21] 李庆芬，胡胜海，朱世范. 断裂力学及其工程应用 [M]. 哈尔滨：哈尔滨工程大学出版社，2005.

[22] 程靳，赵树山. 断裂力学 [M]. 北京：科学出版社，2006.

[23] 范天佑. 断裂动力学原理与应用 [M]. 北京：北京理工大学出版社，2006.

[24] Ewalds H L, Wanhill R J H. Fracture mechanics [M]. Edward Arnold (publishers) Ltd., 1984.

[25] 郦正能，何庆芝. 工程断裂力学 [M]. 北京：北京航空航天大学出版社，1996.

[26] 谢和平. 分形岩石力学 [M]. 北京：科学出版社，1996.
[27] 余寿文，冯西桥. 损伤力学 [M]. 北京：清华大学出版社，1997.
[28] 谢和平. 岩石混凝土损伤力学 [M]. 徐州：中国矿业大学出版社，1990.
[29] 余天庆，钱济成. 损伤理论及应用 [M]. 北京：国防工业出版社，1993.
[30] 杨更社，张长庆. 岩石损伤及检测 [M]. 西安：陕西科学技术出版社，1998.
[31] 张济忠. 分形 [M]. 北京：清华大学出版社，1995.
[32] 李功伯，陈庆寿，徐小荷. 分形与岩石破碎特征 [M]. 北京：地震出版社，1997.
[33] 吴斌，韩强，李忱. 结构中的应力波 [M]. 北京：科学出版社，2001.
[34] 王礼立. 应力波基础 [M]. 北京：国防工业出版社，1985.
[35] 王礼立. 应力波基础 [M]. 第二版. 北京：国防工业出版社，2005.
[36] 廖玉鳞. 数学物理方程 [M]. 武汉：华中理工大学出版社，1995.
[37] 李维新. 一维不定常流与冲击波 [M]. 北京：国防工业出版社，2003.
[38] 卢芳云. 一维不定常流体力学教程 [M]. 北京：科学出版社，2006.
[39] 郭伟国，李玉龙，索涛. 应力波基础简明教程 [M]. 西安：西北工业大学出版社，2007.
[40] 马晓青. 冲击动力学 [M]. 北京：北京理工大学出版社，1992.
[41] 马晓青，韩峰. 高速碰撞动力学 [M]. 北京：国防工业出版社，1988.
[42] John S Rinehart. Stress Transients in Solid. Hyper Dynamics [M]. San Fe, New Mexico. 1975.
[43] H. 考尔斯基. 固体中的应力波 [M]. 王仁等，译. 北京：科学出版社，1966.
[44] 余同希，邱信明. 冲击动力学 [M]. 北京：清华大学出版社，2011.
[45] 周培基，A. K. 霍普肯斯. 材料对强冲击载荷的动态响应 [M]. 张宝平，赵衡阳，李永池，译. 北京：科学出版社，1986.
[46] 布列霍夫斯基. 分层介质中的波 [M]. 杨训仁，译. 第二版. 北京：科学出版社，1985.
[47] Ф. А. 鲍母，К. Л. 斯达纽柯维奇，Б. И. 谢赫捷尔. 爆炸物理学 [M]. 众智，译. 北京：科学出版社，1964.
[48] 孙承纬，卫玉章，周之奎. 应用爆轰物理 [M]. 北京：国防工业出版社，2000.
[49] 松全才，杨崇惠，金邵华. 炸药理论 [M]. 北京：兵器工业出版社，1997.
[50] 张守中. 爆炸基本理论 [M]. 北京：国防工业出版社，1988.
[51] 王树仁，陈玉生. 钻眼爆破简明教程 [M]. 徐州：中国矿业大学出版社，1989.
[52] 戴俊. 爆破工程 [M]. 北京：机械工业出版社，2008.
[53] 北京工业大学八系《爆炸及其作用》编写组. 爆炸及其作用（上册）[M]. 北京：国防工业出版社，1979.
[54] 张宝平，张庆明，黄风雷. 爆炸物理学 [M]. 北京：兵器工业出版社，2006.
[55] 恽寿榕，赵衡阳. 爆炸力学 [M]. 北京：国防工业出版社，2005.
[56] 孙新利，蔡星会，姬国勋，等. 内爆冲击动力学 [M]. 西安：西北工业大学出版

社，2011.
[57] 宁建国，王成，马天宝. 爆炸与冲击动力学 [M]. 北京：国防工业出版社，2010.
[58] [俄] 奥尔连科. 爆炸物学 [M]. 孙承纬，译. 第三版. 北京：科学出版社，2011.
[59] 经福谦. 实验物态方程 [M]. 北京：科学出版社，1999.
[60] 汤文辉，张若棋. 物态方程理论及计算方法 [M]. 北京：高等教育出版社，2008.
[61] 黄正平. 爆炸与冲击电测技术 [M]. 北京：国防工业出版社，2006.
[62] 汤文辉. 冲击波物理 [M]. 北京：科学出版社，2011.
[63] 张志呈. 定向断裂控制爆破 [M]. 重庆：重庆大学出版社，2000.
[64] 黄醒春. 岩石力学 [M]. 北京：高等教育出版社，2005.
[65] 宋守志. 固体介质中的应力波 [M]. 北京：煤炭工业出版社. 1989.
[66] A. H. 哈努卡耶夫. 矿岩爆破物理过程 [M]. 刘殿中，译. 北京：冶金工业出版社，1980.
[67] 钮强. 岩石爆破机理 [M]. 沈阳：东北大学出版社，1990.
[68] Hakailehto K O. The Behavior of Rock Under Impulse Loads - A Study Using Hopkinson Split Bar Method [D] Technical University, Otaniemi - Helsinki, Acta Polytechnica Scand inanca, 1987.
[69] J. 亨利奇. 爆炸动力学及其应用 [M]. 熊建国等，译. 北京：科学出版社，1987.
[70] 单仁亮. 岩石冲击破坏力学模型及其随机性研究 [D]. 北京：中国矿业大学北京研究生部，1997.
[71] Brekhovskikh L, Goncharov V. Mechanics of Continua and Dynamics [C]. Spring-Verlag, Berlin Heideberg, 1985.
[72] Leif N P. Rock Dynamics and Geophysics Exploration - Introduction to Stress Wave in Rock. Elsevier Scientific Publishing Company. Amsterdam, Oxford, New York, 1975.
[73] 张挺. 爆炸冲击波测试技术 [M]. 北京：国防工业出版社，1984.
[74] 王金贵. 气体炮原理与技术 [M]. 北京：国防工业出版社，2001.
[75] 经福谦，陈俊祥. 动高压原理与技术 [M]. 北京：国防工业出版社，2006.
[76] 佟景伟，伍洪泽. 试验应力分析 [M]. 长沙：湖南科学技术出版社，1983.
[77] Kumar A. The Effect of Stress Rate and Temperature on the Strength of Basalt and Granite [J]. Geophysics, 1968, 33 (3): 501~510.
[78] Hakalerto W A. Brittle Fracture of Rock Under Impulse Loads [J]. Int. J. Frac. Mech. 1970, (6).
[79] Kumano A, Goldsmith W. An Analytical and Experimental Investigation of the Effect of Impact on Coarse Granular Rocks [J]. Rock Mech, 1982., 15: 67~97.
[80] Mohanty B. Strength of Rock Under High Strain Rate Loading Conditions Applicable to Blasting [C]. //Proceeding of 2th Int. Symp. On Rock Frag. Blasting, 1988: 72~78.
[81] Blanton T L. Effect of Strain Rates from 10^{-2} to 10 s^{-1} in Triaxial Compression Tests on Three Rocks [J]. Int. J. Rock. Mech. Sci. & Gromech. Abstr., 1981, 18 (1): 47~62.

[82] 于亚伦. 岩石动力学. 北京科技大学，1990.
[83] 席道瑛，郑永来，张涛. 大理岩和砂岩动态本构关系的实验研究 [J]. 爆炸与冲击，1995，15 (3)：259 ~ 265.
[84] Olsson W A. The Compressive Strength of Tuff as a Function of Strain Rate From 10^{-6} to $10^3 s^{-1}$ [J]. Int. J. Rock Mech. Min. Sci. & Geomech. Abstr., 1991, 28 (1): 115 ~ 118.
[85] 陶振宇. 岩石力学的理论与实践 [M]. 北京：水利出版社，1981.
[86] 许金余，范建设，吕晓聪. 围岩条件下岩石的动态力学特性 [M]. 西安：西北工业大学出版社，2012.
[87] 胡时胜，王道荣. 冲击载荷作用下混凝土材料的动态本构关系 [J]. 爆炸与冲击，2002, 22 (3): 242 ~ 246.
[88] 胡时胜，张磊，武海军，等. 混凝土材料层裂强度的实验研究 [J]. 工程力学，2004，21 (4)：128 ~ 132.
[89] 巫绪涛，胡时胜，陈德兴，等. 钢纤维高强混凝土冲击压缩的试验研究 [J]. 爆炸与冲击，2005，25 (2)：125 ~ 131.
[90] 刘孝敏，胡时胜. 应力脉冲在变截面 SHPB 锥形杆中的传播特性 [J]. 爆炸与冲击，2000，20 (2)：110 ~ 114.
[91] Chen W, Lu F and Zhou B. A Quartz - Crystal - Embedded Split Hopkinson Pressure Bar for Soft Material [J]. Experimental Mechanics, 2000, 40 (1): 1 ~ 6.
[92] Li X B, Lok T S, Zhou J, et al. Oscillation Elimination in the Hopkinson Bar Apparatus and Resultant Complete Dynamic Stress - Strain Curves for Rocks [J]. Int. J. of Rock Mech. & Min. Sci., 2000, 37: 1055 ~ 1060.
[93] Chen W, Ravichandran G. Failure Mode Transition Ceramics Under Dynamic Multiaxial Compression [J]. Int. J. of Fracture, 2000, 101: 141 ~ 159.
[94] Z X Zhang, S Q Kou, L G Jiang, et al. Effects of Loading Rate on Rock Fracture: Fracture Characteristics and Energy Partitioning [J]. Int. J. of Rock Mech. & Min. Sci., 2000, 37: 745 ~ 762.
[95] 刘剑飞，胡时胜，胡元育. 花岗岩的动态压缩实验和力学性质研究 [J]. 岩石力学与工程学报，2000，19 (5)：618 ~ 621.
[96] Chen W, Chang B, Forrestal M J. A Split Hopkinson Bar Technique for Low-Impedance Material [J]. Experimental Mechanics, 1991, 39: 81 ~ 85.
[97] Gilat A and Cheng C S. Torsional Split Hopkinson Bar Tets at Strain Rate Above 10^4 s^{-1} [J]. Experimental Mechanics, 2000, 40 (1): 54 ~ 59.
[98] Wang Q Z, Li W, Song X L. A Method for Testing Dynamic Tensile Strength and Elastic Modulus of Rock Materials Using SHPB [J]. Pure and Applied Geophysics, 2006, 163 (6): 1091 ~ 1100.
[99] Wang Q Z, Kou X M, Zhang S Q, et al. The Flattered Bransilian Disc Specimen Used for Elastic Modulus, Tensile Strength and Fracture Toughness of Brittle Rocks: Theoretical and

Numerical Results [J]. Int. J. Rock Mech. Min. Sci., 2004, 41: 245 ~ 253.

[100] Cho S H, Ahu J R, Kang M S. Dynamic Tensile-Splitting Tests of Rock [C] . // Qian & Zhou. Harmonizing Rock Engineering and the Environment. London: Taylor & Francis Group, 2012: 1179 ~ 1182.

[101] F Dai , K Xia. Characterization of dynamic Fracture Parameters Using Notched Semi-Circular Bend (NSCB) Method and Cracked Chevron Notched Brazilian Disk (CCNBD) Method. //Qian & Zhou. Harmonizing Rock Engineering and the Environment [M]. Taylor & Francis Group, London, 2012: 1183 ~ 1188.

[102] Zhao J, Zhou Y X, Xia K W. Advances in Rock Dynamic Mechanics, Testing and Engineering [C]. // Qian & Zhou. Harmonizing Rock Engineering and the Environment, Landon: Taylor & Francis Group, 2012: 147 ~ 154.

[103] Chen W, Lu F. A Technique for Dynamic Proportional Multiaxial Compression on Soft Materials [J] . Experimental Mechanics. 2000, 40 (2): 226 ~ 230.

[104] 张奇. 岩石爆破的粉碎区及空腔膨胀 [J]. 爆炸与冲击, 1990, 10 (1): 68 ~ 75.

[105] 杨永琦. 矿山爆破技术与安全 [M]. 北京: 煤炭工业出版社, 1991.

[106] 戴俊. 柱状装药爆破的岩石压碎圈与裂隙圈计算 [J]. 辽宁工程技术大学学报 (自然科学版), 2001, 20 (2): 144 ~ 147.

[107] 乔登江. 地下核爆炸现象学概论 [M]. 北京: 国防工业出版社, 2002.

[108] 郝保田. 地下核爆炸及其应用 [M]. 北京: 国防工业出版社, 2002.

[109] 宗琦. 岩石内爆炸应力波破裂区半径的计算 [M]. 爆破, 1993: 15 ~ 17.

[110] 杨善元. 岩石爆破动力学基础 [M]. 北京: 煤炭工业出版社, 1993.

[111] 王维纲. 高等岩石力学理论 [M]. 北京: 冶金工业出版社, 1996.

[112] 戴俊, 杨永琦. 损伤岩石周边控制爆破分析 [J]. 中国矿业大学学报 (自然科学版), 2000, 29 (5): 496 ~ 499.

[113] 戴俊, 钱七虎. 岩石爆破的破碎块体大小控制 [J]. 辽宁工程技术人学学报 (自然科学版), 2008, 137 (1): 54 ~ 56.

[114] 林大泽. 爆破块度评价方法研究的进展 [J]. 中国安全科学学报, 2003, 13 (9): 9 ~ 13.

[115] 孙保平, 徐全军, 单海波, 等. 深孔爆破岩石破碎块度的控制研究 [J]. 爆破, 2004, 21 (3): 29 ~ 31.

[116] 刘慧, 冯叔瑜. 爆破块度分布预测的分形损伤模型 [J]. 铁道工程学报, 1997, 14 (1): 112 ~ 118.

[117] Chakraborty A K, Raina A K, Choudhury P B, et al. Development of Rational Models for Tunnel Blast Prediction Based on a Parametric Study [J]. Geotechnical and Geological Engineering, 2004, 22: 477 ~ 496.

[118] 王明洋, 戚承志, 钱七虎. 岩石中爆炸与冲击下的破坏研究 [J]. 辽宁工程技术大学学报 (自然科学版), 2001, 20 (4): 385 ~ 389.

[119] 钱七虎. 非线性岩石力学的新进展——深部岩石力学的若干关键问题 [C]. //第八届全国岩石力学与工程学术会议论文集. 成都, 2004: 10~17.

[120] 戚承志, 王明洋, 赵跃堂, 等. 关于地质材料内部构造层次的若干模型 [J]. 世界地震工程, 2003, 19 (1): 70~76.

[121] 戚承志, 钱七虎. 岩石构造层次及其力学行为 [J]. 世界地震工程, 2004, 20 (2): 35~38.

[122] 杨军, 金乾坤, 黄风雷. 岩石爆破理论模型及数值计算 [M]. 北京: 科学出版社, 1999: 28~30.

[123] 齐金铎. 现代爆破理论 [M]. 北京: 冶金工业出版社, 1996.

[124] 戴俊, 钱七虎. 高地应力条件下的巷道崩落眼爆破参数 [M]. 爆炸与冲击, 2007, 27 (3): 272~277.

[125] Stephen D Falls, R Paul Young. Acoustic Emission and Ultrasonic-Velocity Methods Used to Characterize the Excavation Disturbance Associated with Deep Tunnels in Hard Rock [J]. Tectonophysics. 1998, 289: 1~15.

[126] Egger P. Design and Construction Aspect of Deep Tunnels [J]. Tunnelling and Underground Space Technology, 2000, 15 (4): 403~408.

[127] 肖正学, 张志成, 李瑞明. 初始应力场对爆破效果的影响 [J]. 煤炭学报, 1996, 21 (5): 497~501.

[128] 谢源. 高应力条件下岩石爆破裂纹扩展规律的模拟研究 [J]. 湖南有色金属, 2002, 18 (8): 1~3.

[129] 刘殿书, 王万富, 杨吕俊. 初始应力条件下爆破机理的动光弹实验研究 [J]. 煤炭学报, 1999, 24 (6): 612~614.

[130] 戴俊. 深埋岩石隧硐的周边控制爆破方法与参数研究 [J]. 爆炸与冲击, 2004, 24 (6): 493~498.

[131] 戴俊. 高原岩应力条件下岩石定向断裂控制爆破的理论分析 [C]. //第八届全国工程爆破会议论文集. 郑州, 2001, 11: 70~75.

[132] 刘殿书. 岩石爆破破碎的数值分析 [D]. 北京: 中国矿业大学北京研究生部, 1992.

[133] Boade R R, Grady D E, Kipp M E. Dynamic Rock Fragmentation: Oil Shale Application. // Fourney W L, Boade R R, Costin L S. Fragmentation by Blasting [J]. Society for Experimental Mechanics, Connecticut, USA, 1985: 88~92.

[134] Mchugh S. 动力引起的破坏与破碎的模拟 [C]. // 第一届国际爆破破岩会议论文集(译文集). 北京: 冶金工业出版社, 1984.

[135] Yang R, Bawden W F, Katsabanis P D. A New Constitutive Model For Blast [J]. Int. J. Rock Mech. Min. Sci. & Geoteth. Abstr., 1996, 33 (3): 245~254.

[136] 孙霞, 吴自勤, 黄畇. 分形原理及其应用 [M]. 合肥: 中国科学技术大学出版社, 2006.

[137] 戴俊, 冯贵文. 井巷光面爆破超挖分析与控制 [J]. 建井技术, 2001, 22 (1): 23~25.

[138] 王廷武，刘清泉，杨永琦，等. 地面与地下工程控制爆破［M］. 北京：煤炭工业出版社，1990.

[139] 杨仁树，宋俊生，杨永琦. 切槽孔爆破机理模型试验研究［J］. 煤炭学报，1995，20（2）：197～199.

[140] 于慕松，杨永琦，杨仁树，等. 炮孔定向断裂爆破作用［J］. 爆炸与冲击，1997，17（2）：159～165.

[141] 戴俊，杨永琦，娄玉民，等. 岩石定向断裂控制爆破技术的工程应用［J］. 煤炭科学技术，2000，28（4）：7～9，12.

[142] 戴俊. 断裂力学原理在光面爆破设计中的应用［J］. 西安矿业学院学报，1995，15（增）：41～44.

[143] 戴俊. 光爆孔间隔分段起爆方法的探讨［J］. 阜新矿业学院学报（自然科学版）：1996，15（4）：429～433.

[144] 朱瑞赓，李新平，陆文兴. 控制爆破的断裂控制与参数确定［J］. 爆炸与冲击，1994，14（4）：314～317.

[145] 蒋进军，刘清荣. 石材成型低压切割爆破机理初步研究［C］. //工程爆破文集（第三辑）. 北京：冶金工业出版社，1988.

[146] 戴俊，光爆层厚度的确定［J］. 矿山技术，1989（3）.

[147] 戴俊，杨永琦. 光面爆破相邻炮孔存在起爆时差的炮孔间距计算［J］. 爆炸与冲击，2003，23（3）：253～258.

[148] 卢文波，陶振宇. 预裂爆破中炮孔压力变化历程的理论分析［J］. 爆炸与冲击，1994，14（2）：140～146.

[149] 阜新矿业学院. 光面爆破［M］. 北京：煤炭工业出版社，1984.

[150] 余永强，邱贤德，王心飞，等. 层状复合岩体路堑开挖中预裂爆破技术应用［J］. 辽宁工程技术大学学报，2003，22（1）：74～76.

[151] 杨仁树，商厚胜. 断裂控制爆破新技术在软岩巷道施工中的应用［C］. //何满朝，黄福昌，闫吉太. 世纪之交软岩技术现状与展望. 北京：煤炭工业出版社，1999：239～242.

[152] Yang Yongqi, Gao Quanchen, Yu Musong, et al. Experimental Study of Mechanism and Technology of Directed Crack Blasting [J]. Journal of China University of Mining & Technology, 1995, 5 (2): 69～72.

[153] 戴俊，杨永琦. 软岩巷道周边控制爆破研究［J］. 煤炭学报，2000，25（4）：374～378.

[154] 戴俊，杨永琦，罗艾民. 周边控制爆破度对围岩损伤的分形研究［J］. 煤炭学报，2001，26（3）：265～269.

[155] 杨永琦，戴俊，单仁亮，等. 岩石定向断裂控制爆破原理与参数设计［J］. 爆破器材，2000，29（6）：24～28.

[156] Li Ning, Swobodo G. The Numerical Modeling of Blasting Loading [C]. // Proceeding of

International Symposium on Application of Computer Method in Rock Mechanics , Xi' an China, 1993: 547~552.

[157] 何满潮. 软岩工程技术现状与展望［C］. //何满潮，黄福昌，闫吉太. 世纪之交软岩工程技术现状与展望. 北京：煤炭工业出版社，1999：1~9.

[158] 荷红亮，Thomas J Ahren，Allan M Rubin. 冲击载荷下岩石的损伤特性分析［J］. 爆炸与冲击，1995，15（3）：241~245.

[159] D S Kim， M K McCarter. Quantitative Assessment of Extrinsic Damage in Rock Materials［J］. Rock Mech. Rock Engng，1998，31（1）：43~62.

[160] U·兰格福斯，等著. 岩石爆破现代技术［M］. 岩石爆破现代技术翻译组，译. 北京：冶金工业出版社，1983.

[161] 张奇，杨永琦. 岩石爆破作用的分形研究［J］. 岩土工程学报，1997，19（2）：8~13.

[162] 杨永琦，杨仁树，成旭，等. 定向断裂爆破机理实验研究［C］. // 矿山建设的理论与实践. 徐州：中国矿业大学出版社，1994：1~10.

[163] 杨永琦，戴俊，张奇. 切缝药包岩石定向断裂爆破的参数设计. //第七届工程爆破会议论文集［C］. 成都，2001.

[164] 单仁亮，高龙江，高文蛟，等. 大雁矿区软岩巷道定向断裂爆破技术试验研究［M］. //何满朝，黄福昌，闫吉太. 世纪之交软岩工程技术现状与展望. 北京：煤炭工业出版社，1999：243~249.

[165] 刘再华，解德，王元汉. 工程断裂动力学［M］. 武汉：华中理工大学出版社，1996.

[166] 戴俊，王代华，熊光红，等. 切缝药包定向断裂爆破切缝管切缝宽度的确定［J］. 有色金属，2004，56（4）：110~113.

[167] Fourney W L，Dally J W，Holloway D C. Controlled Blasting with Ligmented Charge Holder［J］. Int J Rock Mech Min Sci.，1978，15（3）：184~188.

[168] Adrew F. Mckown. Some Aspects of Design and Evaluation of Perimeter Control Blasting in Fractured and Weathered Rock. //Dr. Calvin J Konya. Proc. of the Tenth Conf. on Explocive and Blasting Technology. Orlando Florida，1984：120~151.

[169] Bhandari S S，Rathore S S. Development of Macro－Crack by Blasting while Protecting Damages to Remaining Rock［C］. // 第七届爆破破岩国际会议论文集. 北京，2002：176~181.

[170] 王志亮，郑明新. 基于TCK损伤本构的岩石爆破效应数值模拟. 岩土力学，2008，29（1）：230~234.

[171] Liu Liqing，Katsabanis P D. Development of a Continuum Damage Model for Blasting Analysis，1997，34（2）：217~231.

[172] 王树仁，魏有志. 岩石爆破中断裂控制的研究［J］. 中国矿业大学学报，1985（3）：113~120.

[173] 宗琦. 岩石炮孔预切槽爆破断裂成缝机理研究［J］. 岩土工程学报，1998，20（1）：30~33.

[174] 王树仁，戴俊，王辉. 周边控制爆破引起围岩损伤的研究 [C]. // 第七届工程爆破会议论文集. 成都，2001.

[175] 戴俊. 基于有效保护围岩的定向断裂爆破参数研究 [J]. 阜新：辽宁工程技术大学学报，2005，24 (3)：369 ~371.